Birgit Ortlieb, Erik Staebe (Hrsg.)
Praxishandbuch Geschlossene Verteilernetze und Kundenanlagen
De Gruyter Praxishandbuch

Praxishandbuch Geschlossene Verteilernetze und Kundenanlagen

Auswirkungen des EnWG

Herausgegeben von
Birgit Ortlieb, Rechtsanwältin, Bethge.Reimann.Stari, Berlin
Dr. iur. Erik Staebe, Rechtsanwalt, Deutsche Bahn AG, Berlin

Bearbeitet von
Dr. iur. Johann Klinge, Rechtsanwalt, Deutsche Bahn AG, Berlin; **Birgit Ortlieb**, Rechtsanwältin, Bethge.Reimann.Stari, Berlin; **Eva Schreiner**, Rechtsanwältin, VIK Verband der Industriellen Energie- und Kraftwirtschaft e.V., Berlin; **Prof. Dr. iur. Hans-Peter Schwintowski**, Humboldt-Universität zu Berlin; **Sabine Siebald**, Diplom-Volkswirtin, EEX-Stromhändlerin, FICHTNER MANAGEMENT CONSULTING AG, Berlin; **Dr. iur. Erik Staebe**, Rechtsanwalt, Deutsche Bahn AG, Berlin

DE GRUYTER

Zitiervorschlag: Ortlieb/Staebe/*Bearbeiter*, Kap. 2 Rn 18.

Hinweis:
Alle Angaben in diesem Werk sind nach bestem Wissen unter Anwendung aller gebotenen Sorgfalt erstellt worden. Trotzdem kann von dem Verlag und den Autoren keine Haftung für etwaige Fehler übernommen werden.

ISBN 978-3-11-028788-2
e-ISBN 978-3-11-028795-0

Bibliografische Information der Deutschen Nationalbibliothek
Die Deutsche Nationalbibliothek verzeichnet diese Publikation in der Deutschen Nationalbibliografie; detaillierte bibliografische Daten sind im Internet über http://dnb.d-nb.de abrufbar.

Einbandabbildung: Ingvar Bjork/iStock/Thinkstock
Datenkonvertierung/Satz: Werksatz Schmidt & Schulz GmbH, Gräfenhainichen
Druck: CPI books GmbH, Leck
♾ Gedruckt auf säurefreiem Papier
Printed in Germany

www.degruyter.com

Vorwort

Mit der grundlegenden Novellierung des Energiewirtschaftsgesetzes im Jahre 2005 hatte der deutsche Gesetzgeber nicht nur die damaligen europarechtlichen Vorgaben für die leitungsgebundene Energieversorgung in nationales Recht umgesetzt, sondern erstmals auch eine besondere Regelung für sog. Objektnetze geschaffen. Mit ihr sollten vor allem Werk-, Industrie- und Dienstleistungsnetze von den wesentlichen Bestimmungen über die Regulierung des Netzbetriebs ausgenommen werden. Nur wenige Regelungsbereiche des Energiewirtschaftsgesetzes wurden in den folgenden Jahren in der Fachdiskussion so intensiv behandelt wie diese Ausnahmeregelung. Dabei spielte von Anfang an auch die Frage ihrer europarechtlichen Unzulässigkeit eine wichtige Rolle, die der Europäische Gerichtshof schließlich in seiner „Citiworks"-Entscheidung vom 22. Mai 2008 bestätigte. Drei Jahre nach ihrer Einführung war die Geschichte der Objektnetze bereits wieder zu Ende.

Kurze Zeit später wurden im Rahmen des Dritten Legislativpakets für den Energiebinnenmarkt die „Geschlossenen Verteilernetze" ins Leben gerufen. Anders als bei den Objektnetzen war der Jubel der Literatur weniger groß, denn das aus dem deutschen Recht bekannte Regel-Ausnahme-Verhältnis hatte sich umgekehrt: Von einzelnen Erleichterungen abgesehen wurden „geschlossene Verteilernetze" nunmehr grundsätzlich den Regulierungsvorgaben unterworfen. Obwohl der deutsche Gesetzgeber die Folgen im Zuge der Richtlinienumsetzung im Energiewirtschaftsgesetz 2011 durch eine gesetzliche Definition der Kundenanlage relativiert hat, bleibt es bei einer Ausweitung der Reichweite der Regulierung im Vergleich zum früheren Recht.

Die zugrunde liegenden Regelungen sind dabei nicht immer eindeutig, sondern durchaus auslegungsbedürftig. Für Herausgeber und Autoren des vorliegenden Werkes war dies Anlass genug, den maßgeblichen Rechtsrahmen zu beschreiben, Schnittstellen zu anderen Regelungsmaterien zu beleuchten und praktische Hinweise zu geben. Hierbei sind naturgemäß auch Fragen aufgetreten, die sich nicht eindeutig beantworten lassen. Hier hoffen wir, mit unseren Lösungsansätzen auch dort Hilfestellungen und Denkanstöße zu geben, wo Bewertungen am Ende auch anders hätten ausfallen können. Gesetzgebung und Rechtsprechung haben wir bis einschließlich Mai 2014 berücksichtigt.

Wir freuen uns, wenn wir Sie als unsere Leserinnen und Leser zur Diskussion einladen können und sind dankbar für Ihr Feedback zu unseren Thesen.

Sie erreichen uns unter:
ortlieb@brs-rechtsanwaelte.de und Erik.Staebe@deutschebahn.com

Berlin, im Juni 2014 Birgit Ortlieb, Erik Staebe

Inhaltsübersicht

Inhaltsverzeichnis

Kapitel 3
Kundenanlagen

Kapitel 5
Schnittstellen zu anderen energierechtlichen Fragen

Kapitel 6
Geschlossenes Verteilernetz oder Kundenanlage – Welche Strukturierung ist zweckmäßig?

Abkürzungsverzeichnis

%	Prozent
€	Euro
§	Paragraph
a.A.	anderer Ansicht
a.a.O.	am angegebenen Ort
a.F.	alte Fassung
ABl.	Amtsblatt
AbLaV	Verordnung über Vereinbarungen zu abschaltbaren Lasten
Abs.	Absatz/Absätze
AEUV	Vertrag über die Arbeitsweise der Europäischen Union
AG	Aktiengesellschaft
AktG	Aktiengesetz
amtl.	amtlich
Anm.	Anmerkung
AO	Abgabenordnung
APERAK	Application error and acknowledgement message
ARegV	Anreizregulierungsverordnung
Art.	Artikel
AVBEltV	Verordnung über Allgemeine Bedingungen für die Elektrizitätsversorgung von Tarifkunden
Az.	Aktenzeichen
BB	Betriebsberater (Zeitschrift)
BDEW	Bundesverband der Energie- und Wasserwirtschaft
Beschl.	Beschluss
BFH	Bundesfinanzhof
BGB	Bürgerliches Gesetzbuch
BGH	Bundesgerichtshof
BGHZ	Entscheidungen des Bundesgerichtshofs in Zivilsachen
BHKW	Blockheizkraftwerk
BKartA	Bundeskartellamt
BMF	Bundesministerium der Finanzen
BMU	Bundesministerium für Umwelt, Naturschutz und Reaktorsicherheit
BMWi	Bundesministerium für Wirtschaft und Technologie
BNetzA	Bundesnetzagentur
BR-Drucks.	Bundesrat-Drucksache
BT-Drucks.	Bundestag-Drucksache
bzw.	beziehungsweise
ct/kWh	Cent pro Kilowattstunde
CuR	Contracting und Recht (Zeitschrift)
d.h.	das heißt
DB	Deutsche Bahn
DFS	Deutsche Flugsicherung
DStR	Deutsches Steuerrecht (Zeitschrift)

DV	Datenverarbeitung
DVBl.	Deutsches Verwaltungsblatt
EDIFACT	Electronic Data Interchange For Administration, Commerce and Transport
EDV	Elektronische Datenverarbeitung
EE	Erneuerbare Energien
EEG	Erneuerbare-Energien-Gesetz
EG	Europäische Gemeinschaft
EGL	Ergänzungslieferung
EGV	Vertrag zur Gründung der Europäischen Gemeinschaft
EIC	Energy Identification Code
emw	Zeitschrift für Energie, Markt, Wettbewerb
ENTSO-E	European Network of Transmission System Operators for Electricity
EnWG	Energiewirtschaftsgesetz
EnWZ	Zeitschrift für das gesamte Recht der Energiewirtschaft
et	Energiewirtschaftliche Tagesfragen (Zeitschrift)
etc.	et cetera
EuGH	Europäischer Gerichtshof
EuZW	Europäische Zeitschrift für Wirtschaftsrecht
EVU	Energieversorgungsunternehmen
EWeRK	Energie- und Wettbewerbsrecht in der Kommunalen Wirtschaft (Zeitschrift)
f./ff.	folgende/fortfolgende
FAQ	Frequently Asked Questions
FKVO	Fusionskontrollverordnung
Fn	Fußnote
GABi Gas	Grundregeln der Ausgleichs- und Bilanzierungsregeln im Gassektor
GasNEV	Gasnetzentgeltverordnung
GeLi Gas	Geschäftsprozesse Lieferantenwechsel Gas
gem.	gemäß
ggf.	gegebenenfalls
GmbH	Gemeinschaft mit beschränkter Haftung
GPKE	Geschäftsprozesse zur Kundenbelieferung mit Elektrizität
GuV	Gewinn- und Verlustrechnung
GWB	Gesetz gegen Wettbewerbsbeschränkungen
GWh	Gigawattstunde
GWh/a	Gigawattstunde pro Jahr
h	Stunde
HaftPflG	Haftpflichtgesetz
HGB	Handelsgesetzbuch
HPflG	Haftpflichtgesetz
Hs.	Halbsatz
Hz	Hertz
i.d.R.	in der Regel
i.S.d.	im Sinne der/des
i.V.m.	in Verbindung mit

ID	Identifikation
IDW	Institut der Wirtschaftsprüfer
IR	InfrastrukturRecht (Zeitschrift)
Kap.	Kapitel
KAV	Konzessionsabgabenverordnung
KG	Kammergericht
krit.	kritisch
kV	Kilovolt
kW	Kilowatt
kWh	Kilowattstunde
kWh/a	Kilowattstunde pro Jahr
KWK	Kraft-Wärme-Kopplung
KWKG	Kraft-Wärme-Kopplungsgesetz
LG	Landgericht
lit.	littera
LNG	Liquefied Natural Gas (Flüssigerdgas)
m. krit. Anm.	mit kritischer Anmerkung
m.v.w.N.	mit vielen weiteren Nachweisen
m.w.N.	mit weiteren Nachweisen
m^2	Quadratmeter
m^3/h	Kubikmeter pro Stunde
MaBiS	Marktregeln für die Durchführung der Bilanzkreisabrechnung Strom
MessZV	Messzugangsverordnung
MSCONS	Metered Services Consumption report message
MW	Megawatt
N&R	Netzwirtschaften & Recht (Zeitschrift)
n.F.	neue Fassung
NAV	Niederspannungsanschlussverordnung
NB	Netzbetreiber
NDAV	Niederdruckanschlussverordnung
NJW	Neue Juristische Wochenschrift
NNE	Netznutzungsentgelt
Nr./Nrn.	Nummer/Nummern
NVwZ	Neue Zeitschrift für Verwaltungsrecht
NZM	Neue Zeitschrift für Miet- und Wohnungsrecht
ÖFA	Fachausschuss für Öffentliche Unternehmen und Verwaltungen
OLG	Oberlandesgericht
ProdHaftG	Produkthaftungsgesetz
RdE	Recht der Energiewirtschaft (Zeitschrift)
RL	Richtlinie
RLM	Registrierende Leistungsmessung
Rn	Randnummer

S.	Satz/Sätze; Seite/Seiten
SGB IV	Sozialgesetzbuch IV – Gemeinsame Vorschriften für die Sozialversicherung
SLP	Service Location Protocol
sog.	sogenannte/sogenannter
SSNIP	Small but significant and nontransitory increase in price
StGB	Strafgesetzbuch
StromNEV	Stromnetzentgeltverordnung
StromNZV	Stromnetzzugangsverordnung
TKG	Telekommunikationsgesetz
u.a.	unter anderem
ÜNB	Übertragungsnetzbetreiber
usw.	und so weiter
UTILMD	Utilities Master Data message
V	Volt
v.	von/vom
VDEW	Verband der Elektrizitätswirtschaft
VDN	Verband der Netzbetreiber
vgl.	vergleiche
VNB	Verteilnetzbetreiber
VO	Verordnung
VRE	Verband der Verbundunternehmen und Regionalen Energieversorger
VwVfG	Verwaltungsverfahrensgesetz
WiM	Wechselprozesse im Messwesen
WuW	Wirtschaft und Wettbewerb (Zeitschrift)
WuW/E DE-R	Wirtschaft und Wettbewerb-Entscheidungssammlung Deutschland Rechtsprechung (Zeitschrift)
WuW/E DE-V	Wirtschaft und Wettbewerb-Entscheidungssammlung Deutschland Verwaltung (Zeitschrift)
WuW/E OLG	Wirtschaft und Wettbewerb-Entscheidungssammlung Oberlandesgericht (Zeitschrift)
z.B.	zum Beispiel
Ziff.	Ziffer
ZIP	Zeitschrift für Wirtschaftsrecht
zit.	zitiert
ZNER	Zeitschrift für Neues Energierecht

Literaturverzeichnis

Kommentare, Sammelwerke und Monographien

Baur, Jürgen, Festschrift für Gunther Kühne zum 70. Geburtstag, Frankfurt/Main 2009 (zit.: *Bearbeiter* in: FS Kühne)

Bechtold, Rainer, Kartellgesetz: GWB, 7. Aufl., München 2013 (zit.: *Bechtold*)

Berliner Kommentar zum Energierecht, 2. Aufl., München 2010 (zit.: BK-EnR/*Bearbeiter*, 2. Aufl.)

Berliner Kommentar zum Energierecht, 3. Aufl., München 2014 (zit.: BK-EnR/*Bearbeiter*)

Britz, Gabriele/Hellermann, Johannes/Hermes, Georg, EnWG, Kommentar, 2. Aufl., München 2010 (zit.: Britz/Hellermann/Hermes/*Bearbeiter*)

Büdenbender, Ulrich, EnWG, Kommentar, Köln 2003 (zit.: *Büdenbender*)

Büdenbender, Ulrich/Rosin, Peter, Energierechtsreform 2005, Band 1, Essen 2005 (zit.: *Büdenbender/Rosin*)

Danner, Wolfgang/Theobald, Christian, Energierecht, Loseblatt, München, Stand: 77. EGL Mai 2013 (zit.: Danner/Theobald/*Bearbeiter*)

Gabler, Andreas/Metzenthin, Andreas, EEG, Kommentar, Loseblatt, Frankfurt/Main, Stand: September 2012 (zit.: Gabler/Metzenthin/*Bearbeiter*)

Höppner, Thomas, Netzveränderungen im Zugangskonzept, Baden-Baden 2009 (zit.: *Höppner*)

Kermel, Cornelia, Praxishandbuch der Konzessionsverträge und der Konzessionsabgaben, Berlin 2012 (zit.: Kermel/*Bearbeiter*)

Loewenheim, Ulrich/Meessen, Karl/Riesenkampff, Alexander, Kartellrecht, Kommentar, 2. Aufl., München 2009 (zit.: Loewenheim/Meessen/Riesenkampff/*Bearbeiter*)

Mestmäcker, Ernst-Joachim/Schweitzer, Heike, Europäisches Wettbewerbsrecht, 2. Aufl., München 2004 (zit.: *Mestmäcker/Schweitzer*)

Münchener Kommentar zum Bürgerlichen Gesetzbuch, Band 2, 6. Aufl., München 2012 (zit.: MüKo-BGB/*Bearbeiter*)

Münchener Kommentar zum Europäischen und Deutschen Wettbewerbsrecht, Band 1: Europäisches Wettbewerbsrecht, München 2007 (zit.: MüKo-EuWettbR/*Bearbeiter*)

Palandt, Otto, Bürgerliches Gesetzbuch, 72. Aufl., München 2013 (zit.: Palandt/*Bearbeiter*)

Petry, Jan, Kartellrechtliches Risikomanagement im System der Legalausnahme, EWeRK-Schriftenreihe Band 31, Baden-Baden 2008 (zit.: *Petry*)

PricewaterhouseCoopers AG WPG, Entflechtung und Regulierung in der deutschen Energiewirtschaft, Praxishandbuch zum Energiewirtschaftsgesetz, München 2007 (zit.: PwC/*Bearbeiter*)

Säcker, Franz-Jürgen/Wolf, Maik, Integrierte Energieversorgung in geschlossenen Verteilernetzen, Bern 2009 (zit.: *Säcker/Wolf*)

Salje, Peter, Energiewirtschaftsgesetz, Kommentar, Köln 2006 (zit.: *Salje*, EnWG)

Salje, Peter, Erneuerbare-Energien-Gesetz, Kommentar, 6. Aufl., Köln 2012 (zit.: *Salje*, EEG)

Schneider, Jens-Peter/Theobald, Christian, Recht der Energiewirtschaft, 4. Aufl., München 2013 (zit.: Schneider/Theobald/*Bearbeiter*)

Schwintowski, Hans-Peter, Wettbewerbs- und Kartellrecht, 5. Aufl., München 2012 (zit.: *Schwintowski*)

Tipke, Klaus/Lang, Joachim, Steuerrecht, 21. Aufl., Köln 2013 (zit.: Tipke/Lang/*Bearbeiter*)

Aufsätze

Becker, Sebastian, Anmerkung zum Urteil des EuGH v. 22.5.2008, Az. C-439/06 (Europarechtswidrige Beschränkung des Rechts auf freien Netzzugang im EnWG), EuZW 2008, S. 406 ff. (zit.: *Becker*, EuZW 2008, 406)

Becker, Sebastian, Kurzbesprechung der Schlussanträge des Generalanwalts Jan Mazak vom 12.12.2007 in der Rechtssache C-439/06 (citiworks AG / Sächsisches Staatsministerium für Wirtschaft und Arbeit), EuZW 2008, S. 101 f. (zit.: *Becker*, EuZW 2008, 101)

Becker, Sebastian, Zur Europarechtskonformität von § 110 EnWG, IR 2007, S. 50 ff. (zit.: *Becker*, IR 2007, 50)

Boesche, Katharina/Wolf, Maik, Das Ende der Objektnetze?, ZNER 2008, S. 123 ff. (zit.: *Boesche/Wolf*, ZNER 2008, 123)

Boesche, Katharina/Wolf, Maik, Viel Lärm um kleine Netze. § 110 EnWG und die Behandlung von Objekt- und Arealnetzen nach den §§ 17, 20 EnWG und §§ 19, 20 GWB, ZNER 2005, S. 285 ff. (zit.: *Boesche/Wolf*, ZNER 2005, 285)

Bülhoff, Nora, Die Zukunft der Objektnetze, IR 2010, S. 258 ff. (zit.: *Bülhoff*, IR 2010, 258)

Bülhoff, Nora/Klapdor, Kai, Erhebung netzseitiger Umlagen in geschlossenen Verteilernetzen, EnWZ 2013, S. 297 ff. (zit.: *Bülhoff/Klapdor*, EnWZ 2013, 297)

Burmeister, Thomas/Krause, Andreas, Werksnetze: Der Versuch einer Begriffsbestimmung im novellierten EnWG, emw 2004, S. 22 ff. (zit.: *Burmeister/Krause*, emw 2004, 22)

de Wyl, Christian/Becker, Sebastian, Die Objektnetzausnahme des § 110 EnWG, ZNER 2006, S. 101 ff. (zit.: *de Wyl/Becker*, ZNER 2006, 101)

Gussone, Peter/Wünsch, Daniel, Zugang zu Kundenanlagen nach dem Energiewirtschafts- und dem Kartellrecht, WuW 2013, S. 464 ff. (*zit.: Gussone/W*ünsch, WuW 2013, 464)

Habich, Holger, Objektnetze: Praktikabler Ausweg aus der Regulierung?, DVBl. 2006, S. 211 ff. (zit.: *Habich*, DVBl. 2006, 211)

Helmes, Sebastian, Netz oder Nicht-Netz?, EnWZ 2013, S. 23 ff. (zit.: *Helmes*, EnWZ 2013, 23)

Holznagel, Bernd/Schumacher, Pascal, Netzanschluss, Netzzugang und Grundversorgung im EnWG 2005, ZNER 2006, S. 218 ff. (zit.: *Holznagel/Schuhmacher*, ZNER 2006, 218)

Jacobshagen, Ulf/Kachel, Markus/Baxmann, Juliane, Geschlossene Verteilernetze und Kundenanlagen als neuer Maßstab der Regulierung, IR 2012, S. 2 (zit.: *Jacobshagen/Kachel/Baxmann*, IR 2012, 2)

Jacobshagen, Ulf/Schroeder-Czaja, Hanna, Anmerkung zum Urteil des LG Leipzig vom 16.2.2006, Az. 05 O 470/05, IR 2006, S. 88 f. (zit.: *Jacobshagen/Schroeder-Czaja*, IR 2006, 88)

Kachel, Markus/Weise, Michael/Wagner, Florian, Unterzähler in Kundenanlagen – zur rechtssicheren Umsetzung des § 20 I d EnWG, IR 2013, S. 2 ff. (zit.: *Kachel/Weise/Wagner*, IR 2013, 2)

Klaue, Siegfried/Schwintowski, Hans-Peter, Die Abgrenzung des räumlich-relevanten Marktes bei Strom und Gas nach deutschem und europäischem Kartellrecht, Betriebsberater 2010, BB-Special zu Heft 14, S. 1 ff. (zit.: *Klaue/Schwintowski*, BB 2010, BB-Special zu Heft 14, 1)

Klaue, Siegfried/Schwintowski, Hans-Peter, Kartellrechtliche und Gesellschaftsrechtliche Konsequenzen des Systems der Legalausnahme für die Kooperationspraxis der Unternehmen – zugleich: Anforderungen an Vorstandshaftung und Corporate Governance, ZNER 2004, S. 342 ff. (zit.: *Klaue/Schwintowski*, ZNER 2004, 324)

Klemm, Andreas, Objektnetze im neuen Energiewirtschaftsrecht, CuR 2005, S. 111 ff. (zit.: *Klemm*, CuR 2005, 111)

Krebs, Harald, Die Entscheidung der Regulierungsbehörde nach § 110 Abs. 4 EnWG, RdE 2006, S. 115 ff. (zit.: *Krebs*, RdE 2006, 115)

Kühling, Jürgen/*Pisal, Ruben*, Das Dritte Energiebinnenmarktpaket – Herausforderungen für den deutschen Gesetzgeber, RdE 2010, S. 161 ff. (zit.: *Kühling/Pisal*, RdE 2010, 161)

Kühling, Jürgen/*Pisal*, *Ruben*, Objektnetzbetreiber zwischen EuGH und Europäischem Parlament, IR 2009, S. 74 (zit.: *Kühling/Pisal*, IR 2009, 74)

Kussel, *Stephanie*, Der Rechtsrahmen für die Privilegierung von Objektnetzen nach § 110 EnWG, N&R 2007, S. 21 ff. (zit.: *Kussel*, N&R 2007, 21)

Leidinger, *Tobias/Berger*, *Peter*, Ausnahmen von der Regulierung, RdE 2009, S. 161 ff. (zit.: *Leidinger/Berger*, RdE 2009, 161)

Leinenbach, *Ralf*, Die Feststellung des Objektnetzstatus durch die Regulierungsbehörde, CuR 2006, S. 50 ff. (zit.: *Leinenbach*, CuR 2006, 50)

Linsmeier, *Petra*, Gesetzliches Leistungsbestimmungsrecht bei Netznutzungsentgelten, NJW 2008, S. 2162 (zit.: *Linsmeier*, NJW 2008, 2162)

Nill-Theobald, *Christiane/Theobald*, *Christian*, Das EnWG 2005, IR 2005, S. 175 (zit.: *Nill-Theobald/Theobald*, IR 2005, 175)

Nowak, *Edmund*, EnWG 2011: Änderungen und Neuerungen in der Rechnungslegung ab dem Jahresabschluss 2011, Versorgungswirtschaft 2012, S. 11 (zit.: *Nowak*, Versorgungswirtschaft 2012, 11)

Ortlieb, *Birgit*, Objektnetze – Schlussanträge des Generalanwaltes Jan Mazak (Az. C-439/06) vom 13.12.2007 zur Frage der Europarechtswidrigkeit von § 110 EnWG, ZNER 2008, S. 49 f. (zit.: *Ortlieb*, ZNER 2008, 49)

Ortlieb, *Birgit/Bier*, *Christoph*, Die Zukunft der Objektnetze vor dem Hintergrund der neuesten Entwicklungen in Rechtsprechung und EG-Gesetzgebung, N&R 2009, S. 143 (zit.: *Ortlieb/Bier*, N&R 2009, 143)

Reimann, *Wibke/Birkenmaier*, *Meike*, Hinweise für eine sichere Antragsstellung für Objektnetzbetreiber, RdE 2006, S. 230 ff. (zit.: *Reimann/Birkenmaier*, RdE 2006, 230)

Rosin, *Peter*, Die Privilegierung von Objektnetzen nach § 110 EnWG, RdE 2006, S. 9 (zit.: *Rosin*, RdE 2006, 9)

Rüger, *Schirin*, Zur Neuregelung von Kundenanlagen in § 3 Nr. 24a und Nr. 24b EnWG, IR 2012, S. 218 (zit.: *Rüger*, IR 2012, 218)

Säcker, *Franz Jürgen*, Zum Verhältnis von § 315 BGB zu §§ 19 GWB, 29 RegE GWB – Konsequenzen aus den Entscheidungen des Achten Senats des Bundesgerichtshofes vom 28.3. und 13.6.2007 – Thesen, ZNER 2007, S. 114 (zit.: *Säcker*, ZNER 2007, 114)

Schalle, *Heidrun*, Geschlossene Verteilernetze und Kundenanlagen – neue Kategorien im EnWG in Zeitschrift für Neues Energierecht, ZNER 2011, S. 406 (zit.: *Schalle*, ZNER 2011, 406)

Schau, *Götz-Friedrich*, Wann ist ein Netz ein Netz?, IR 2007, S. 98 ff. (Teil 1) und S. 122 ff. (Teil 2) (zit.: *Schau*, IR 2007, 98)

Schendel, *Jörg*, OLG Stuttgart: Beschluss vom 27. Mai 2010 – 202 EnWG 1/10 – Objektnetze (§ 110 EnWG), EWeRK 11/2/2011, S. 63 f. (zit.: *Schendel*, EWeRK 11/2/2011, 63)

Scholtka, *Boris/Helmes*, *Sebastian*, Das Objektnetz ist tot. Es lebe das Industrienetz, NVwZ 2008, S. 1310 ff. (zit.: *Scholtka/Helmes*, NVwZ 2008, 1310)

Schroeder-Czaja, *Hanna/Jacobshagen*, *Ulf*, Objekt- und Arealnetze (Teil 1): Neue Netzbegriffe vor dem Hintergrund des EnWG 2005, IR 2006, S. 50 (zit.: *Schroeder-Czaja/Jacobshagen*, IR 2006, 50)

Schroeder-Czaja, *Hanna/Jacobshagen*, *Ulf*, Objekt- und Arealnetze (Teil 2): Neue Netzbegriffe vor dem Hintergrund des EnWG 2005, IR 2006, S. 78 (zit.: *Schroeder-Czaja/Jacobshagen*, IR 2006, 78)

Schwartz, *Joseph*, Perspektiven für Objektnetzbetreiber nach dem Urteil des BGH vom 24.8.2010, RdE 2011, S. 177 (zit.: *Schwartz*, RdE 2011, 177)

Schwintowski, *Hans-Peter*, Der Zugang zu wesentlichen Einrichtungen, WuW 1999, S. 842 (zit.: *Schwintowski*, WuW 1999, 842)

Schwintowski, *Hans-Peter*, Die Frage der Anwendbarkeit der §§ 315, 316 BGB auf die Bestimmung von Netznutzungsentgelten, N&R 2005, S. 90 (zit.: *Schwintowski*, N&R 2005, 90)

Schwintowski, Hans-Peter, Kundenanlagen – das unbekannte Wesen, EWeRK 2012, S. 43 (zit.: *Schwintowski*, EWeRK, 43)

Sinning, Gisela, Die Verklammerung von EVU durch Gebietskörperschaften zu einem vertikal integriertem EVU nach § 3 Nr. 38 EnWG (Teil 1), IR 2012, S. 174 ff. (zit.: *Sinning*, IR 2012, 174)

Sinning, Gisela, Die Verklammerung von EVU durch Gebietskörperschaften zu einem vertikal integriertem EVU nach § 3 Nr. 38 EnWG (Teil 2), IR 2012, S. 198 ff. (zit.: *Sinning*, IR 2012, 198)

Staebe, Erik, Anmerkung zum Beschluss des OLG Düsseldorf vom 5.4.2006, Az. VI – 3 Kart 143/06 [V], CuR 2006, S. 53 f. (zit.: *Staebe*, CuR 2006, 53)

Strohe, Dirk, Areal- und Objektnetze, et 2005, S. 747 (zit.: *Strohe*, et 2005, 747)

Strohe, Dirk, Geschlossene Verteilernetze, CuR 2011, S. 105 (zit.: *Strohe*, CuR 2011, 105)

Valentin, Florian/Herz, Steffen, Die Vermarktung von Strom aus Photovoltaik- und Windenergieanlagen, EnWZ 2013, S. 16 (zit.: *Valentin/Herz*, EnWZ 2013, 16)

Vogt, Matthias, Die Kundenanlage nach dem neuen EnWG – europarechtskonforme Ausnahme von der Regulierung?, RdE 2012, S. 95 ff. (zit.: *Vogt*, RdE 2012, 95)

Wagemann, Markus, Anschluss und Betrieb von Arealnetzen aus kartellrechtlicher Sicht, emw 2004, S. 6 ff. (zit.: *Wagemann*, emw 2004, 6)

Wolf, Tobias, Anmerkung zum Urteil des BGH vom 30.3.2011 – KZR 69/10, RdE 2011, S. 261 f. (zit.: *Wolf*, RdE 2011, 261)

Bearbeiterverzeichnis

Johann Klinge, Dr. iur., Rechtsanwalt, Syndikus in der Rechtsabteilung der Deutschen Bahn AG, Berlin. Zuvor Studium der Rechtswissenschaften, Referendariat, Assistententätigkeit und Promotion zum Dr. iur. (Humboldt-Universität zu Berlin, 2008).

Birgit Ortlieb, Rechtsanwältin, Director Government Affairs der Dow Chemical Company (Berlin) und zugleich seit 2004 (Gründungs-)Partnerin der Kanzlei Bethge.Reimann.Stari, Berlin. Zuvor Studium der Rechtswissenschaften in Göttigen, Referendariat und Assistententätigkeiten in Würzburg und Passau. Langjährige Tätigkeit für den VIK Verband der Industriellen Energie- und Kraftwirtschaft e.V. – zuletzt als Geschäftsführerin und Leiterin des Büros Berlin – zuständig für die politischen Kontakte sowie die Begleitung der energierechtlichen Gesetzgebungsverfahren, insbesondere das EnWG im Jahre 2005. Vielfältige Veröffentlichungen zu den Objektnetzen, im Energie- und im Vergaberecht.

Eva Schreiner, Rechtsanwältin, Referentin beim VIK Verband der Industriellen Energie- und Kraftwirtschaft e.V., Berlin. Zuvor Studium der Rechtswissenschaften, Referendariat und Tätigkeit als wissenschaftliche Mitarbeiterin im Rahmen einer Doktorandenstelle am Energierechtlichen Institut an der Humboldt-Universität zu Berlin sowie berufliche Tätigkeit als Unternehmensjuristin (Legal Advisor/ Operations).

Hans-Peter Schwintowski, Prof. Dr. iur., ab 1973 Studium der Rechtswissenschaften an der Georg-August-Universität Göttingen, Promotion 1982 im Kartellrecht (Antitrust), Habilitation 1986 im Versicherungsrecht; 1990 Ruf an die Universität Würzburg, 1991 Ruf an die Universität in Passau, 1993 Ruf an die Humboldt-Universität zu Berlin; Gastaufenthalte in Frankreich und den USA; seit 1996 Vorsitzender des Wissenschaftlichen Beirates beim Bund der Versicherten (BdV); seit 2000 geschäftsführender Direktor des Institutes für Energie und Wettbewerbsrecht in der Kommunalen Wirtschaft (EWeRK) einschließlich der Forschungsstelle „Netzoptimierung" (seit 1.10.2013). Forschungsschwerpunkte: Energierecht, Bank- und Kapitalmarktrecht, Privatversicherungsrecht sowie Kartell- und Europarecht.

Sabine Siebald, Diplom-Volkswirtin, EEX-Stromhändlerin, Senior-Consultant bei FICHTNER MANAGEMENT CONSULTING AG in Berlin mit Arbeitsschwerpunkt Energiemarkt, Energiebeschaffung und Energielogistik; zuvor als Leiterin der Energiewirtschaftsstelle des Landes Berlin verantwortlich für die Organisation der Strom-, Gas- und Fernwärmebeschaffung sowie die Vertragsbetreuung; davor wissenschaftliche Mitarbeiterin am Fachbereich Wirtschaftswissenschaften der Freien Universität Berlin.

Erik Staebe, Dr. iur., Rechtsanwalt, Leiter Regulierungsrecht in der Rechtsabteilung der Deutschen Bahn AG, Berlin. Zuvor Studium der Rechtswissenschaften, Referendariat, Assistententätigkeit und Promotion zum Dr. iur. (Universität Hamburg, 2000) sowie berufliche Tätigkeit im Bundeswirtschaftsministerium, als Rechtsanwalt (Kartell- und Regulierungsrecht) und Referent im Regulierungsmanagement der Deutschen Bahn AG.

Kapitel 1 Rechtsentwicklung im Bereich der „letzten Meile"

Das durch die EnWG-Novelle vom 28.7.2011[1] geänderte Gesetz über die Elektrizitäts- und Gasversorgung vom 7.7.2005[2] enthält wesentliche **Neuregelungen zur Reichweite der Regulierungsvorgaben** im Bereich der Energieanlagen der „letzten Meile". Zunächst ergibt sich aus den Begriffsbestimmungen in § 3 Nr. 24a und 24b EnWG in Verbindung mit den sonstigen Vorschriften des Gesetzes, dass sich die Regulierungsvorgaben nicht auf sog. **Kundenanlagen** bzw. **Kundenanlagen zur betrieblichen Eigenversorgung** beziehen. Zum anderen enthält § 110 EnWG eine Ausnahmevorschrift zugunsten der Betreiber sog. **geschlossener Verteilernetze**, auf die eine Reihe formeller und materieller Regulierungsvorgaben keine Anwendung finden. 1

Mit diesen neuen Regelungen knüpft der Gesetzgeber an die Diskussion darüber an, in welchem Umfang Betreiber von **Energieanlagen der „letzten Meile"**, die der Stufe der örtlichen Verteilernetzbetreiber nachgelagert sind, Dritten noch Zugang zum Zwecke der Durchleitung gewähren müssen. Diese Diskussion wurde bereits vor Erlass des Energiewirtschaftsgesetzes in der Fassung der zweiten EnWG-Novelle 2005 geführt. Ihren gesetzlichen Niederschlag fand sie allerdings erst mit der ausdrücklichen Aufnahme einer Ausnahmebestimmung für die Betreiber sog. **Objektnetze in § 110 EnWG 2005**. Dies war nicht zuletzt deshalb bemerkenswert, weil die europarechtlichen Grundlagen des Energiewirtschaftsrechts keine entsprechenden Vorgaben für den nationalen Gesetzgeber enthielten. Die Diskussion über die „Objektnetze" war daher von Anfang an von der Frage der **Europarechtswidrigkeit des § 110 EnWG 2005** geprägt, was schließlich sowohl auf europarechtlicher Ebene als auch im deutschen Recht zu den heute geltenden **Neuregelungen** führte. 2

A. Überblick: „Kundenanlagen" und „geschlossene Verteilernetze" im EnWG 2011

Im Rahmen der Begriffsbestimmungen unterscheidet der Gesetzgeber in § 3 EnWG zwischen „Kundenanlagen" (Nr. 24a) und „Kundenanlagen zur betrieblichen Eigenversorgung" (Nr. 24b). Danach sind **Kundenanlagen** sämtliche Energieanlagen zur Abgabe von Energie, die sich auf einem **räumlich zusammengehörenden Gebiet** 3

1 Das Gesetz zur Neuregelung energiewirtschaftsrechtlicher Vorschriften vom 28.7.2011, BGBl. I, S. 1554, trat am 5.8.2011 in Kraft.

2 BGBl. 2005 I, S. 1970, 3621, zuletzt geändert durch Art. 4 des Gesetzes vom 31.5.2013, BGBl. I, S. 1388.

befinden und mit einem Energieversorgungsnetz oder mit einer Erzeugungsanlage verbunden sind. Sie dürfen für die Sicherstellung eines **wirksamen und unverfälschten Wettbewerbs** bei der Versorgung mit Elektrizität und Gas keine Bedeutung haben und müssen schließlich jedermann zum Zwecke der Belieferung der angeschlossenen Letztverbraucher im Wege der **Durchleitung** unabhängig von der Wahl des Energielieferanten **diskriminierungsfrei und unentgeltlich** zur Verfügung gestellt werden.

4 **Kundenanlagen zur betrieblichen Eigenversorgung** sind ebenfalls Energieanlagen zur Abgabe von Energie. Auch sie müssen mit einem Energieversorgungsnetz oder mit einer Erzeugungsanlage verbunden sein. Im Unterschied zu den „normalen“ Kundenanlagen müssen sie sich auf einem **räumlich zusammengehörenden Betriebsgebiet** befinden. Zudem müssen sie (nahezu) ausschließlich dem **betriebsnotwendigen Transport von Energie** innerhalb des eigenen Unternehmens oder der eigenen Unternehmensgruppe bzw. dem der Bestimmung des Betriebs geschuldeten Abtransport in ein Energieversorgungsnetz dienen. Schließlich muss die Anlage auch hier jedermann zum Zwecke der Belieferung angeschlossener Letztverbraucher im Wege der **Durchleitung** unabhängig von der Wahl des Energielieferanten **diskriminierungsfrei und unentgeltlich** zur Verfügung stehen.

5 Ein Energieversorgungsnetz, mit dem Energie zum Zwecke der Ermöglichung der Versorgung von Kunden in einem **geografisch begrenzten Industrie- oder Gewerbegebiet** oder einem Gebiet verteilt wird, in dem Leistungen gemeinsam genutzt werden, wird gem. § 110 Abs. 2 EnWG als **„geschlossenes Verteilernetz“** eingestuft, wenn die Tätigkeiten oder Produktionsverfahren der Anschlussnutzer dieses Netzes aus konkreten **technischen oder sicherheitstechnischen Gründen** verknüpft sind oder mit dem Netz in erster Linie Energie an den Netzeigentümer oder -betreiber oder an mit diesen verbundene Unternehmen verteilt wird. Die Einstufung erfolgt nur, wenn **keine Letztverbraucher**, die Energie für den Eigenverbrauch im Haushalt kaufen, über das Netz versorgt werden oder nur eine geringe Zahl von solchen Letztverbrauchern vorhanden ist, sofern diese ein Beschäftigungsverhältnis oder eine vergleichbare Beziehung zum Eigentümer oder Betreiber des Netzes unterhalten.

6 Die Einstufung eines Netzes als geschlossenes Verteilernetz obliegt nach § 110 Abs. 2 EnWG der **Regulierungsbehörde**, und zwar nach § 110 Abs. 3 EnWG **auf Antrag des Netzbetreibers.** Der Antrag muss eine Reihe formaler Anforderungen erfüllen (vgl. § 110 Abs. 3 Nr. 1 bis 5 EnWG). Das Verteilernetz gilt ab vollständiger Antragstellung bis zur Entscheidung der Regulierungsbehörde als geschlossenes Verteilernetz. Im Fall einer positiven Entscheidung der Regulierungsbehörde finden eine Reihe weiterer Bestimmungen des EnWG auf dieses Netz keine Anwendung (vgl. § 110 Abs. 1 EnWG):

Überblick über die Ausnahmen für Betreiber geschlossener Verteilernetze[3]

Ausnahme nach § 110 Abs. 1	Inhalt der Vorschrift
§ 14 Abs. 1b EnWG	Ein jährlicher Bericht über den Netzzustand bei Hochspannungsnetzen ist nicht erforderlich.
§ 14a EnWG	Betreiber von geschlossenen Verteilernetzen unterfallen nicht den Regelungen zur Steuerung von unterbrechbaren Verbrauchseinrichtungen in Niederspannung.
§ 18 EnWG	Für Betreiber von geschlossenen Verteilernetzen besteht keine allgemeine Anschlusspflicht.
§ 19 EnWG	Betreiber von geschlossenen Verteilernetzen müssen keine technischen Vorschriften für den Anschluss veröffentlichen.
§ 21a EnWG	Die Anreizregulierung findet auf Betreiber von geschlossenen Verteilernetzen keine Anwendung.
§ 22 Abs. 1 EnWG	Betreiber von geschlossenen Verteilernetzen sind befreit von der Pflicht zur transparenten, nicht-diskriminierenden und marktorientierten Beschaffung von Verlust- und Ausgleichsenergie. Diese Befreiung gilt jedoch nicht für die Beschaffung von Regelenergie gem. § 22 Abs. 2 EnWG.
§ 23a EnWG	Betreiber von geschlossenen Verteilernetzen müssen sich keine Entgelte für den Netzzugang genehmigen lassen.
§ 32 Abs. 2 EnWG	Schadensersatz- und Unterlassungsansprüche gegen die Betreiber von geschlossenen Verteilernetzen gem. § 32 Abs. 1 EnWG können nicht von Verbänden nach § 32 Abs. 2 EnWG geltend macht werden. Die generellen Schadensersatz- und Unterlassungspflichten bleiben jedoch unberührt.
§ 33 EnWG	Bei Betreibern von geschlossenen Verteilernetzen findet keine Vorteilsabschöpfung durch die Regulierungsbehörden statt.
§ 35 EnWG	Die Betreiber von geschlossenen Verteilernetzen unterliegen nicht dem Monitoring der Regulierungsbehörde nach § 35 EnWG n.F. und müssen dementsprechend auch nicht an dem Monitoring nach § 69 EnWG n.F. mitwirken.
§ 52 EnWG	Schließlich treffen die Betreiber von geschlossenen Verteilernetzen keine Meldepflichten bei Versorgungsstörungen.

Mit diesen Regelungen trägt das EnWG dem Umstand Rechnung, dass es in Bezug auf 7 **Energieanlagen an der Peripherie der Energieversorgungsnetze** in der Vergangenheit immer wieder zu Unsicherheiten über die grundsätzliche Anwendbarkeit der Regulierungsvorschriften bzw. deren Reichweite gekommen war, die das Energiewirtschaftsrecht traditionell nicht eindeutig regelte. Auch nach der EnWG-Novelle 2011

3 Tabelle nach Rölfs und Partner, Sonderinformation: Vom Objektnetz zum geschlossenen Verteilernetz, September 2011, S. 8, abrufbar unter https://www.bakertilly.de/uploads/media/RoelfsPartner_SonderInformation_September_2011__V1.1_.pdf.

enthält das Gesetz **keine abschließende Bestimmung des Anwendungsbereichs** der Regulierungsvorschriften. Lediglich für das „**Verhältnis zum Eisenbahnrecht**“ findet sich in § 3a EnWG eine ausdrückliche Regelung. Danach gilt das EnWG auch für die Versorgung der Eisenbahnen mit leitungsgebundener Energie, soweit im Eisenbahnrecht nichts Anderes geregelt ist. Im Übrigen folgt aus der allgemeinen Zweckbestimmung des Gesetzes, dass sich die Regelungen insgesamt auf die leitungsgebundene Versorgung mit Elektrizität und Gas beziehen. § 1 Abs. 1 EnWG definiert als **Zweck des Gesetzes** eine möglichst sichere, preisgünstige, verbraucherfreundliche, effiziente und umweltverträgliche leitungsgebundene Versorgung der Allgemeinheit mit Elektrizität und Gas. Nach § 1 Abs. 2 EnWG dient die Regulierung der Elektrizitäts- und Gasversorgungsnetze der **Sicherstellung eines wirksamen und unverfälschten Wettbewerbs** und der Sicherung eines leistungsfähigen und zuverlässigen Netzbetriebs. Hieraus ist zu schließen, dass die Regulierungsvorschriften insbesondere den **Betrieb von Energieversorgungsnetzen** betreffen. Die Reichweite der Regulierungsvorschriften ist mit diesen allgemeinen Formulierungen allerdings nicht abschließend definiert.

8 Für den **Anwendungsbereich der Regulierungsvorschriften** sind daher die Regelungen der entsprechenden Teile des Gesetzes maßgeblich. So beziehen sich die **Entflechtungsvorschriften** des zweiten Teils des Gesetzes auf vertikal integrierte Energieversorgungsunternehmen und rechtlich selbstständige Betreiber von Elektrizitäts- und Gasversorgungsnetzen, die mit einem vertikal integrierten Energieversorgungsunternehmen verbunden sind (vgl. § 6 Abs. 1 EnWG). Die Vorschriften über die **Regulierung des Netzbetriebs** im dritten Teil des Gesetzes richten sich an die Betreiber von Energieversorgungsnetzen (vgl. § 11 Abs. 1 EnWG). Hieraus folgt, dass die Betreiber der in § 3 Nr. 24a und 24b EnWG definierten Kundenanlagen hier nicht adressiert werden. Insoweit ergibt sich aus den Begriffsbestimmungen also eine (erste) **Einschränkung des Anwendungsbereichs**. Für Betreiber geschlossener Verteilernetze werden darüber hinaus in § 110 Abs. 1 EnWG die Regelungen in §§ 14 Abs. 1b, 14a, 18, 19, 21a, 22 Abs. 1, 23a, 32 Abs. 2, 33, 35 und 52 EnWG ausdrücklich für unanwendbar erklärt. Die Regulierungsvorschriften des EnWG einschließlich der hierauf gestützten Rechtsverordnungen (insbesondere die StromNEV und die GasNEV) sowie alle Festlegungen der BNetzA sind daher grundsätzlich auf die in den jeweiligen Vorschriften genannten Adressaten anwendbar. Umgekehrt lassen sich die Vorschriften über Kundenanlagen und geschlossene Verteilernetze daher als **Ausnahmebereiche von der Regulierung des Netzbetriebs** verstehen. Ihrer Interpretation kommt daher in der Praxis eine nicht unerhebliche Bedeutung zu. Die BNetzA und die Regulierungsbehörden der Länder haben sich im Februar 2012 auf ein gemeinsames **Positionspapier zu den geschlossenen Verteilernetzen** verständigt, das sich mit den Voraussetzungen und Rechtsfolgen des § 110 EnWG befasst und auch

zur Abgrenzung zur Kundenanlage und Kundenanlage zur betrieblichen Eigenversorgung Stellung bezieht.[4]

B. Areal-, Werks- und Industrienetze im früheren Energiewirtschaftsrecht

Die Frage nach einer möglichen Pflicht zur Anschluss- und Zugangsgewährung zu nachgelagerten Netzen stellte sich sowohl vor Inkrafttreten des EnWG 2011 als auch vor Inkrafttreten seines unmittelbaren „Vorgängers", des EnWG 2005. Gegenstand der Diskussion war der Betrieb sog. Areal-, Werks- und Industrienetze. Hier handelte es sich um den örtlichen Verteilernetzbetreibern **nachgelagerte Energieanlagen**, die nur einen beschränkten Personenkreis bedienten, insbesondere in Werksanlagen oder Industrieparks. Die **uneinheitliche Bezeichnung** dieser Anlagen als „Arealnetze", „Werksnetze" oder „Industrienetze" war nicht zuletzt ein Beleg dafür, dass es an eindeutigen gesetzlichen Abgrenzungskriterien für derartige Energieanlagen fehlte.[5] Gleiches galt in Bezug auf die **Rechte und Pflichten ihrer Betreiber**. Infolgedessen bestand über diese Fragen eine erhebliche (Rechts-)Unsicherheit. Die Diskussion betraf zunächst die Frage, ob der Anlagenbetreiber einen **Anspruch auf Anschluss an das vorgelagerte Netz** hatte. Konkret ging es zumeist um den Anschluss an das vorgelagerte Mittelspannungsnetz, weil der Betrieb nachgelagerter Energieanlagen nur bei einem Anschluss an das vorgelagerte Mittelspannungsnetz wirtschaftlich sinnvoll war.[6] Die „spiegelbildliche" Diskussion, ob und inwieweit die Betreiber nachgelagerter Energieanlagen ihrerseits **verpflichtet waren, Interessenten Netzanschluss und Netznutzung** zu gewähren, wurde bis zur EnWG-Novelle 2005 praktisch nicht geführt. Erst im Laufe Zeit rückte nach der Frage der **Rechte** auch die Frage der **Pflichten** der Areal-, Werks- bzw. Industrienetzbetreiber in den Mittelpunkt der Diskussion. 9

Die Erörterung des **Begriffs der Arealnetze** und die sich aus der Eigenschaft des Arealnetzbetreibers ergebenden Rechte erreichte noch unter Geltung des früheren EnWG einen ersten Höhepunkt in der **Mainova-Entscheidung des BKartA** vom 8.10.2003.[7] Der Entscheidung lag eine Beschwerde der GETEC net GmbH zugrunde, die im Netzgebiet der Mainova AG Netz-, Umspann- und Schaltanlagen auf Grund- 10

4 Gemeinsames Positionspapier der Regulierungsbehörden der Länder und der Bundesnetzagentur zu geschlossenen Verteilernetzen gem. § 110 EnWG vom 23.2.2012, abrufbar unter http://www.bundesnetzagentur.de/SharedDocs/Downloads/DE/Sachgebiete/Energie/Unternehmen_Institutionen/EntflechtungKonzessionArealnetze/Aralnetze/LeitfadenGeschlVerteilernetze/LeitfadenGeschlVerteilernetze.pdf?__blob=publicationFile&v=2.

5 Hierzu *Strohe*, et 2005, 747.

6 Ebenso *Strohe*, et 2005, 747.

7 BKartA, Beschl. v. 8.10.2003 - B 11-40100-T-12/03 - WuW/E DE-V 881 ff.

stücken außerhalb der öffentlichen Wege (Areale) betreiben und an das vorgelagerte Mittelspannungsnetz der Mainova AG anschließen wollte. Die Mainova AG hatte derartige **Anträge auf Anschluss entsprechender Arealnetzanlagen** an das eigene Mittelspannungsnetz abgelehnt. Hierin sah die Antragstellerin den Missbrauch der marktbeherrschenden Stellung der Mainova AG als Betreiberin des Verteilernetzes in ihrem eigenen Netzgebiet unter Verletzung des § 19 Abs. 1 und Abs. 4 Nr. 4 GWB.

11 In seinem Beschluss definierte das BKartA u.a. die Begriffe „Areal“ und „Arealnetzanlage“. Unter „Areal“ war danach eine **Liegenschaft mit Wohn- und/oder Gewerbebebauung** zu verstehen, auf der mehrere **Endkunden** an eine ganz oder überwiegend auf dieser Liegenschaft errichtete Energie- bzw. Arealnetzanlage zum Zwecke der Stromversorgung angeschlossen waren. Die Anlage diene dabei regelmäßig auch der **Umspannung zwischen Mittel- und Niederspannung** und dem Hausanschluss.[8] In Bezug auf den konkreten Missbrauchsvorwurf stellte das BKartA fest, dass die Mainova AG den Netzanschluss der GETEC net GmbH an ihr Mittelspannungsnetz unter missbräuchlicher Ausnutzung ihrer marktbeherrschenden Stellung verweigert und so gegen § 19 Abs. 4 Nr. 4 GWB verstoßen hatte. Die Mainova AG war Normadressatin, weil sie als Betreiberin des Elektrizitätsversorgungsnetzes in ihrem Netzgebiet über eine **marktbeherrschende Stellung** verfügte. Der Betrieb nachgelagerter Arealnetze und die Belieferung von Stromkunden in diesem Areal war nur über die Nutzung einer oder mehrerer Spannungsebenen des Elektrizitätsversorgungsnetzes der Mainova AG möglich. Ohne einen Anschluss an das Netz der Mainova AG gab es daher für die GETEC net GmbH wirtschaftlich keine Möglichkeit, auf dem nachgelagerten Markt für Planung, Errichtung, Pacht, Erwerb und Betrieb von Arealnetzanlagen als Anbieter aufzutreten. Darin unterschied sich der konkrete Fall von der Situation einer Vielzahl von Arealnetzbetreibern, die nur eine sehr begrenzte Zahl von Kunden bedienten. Mit Blick auf die **Netzdefinition** erläuterte das BKartA, dass der Arealnetzbetreiber in seinem Tätigkeitsgebiet als Betreiber eines **Netzes für die allgemeine Versorgung** anzusehen war. Voraussetzung hierfür sei, dass das Netz von seiner Funktion her der allgemeinen Versorgung zugutekomme. Ein Netz, das ausschließlich der Versorgung eines einzelnen Kunden diene, falle nicht in diese Kategorie. In Abgrenzung zu Netzen, an die nur ein Endkunde angeschlossen sei, liege ein Netz für die allgemeine Versorgung dann vor, wenn es von seiner Dimensionierung her für eine nicht von vornherein feststehende Anzahl von Endkunden ausgelegt sei und grundsätzlich allen auf dem Areal aktuell oder zukünftig ansässigen Endkunden offenstehe. Im Rahmen seiner Stellung als allgemeiner Versorger

8 *Wagemann*, emw 2004, Heft 6, S. 7, führt aus, dass ein Arealnetz unabhängig vom Anschluss an eine konkrete Spannungsebene existieren könne. Vorstellbar sei z.B. ein an das örtliche Hochspannungsnetz angeschlossenes Arealnetz, das sämtliche nachgelagerten Ebenen umfasst.

müsse der Arealnetzbetreiber die Nutzung des Netzes allen durchleitungswilligen Stromlieferanten diskriminierungsfrei zur Verfügung zu stellen.[9]

Entscheidend für die Qualifizierung eines Arealnetzes als Netz der allgemeinen Versorgung war danach, ob das (Areal-)Netz von seiner **Funktion** her einem Netz für die allgemeine Versorgung vergleichbar war, d.h., der allgemeinen Versorgung zugutekommen konnte. In diesem Fall war der **Arealnetzbetreiber zum Anschluss und zur Versorgung von Endkunden verpflichtet.**[10] Maßgebliches Kriterium für diese Einstufung war die Tatsache, dass die betreffenden Betreiber den Netzbetrieb für ca. 1.100 Wohneinheiten übernehmen wollten und hierfür eine Mindeststromabnahme von 1.000.000 kWh/a eingeplant hatten. 12

Die Beschwerde der Mainova AG gegen den Beschluss des BKartA vom 8.10.2003 13 wurde vom **OLG Düsseldorf** mit Beschluss vom 23.6.2004 zurückgewiesen. Das Gericht hielt die Verfügung des BKartA für begründet. Die **Verweigerung des Anschlusses** von Arealnetzbetreibern an das vorgelagerte Mittelspannungsnetz war als **Missbrauch einer marktbeherrschenden Stellung** nach § 19 Abs. 1, Abs. 4 Nr. 1 und Nr. 4 GWB anzusehen. Anbieter, die in einem geografisch abgegrenzten Gebiet ansässige Endabnehmer mit Elektrizität beliefern oder sie an ein Stromversorgungsnetz anschließen wollten, seien auf ein bestehendes vorgelagertes Verteilungsnetz im Sinne einer **„wesentlichen Einrichtung“** angewiesen. Wenn ein anderweitiger Zugang tatsächlich nicht möglich sei, fehle es an einer sachlichen **Rechtfertigung für die Zugangsverweigerung**. Im Hinblick auf die Einordnung eines Netzes als Netz für die allgemeine Versorgung stellte das Gericht fest, dass eine allgemeine Versorgung u.a. dann vorliege, wenn ein Energieversorgungsunternehmen bereit und in der Lage sei, jedermann unabhängig von seiner Individualität und seiner räumlichen Nähe an ein Netz anzuschließen und mit Energie zu beliefern.[11] Hieran mangele es Arealnetzbetreibern insbesondere dann, wenn sie lediglich einen einzigen oder nur sehr wenige Kunden belieferten.

Die gegen den Beschluss des OLG Düsseldorf vom 23.6.2004 gerichtete **Rechtsbeschwerde** wurde vom **BGH** mit Beschluss vom 28.6.2005 zurückgewiesen.[12] Auch nach Auffassung des BGH hatte die Mainova AG ihre marktbeherrschende Stellung nach § 19 Abs. 1 und Abs. 4 Nr. 4 GWB missbraucht, indem sie Arealnetzbetreibern den Zugang zu ihrem Mittelspannungsnetz verweigert hatte. Die Mainova AG sei in ihrer Eigenschaft als **Eigentümerin der Stromnetze als Monopolistin** anzusehen. Ein Arealnetzbetreiber könne den erwünschten **Zugang zum Mittelspannungsnetz** daher nur von der Mainova AG erhalten, und zwar unabhängig davon, ob der Strom 14

9 BKartA, Beschl. v. 8.10.2003 - B 11-40100-T-12/03 - WuW/E DE-V 881 ff., S. 28 des amtl. Umdrucks.

10 BKartA, Beschl. v. 8.10.2003 - B 11-40100-T-12/03 - WuW/E DE-V 881 ff.

11 OLG Düsseldorf, Beschl. v. 23.6.2004 - Kart 35/03 - WuW/E DE-R 1307.

12 BGH, Beschl. v. 28.6.2005 - KVR 27/04 -; vgl. OLG Frankfurt RdE 2004, 49 und LG Frankfurt RdE 2003, 51 sowie *Strohe*, et 2005, 747, 748 f.; *Holznagel/Schumacher*, ZNER 2006, 210, 213.

zur Versorgung des Arealnetzes bei der Mainova AG oder bei einem Wettbewerber bezogen wurde. Da die Mainova AG in ihrem Gebiet den Markt für den Zugang zum Mittelspannungsnetz beherrschte, war sie **Normadressatin des § 19 Abs. 4 Nr. 4 GWB**, ohne dass es darauf ankam, ob sie auch den nachgelagerten Markt beherrschte, zu dem sie den Zugang versperrte. Als nachgelagerten Markt sah der BGH den **Markt für den Betrieb von Arealnetzen** an. Für die Anwendung des § 19 Abs. 4 Nr. 4 GWB war die Feststellung ausreichend, dass es Unternehmen gab, die den Betrieb von Arealnetzen als gewerbliche Leistung anboten. Daneben bestätigte auch der BGH die Auffassung des BKartA, wonach auch ein **Arealnetzbetreiber ein Netzbetreiber der allgemeinen Versorgung** sein konnte.

15 Nach den genannten Entscheidungen stand fest, dass es sich bei **Arealnetzen** um Verteilernetze **auf geografisch abgrenzbaren Liegenschaften** handelte, die nicht von der Zahl der angeschlossenen Endkunden abhängig waren. Konsequenterweise waren daher auch **Industrie- oder Werksnetze als Arealnetze** anzusehen.[13] Ein Arealnetz konnte zu einem Netz der allgemeinen Versorgung werden, wenn es in seiner Funktion einem solchen Netz vergleichbar war. Dies war insbesondere dann der Fall, wenn das Netz von seiner Dimension her für eine nicht von vornherein genau feststehende oder personell bestimmte Anzahl von Endkunden ausgelegt war und grundsätzlich allen im Netzgebiet aktuell oder zukünftig ansässigen Endkunden offenstand.[14] Bestand das Areal lediglich aus einigen oder wenigen Grundstücken und wurden nur wenige Kunden beliefert, war die Eigenschaft als Netz der allgemeinen Versorgung ausgeschlossen.

16 Im Ergebnis zeigt sich, dass die **Definition von Arealnetzen** bis zur Verabschiedung des EnWG 2005 nur eine untergeordnete Rolle spielte. Einen eigenständigen Bedeutungsgehalt entfaltete sie lediglich in Abgrenzung zu den Netzen der allgemeinen Versorgung, wenn das Arealnetz im konkreten Einzelfall nicht als ein Netz der allgemeinen Versorgung zu qualifizieren war. Zentrale **Aufgreifschwelle** der aus dem früheren Energiewirtschaftsrecht folgenden Pflichten von Netzbetreibern war deren Qualifizierung als **Betreiber eines Netzes für die allgemeine Versorgung**. Letztlich blieb auch danach zutreffend, dass unter Geltung des alten Rechts der Bedeutungsgehalt der allgemeinen Versorgung sowie des Versorgungsnetzes allein aus der Funktion des § 10 Abs. 1 EnWG 1998 heraus zu klären war.[15] Die Rechtspraxis hatte sich nur mit **Rechten von Arealnetzbetreibern** gegen vorgelagerte Netzbetreiber zu befassen, nicht aber mit der Frage, ob Areal- oder Werksnetzbetreiber von den an sich alle Netzbetreiber treffenden Pflichten befreit gewesen wären. Dieser Umstand war darauf zurückzuführen, dass es offensichtlich keine zu Kartellbehörden oder

13 *Wagemann*, emw 2004, Heft 6, S. 7.

14 So auch OLG Düsseldorf, Beschl. v. 23.6.2004 - Kart 35/03 - WuW/E DE-R 1307, S. 20 des amtl. Umdrucks; *Wagemann*, emw 2004, Heft 6.

15 *Büdenbender*, § 10 Rn 57.

Gerichten gelangten Konflikte zwischen Arealnetzbetreibern und ihren (potenziellen) Kunden gab.

C. „Objektnetze“ nach dem EnWG 2005

Mit der Novellierung des EnWG im Jahre 2005 entwickelte der Gesetzgeber im Rahmen 17
der Regulierung des Netzzugangs den umfassenden **Ausnahmetatbestand des § 110 EnWG für sog. Objektnetze.** Verteilernetze, die sich auf einem räumlich abgegrenzten Bereich befinden und einen zumindest bestimmbaren Kreis von Abnehmern versorgen, wurden vor Änderung des EnWG und während des Gesetzgebungsprozesses immer wieder unterschiedlich bezeichnet.[16] So wurde in Anknüpfung an die frühere Diskussion insbesondere von **Areal-, Werks- und Industrienetzen** gesprochen.[17] Die uneinheitlichen Begrifflichkeiten resultierten wohl aus dem Umstand, dass es zu dieser besonderen Form der Verteilernetze bis dahin keine gesetzliche Regelung gab. Mit Erlass des EnWG 2005 wurde erstmals der gesetzliche **Begriff des „Objektnetzes“** eingeführt. Der Begriff des Arealnetzes – der den früheren Beschlüssen des BKartA, des OLG Düsseldorf und des BGH zugrunde gelegen hatte – hatte danach keine Bedeutung mehr. Nach § 110 EnWG kam es vielmehr darauf an, ob ein Netz nunmehr als Objektnetz einzustufen war.

I. Entwicklung des Begriffs im Gesetzgebungsverfahren

Der Begriff des Objektnetzes war erst spät in das Gesetzgebungsverfahren einge- 18
führt worden. Die Bundesregierung[18] hatte in ihrem Gesetzentwurf ursprünglich den **Begriff des Werksnetzes** verwendet. Energieversorgungsnetze auf einem räumlich zusammenhängenden Werksgebiet, die überwiegend dem Transport von Elektrizität oder Erdgas innerhalb des eigenen Unternehmens oder zu i.S.d. § 3 Nr. 38 EnWG verbundenen Unternehmen dienten, wurden als „Werksnetz“ legal definiert. Für den Betrieb eines solchen Werksnetzes sollten die Teile 2 und 3 sowie die §§ 4, 52 und 92 des EnWG keine Anwendung finden, sodass sie von der Regulierung des Netzbetriebs ausgenommen waren. Im Verlauf des Gesetzgebungsverfahrens wurde darauf hingewiesen, dass dieser Begriff keine **trennscharfe Abgrenzung der unterschiedlichen Formen der Areal-, Werks- bzw. Industrienetze** von den Netzen der allgemeinen

---

16 Zum Begriff der Arealnetze siehe bereits BKartA, Beschl. v. 8.10.2003 - B 11 - 40100 - T - 12/03 - WuW/E DE-V 881 ff.; *Burmeister/Krause*, emw 2004, S. 22 ff. m.w.N.

17 *Nill-Theobald/Theobald*, IR 2005, 175, 177.

18 Entwurf eines Zweiten Gesetzes zur Neuregelung des Energiewirtschaftsrechts, BR-Drucks. 613/04 v. 13.8.2004 = BT-Drucks. 15/3917, S. 37.

Versorgung ermöglichte. Zunächst wurde dann die Definition der Werksnetze aus der Formulierung des § 110 EnWG ausgegliedert und unter § 3 Nr. 40 EnWG in die Begriffsbestimmungen verschoben. Werksnetze wurden nunmehr legal definiert als Energieversorgungsnetze auf einem räumlich zusammenhängenden Werksgebiet, die überwiegend dem Transport von Elektrizität oder Gas innerhalb des eigenen Unternehmens oder zu i.S.d. Nr. 38 verbundenen Unternehmen und nicht der allgemeinen Versorgung i.S.d. Nr. 17 dienen.[19] In der Endphase des Gesetzgebungsverfahrens wurde der Entwurf des § 110 EnWG schließlich noch einmal grundlegend geändert. Der Begriff der Werksnetze wurde durch den **Begriff der Objektnetze** ersetzt. Um die Anwendung der Vorschrift in der Praxis zu erleichtern, wurde der Begriff wieder in § 110 EnWG definiert. Nach der letztlich verabschiedeten Fassung der Vorschrift sollten die Teile 2 und 3 des Gesetzes sowie dessen §§ 4, 52 und 92 auf den Betrieb von solchen Energieversorgungsnetzen keine Anwendung finden, die sich auf einem

- räumlich zusammengehörenden Betriebsgebiet befinden sowie überwiegend dem Transport von Energie innerhalb des eigenen Unternehmens oder zu i.S.d. § 3 Nr. 38 verbundenen Unternehmen dienen (§ 110 Abs. 1 Nr. 1),
- räumlich zusammengehörenden privaten Gebiet befinden und dem Netzbetreiber oder einem Beauftragten dazu dienen, durch einen gemeinsamen übergeordneten Geschäftszweck, der über reine Vermietungs- und Verpachtungsverhältnisse hinausgeht und durch die Anwendung der im einleitenden Satzteil genannten Bestimmungen unzumutbar erschwert würde, bestimmbare Letztverbraucher mit Energie zu versorgen (§ 110 Abs. 1 Nr. 2) oder
- räumlich eng zusammengehörenden Gebiet befinden und überwiegend der Energieerzeugung dienen (§ 110 Abs. 1 Nr. 3),

sofern das **Energieversorgungsnetz nicht der allgemeinen Versorgung** im Sinne des § 3 Nr. 17 dient und der Betreiber der Objektnetzes oder sein Beauftragter die personelle, technische und wirtschaftliche Leistungsfähigkeit besitzen, um den Netzbetrieb entsprechend den Vorschriften dieses Gesetzes auf Dauer zu gewährleisten.

19 Die Änderung der Terminologie ging auf eine **Empfehlung des Wirtschaftsausschusses** des Deutschen Bundestages zurück. Sie wurde mit der Notwendigkeit begründet, die von den Regulierungsvorschriften des zweiten und dritten Teils des Gesetzes freigestellten Netze durch **Fallgruppen** klar zu bestimmen und die industrielle Arealversorgung vergleichbaren Versorgungskonstellationen im Dienstleistungsbereich gleichzustellen.

19 Vgl. BR-Drucks. 248/05 v. 15.4.2005.

II. Kriterien des Objektnetzbegriffs

Die Regelung des § 110 EnWG 2005 legte **drei Gruppen von Netzen** fest, die unter den Begriff des Objektnetzes zu subsumieren waren. Dem Rechtsanwender sollte – nicht zuletzt aufgrund der weitreichenden Konsequenz einer Freistellung von den Regulierungsvorgaben – klar erkennbar sein, in welchen Fällen die Ausnahmeregelung galt.[20] So unterschied das Gesetz zwischen **Betriebsnetzen** nach § 110 Abs. 1 Nr. 1 EnWG 2005, **Dienstleistungsnetzen** nach § 110 Abs. 1 Nr. 2 EnWG 2005 und **Eigenversorgungsnetzen** nach § 110 Abs. 1 Nr. 3 EnWG 2005. Betreiber dieser Netze waren nach § 110 Abs. 1 EnWG 2005 von den **Verpflichtungen der Teile 2 und 3** (§§ 6 ff. und 11 ff. EnWG 2005) sowie von den **Vorgaben der §§ 4, 52 und 92 EnWG 2005 befreit.** § 110 Abs. 1 EnWG 2005 stellte allerdings auch klar, dass sich **Betreiber von Energieversorgungsnetzen der allgemeinen Versorgung nicht** auf die Ausnahmevorschrift berufen konnten. Gleiches galt, wenn der Betreiber eines Objektnetzes nicht über die **personelle, technische und wirtschaftliche Leistungsfähigkeit** verfügte, um den Betrieb seines Netzes auf Dauer zu gewährleisten. Die **personelle Leistungsfähigkeit** bezog sich darauf, dass der Netzbetreiber über personelle Kapazitäten verfügt, um den Netzbetrieb zu gewährleisten.[21] Das Erfordernis der **technischen Leistungsfähigkeit** bedeutete, dass das Personal über die notwendigen Kenntnisse verfügen musste. Mit der **wirtschaftlichen Leistungsfähigkeit** war die Fähigkeit des Netzbetreibers verbunden, genügend Eigen- oder Fremdkapital aufzubringen, um die finanziellen Anforderungen des Netzbetriebs erfüllen zu können. 20

1. Betriebsnetze nach § 110 Abs. 1 Nr. 1 EnWG 2005

Die Ausnahmevorschrift betraf zunächst Netzbetreiber, deren Energieversorgungsnetze sich **auf einem räumlich zusammengehörenden Betriebsgebiet** befanden und überwiegend dem **Transport von Energie innerhalb des eigenen Unternehmens** oder innerhalb der eigenen Unternehmensgruppe (i.S.d. § 3 Nr. 38 EnWG 2005) dienten. Wann ein **„Betriebsgebiet"** vorlag, wurde im Gesetz nicht ausdrücklich geregelt. Im Regierungsentwurf war in diesem Zusammenhang noch der Begriff „Werksgebiet" verwendet worden. Erst im parlamentarischen Vermittlungsverfahren wurde die Formulierung durch den **weitergehenden Begriff** „Betriebsgebiet" ersetzt. Immerhin gibt der frühere Begriff des „Werksgebietes" Aufschluss darüber, welche Fallgestaltungen der Gesetzgeber mit seiner Vorschrift regeln wollte. Auf die Objektnetzausnahme sollte sich berufen können, wer auf einem bestimmten Gelände 21

---

20 Siehe dazu Empfehlung des federführenden Wirtschaftsausschusses v. 22.4.2005, BR-Drucks. 248/1/05 (neu), S. 9. In der Literatur vgl. zu § 110 EnWG: *Büdenbender/Rosin*, S. 106; *Rosin*, RdE 2006, 9 ff.; *Habich*, DVBl. 2006, 211 ff.; *Klemm*, CuR 2005, 111 ff.; *Krebs*, RdE 2006, 115 ff.

21 Vgl. *Schroeder-Czaja/Jacobshagen*, IR 2006, 78; *Kussel*, N&R 2007, 21, 27.

im Rahmen seines **„kaufmännischen oder gewerblichen Unternehmens“** ein Energieversorgungsnetz betreibt.[22] Die Vorschrift sollte Betriebsstandorte vor unnötigen Regulierungsanforderungen bewahren. Vor diesem Hintergrund konnte es nicht darauf ankommen, ob es sich hier allein um („Werks-“)Gebiete der industriellen Fertigung handelte. Die Änderung des Wortlautes im parlamentarischen Verfahren stellte klar, dass nicht nur derartige Gebiete von der Objektnetzausnahme profitieren sollten, sondern auch Gebiete von Dienstleistungsunternehmen.

22 Die Ausnahmevorschrift des § 110 Abs. 1 Nr. 1 EnWG 2005 setzte weiter voraus, dass es sich bei dem Betriebsgebiet um ein **„räumlich zusammengehörendes“** Gebiet handelte. Auch diese Formulierung ging auf das parlamentarische Verfahren zurück. Im Regierungsentwurf war noch von einem „zusammenhängenden“ Gebiet die Rede gewesen. Erst der Vermittlungsausschuss führte stattdessen die **weitergehende Formulierung** des „zusammengehörenden“ Betriebsgebietes ein.[23] Es war deutlich geworden, dass sich das Betriebsgebiet auch **über mehrere Teilgebiete** erstrecken konnte, die nicht zusammenhingen, wohl aber lediglich zusammengehörten. Ein **Betriebsgelände, das aus mehreren Grundstücken bestand**, fiel also auch dann unter die Objektnetzausnahme, wenn zwischen den einzelnen Grundstücken etwa eine öffentliche Straße verlief. Unter Umständen bedeutete dies, dass das Objektnetz nicht ausschließlich auf dem Betriebsgelände lag, sondern öffentliche Straßen und Wege kreuzte. Beides sollte für die Anwendung der Objektnetzausnahme unerheblich sein. Entscheidend war, dass zwischen den einzelnen Teilgebieten des Betriebsgebietes ein **räumlich-funktionaler Zusammenhang** bestand, sodass noch von Teilgebieten eines einzigen Betriebsgebietes und nicht von mehreren separaten Betriebsgebieten ausgegangen werden konnte.

23 Für die Anwendung der Ausnahmevorschrift kam es auch darauf an, dass das Energieversorgungsnetz auf dem räumlich zusammengehörenden Betriebsgebiet überwiegend dem **Transport von Energie innerhalb des eigenen Unternehmens** bzw. der eigenen Unternehmensgruppe diente. Der Gesetzgeber wollte mit der Formulierung **„überwiegend“** unterstreichen, dass Energieversorgungsnetze auf Betriebsgebieten, die ausschließlich der Eigenversorgung dienten, von vornherein nicht unter den Begriff des Energieversorgungsnetzes fallen konnten. Hier handelte es sich vielmehr um **Kundenanlagen, die nicht unter die Regulierungsvorschriften fallen sollten.**[24] Vielmehr musste das Netz lediglich **„überwiegend“** dem Transport von Energie innerhalb des eigenen Unternehmens oder an verbundene Unternehmen des Netzbetreibers dienen. Die Objektnetzausnahme erfasste nur Fälle, in denen auf dem räumlich zusammenhängenden Betriebsgebiet **Energie wenigstens auch zu einem Dritten** transportiert wurde, solange der „überwiegende“ Transport der Eigenversor-

22 Vgl. *Strohe*, et 2005, 747.
23 Vgl. *Kussel*, N&R 2007, 21, 23.
24 Vgl. Regierungsbegründung, BT-Drucks. 15/3917, S. 75.

gung diente.[25] Ob dies der Fall war, sollte nach der Regierungsbegründung von der **Liefermenge** abhängig gemacht werden, die transportiert würde.[26] Nicht maßgeblich war hingegen die Anzahl der belieferten Unternehmen.[27] Lag der **Anteil der Eigenversorgung bei über 50 %** der insgesamt über das Netz transportierten Menge, sollte das Tatbestandsmerkmal des „Überwiegens" erfüllt sein. Insoweit wurde auf die gelieferte **Menge während eines Jahres** abgestellt, um die Auswirkungen jahreszeitlich bedingter Schwankungen auf den Anteil des Eigenverbrauchs zu berücksichtigen.[28]

Die überwiegende Eigenversorgung konnte auf das **eigene Unternehmen** 24
beschränkt sein. Es sollte aber genügen, dass Energie zu Unternehmen transportiert wurde, die mit dem Betreiber des Objektnetzes i.S.d. § 3 Nr. 38 EnWG i.V.m. Art. 3 Abs. 2 FKVO in der Weise verbunden waren, dass dort ein **bestimmender Einfluss** ausgeübt wurde. Dieser Einfluss konnte sowohl **vom Netzbetreiber** als auch **von den belieferten Unternehmen** ausgehen. Denkbar war auch, dass Netzbetreiber und belieferte Unternehmen jeweils durch den **bestimmenden Einfluss einer Muttergesellschaft** miteinander verbunden waren.

2. Dienstleistungsnetze nach § 110 Abs. 1 Nr. 2 EnWG 2005

Die zweite Gruppe der durch § 110 Abs. 1 EnWG 2005 privilegierten Netzbetrei- 25
ber betraf Betreiber von Energieversorgungsnetzen, die sich auf einem **räumlich zusammengehörenden privaten Gebiet** befinden. Dienten diese Netze ihrem Betreiber oder einem Beauftragten dazu, bestimmbare Letztverbraucher im Rahmen eines **gemeinsamen übergeordneten Geschäftszwecks**, sollte die **Ausnahme für Dienstleistungsnetze** nach § 110 Abs. 1 Nr. 2 EnWG 2005 eingreifen. Allerdings musste der Geschäftszweck **über die reine Vermietungs- oder Verpachtungstätigkeit** hinausgehen. Zudem hatte die **Anwendung der Regulierungsvorschriften seine Erreichung unzumutbar zu erschweren.** Im Unterschied zur Privilegierung der Betriebsnetze, die sich über ein „räumlich zusammengehörendes Gebiet" erstrecken, bezog sich die Ausnahme für Dienstleistungsnetze auf ein räumlich zusammengehörendes „privates" Gebiet. Mit diesem Begriff sollte allerdings **kein Gegensatz zwischen „privaten" und „öffentlichen" Gebieten** aufgebaut werden. Es ist nicht ersichtlich, dass der Gesetzgeber Gebiete im Eigentum der öffentlichen Hand anders behandeln wollte als privates Eigentum. Dies gilt insbesondere deshalb, weil im Zuge des Gesetzgebungsverfahrens die regelmäßig **im Eigentum der öffentlichen Hand stehenden Energieversorgungsnetze** in Flughäfen als typisches Beispiel für die

25 Vgl. *Schroeder-Czaja/Jacobshagen*, IR 2006, 78, 80; *Kussel*, N&R 2007, 21, 24.
26 Vgl. Regierungsbegründung, BT-Drucks. 15/3917, S. 75.
27 Vgl. *Schroeder-Czaja/Jacobshagen*, IR 2006, 78, 80; *Kussel*, N&R 2007, 21, 24.
28 Vgl. *Schroeder-Czaja/Jacobshagen*, IR 2006, 78, 80; *Kussel*, N&R 2007, 21, 24.

Privilegierung von Dienstleistungsnetzen genannt worden waren.[29] Das Tatbestandsmerkmal des „privaten Gebietes" sollte auch nicht etwa eine **unternehmerische Tätigkeit** ausschließen. Hiergegen spricht, dass das betreffende Energieversorgungsnetz dazu dienen sollte, durch einen gemeinsamen übergeordneten **Geschäftszweck** bestimmbare Letztverbraucher mit Energie zu versorgen. Die Formulierung des „privaten" Gebietes ist allenfalls vor dem Hintergrund der **Gesetzgebungsgeschichte** zu erklären. Der zunächst in das Gesetzgebungsverfahren eingeführte Tatbestand des § 110 Abs. 1 Nr. 1 EnWG 2005 war auf die „industrielle Arealversorgung" zugeschnitten. § 110 Abs. 1 Nr. 2 EnWG 2005 sollte sich demgegenüber auf „vergleichbare **Versorgungskonstellationen etwa im Dienstleistungsbereich**" beziehen. Als Beispiele wurden hier Fälle der **Untermiete, Flughäfen, Pflegeheime und Einkaufszentren** herangezogen.[30] Der Gesetzgeber hatte also bei der Wortwahl des „privaten" Gebietes die Abgrenzung vom „industriellen" Betriebsgebiet des § 110 Abs. 1 Nr. 1 im Sinn.

26 Entscheidend war letztlich, dass in dem Gebiet, in dem das Energieversorgungsnetz betrieben wurde, ein **gemeinsamer übergeordneter Geschäftszweck** erfüllt wurde, der über reine Vermietungs- oder Verpachtungsverhältnisse hinausging. Auf den ersten Blick konnte man die Formulierung so interpretieren, dass sich der Geschäftszweck darin erschöpfte, Letztverbraucher mit elektrischer Energie zu beliefern. Eine solche Auslegung hätte aber den Sinn der Vorschrift verkannt. Für die Privilegierung der Betreiber von Dienstleistungsnetzen kam es darauf an, anhand des übergeordneten Geschäftszwecks **Letztverbraucher zu bestimmen** und so die **Ausdehnung des privilegierten Netzes** zu ermitteln. Dies ergibt sich wiederum aus der Gesetzgebungsgeschichte, in der als mögliche gemeinsame übergeordnete Geschäftszwecke u.a. der **Betrieb von Flughäfen, Pflegeheimen oder Einkaufszentren** genannt wurde. Diese Fälle zeichneten sich dadurch aus, dass die Energieabnehmer die Anschlussbedingungen und die Energielieferung aufgrund einer umfassenden Interessenlage im Rahmen eines vertraglichen Gesamtpaketes regelmäßig akzeptierten.[31]

27 Bei der Ermittlung des gemeinsamen übergeordneten Geschäftszwecks war umstritten, ob es insoweit nur auf die **Motivation der Letztverbraucher** oder zumindest auch auf die **Motivation des Netzbetreibers** ankam. Dem Wortlaut nach musste das privilegierte Netz dazu dienen, durch einen gemeinsamen übergeordneten Geschäftszweck bestimmbare Letztverbraucher mit Energie zu versorgen. Nach der **überwiegenden Ansicht** in der Literatur sollte es nach dieser Formulierung ausgeschlossen sein, auf die Motivation des Netzbetreibers abzustellen. Vielmehr sollte es **allein auf den gemeinsamen Geschäftszweck der Letztverbraucher** ankommen.[32]

---

29 Vgl. *Kussel*, N&R 2007, 21, 25.

30 Vgl. BR-Drucks. 248/05 (neu) v. 22.4.2005, S. 9.

31 Vgl. BR-Drucks. 248/05 (neu) v. 22.4.2005, S. 9.

32 Vgl. *Klemm*, CuR 2005, 111, 115; *Strohe*, et 2005, 747; *Schroeder-Czaja/Jacobshagen*, IR 2006, 78, 81 f.

Diese Auffassung hätte aber gerade in den Fällen, die der Gesetzgeber bei der Privilegierung der Dienstleistungsnetze nach § 110 Abs. 1 Nr. 2 EnWG im Blick hatte, zu dem **unerwünschten Ergebnis** geführt, dass der Netzbetreiber eine geschäftliche Motivation der Letztverbraucher hätte nachweisen müssen, die sich kaum nachweisen ließ. Ob die Betreiber eines Ladenlokals in einem Flughafen einen **gemeinsamen Zweck** verfolgen, konnte der Betreiber des dortigen Energieversorgungsnetzes kaum beurteilen. Ihm zu unterstellen, er habe dort ganz subjektiv (auch) an der für Flughäfen charakteristischen Abfertigung von Flugzeugen oder an der Betreuung von Reisenden mitwirken wollen, **wäre eine Fiktion** gewesen. Vielfach hätte sich der einzige Zweck, der allen Letztverbrauchern auf einem Flughafen subjektiv gemeinsam ist, tatsächlich in der **Erfüllung der bestehenden Vermietungs- oder Verpachtungsverhältnisse** erschöpft. Dies sollte aber für die Privilegierung der Dienstleistungsnetze gerade nicht genügen.

Richtigerweise war daher auf Umstände abzustellen, die über die Betrachtung 28
der subjektiven Motivation der Letztverbraucher hinausgehen, etwa auf eine **alle Beteiligten verbindende objektive Interessenlage** an der optimalen Erbringung der auf dem jeweiligen Gebiet erbrachten Dienstleistungen. Unabhängig von der subjektiven Motivation des einzelnen Letztverbrauchers konnte nämlich kein Zweifel daran bestehen, dass z.B. der Betrieb eines Ladenlokals in einem Flughafen objektiv im Interesse einer „Rundum-Versorgung“ der Reisenden lag. Die Betrachtung der objektiven Interessenlage deckte sich auch mit der Einschätzung des **Wirtschaftsausschusses des Bundesrates**, der den Grund für die Privilegierung von Dienstleistungsnetzen darin gesehen hatte, dass die Energieabnehmer gemeinhin die Anschlussbedingungen und die Energielieferung aufgrund einer umfassenden Interessenlage im Rahmen eines vertraglichen Gesamtpakets akzeptierten.[33] Einen Anhaltspunkt für die Ermittlung dieser umfassenden Interessenlage bildete dabei insbesondere **der Geschäftszweck des Netzbetreibers**, auch wenn es sich hier nicht um eine „gemeinsame“, sondern nur um seine „ureigene“ Motivation handelte.[34]

Schließlich sollte die **Objektnetzausnahme nach § 110 Abs. 1 Nr. 2 EnWG 2005** 29
nur dann eingreifen, wenn der gemeinsame übergeordnete Geschäftszweck bzw. die Verwirklichung der alle Beteiligten verbindenden objektiven Interessen **unzumutbar erschwert** würde. Hier war unklar, ob die Unzumutbarkeit auf der Seite der Letztverbraucher oder auf der Seite des Netzbetreibers vorliegen musste und welche Anforderungen an das Vorliegen dieses Tatbestandsmerkmals zu stellen waren. Nach dem Wortlaut des § 110 Abs. 1 Nr. 2 EnWG 2005 war die **Unzumutbarkeit** auf die Erfüllung des gemeinsamen Geschäftszwecks der **Letztverbraucher** bezogen. Es war allerdings

33 Vgl. BR-Drucks. 248/05 (neu) v. 22.4.2005, S. 9.

34 Offengelassen vom BGH, Beschl. v. 6.5.2009 - EnVR 55/08 - IR 2009, 185, und vom OLG Düsseldorf, Beschl. v. 5.4.2006 - VI-3-Kart 143/06 (V) -; wie hier *Staebe*, CuR 2006, 73, 74; kritisch hierzu etwa *Klemm*, CuR 2005, 111, 115.

kaum vorstellbar, wie sich die Erfüllung der Verpflichtungen der Teile 2 und 3 des Gesetzes sowie der §§ 4, 52 und 92 EnWG 2005 durch den Netzbetreiber überhaupt auf die Verwirklichung des gemeinsamen Geschäftszwecks der Letztverbraucher auswirken konnte. Allenfalls konnte man von einer **unzumutbaren Erschwerung** sprechen, wenn der Netzbetreiber infolge der Pflichterfüllung erhebliche Erhöhungen der Netznutzungsentgelte vornehmen musste. Richtigerweise war auch hier darauf abzustellen, ob die Verwirklichung der alle Beteiligten verbindenden **objektiven Interessen** unzumutbar erschwert wurde, wenn der Netzbetreiber die ihm auferlegten regulierungsrechtlichen Pflichten erfüllen musste.

3. Eigenversorgungsnetze nach § 110 Abs. 1 Nr. 3 EnWG 2005

30 Die dritte Privilegierung des § 110 Abs. 1 EnWG 2005 betraf Netzbetreiber, deren Energieversorgungsnetze sich in einem **„räumlich eng zusammengehörenden Gebiet“** befanden und überwiegend der **Eigenversorgung** dienten. Im Unterschied zu den Ausnahmen für Betrieb- und für Dienstleistungsnetze musste hier kein Betriebsgebiet vorliegen. Auch der Zusatz, dass es sich um ein „privates“ Gebiet handeln musste, wurde hier nicht verwendet. Die Differenzierung zwischen industriellen und sonstigen gewerblichen Gebieten spielte demnach keine Rolle. Anders als in den ersten beiden Fallgruppen sprach der Gesetzgeber bei der Ausnahme für Eigenversorgungsnetze nach § 110 Abs. 1 Nr. 3 EnWG 2005 nicht nur von „räumlich zusammengehörenden“, sondern von **„räumlich eng zusammengehörenden“** Gebieten. Dies deutete auf einen **eingeschränkten Anwendungsbereich** dieser Ausnahme hin.[35] Ebenso wie bei den übrigen Ausnahmetatbeständen war nicht notwendig, dass das Gebiet der Eigenversorgungsnetze zusammenhängend war. Für die Zusammengehörigkeit musste also grundsätzlich ein **räumlich-funktionaler Zusammenhang** genügen, wobei das Wort „eng“ darauf hindeutete, dass der räumliche Zusammenhang enger sein musste als bei den Betriebs- und Dienstleistungsnetzen. Wo die Grenze zwischen **räumlich-funktional zusammengehörenden Gebieten** einerseits und **funktional zusammengehörenden, räumlich enger liegenden Gebieten** andererseits zu ziehen war, blieb letztlich auch in der Anwendungspraxis der Vorschrift ungeklärt.

31 Jedenfalls musste das Netz **überwiegend** der **Eigenversorgung** dienen. Der Begriff der „Eigenversorgung“ war in § 110 Abs. 3 EnWG 2005 definiert. Eigenversorgung i.S.d. Abs. 1 Nr. 2 war die unmittelbare **Versorgung eines Letztverbrauchers aus der für seinen Eigenbedarf errichteten Eigenanlage** oder aus einer Anlage, die von einem Dritten ausschließlich oder überwiegend für die Versorgung eines bestimmbaren Letztverbrauchers errichtet und betrieben wurde.

32 Die Definition erklärte **zwei Arten** der Versorgung zur Eigenversorgung: Zum einen war Eigenversorgung die **unmittelbare Versorgung eines Letztverbrauchers**

35 *Kussel*, N&R 2007, 21, 26.

aus der für seinen Eigenbedarf errichteten Eigenanlage. Der Begriff der **„Eigenanlage"** ergab sich aus § 3 Nr. 13 EnWG 2005. Hierbei handelte es sich um Anlagen zur Erzeugung von Elektrizität zur Deckung des Eigenbedarfs, die nicht von Energieversorgungsunternehmen betrieben werden. Diese Definition war im Rahmen des § 110 Abs. 1 EnWG 2005 so aber **nicht verwertbar**. § 110 Abs. 1 EnWG 2005 setzte gerade den Betrieb eines Energieversorgungsnetzes voraus, sodass der Netzbetreiber, der zugleich auch die Eigenanlage betrieb, selbstverständlich Energieversorgungsunternehmen i.S.d. § 3 Nr. 18 war, und zwar auch dann, wenn er ein Objektnetz betrieb. Mit der ersten Variante waren wohl Konstellationen gemeint, in denen ein Unternehmen eine Stromerzeugungsanlage errichten ließ, diese selbst betrieb und auch den darin erzeugten Strom – ausschließlich oder überwiegend – selbst verbrauchte. Die zweite Variante bezog sich auf das sog. **Contracting**. Geregelt wurde der Fall, dass ein **Dritter eine Stromerzeugungsanlage** errichtete, betrieb und daraus ausschließlich oder überwiegend einen bestimmbaren Letztverbraucher mit Strom versorgte.

III. Abgrenzung: Kundenanlagen

Nach den gesetzlichen Begriffsbestimmungen des EnWG 2005 kam es für die Definition des Energieversorgungsnetzes u.a. darauf an, ob **Energie über das Netz „verteilt"** wurde. So hing sowohl das Vorliegen eines Elektrizitäts- als auch eines Gasverteilernetzes vom Tatbestandsmerkmal der „Verteilung" ab, mit der nur die Verteilung an Kunden gemeint sein konnte. Wer Anlagen betrieb, die nicht zur Verteilung von Energie an Dritte, sondern **ausschließlich der Eigenversorgung** dienten, betrieb kein Energieversorgungsnetz. Man konnte hier vielmehr von sog. **Kundenanlagen** sprechen. Anders als heute war der Begriff im Gesetz nicht ausdrücklich definiert. Im **Gesetzgebungsverfahren** hatte er nur im Zusammenhang mit der Ausnahmevorschrift für sog. Werksnetze eine Rolle gespielt. Im Unterschied zum Referentenentwurf sah der **Regierungsentwurf** eine Regelung vor, mit der bestimmte industrielle Energieversorgungsnetze von den Regulierungsvorschriften befreit werden sollten. Es handelte sich nach der Regierungsbegründung um **Netze, die als Kundenanlagen auf Werksgeländen** zur Durchführung einer unternehmensinternen Energieversorgung errichtet worden sind.[36] Diese Netze sollten nach dem Willen der Bundesregierung ihren **Charakter als Kundenanlagen** nicht dadurch verlieren, dass infolge der Ansiedlung anderer Unternehmen auf dem Werksgelände nunmehr auch **andere juristische Personen** als der Netzbetreiber mit Energie beliefert werden. Die im Regierungsentwurf vorgeschlagene Vorschrift bildete die Grundlage für die umfassende Ausnahmebestimmung für die sog. Objektnetze. Aus der Begründung ergab sich, dass der Betrieb von Anlagen zur Durchführung der unternehmensinternen 33

36 Vgl. Regierungsbegründung, BT-Drucks. 15/3917, S. 75.

Energieversorgung auch nach dem Willen des Gesetzgebers nicht als Betrieb eines Energieversorgungsnetzes, sondern als Betrieb einer Kundenanlage anzusehen war.

34 Unter Kundenanlagen verstand man auch vor der gesetzlichen Definition des Begriffs allgemein alle **Energieanlagen hinter dem Anschlusspunkt an das vorgelagerte Netz.**[37] Auf die Spannungsebene des vorgelagerten Netzes kam es dabei nicht an: Wegen der grundsätzlichen Anschlusspflicht des Netzbetreibers konnten Kundenanlagen an alle Spannungsebenen angeschlossen werden. Waren an die Kundenanlage neben ihrem Betreiber **keine weiteren Letztverbraucher angeschlossen**, stand außer Zweifel, dass die Voraussetzungen eines Energieversorgungsnetzes hier nicht erfüllt waren.[38] Dies ergab sich nicht nur daraus, dass bei derartigen Anlagen die für Elektrizitäts- und Gasverteilernetze charakteristische **„Verteilung“ nicht stattfand.** Auch nach Sinn und Zweck der Regulierungsvorschriften wäre es sachwidrig gewesen, dem Betreiber von Anlagen, an die keine Dritten angeschlossen sind, umfangreiche Pflichten aufzuerlegen, deren Zweck letztlich der Schutz Dritter war.[39]

35 Praktisch umstritten waren die Fälle, in denen über eine Kundenanlage neben ihrem Betreiber **weitere Letztverbraucher versorgt** wurden. Formal lag dann eine „Verteilung“ vor. **Nicht jede Verteilung** führte jedoch dazu, dass die betreffende Anlage als Energieversorgungsnetz anzusehen war. Hier war vielmehr unter Berücksichtigung der Ziele des § 1 EnWG **im Einzelfall** zu prüfen, ob noch von einer Kundenanlage oder schon von einem Energieversorgungsnetz auszugehen war. In diese Prüfung war einzubeziehen, ob die **Versorgung Dritter als Teil der Geschäftstätigkeit** des Anlagenbetreibers kommerziell betrieben wurde. Wurde ein Netz lediglich im Zusammenhang mit der Vermietung oder Verpachtung zur Verfügung gestellt, sprach dies gegen den Betrieb eines Energieversorgungsnetzes. Gleiches galt, wenn eine **Anlage ursprünglich zur Belieferung eines einzelnen Kunden** errichtet wurde und sich im Laufe der Zeit die **Versorgungsstruktur geändert** hatte, also dann mehrere Letztverbraucher mit Energie versorgt wurden. Ein Beispiel bildet die **Verkleinerung eines Industriebetriebs**, der ursprünglich als alleiniger Kunde über die von ihm betriebene Anlage Energie bezogen hatte. Wenn hier infolge einer Veräußerung von Betriebsteilen rechtlich selbstständige weitere Kunden „hinzutraten“, war im Hinblick auf die Regulierungsziele des Gesetzes abzuwägen, ob die Gesamtheit der netztechnischen Anlagen durch das formale Hinzutreten weiterer Kunden als Energieversorgungsnetz oder weiterhin als Kundenanlage anzusehen war. Jedenfalls war eine Kundenanlage wohl dann **nicht als Energieversorgungsnetz** anzusehen, wenn es sich bei den **angeschlossenen Letztverbrauchern um verbundene Unter-**

37 Vgl. § 12 Abs. 1 S. 1 AVBEltV; krit. hierzu *Schau*, IR 2007, 98, 101.

38 So etwa OLG Stuttgart, Beschl. v. 27.5.2010 - 202 EnWG 1/10 - Rn 42 (zit. nach juris) m. krit. Anm. *Schendel*, EWeRK 11/2/2011, 63 f.

39 Siehe hierzu *Schroeder-Czaja/Jacobshagen*, IR 2006, 50, 52.

nehmen handelte. Gleiches galt für den Fall, dass innerhalb der Kundenanlage Notstromaggregate, Blockheizkraftwerke oder Photovoltaikanlagen betrieben wurden.[40] War eine Anlage nach Abwägung der Umstände des Einzelfalls als Energieversorgungsnetz und nicht als Kundenanlage anzusehen, waren im Übrigen die Voraussetzungen der allgemeinen Ausnahme für die Betreiber von Objektnetzen zu prüfen.

IV. Rolle der Regulierungsbehörden

§ 110 Abs. 4 EnWG 2005 sah vor, dass die **Regulierungsbehörde auf Antrag** entscheidet, ob die Voraussetzungen nach Absatz 1 vorliegen. Schon dem Wortlaut nach war die Antragstellung für das Eingreifen eines Ausnahmetatbestandes des § 110 Abs. 1 EnWG 2005 **nicht konstitutiv, sondern deklaratorisch**. Gleichwohl wurde die Frage lange kontrovers diskutiert. Während Teile der Literatur[41] der regulierungsbehördlichen Feststellungsentscheidung einen rein deklaratorischen Charakter zumessen wollten, wurde dieser rechtlichen Bewertung von anderen Autoren[42] widersprochen. Eine erste **Entscheidung des LG Leipzig**[43] zu der Thematik leitete aus einem unterstellten Zusammenspiel der §§ 20 Abs. 2, 110 Abs. 4 EnWG ab, dass die **Inanspruchnahme der Sonderregelung** für Objektnetze **erst nach einer konstitutiven Freigabeentscheidung** der Regulierungsbehörde erfolgen konnte. Hiergegen sprachen mehrere Erwägungen: Wenn der Gesetzgeber eine administrative Entscheidung als Voraussetzung für eine bestimmte rechtliche Verhaltensweise verlangt, stellt er dies regelmäßig im Gesetz deutlich klar. Das Gesetz brachte und bringt dies in anderem Zusammenhang klar zum Ausdruck. So war und ist die **Aufnahme des Netzbetriebs** (vgl. § 3 Nr. 2-7 EnWG) erstmalig nur möglich, wenn sie durch die nach Landesrecht zuständige Behörde gestattet wird. Dies ergibt sich aus § 4 Abs. 1 EnWG. Dasselbe gilt für die **Anwendung von Netznutzungsentgelten**. Sie unterliegen nach § 23a Abs. 1 EnWG dem Erfordernis einer präventiven regulierungsbehördlichen Erlaubnis, die das Gesetz als Genehmigung bezeichnet. Hätte der Gesetzgeber auch die Inanspruchnahme der Objektnetzausnahme von einer Genehmigung abhängig machen wollen, hätte er § 110 Abs. 4 EnWG vergleichbar mit §§ 4 Abs. 1, 23a Abs. 1 EnWG formuliert. Dies folgt letztlich aus der systematischen Auslegung der betreffenden Normen. Die Formulierung in § 110 Abs. 4 EnWG sprach jedoch nicht davon, dass die Inanspruchnahme der Objektnetzausnahme einer **regulierungsbehördlichen Genehmigung** bedurfte. Vielmehr wurde der Regulierungsbehörde lediglich auf Antrag die Kompetenz zu einer Entscheidung eingeräumt. Die Vorschrift war daher deklaratorischer Natur. 36

40 Ausführlich hierzu *Schroeder-Czaja/Jacobshagen*, IR 2006, 50, 51.

41 *Rosin*, RdE 2006, 9 ff.; *Schroeder-Czaja/Jacobhagen*, IR 2006, 78; *Kussel*, N&R 2007, 21, 22 f.

42 *Krebs*, RdE 2006, 115.

43 Urt. v. 16.2.2006 - 4702/05 - IR 2006, 88 f.

37 Hiergegen konnte nicht erfolgreich eingewandt werden, dass §§ 4 Abs. 2 und 110 Abs. 1 EnWG bis auf die bei § 110 Abs. 1 EnWG fehlende Zuverlässigkeit identisch waren.[44] Zwar ging es in beiden Fällen um materiell-rechtliche Voraussetzungen der regulierungsbehördlichen Entscheidungen, und zwar um die Aufnahme des Netzbetriebs (§ 4 EnWG) bzw. um die Entscheidung über die Objektnetzqualität (§ 110 EnWG). Während aber § 4 Abs. 1 EnWG die Aufnahme des Netzbetriebs klar von der behördlichen Genehmigung abhängig machte, fehlte es gerade hieran in § 110 Abs. 4 EnWG. Ein Vergleich mit § 95 Abs. 1 EnWG bestätigte dieses Ergebnis. In der dortigen Ziff. 1 wurde die Aufnahme des Netzbetriebs ohne Genehmigung zur Ordnungswidrigkeit erklärt, die im Falle vorsätzlichen oder fahrlässigen Verstoßes mit einem Bußgeld geahndet werden konnte. Wären die §§ 4 und 110 EnWG tatsächlich vergleichbar als Genehmigungstatbestände ausgestaltet worden, hätte es nahe gelegen, einen Verstoß gegen die **Inanspruchnahme des § 110 EnWG ohne Genehmigung** ebenfalls in den Katalog der **Bußgeldtatbestände** aufzunehmen. Da dies nicht vorgesehen war, sprach dafür, dass es sich bei § 110 Abs. 4 EnWG nicht um einen Genehmigungstatbestand handelte.

38 Nach **Auffassung des LG Leipzig**[45] sollte es auf diese Überlegungen zur Auslegung des § 110 Abs. 4 EnWG indes nicht ankommen. Das Gericht begründete seine These, dass es sich bei § 110 Abs. 4 EnWG gleichwohl um einen **Genehmigungstatbestand** handelte, mit allgemeinen Grundsätzen zur Darlegungs- und Beweislast im Zivilprozess. Da sich ein Objektnetzbetreiber letztlich auf einen Netzzugangsverweigerungsgrund nach § 20 Abs. 2 EnWG berufe, müsse er im Zweifelsfall darlegen und beweisen, dass ein Ausnahmetatbestand vorliege. Hierfür bedürfe es der regulierungsbehördlichen Entscheidung nach § 110 Abs. 4 EnWG. Dies gelte nicht zuletzt im Hinblick auf die erhebliche Erleichterung, die mit der Berufung auf die Ausnahmeregelung für Objektnetzbetreiber verbunden sei. Mit dieser Argumentation verkannte das Gericht allerdings nicht nur den Wortlaut des Gesetzes und dessen systematische Auslegung. Es verkannte auch, dass behördliche Genehmigungserfordernisse auch im Hinblick auf das **verfassungsrechtliche Verhältnismäßigkeitsprinzip** der ausdrücklichen gesetzlichen Anordnung bedürfen. Verfehlt war schließlich auch der Verweis des Gerichts auf § 20 Abs. 2 EnWG, der einen Zugangsverweigerungsgrund im Einzelfall begründete und nicht, wie § 110 EnWG, eine Bereichsausnahme für die Betreiber von Objektnetzen regelte. Beide Normen waren lediglich hinsichtlich ihrer Rechtsfolge identisch: Bei Vorliegen der Tatbestandsvoraussetzungen musste kein Netzzugang gewährt werden. Im Übrigen unterschieden sich die Regelungen grundlegend. Bei Vorliegen der Voraussetzungen des § 110 EnWG musste sich der Objektnetzbetreiber gerade nicht auf § 20 Abs. 20 EnWG berufen, um den Netzzu-

44 So aber *Krebs*, RdE 2006, 115.

45 Urt. v. 16.2.2006 - 4702/05 - IR 2006, 88 f.; ablehnend zu dieser Entscheidung auch *Schroeder-Czaja/Jacobshagen*, IR 2006, 78, 88; *Kussel*, N&R 2005, 21, 27 f.; *Leinenbach*, CuR 2006, 50 ff.

gang zu verweigern. Vielmehr schloss § 110 Abs. 1 EnWG bereits von vornherein die Anwendung des zweiten und des dritten Teils des Gesetzes aus. § 20 Abs. 2 EnWG kam daher bereits tatbestandlich für Objektnetze nicht zur Anwendung. Die generelle Ausnahme des § 110 EnWG war also der einzelfallbezogenen Ausnahme des § 20 Abs. 2 EnWG vorgelagert. Für die Auslegung des § 110 EnWG ließ sich aus § 20 Abs. 2 EnWG nichts ableiten. Die Entscheidung des LG Leipzig wurde daher ganz überwiegend abgelehnt.

§ 110 Abs. 4 EnWG begründete folglich **keine Verpflichtung des Objektnetz-** 39
betreibers, eine Genehmigung einzuholen. Die Vorschrift räumte ihm allerdings die Möglichkeit ein, das Vorliegen der Voraussetzungen des § 110 EnWG regulierungsbehördlich feststellen zu lassen. Hatte er allerdings den **freiwilligen Antrag auf Feststellung** unterlassen, übernahm er selbst das Risiko, dass seine „Selbstveranlagung" als Objektnetzbetreiber in einer Auseinandersetzung über Ansprüche aus §§ 17 ff. und 20 ff. EnWG nicht bestätigt wurde. Konsequenterweise hatten insbesondere Landesregulierungsbehörden auf Antrag entsprechende **Feststellungsentscheidungen** erlassen. Die betreffenden Objektnetzbetreiber konnten so im Hinblick auf die erheblichen Konsequenzen, die mit der Ausnahmeregelung des § 110 EnWG verbunden waren, **Rechtssicherheit** erlangen.

D. Europarechtliche Klärungen

Da weder die Richtlinie 96/92/EG des Europäischen Parlaments und des Rates vom 40
19.12.1996 betreffend gemeinsame Vorschriften für den Elektrizitätsbinnenmarkt[46] (**Binnenmarktrichtlinie Elektrizität**) noch die Richtlinie 2003/54/EG des Europäischen Parlaments und des Rates vom 26. Juni 2003 über gemeinsame Vorschriften für den Elektrizitätsbinnenmarkt[47] (**Beschleunigungsrichtlinie Elektrizität**) Bestimmungen über Areal-, Werks- bzw. Industrienetze oder gar eine Ausnahmeregelung für Objektnetze enthielten, war die Diskussion nach Inkrafttreten des EnWG 2005 von Anfang an von der Frage der **Europarechtswidrigkeit des § 110 EnWG** gekennzeichnet.[48] Der Begriff des Objektnetzes sei den Richtlinien ebenso fremd wie die früher verwendeten Begriffe des Areal-, Werks- oder Industrienetzes. Der europäische Gesetzgeber habe den Mitgliedstaaten lediglich gestattet, für die in Art. 2 Ziff. 26 und 27 der Beschleunigungsrichtlinie Elektrizität definierten **„kleinen, isolierten Netze"** bzw. **„Kleinstnetze"**, die nach dem jährlichen Verbrauch bestimmt werden, Ausnahmen von der Anwendung u.a. der Unbundling- und der Netzzugangsvorschriften zu

46 ABl. EG 1997 L 27, S. 20.
47 ABl. EG 2003 L 176, S. 37.
48 Vgl. hierzu bereits *Boesche/Wolf*, ZNER 2005, 285, 294; ähnlich *Salje*, EnWG § 110 Rn 71; zum Ganzen *Kühling/Pisal*, IR 2009, 74 m.w.N.

regeln. Dies hätte von den Mitgliedstaaten nach Art. 26 Abs. 1 und Nr. 11 der Präambel der Beschleunigungsrichtlinie Elektrizität beantragt werden müssen. Die Richtlinie folge mit diesem Regelungskonzept ihrer Vorgängerin, der Binnenmarktrichtlinie Elektrizität, die entsprechende Vorschriften in den Art. 2 Ziff. 23, Art. 24 Abs. 3 vorgesehen hatte.[49]

I. Verfahren „Flughafen Leipzig-Halle" („citiworks")

41 Die im Schrifttum diskutierten Bedenken wurden im Ergebnis vom EuGH bestätigt, der auf ein **Vorabentscheidungsersuchen des OLG Dresden** vom 17.10.2006[50] hin am 22.5.2008 die Europarechtswidrigkeit des § 110 Abs. 1 Nr. 1 EnWG feststellte.[51] Die Entscheidung betraf die Einordnung der **Energieanlagen am Flughafen Leipzig-Halle**, die der EuGH ohne Weiteres als Verteilernetz i.S.d. Art. 2 Nr. 5 der Beschleunigungsrichtlinie Elektrizität einstufte. Er stellte in diesem Zusammenhang klar, dass der Gemeinschaftsgesetzgeber **keinesfalls** bestimmte Übertragungs- oder Verteilernetze allein aufgrund ihrer Größe oder der Stromliefermengen **vom Anwendungsbereich der Richtlinie ausgenommen** habe. Ausnahmen von einzelnen Bestimmungen der Richtlinie dürfe der mitgliedstaatliche Gesetzgeber aber nur vorsehen, wenn sie von ausdrücklichen Ausnahmevorschriften der Richtlinie gedeckt seien.

1. Ausgangsrechtsstreit

42 Ausgangspunkt des Vorabentscheidungsverfahrens war eine **Entscheidung der Landesregulierungsbehörde des Freistaats Sachsen**, die das Energieversorgungsnetz der Flughafen Leipzig/Halle GmbH betraf. Die Gesellschaft war Betreiberin des Flughafens und unterhielt dort ein Energieversorgungsnetz. Aus diesem bezog sie nicht nur selbst Strom, sondern verteilte auch Strom an weitere 93 auf dem Flughafengelände angesiedelte Unternehmen. Die gelieferte Strommenge verteilte sich zu 85,4 % auf die Flughafen Leipzig/Halle GmbH und zu 14,6 % auf die übrigen Unternehmen. Zu diesen gehörte u.a. die DFS Deutsche Flugsicherung, deren Belieferung seit Beginn des Jahres 2004 von der citiworks AG übernommen worden war. Diese wollte nun das Energieversorgungsnetz der Flughafen Leipzig/Halle GmbH unter den Voraussetzungen des neuen EnWG 2005 nutzen. Auf Antrag der citiworks AG stellte das Sächsische Staatsministerium für Wirtschaft und Arbeit als Landesregulierungsbehörde fest, dass das von der Flughafen Leipzig/Halle GmbH betriebene Energieversorgungsnetz als **Objektnetz i.S.d. § 110 Abs. 1 Nr. 1 und Nr. 2 EnWG 2005**

49 Ausführlich BK-EnR/*Boesche*, § 110 Rn 121 ff.
50 OLG Dresden, Beschl. v. 17.10.2006 - W 1109/06 -.
51 EuGH, Urt. v. 22.5.2008 - C-439/06 - zit. nach juris.

anzusehen und der Netzbetreiber von den Pflichten des zweiten und dritten Teils des Gesetzes befreit war.[52]

Gegen die Entscheidung der Landesregulierungsbehörde erhob die citiworks AG Beschwerde zum **OLG Dresden**. Das Gericht sah die Voraussetzungen für die **Ausnahme nach § 110 Abs. 1 Nr. 2 EnWG** nicht als erfüllt an. Die Annahme eines **Dienstleistungsnetzes** scheitere zwar nicht daran, dass die Beteiligten im vorliegenden Fall einen gemeinsamen übergeordneten Geschäftszweck verfolgten. Es fehle allerdings an der vom Gesetz geforderten Voraussetzung, dass durch die Anwendung der allgemeinen Bestimmungen des EnWG eine **unzumutbare Erschwernis für den Netzbetreiber** i.S.d. § 110 Abs. 1 Nr. 2 lit. b EnWG entstehe.[53] Eine solche sei nämlich nur dann gegeben, wenn der Netzbetreiber durch eine uneingeschränkte Anwendung der allgemeinen Bestimmungen des EnWG Nachteile erleide, die nicht durch die Vorteile aufgewogen würden, die dem Letztverbraucher durch das System des freien Netzzugangs entstünden. Hier sei ein **strenger Maßstab** anzulegen. Der personelle und organisatorische Aufwand, der der Flughafen Leipzig/Halle GmbH entstehe, genüge jedenfalls nicht. Gleiches gelte für die angeblichen sicherheitstechnischen Bedenken. 43

Demgegenüber akzeptierte das Gericht das Vorliegen der Voraussetzungen der **Ausnahme nach § 110 Abs. 1 Nr. 1 EnWG.** Bei dem von der Flughafen Leipzig/Halle GmbH betriebenen Energieversorgungsnetz handele es sich um ein **Betriebsnetz**, weil es auf einem **räumlich zusammengehörenden Betriebsgebiet** liege und **überwiegend der Eigenversorgung** diene.[54] Da es sich auch nicht um ein Netz der allgemeinen Versorgung handele und der Netzbetreiber zudem über die notwendige personelle, technische und wirtschaftliche Leistungsfähigkeit verfüge, sei von der **Anwendbarkeit der Ausnahmevorschrift** auszugehen. Der Senat äußerte allerdings Zweifel daran, ob § 110 Abs. 1 Nr. 1 EnWG 2005 mit **Art. 20 Abs. 1 der Beschleunigungsrichtlinie Elektrizität** vereinbar sei. Ein genereller Ausschluss der Freiheit des Netzzugangs bei sog. Betriebsnetzen sei dort nicht vorgesehen. Vieles spreche dafür, dass die Richtlinie lediglich immanente Schranken enthalte, wonach Ausnahmen nur gerechtfertigt seien, wenn die Erfüllung regulierungsrechtlicher Verpflichtungen für den Netzbetreiber eine unzumutbare Erschwernis darstellte.[55] Mit Blick auf die **Entscheidungsrelevanz der Auslegung** der einschlägigen Richtlinienbestimmungen legte das Gericht daher dem EuGH nach Art. 234 EGV die **Frage zur Vorabentscheidung** vor, ob § 110 Abs. 1 Nr. 1 EnWG mit Art. 20 Abs. 1 der Beschleunigungsrichtlinie Elektrizität auch insoweit vereinbar sei, als unter den in § 110 Abs. 1 Nr. 1 EnWG genannten Voraussetzungen auf ein sog. Betriebsnetz die allgemeinen 44

52 Landesregulierungsbehörde Sachsen, Beschl. v. 12.7.2006; zum Verfahren siehe *Kühling/Pisal*, IR 2009, 74 f.

53 OLG Dresden, Beschl. v. 17.10.2006 - W 1109/ 06 Kart - Rn 17 ff., zit. nach juris.

54 OLG Dresden, Beschl. v. 17.10.2006 - W 1109/ 06 Kart - Rn 26 ff., zit. nach juris.

55 OLG Dresden, Beschl. v. 17.10.2006 - W 1109/ 06 Kart - Rn 40 ff., zit. nach juris.

Bestimmungen über den Netzzugang (§§ 20-28a EnWG) selbst dann keine Anwendung finden, wenn durch einen freien Netzzugang keine unzumutbaren Erschwernisse eintreten.[56]

2. Schlussanträge des Generalanwalts

45 Schon die Schlussanträge des Generalanwalts *Jan Mazak* vom 13.12.2007 bestätigten die Zweifel des OLG Dresden.[57] **Einschränkungen des Geltungsbereichs** der Beschleunigungsrichtlinie Elektrizität müssten **eng ausgelegt** und auf die im Wortlaut der Richtlinie vorgesehenen Ausnahmen beschränkt werden. Ein anderes Ergebnis sei mit dem die europarechtlichen Vorschriften prägenden Grundsatz des Zugangs Dritter zu Übertragungs- und Verteilernetzen nicht vereinbar. Vor diesem Hintergrund scheide eine **Befreiung bestimmter Netze von regulierungsrechtlichen Verpflichtungen** aus, wenn sie vorrangig an den Zweck anknüpften, zu dem die Netze betrieben werden. Innerhalb gewisser Grenzen unterliege die Zweckbestimmung der Disposition des Netzbetreibers. Hätte die Flughafen Leipzig/Halle GmbH ihr Energieversorgungsnetz auf eine Gesellschaft ausgegliedert, deren Aufgabe die Belieferung des Flughafens und anderer Letztverbraucher mit Elektrizität gewesen wäre, wäre die Beurteilung des Zwecks anders ausgefallen als in der vorliegenden Fallkonstellation. Die **Nichtanwendung von Drittzugangsverpflichtungen** auf Betriebsnetze könnte folglich je **nach dem Geschäftszweck** des Netzbetreibers zu einer unterschiedlichen Behandlung desselben Netzes führen. Hierauf gerichtete allgemeine Ausnahmen seien mit der Beschleunigungsrichtlinie Elektrizität unvereinbar. Es bleibe dem Mitgliedstaat allerdings unbenommen, andere Ausnahmevorschriften im konkreten Fall anzuwenden.

3. Wesentliche Entscheidungsgründe

46 Im Anschluss an die Schlussanträge des Generalanwalts spielte der in der Vorlagefrage des OLG Dresden aufgeworfene Gesichtspunkt der „unzumutbaren Erschwernis“ in der Entscheidung des Gerichtshofs keine Rolle mehr. Nach Umformulierung der Vorlagefrage[58] erkannte der EuGH vielmehr, dass **Art. 20 der Beschleunigungsrichtlinie Elektrizität einer** nationalen Regelung wie dem § 110 Abs. 1 Nr. 1 EnWG grundsätzlich entgegensteht, *„nach der bestimmte Betreiber von Energieversorgungsnetzen von der Verpflichtung, freien Netzzugang zu gewähren, ausgenommen sind, weil sich diese Netze auf einem zusammenhängenden Betriebsgebiet befinden und überwiegend*

56 OLG Dresden, Beschl. v. 17.10.2006 - W 1109/ 06 Kart - Tenor, zit. nach juris; ausführlich zum Verfahren *Becker*, IR 2007, 50 ff.

57 Hierzu *Ortlieb*, ZNER 2008, 49 f.; *Becker*, EuZW 2008, 101 f.

58 EuGH, Urt. v. 22.5.2008 - C-439/06 - Rn 35, zit. nach juris.

dem Transport von Energie innerhalb des eigenen Unternehmens und zu verbundenen Unternehmen dienen.“[59]

Da die Beschleunigungsrichtlinie Elektrizität keine allgemeine Ausnahmebestimmung enthielt, musste der EuGH nur noch die insbesondere von der **Bundesrepublik Deutschland** vorgebrachten Argumente widerlegen, wonach es sich bei den fraglichen Energieanlagen der Flughafen Leipzig/Halle GmbH nicht um ein Verteilernetz, sondern um eine **Kundenanlage** handelte. Die Netzeigenschaft wurde unter Hinweis auf Art. 2 Nr. 3 der Beschleunigungsrichtlinie Elektrizität bejaht: Die Vorschrift definiert die Verteilung als den Transport von Elektrizität mit hoher, mittlerer oder niedriger Spannung über Verteilernetze zum Zwecke der Kundenbelieferung. Die Menge des transportierten Stroms hat der EuGH dabei nicht als Kriterium für die Unanwendbarkeit der Richtlinie angesehen.[60] Die Strommenge erlaubt es nach der Systematik der Richtlinie nur, bestimmte „kleine, isolierte Netze“ oder „isolierte Kleinstnetze“ i.S.d. Art. 2 Nr. 26 und 27 der Beschleunigungsrichtlinie Elektrizität auf Antrag hin von einzelnen Richtlinienvorschriften auszunehmen.[61] Angesichts dieser engen Spielräume kann offenbleiben, ob der EuGH bei einer anderen Einlassung der Bundesrepublik Deutschland anders entschieden hätte. Jedenfalls war letztlich im Falle des Netzes der Flughafen Halle/Leipzig GmbH von einem **Verteilernetz** auszugehen. Die gebietsbezogene Abgrenzung, die der Objektnetzausnahme des § 110 Abs. 1 Nr. 1 EnWG 2005 zugrunde lag, war nach Ansicht des EuGH von der Beschleunigungsrichtlinie nicht gedeckt.[62] 47

Mit seiner Entscheidung hat der EuGH derjenigen Ausnahmevorschrift in § 110 Abs. 1 EnWG 2005 die (europarechtliche) Grundlage entzogen, die historisch überkommen und im nationalen Gesetzgebungsverfahren zum EnWG 2005 am wenigsten umstritten war. Zugleich ließen sich die grundsätzlichen **Erwägungen des EuGH** kaum auf die Regelung über die Betriebsnetze begrenzen. Im Anschluss an die Entscheidung entwickelte sich daher eine intensive **Diskussion über die Fernwirkungen des EuGH-Urteils** auf die übrigen Ausnahmetatbestände des § 110 Abs. 1 EnWG. Hinzu kam, dass sich der Gerichtshof lediglich mit der Pflicht des Netzbetreibers befasst hatte, Netzzugang zu gewähren. 48

Angesichts der inhaltlichen **Begrenzung der Entscheidung des EuGH auf Betriebsnetze** nach Nr. 1 und die Frage des Netzzugangs ergab sich in der Folgezeit eine Diskussion über die Reichweite der Entscheidung des EuGH.[63] Dieser hatte lediglich festgestellt, dass das europäische Recht keine Befreiungen von der Pflicht zulässt, 49

59 EuGH, Urt. v. 22.5.2008 - C-439/06 - Leitsatz 3 und Rn 65, zit. nach juris.
60 EuGH, Urt. v. 22.5.2008 - C-439/06 - Rn 49, zit. nach juris.
61 EuGH, Urt. v. 22.5.2008 - C-439/06 - Rn 52, zit. nach juris.
62 Ausführlich zum Ganzen *Kühling/Pisal*, IR 2009, 74, 75 f.; krit. *Becker*, EuZW 2008, 406, 409 f.
63 Vgl. hierzu etwa *Boesche/Wolf*, ZNER 2008, 123 ff.; *Scholtka/Helmes*, NVwZ 2008, 1310 ff.; *Kühling/Pisal*, IR 2009, 74, 76 f. m.w.N.

Dritten Netzzugang zu gewähren. Andere im nationalen Recht vorgesehene Privilegierungen waren nicht Gegenstand des Vorabentscheidungsverfahrens gewesen. Hieraus ergab sich in der Praxis, dass die Objektnetzausnahme **lediglich in Bezug auf den Netzzugang**, nicht aber hinsichtlich der **Entflechtungsbestimmungen** oder anderer Vorschriften des EnWG infrage gestellt wurde. Insgesamt bedeutete die Entscheidung des EuGH für die Betreiber von Objektnetzen eine **erhebliche Rechtsunsicherheit**. Lediglich diejenigen Unternehmen, deren Objektnetzstatus durch eine feststellende Entscheidung der zuständigen Regulierungsbehörde festgestellt worden war, konnten sich vorerst wenigstens formal auf die Ausnahmen des § 110 EnWG berufen. Diejenigen Netzbetreiber, die im Vertrauen auf die **rein deklaratorische Bedeutung von Antrag und Entscheidung** nach § 110 Abs. 4 EnWG keine behördliche Entscheidung beantragt hatten, mussten sich die Frage vorlegen, wie mit dem faktischen Wegfall der Ausnahmetatbestände des § 110 Abs. 1 EnWG umzugehen war.

4. Weiteres Verfahren

50 Im Vorabentscheidungsverfahren des **OLG Dresden** führte die Entscheidung des EuGH zunächst zur **Aufhebung des Bescheides der Landesregulierungsbehörde Sachsen** vom 12.7.2006. In seinem Beschluss vom 10.3.2009[64] äußerte sich der Senat auch zu der nach der Entscheidung des EuGH offenen Frage der „**Fernwirkungen**“ der **Vorabentscheidung**, soweit dies für die Aufhebung des streitgegenständlichen Ausgangsbescheides erforderlich war. Auf der „Tatbestandsseite“, d.h. der Übertragbarkeit der Erwägungen des EuGH auf die Ausnahmetatbestände nach § 110 Abs. 1 Nr. 2 und 3 EnWG, sah der Senat zwar **„Anhaltspunkte“ für eine Europarechtswidrigkeit**. Letztlich konnte die Frage aber mangels Entscheidungserheblichkeit offenbleiben, weil das Energieversorgungsnetz der Flughafen Leipzig/Halle GmbH kein Dienstleistungsnetz sei. Zur „Rechtsfolgenseite“ stellte das Gericht fest, dass der EuGH *„keinerlei Ausführungen [erkennen lasse], die es auch nur ansatzweise rechtfertigen könnten“*, von einer nur teilweisen Unvereinbarkeit der Objektnetzausnahme mit dem Gemeinschaftsrecht auszugehen. Die **Europarechtswidrigkeit der Ausnahmeregelung** könne daher **nicht auf Teilbereiche** wie die Pflicht zur Gewährung des Netzzugangs beschränkt bleiben, sondern erfasse sämtliche Privilegierungen des Objektnetzbetreibers.

51 Die „Umsetzung“ der Vorabentscheidung war hinsichtlich der Gleichstellung der verschiedenen Ausnahmetatbestände konsequent.[65] Gegen die vollständige Europarechtswidrigkeit auch hinsichtlich der Rechtsfolgen erhob sich in der Folgezeit wiederum Kritik.[66] Festzuhalten war, dass der EuGH im Wege der Vorabentscheidung

64 OLG Dresden, Beschl. v. 10.3.2009 - W 1109 /06 Kart -.

65 Ebenso *Ortlieb/Bier*, N&R 2009, 143, 145.

66 Vgl. hierzu *Ortlieb/Bier*, N&R 2009, 143, 145; *Schwartz*, RdE 2011, 177.

lediglich über die vorgelegte Frage zur Auslegung des europäischen Rechts entschieden und **§ 110 Abs. 1 EnWG keineswegs für nichtig erklärt** hatte. Konkret hatte der EuGH nur darauf hingewiesen, dass die Richtlinie keine Ausnahmen von der Verpflichtung zulässt, Dritten Netzzugang zu gewähren. Andere Privilegierungen nach § 110 Abs. 1 EnWG waren nicht Gegenstand der Vorlagefrage gewesen. Die Reichweite der Entscheidung des EuGH in Bezug auf die Rechtsfolgen blieb daher weiter offen.

Die **abschließende Klärung** der sich aus dem Vorabentscheidungsverfahren ergebenden Rechtsfragen erfolgte schließlich mit dem **Beschluss des BGH** vom 24.8.2010.[67] Mit Blick auf den Charakter des Vorabentscheidungsverfahrens nach Art. 288 Abs. 3 AEUV (ex-Art. 234 EGV) stellte der BGH fest, dass das OLG Dresden den **Spielraum für eine richtlinienkonforme Auslegung des § 110 EnWG verkannt** habe. Dieser Spielraum bestehe u.a. darin, für Objektnetze nur insoweit eine Ausnahme von den Bestimmungen des dritten Teils des Gesetzes zu gewähren, wie diese dem diskriminierungsfreien Zugang Dritter nicht entgegenstehen. Diese Reduktion des § 110 Abs. 1 EnWG sei mit dem Willen des nationalen Gesetzgebers eher zu vereinbaren.[68] Damit war klargestellt, dass die Vorschrift des **§ 110 Abs. 1 EnWG nur insoweit unanwendbar** war, wie ihr der europarechtlich vorgegebene Anspruch auf freien Netzzugang entgegensteht. Die Befreiung von sonstigen Pflichten, etwa den Entflechtungsbestimmungen oder der Anreizregulierung, blieb unberührt. 52

II. Neuregelung im „Dritten Legislativpaket"

Nicht zuletzt zur Behebung der durch das Vorabentscheidungsverfahren ausgelösten **Rechtsunsicherheit** hatte das Europäische Parlament unmittelbar nach dem Urteil des EuGH in seiner ersten Lesung des **Kommissionsvorschlags für das „Dritte Legislativpaket" für den Energiebinnenmarkt** am 18.6.2008 beschlossen, Art. 26 der Beschleunigungsrichtlinie Elektrizität in Abs. 2a um eine Ausnahmevorschrift für **Netze auf Betriebsgeländen („industrial sites")** zu ergänzen.[69] Danach sollten die Mitgliedstaaten umfassende Ausnahmen für Netze auf Industriegeländen vorsehen können, die verstanden wurden als Fläche in Privatbesitz mit einem Stromversorgungsnetz, das in erster Linie für die Nutzung durch industrielle Verbraucher auf dieser Fläche konzipiert ist.[70] 53

Die Mitgliedstaaten sollten derartige Netze von den Bestimmungen der Kap. III bis VII der Beschleunigungsrichtlinie Elektrizität – d.h. von den Vorschriften über 54

67 BGH, Beschl. v. 24.8.2010 - EnVR 17/09 -; hierzu *Schwartz*, RdE 2011, 177 ff.

68 BGH, Beschl. v. 24.8.2010 - EnVR 17/09 - Rn 23 ff., zit. nach juris.

69 Der Änderungsbedarf auf der Ebene des Sekundärrechts hatte sich bereits nach den Schlussanträgen des Generalanwalts im citiworks-Verfahren abgezeichnet; vgl. *Ortlieb/Bier*, N&R 2009, 143, 145 f.

70 Legislative Entschließung v. 18.6.2008 - P6_TA (2008) 0294 -.

die Erzeugung, den Übertragungs- und Verteilernetzbetrieb, die Entflechtung und die Organisation des Netzzugangs – befreien können, solange es sich nicht um eine vollständige Befreiung vom Prinzip des Drittzugangs ging.[71] Ausnahmen für Dienstleistungs- und Eigenversorgungsnetze waren in diesem Stadium nicht Gegenstand der Diskussion. Bereits die vorgeschlagene Ausnahme wurde von der Kommission als zu weitgehend angesehen. Ein kurze Zeit später **angenommener Änderungsvorschlag** für die Beschleunigungsrichtlinie Gas sah bereits eine **abgeschwächte Regelung** vor, mit der nicht mehr ganze Teile der Richtlinie, sondern nur noch einzelne Bestimmungen – etwa die Vorschriften über die Entflechtung und die Organisation des Netzzugangs – als abdingbar angesehen wurden.[72] In der Definition der Netze, die in den Genuss der Ausnahmevorschrift kommen sollten, wurde auf den Begriff des **Gewerbegebietes** abgestellt. Das Netz musste entweder *„vorwiegend die Versorgung der gewerblichen Tätigkeiten des Netzbetreibers oder verbundener Unternehmen [sicherstellen] oder eine begrenzte Anzahl von gewerblichen Verbrauchern oder Kunden [beliefern], die mit den gewerblichen Tätigkeiten auf dem Betriebsgelände verknüpft sind.“*

55 Auch diese Formulierung war aus Sicht der übrigen am Rechtssetzungsverfahren beteiligten Organe nicht annehmbar. Im **gemeinsamen Standpunkt des Rates** vom 10.10.2008 war die Privilegierung von „industrial sites“ oder Netzen in „Gewerbegebieten“ nicht mehr enthalten.

56 Auch unter dem Eindruck von Stellungnahmen betroffener Netzbetreiber verständigten sich das Europäische Parlament, der Rat und die Kommission im Rahmen des informellen **Trilogverfahrens** Ende März 2009 auf einen Kompromiss zur Reform der Beschleunigungsrichtlinien Elektrizität und Gas, in den auch eine gemeinschaftsrechtliche **Grundlage für eine künftige Nachfolgevorschrift des § 110 EnWG** aufgenommen wurde. Das am 25.6.2009 verabschiedete „Dritte Legislativpaket“ enthält nunmehr in Art. 28 eine besondere Vorschrift für **sog. geschlossene Verteilernetze.**

57 Nach **Abs. 1 des Artikels** können die Mitgliedstaaten veranlassen, dass ein Netz, mit dem in einem geografisch begrenzten Industrie- oder Gewerbegebiet oder Gebiet, in dem Leistungen gemeinsam genutzt werden, Strom verteilt wird, wobei – unbeschadet des Abs. 4 – keine Haushaltskunden versorgt werden, von den nationalen Regulierungsbehörden oder sonstigen zuständigen Behörden als geschlossenes Netz eingestuft wird. **Voraussetzung** für diese Einstufung ist, dass die Tätigkeiten oder Produktionsverfahren der Benutzer dieses Netzes aus konkreten **technischen oder sicherheitstechnischen Gründen** verknüpft sind, oder mit dem Netz in erster Linie **Strom an den Netzeigentümer oder -betreiber** oder an mit diesen verbundene Unternehmen verteilt wird.

71 Legislative Entschließung v. 18.6.2008 - P6_TA (2008) 0294 -; hierzu *Ortlieb/Bier*, N&R 2009, 143, 146; *Kühling/Pisal*, IR 2009, 74, 78 m.w.N.

72 Legislative Entschließung v. 9.7.2008 - P6_TA (2008) 0347 -; hierzu *Ortlieb/Bier*, N&R 2009, 143, 146.

Abs. 2 des Artikels regelt das Recht der Mitgliedstaaten, zu bestimmen, dass der Betreiber eines geschlossenen Verteilernetzes **von den nationalen Regulierungsbehörden freigestellt** wird von den nach Art. 25 Abs. 5 geltenden Verpflichtungen zur Beschaffung der Energie zur Deckung von Energieverlusten und Kapazitätsreserven im Netz nach transparenten, nicht-diskriminierenden und marktorientierten Verfahren sowie der nach Art. 32 Abs. 1 geltenden Verpflichtung zur Genehmigung von Tarifen oder der Methoden zu ihrer Berechnung vor deren Inkrafttreten gem. Art. 37. 58

Wird eine Befreiung nach Art. 28 Abs. 2 gewährt, ergibt sich aus **Abs. 3 des Artikels**, dass die geltenden **Tarife oder die Methoden zu ihrer Berechnung** auf Verlangen eines Benutzers des geschlossenen Verteilernetzes gem. Art. 37 **überprüft und genehmigt** werden. 59

Die Regelung zeichnet sich durch eine große **Offenheit auf der Tatbestandsseite** aus, bleibt aber auf der Rechtsfolgenseite deutlich hinter dem Stand des § 110 Abs. 1 EnWG 2005 und den ursprünglichen Vorschlägen des Europäischen Parlaments zurück. Weil sich in der Endphase des Gesetzgebungsverfahrens die Sorge der betroffenen Netzbetreiber nicht völlig zerstreuen ließ, dass neben der ausdrücklichen Ausnahmemöglichkeit künftig **kein Raum mehr für „ungeschriebene" Ausnahmen** sein würde, verabschiedete der europäische Gesetzgeber zusätzlich eine Ergänzung des Katalogs der Erwägungsgründe. **Erwägungsgrund 30** stellt zunächst in allgemeiner Form klar, dass dort, wo im Interesse der optimalen Effizienz integrierter Energieversorgung ein geschlossenes Verteilernetz betrieben wird und besondere Betriebsformen erforderlich sind oder ein geschlossenes Verteilernetz in erster Linie für die Zwecke des Netzeigentümers betrieben wird, **wesentliche Erleichterungen** eingreifen sollen. Die Mitgliedstaaten sollten in diesen Fällen die Möglichkeit haben, den Verteilernetzbetreiber von Verpflichtungen zu befreien, die bei ihm – aufgrund der besonderen Art der Beziehung zwischen dem Verteilernetzbetreiber und den Netzbenutzern – einen unnötigen Verwaltungsaufwand verursachen würden. 60

Diese allgemeinen Erwägungen werden im Folgenden auch anhand von Beispielen konkretisiert: Bei **Industrie- oder Gewerbegebieten** oder Gebieten, in denen Leistungen gemeinsam genutzt werden, wie **Bahnhofsgebäuden, Flughäfen, Krankenhäusern, großen Campingplätzten** mit integrierten Anlagen oder **Standorten der Chemieindustrie** können aufgrund der besonderen Art der Betriebsabläufe geschlossene Verteilernetze bestehen. 61

Der Erlass des Dritten Legislativpaketes führte zu einem erheblichen **Änderungsbedarf im Energiewirtschaftsrecht der Mitgliedstaaten**. Im EnWG waren insbesondere Änderungen im Bereich der Entflechtungsbestimmungen für Übertragungs-, Fernleitungs- und Verteilernetzbetreiber sowie die Neufassung der Regelungen zu den bisherigen Objektnetzen erforderlich. Nach der Veröffentlichung erster „Eckpunkte" durch das BMWi am 27.10.2010 und einem zügigen Gesetzgebungsverfahren trat das EnWG 2011 am 4.8.2011 in Kraft. 62

Kapitel 2
Interessen und Perspektiven

Mit Energieanlagen im Bereich der „letzten Meile" haben unterschiedliche Interessengruppen unmittelbar zu tun. Zu nennen sind zunächst die Betreiber der Anlagen selbst. Sie stehen zwar im Zentrum des Geschehens, sind aber nicht allein: Die Interessenlage der Kunden sowie der Netzbetreiber der allgemeinen Versorgung, an deren Netz ein geschlossenes Verteilernetz oder eine Kundenanlage angeschlossen ist, sind ebenso zu betrachten wie vorgelagerte Übertragungsnetzbetreiber, Energielieferanten, Regulierungsbehörden oder Wirtschaftsprüfer. Ihre jeweiligen Interessen und Perspektiven liefern Anhaltspunkte zur Auslegung der für die Kundenanlagen und geschlossenen Verteilernetze maßgeblichen Bestimmungen. 1

A. Betreiber geschlossener Verteilernetze

Bis zum Zeitpunkt der EnWG-Novelle 2011 waren Objektnetze über § 110 EnWG a.F. weitgehend von den Vorschriften zur Netzregulierung befreit. Auch das neue Energiewirtschaftsgesetz enthält in § 110 eine Privilegierung für Objektnetze. Allerdings hat die aktuelle Vorschrift des § 110 EnWG weitgehende Änderungen erfahren. Die erste 2

Änderung betrifft lediglich die Terminologie. Objektnetze wurden in Anlehnung der umgesetzten europäischen Richtlinien in „geschlossene Verteilernetze" umbenannt. Inhaltlich erfährt die gesamte Regelung aber ebenfalls eine grundlegende Wandlung. Zunächst ist der Anwendungsbereich des neuen § 110 EnWG deutlich enger geworden. Die Voraussetzungen, unter denen ein Netzbetreiber noch den § 110 EnWG geltend machen kann, sind eingeschränkt worden. Auch auf der Rechtsfolgenseite sind deutliche Einschränkungen erkennbar. Geschlossene Verteilernetze unterliegen grundsätzlich der Regulierung. Ausnahmen von diesem Grundsatz gelten nur in den Fällen, in denen gesetzliche Vorschriften dies ausdrücklich vorsehen. Dies bedeutet eine Umkehrung des bisherigen Regel- und Ausnahmeprinzips und führt die geschlossenen Verteilernetze näher an den regulatorischen Rahmen, der auch für die Netze der Allgemeinen Versorgung gilt. Im Folgenden werden lediglich die wichtigsten gesetzlichen Vorschriften und Maßnahmen der Regulierungsbehörden genannt, die nun auch für die geschlossenen Verteilernetze gelten.

3 Betreiber von geschlossenen Verteilernetzen müssen zunächst den **Netzanschluss** nach § 17 EnWG gewähren und dies zu **Bedingungen und Entgelten** gem. §§ 20 und 21 EnWG. Insbesondere sind nunmehr die Festlegungen der BNetzA, die dem **Datenaustausch und der Abwicklung von Geschäftsprozessen im Massenkundenbereich** dienen, auch von den Betreibern geschlossener Verteilernetze durchzuführen. Auch die Regelungen zum **Messwesen** gem. §§ 21b ff. EnWG sind von den Betreibern geschlossener Verteilernetze nunmehr anzuwenden. Des Weiteren finden die Vorschriften zur **Entflechtung** gem. §§ 6 ff. EnWG grundsätzlich Anwendung. Von den Vorschriften zur **rechtlichen und operationellen Entflechtung** gem. §§ 7 und 7a EnWG werden die meisten geschlossenen Verteilernetze aufgrund der in den Vorschriften enthaltenen **de minimis-Regelungen** befreit sein. Die **buchhalterische und die informatorische Entflechtung** gem. den §§ 6a und 6b EnWG ist allerdings durchzuführen.

4 Befreit sind die Betreiber geschlossener Verteilernetze hingegen von der **ex ante-Regulierung** der Netzentgelte und der Anwendung der **Anreizregulierungsverordnung**. Relevant für die Betreiber geschlossener Verteilernetze ist auch die Neufassung des **§ 19 Abs. 2 S. 2 StromNEV**. Danach können Netzentgelte für Energieentnahmen von über 7.000 Benutzungsstunden und zehn Gigawattstunden reduziert werden. Die Betreiber von geschlossenen Verteilernetzen werden allerdings nicht als Letztverbraucher eingestuft und sind nach Auffassung der BNetzA deshalb selbst nicht berechtigt, Reduzierungsanträge gem. § 19 Abs. 2 S. 2 StromNEV zu stellen.[1]

1 Leitfaden zur Genehmigung von Befreiungen von den Netzentgelten nach § 19 Abs. 2 S. 2 StromNEV (Stand: Dezember 2012), S. 7, abrufbar unter http://www.bundesnetzagentur.de/DE/Service-Funktionen/Beschlusskammern/1BK-Geschaeftszeichen-Datenbank/BK4-GZ/2012/bis_1999/2012_1600bis1699/BK4-12-1656_BKV/Leitfaden_BF.pdf?__blob=publicationFile&v=2.

Zudem dürfen die Betreiber geschlossener Verteilernetze nach Rechtsansicht der BNetzA Netzentgeltreduzierungen ihrer im geschlossenen Verteilernetz ansässigen Letztverbraucher nur eingeschränkt in den bundesweiten Wälzungsmechanismus einbeziehen.[2] Sofern ein Letztverbraucher in einem geschlossenen Verteilernetz eine Reduzierung geltend macht, hat ein Netzbetreiber lediglich die Wahl, die entgangenen Netzentgelte selbst zu tragen oder diese auf die verbleibenden (eventuell wenigen) Netznutzer im geschlossenen Verteilernetz umzulegen. Beide Varianten sind letztlich unbefriedigend, da entweder der Netzbetreiber eine kostenintensive Infrastruktur entgeltfrei zur Verfügung stellen müsste oder die Kostenstruktur für die übrigen Netznutzer zerstört würde. Aus diesem Grund sind mittlerweile einige Netzbetreiber, die einen Status nach § 110 EnWG in Anspruch hätten nehmen können, in den Status eines Netzbetreibers der allgemeinen Versorgung eingetreten.[3] 5

Zusammenfassend ist festzuhalten, dass die Voraussetzungen des § 110 EnWG enger geworden sind. Nicht jedes Objektnetz aus der Vergangenheit wird als geschlossenes Verteilernetz einzustufen sein. Hinzu kommt, dass auch die Privilegierungen des § 110 EnWG deutlich eingeschränkt wurden. Der neue § 110 EnWG bietet im Vergleich zu der alten Regelung deutlich weniger Vorteile für einen kleineren Kreis als die alte Regelung. Insofern stehen einige ehemalige Objektnetzbetreiber vor der Entscheidung, ob sie sich einer Einstufung als geschlossenes Verteilernetz überhaupt noch stellen wollen oder ob sie als Betreiber eines Netzes der allgemeinen Versorgung eingestuft werden wollen. Andere ehemalige Objektnetzbetreiber erwägen, den Status der Kundenanlage nach § 3 Nr. 24a oder Nr. 24b EnWG in Anspruch zu nehmen. In diesem Fall ist es ihnen allerdings nicht gestattet, Netzentgelte zu erheben. Jedenfalls sind gewichtige strategische Entscheidungen zu treffen, die ebenso gewichtige wirtschaftliche Folgen haben können. 6

Überblick über die regulatorischen Pflichten/Privilegien und Sonderprobleme:

■ **Pflichten**		■ **Privilegien**	
Netzentgeltkalkulation nach StromNEV und GasNEV	Regeln müssen beachtet werden.	**ex ante-Regulierung** der Netzentgelte	Findet nicht statt.
Netzanschluss nach § 17 EnWG	Muss gewährt werden.	**Anreizregulierungsverordnung**	Wird nicht angewendet.

2 Festlegung der § 19-StromNEV-Umlage der BNetzA - BK8-11-024 - v. 14.12.2011, S. 21 f., abrufbar unter http://www.swb-energienetze.de/html/Preisblaetter/Strom/Strom/2011-12-14_BK8-11-024_Entscheidung.pdf.

3 Zu dieser besonderen Problemstellung unten mehr, Rn 13 ff.

Bedingungen und **Entgelte** gem. §§ 20 und 21 EnWG	Müssen gewährt werden.	**Rechtliche** und **operationelle Entflechtung** gem. §§ 7 und 7a EnWG	Ist aufgrund der de minimis-Regeln regelmäßig nicht durchzuführen.
Datenaustausch und **Abwicklung von Geschäftsprozessen im Massenkundenbereich** gemäß den Festlegungen der BNetzA: GPKE/GeLi Gas/MaBiS	Müssen durchgeführt werden.		
Buchhalterische und **informatorische Entflechtung** gem. den §§ 6a und 6b EnWG	Müssen durchgeführt werden.		
■ **Sonderproblematik**			
§ 19 Abs. 2 S. 2 StromNEV	Betreiber eines GVN ist selbst nicht berechtigt, reduzierte Netzentgelte in Anspruch zu nehmen.		
	Soweit dritte LV im GVN reduzierte Netzentgelte in Anspruch nehmen, nur eingeschränkte Einbeziehung in den bundesweiten Wälzungsmechanismus.		
■ **Nachteile**		■ **Vorteile**	
Hoher administrativer Aufwand, hohe Kosten		Es dürfen Netzentgelte genommen werden.	
Zusatzkosten, sofern dritte LV die Reduzierung nach § 19 Abs. 2 S. 2 StromNEV in Anspruch nehmen		Rechtssicherheit durch positiven Bescheid, der den Status bestätigt.	

B. Betreiber von Kundenanlagen

Sowohl die Norm des § 3 Nr. 24a EnWG, der die Kundenanlage bestimmt als auch die des § 3 Nr. 24b EnWG, der die „Kundenanlage zur betrieblichen Eigenversorgung“ definiert, sind Neuregelungen. In der früheren Fassung des EnWG war die Kundenanlage gesetzlich nicht normiert. Das war in der Historie auch nur selten problematisch, da alternativ der Status des Objektnetzes nach § 110 EnWG a.F. infrage kam. Aus der Unterscheidung von Kundenanlage und Objektnetz ergaben sich in der Vergangenheit nur wenige unterschiedliche Rechtsfolgen. Mit der Neufassung des § 110 EnWG gilt für geschlossene Verteilernetze nunmehr eine Vielzahl regulatorischer Vorschriften und Maßnahmen der Regulierungsbehörden. Wie oben ausgeführt, werden geschlossene Verteilernetze nunmehr ähnlich wie Netze der allgemeinen Versorgung reguliert. 7

Vor diesem Hintergrund kommt der gesetzlichen Definition der „Kundenanlage“ 8
und der „Kundenanlage zur betrieblichen Eigenversorgung“ große Bedeutung zu. Die Definition der Kundenanlage soll die Bestimmung ermöglichen, an welchem Punkt das regulierte Netz beginnt und die unregulierte Kundenanlage endet.[4] Die Kundenanlage als „Nicht-Netz“ bleibt von den Vorschriften des EnWG weitgehend unberührt und wird grundsätzlich nicht reguliert. Eine Entscheidung des OLG Düsseldorf vom 16.1.2013[5] unterstreicht dieses Verständnis noch einmal. In dem genannten Beschluss verneint das Gericht einen unmittelbaren Anspruch des Letztverbrauchers in einer Kundenanlage nach § 20 Abs. 1d EnWG auf einen **Netznutzungsvertrag und Einrichtung eines Zählpunktes** gegenüber dem vorgelagerten Netzbetreiber, obwohl die gängige Praxis und auch die Regulierungsbehörden bislang von der gegenteiligen Ansicht ausgegangen waren. Diese Auffassung begründet das Gericht im Kern damit, dass ein Letztverbraucher, der keinen eigenen Netzanschluss an das vorgelagerte Netz habe, auch keine Ansprüche auf Netznutzung geltend machen könne, da ein Netzanschluss unbedingte Voraussetzung für eine Netznutzung sei. Auf die nähere Begründung und die Konsequenzen aus dieser Entscheidung soll an anderer Stelle näher eingegangen werden.[6] Hier bleibt festzuhalten, dass das Gericht die Kundenanlage als **regulierungsfreien Raum** definiert und daraus die Konsequenz zieht, dass Letztverbraucher in einer Kundenanlage keine unmittelbaren Ansprüche gegen den vorgelagerten Netzbetreiber aus dem Energiewirtschaftsgesetz ableiten können. Alle Ansprüche, die ein Letztverbraucher ggf. aus vertraglichen Gründen gegenüber dem Betreiber der Kundenanlage hat, muss er gegen diesen richten, während der Kundenanlagenbetreiber diese Ansprüche dann ggf. an den vorgelagerten Netzbetreiber richten und letztlich an seinen Letztverbraucher vermitteln muss.

4 Gesetzesbegründung, BT-Drucks. 17/6072, S. 94.
5 OLG Düsseldorf, Beschl. v. 16.1.2013 - VI-3 Kart 163/11 (V) -.
6 Siehe Kap. 6 Rn 81.

9 Aus dieser Rechtsansicht dürften sich für die Betreiber von Kundenanlagen u.a. die folgenden zwei Konsequenzen ergeben: Zunächst scheint damit ausgeschlossen, dass auch die Betreiber von Kundenanlagen die **Wechsel- und Geschäftsprozesse** einrichten müssen, die in Netzen, auch in geschlossenen Verteilernetzen, zwingend sind. Eine andere Konsequenz aus dem Beschluss ist, dass der Kundenanlagenbetreiber – solange keiner der nachgelagerten Letztverbraucher über einen eigenen Netzanschluss an das vorgelagerte Netz verfügt – der einzige Anschlussnehmer und Netznutzer des vorgelagerten Netzes ist. Damit müsste der Kundenanlagenbetreiber einen Anspruch auf Reduzierung der Netzentgelte aufgrund **singulärer Nutzung von Betriebsmitteln** gem. § 19 Abs. 3 StromNEV geltend machen dürfen. Ungeachtet der Entscheidung des OLG Düsseldorf ist diese Schlussfolgerung bislang gerichtlich nicht geklärt worden.

10 Aus den oben genannten Gründen haben viele Unternehmen ein Interesse, den Status der Kundenanlage für ihre Infrastruktur in Anspruch zu nehmen. Die gesetzlichen Voraussetzungen, die an den Status der Kundenanlage geknüpft sind, sind allerdings eng gefasst und kommen nicht für alle industriellen oder gewerblichen Infrastrukturen in Betracht. Ein wichtiger Aspekt ist in diesem Zusammenhang auch, dass der Zugang und die Nutzung der Kundenanlage unentgeltlich gewährt werden müssen. Das bedeutet, dass der Betreiber der Kundenanlage **kein Netznutzungsentgelt** fordern darf. Laut Gesetzesbegründung ist diese Voraussetzung im Regelfall erfüllt, wenn eine Kundenanlage im Rahmen eines Gesamtpaketes zur Verfügung gestellt wird (beispielsweise im Rahmen eines Miet- oder Pachtvertrages für die gesamte Infrastruktur). Der Betreiber muss also zunächst die Entscheidung treffen, ob er seine Infrastruktur tatsächlich unentgeltlich bzw. über eine Pauschale zur Verfügung stellen will, die die tatsächliche Netznutzung nicht berücksichtigt.

11 Hinzu kommt, dass der Betreiber über die Einordnung seiner Infrastruktur als Kundenanlage zunächst selbst entscheiden muss. Ein ausdrückliches Antragsverfahren bzw. ein Prüfmechanismus, wie er in § 110 EnWG für die geschlossenen Verteilernetze angelegt ist, ist für die Kundenanlagen nicht vorgesehen. Dies dürfte in den Fällen, in denen die Voraussetzungen für die Einordnung als Kundenanlage eindeutig vorliegen, unproblematisch sein.

12 Ebenso wie für die Betreiber von geschlossenen Verteilernetzen ist auch für die Betreiber von Kundenanlagen und Kundenanlagen der betrieblichen Eigenversorgung die Neufassung des **§ 19 Abs. 2 S. 2 StromNEV** relevant, der eine Reduzierung der Netzentgelte für Energieentnahmen von über 7.000 Benutzungsstunden und zehn Gigawattstunden ermöglicht.

Überblick über die Pflichten/Privilegien und Sonderprobleme:

■ **Pflichten**		■ **Privilegien**	
Nutzung der Anlage durch angeschlossene Letztverbraucher	Muss unentgeltlich gestattet werden.	Regularien des EnWG, die sich auf den Netzbetrieb beziehen	Müssen nicht beachtet werden.
Durchleitung für Dritte zum Zwecke der Belieferung der angeschlossenen Letztverbraucher	Muss diskriminierungsfrei und unentgeltlich gestattet werden.	Insbesondere: – Anschlusspflicht – Entflechtung – Datenaustausch und Abwicklung von Geschäftsprozessen im Massenkundenbereich GPKE/GeLi Gas/MaBiS	Müssen nicht beachtet/durchgeführt werden.
		Zu beachten: Pflichten aus dem EnWG, die aus dem Status Energieversorgungsunternehmen/Lieferant resultieren, müssen beachtet werden!	
■ **Sonderproblematik § 19 Abs. 2 S. 2 StromNEV**	■ **Grundsätzliche Antragsberechtigung**	■ **Einschränkungen**	■ **Bewertung**
	Betreiber einer Kundenanlage ist berechtigt, reduzierte Netzentgelte in Anspruch zu nehmen.	Allerdings nur in Bezug auf den selbstverbrauchten Strom. Mengen, die an dritte Letztverbraucher geliefert werden, müssen abgezogen werden.	Nicht immer praxistauglich, da gerade in Kundenanlagen nicht immer entsprechende Messeinrichtungen vorhanden sind.
	Dritte Letztverbraucher dürfen reduzierte Netzentgelte in Anspruch nehmen.	Wenn sie über einen eigenen Zählpunkt verfügen.	Nicht immer praxistauglich, da gerade in Kundenanlagen nicht immer entsprechende Messeinrichtungen/Zählpunkte vorhanden sind.

■ **Vorteile des Status Kundenanlage**	■ **Nachteile des Status Kundenanlage**
Keine regulatorischen Pflichten. Kein administrativer Aufwand für den Betrieb der Kundenanlage.	Es dürfen keine Netzentgelte genommen werden. Gewisser Grad an Rechtsunsicherheit, da der Status als Kundenanlage nicht offiziell beschieden wird

C. Netzbetreiber der allgemeinen Versorgung

I. Anschluss eines geschlossenen Verteilernetzes

13 Für einen Netzbetreiber der allgemeinen Versorgung macht es letztlich keinen Unterschied, ob ein angrenzender Netzbetreiber ebenfalls ein Netzbetreiber der allgemeinen Versorgung ist oder ein Betreiber eines geschlossenen Verteilernetzes. Er muss keinerlei zusätzliche Pflichten übernehmen und hat keinen erhöhten Aufwand.

II. Anschluss einer Kundenanlage

14 Das EnWG enthält nur einen einzigen ausdrücklichen Hinweis auf das Verhältnis zwischen dem vorgelagerten Netzbetreiber und dem Betreiber einer Kundenanlage: Nach **§ 20 Abs. 1d EnWG** hat der Betreiber des Energieversorgungsnetzes, an das eine Kundenanlage oder Kundenanlage zur betrieblichen Eigenversorgung angeschlossen ist, die erforderlichen **Zählpunkte** zu stellen. Bei der Belieferung der Letztverbraucher durch Dritte findet erforderlichenfalls eine **Verrechnung der Zählwerte** über Unterzähler statt. Darüber hinaus kann das Verhältnis zwischen dem vorgelagerten Netzbetreiber und dem Betreiber einer Kundenanlage weitere komplexe Fragen aufwerfen. Sobald ein Letztverbraucher, der seinen Anschluss in einer Kundenanlage hat, einen Energielieferanten von außen wählt, stehen sich mit dem Letztverbraucher, dem Kundenanlagenbetreiber, dem Betreiber des vorgelagerten Netzes und dem Energielieferanten vier verschiedene Parteien gegenüber, die ihre gegenseitigen Rechte und Pflichten miteinander koordinieren müssen.

15 In einem besonderen Missbrauchsverfahren hat die BNetzA in ihrem Beschluss vom 7.11.2011 erklärt, dass Sinn und Zweck der Regelungen der § 3 Nr. 24a und b EnWG die Entlastung der Kundenanlagenbetreiber von den Vorgaben des EnWG seien. Deshalb sei von den Kundenanlagenbetreibern nicht zu fordern, dass die Gewähr-

leistung der **diskriminierungsfreien Durchleitung** dadurch zu bewirken sei, dass der Betreiber alle Energiemengen selbst den jeweiligen Bilanzkreisen zuordne. Dies würde eine Ausbilanzierung der Anlage erfordern, wie es gerade nur von Netzbetreibern im Sinne des EnWG verlangt würde. Die Neuregelung des § 20 Abs. 1d EnWG besage, dass derjenige Netzbetreiber, der einer Kundenanlage vorgelagert sei, die erforderlichen **Zählpunkte** bereitzustellen habe. Die Verpflichtung des Betreibers einer Kundenanlage könne sich im Rahmen der Ermöglichung der diskriminierungsfreien Durchleitung also nur darauf erstrecken, alle erforderlichen Unterstützungsleistungen zu erbringen, damit der vorgelagerte örtliche Netzbetreiber einen **abrechnungs- und bilanzierungsrelevanten Zählpunkt** für den betreffenden Nutzer der Kundenanlage technisch einrichten und betreiben könne. Würde etwa der physikalische Zähler innerhalb der Kundenanlage nicht vom vorgelagerten Netzbetreiber betrieben, so habe der Betreiber der Kundenanlage dafür zu sorgen, dass die erforderlichen Messwerte dem vorgelagerten Netzbetreiber zur Verarbeitung bereitgestellt würden.[7] Damit hat die BNetzA festgestellt, dass die Kundenanlagenbetreiber lediglich verpflichtet sind, die **erforderlichen Unterstützungsleistungen** zu erbringen, damit der vorgelagerte örtliche Netzbetreiber einen abrechnungs- und bilanzierungsrelevanten Zählpunkt für die betreffenden Nutzer der Kundenanlage technisch einrichten und betreiben kann.

Dieser Beschluss wurde allerdings angefochten und vom OLG Düsseldorf aufgehoben.[8] Danach besteht gegenüber dem vorgelagerten Netzbetreiber weder ein unmittelbarer **Anspruch der Letztverbraucher auf Netzzugang**, da nach Ansicht des OLG Düsseldorf hierfür ein unmittelbarer Netzanschluss zwingende Voraussetzung ist, noch ein **Anspruch der Letztverbraucher auf Einrichtung der erforderlichen Zählpunkte**. Unmittelbare Ansprüche kann ein Letztverbraucher nur gegenüber dem Betreiber der Kundenanlage aus schuldrechtlichem Vertrag geltend machen, da die Kundenanlage nicht der Regulierung unterworfen ist. Ein Anspruch aus § 20 Abs. 1d EnWG gegenüber dem vorgelagerten Netzbetreiber steht lediglich dem Betreiber der Kundenanlage zu. Dieser muss eine Durchleitung für seine angeschlossenen Letztverbraucher vermitteln, um der Vorgabe aus § 3 Nr. 24a und b EnWG auf **diskriminierungsfreien Zugang für externe Lieferanten** zu gewährleisten. 16

Im Raum stehen weiterhin die **Abwicklung der Geschäftsprozesse** sowie der erforderliche Austausch weiterer Daten zwischen dem Betreiber der Kundenanlage, dem vorgelagerten Netzbetreiber sowie dem Letztverbraucher, der die Kundenanlage zur Durchleitung der Energie des von außen kommenden Lieferanten nutzen möchte. Diese Abläufe sind noch nicht geklärt. Die BNetzA hat ursprünglich angekündigt, dass diese erforderlichenfalls zum Gegenstand eines Leitfadens gemacht werden sollen.[9] 17

7 BNetzA, Beschlusskammer 6, Beschl. v. 7.11.2011 - BK6-10-208 - S. 13 f.

8 OLG Düsseldorf, Beschl. v. 16.1.2013 - VI-3 Kart 163/11 (V) -.

9 Gemeinsames Positionspapier der Regulierungsbehörden der Länder und der Bundesnetz-

Ein solcher Leitfaden würde aber voraussetzen, dass die Regulierungsbehörden die Berechtigung hätten, regulierend auch in die Kundenanlage einzugreifen. Dies scheint nach dem beschriebenen Beschluss des OLG Düsseldorf aber ausgeschlossen. Auch die **Geschäfts- und Wechselprozesse**, die von den Netzbetreibern umzusetzen sind, sind in der Kundenanlage nicht verpflichtend, da die Pflicht zur Umsetzung nur für Netzbetreiber gilt, die dem EnWG und der Regulierung unterliegen.

18 In der Konsequenz bedeutet dies – sofern der Beschluss des OLG Bestand haben wird –, dass ein **Netzbetreiber der allgemeinen Versorgung**, an dessen Netz eine Kundenanlage angeschlossen ist, letztlich nur einen Anschlussnehmer und nur einen Netznutzer hat, nämlich den Betreiber der Kundenanlage. Pflichten des Netzbetreibers der allgemeinen Versorgung auch gegenüber den Letztverbrauchern, die nicht unmittelbar an sein Netz angeschlossen sind, sondern lediglich an die Kundenanlage, scheinen ausgeschlossen. Lediglich gegenüber dem Betreiber der Kundenanlage hat der Netzbetreiber die erforderlichen Zählpunkte zu stellen, um die Möglichkeit zu eröffnen, Summenzähler und Unterzähler zur Abrechnung der Verbrauchswerte anstelle einzelner Zähler zu verwenden.[10]

19 Im Ergebnis dürften die Interessen der Netzbetreiber der allgemeinen Versorgung nicht betroffen sein, wenn ihrem Netz ein geschlossenes Verteilernetz nachgelagert ist. Gleiches gilt, wenn es sich bei der nachgelagerten Infrastruktur um eine Kundenanlage handelt und der genannte Beschluss des OLG Düsseldorf vom 16.1.2013 Bestand haben sollte.

D. Regulierungsbehörden

20 Im Bereich der Energie nehmen die Regulierungsbehörden grundsätzlich die folgenden Aufgaben wahr:[11]

– Gewährleistung einer möglichst sicheren, preisgünstigen, verbraucherfreundlichen, effizienten und umweltverträglichen leitungsgebundenen Versorgung der Allgemeinheit mit Elektrizität und Gas;
– Sicherstellung eines wirksamen und unverfälschten Wettbewerbs bei der Versorgung mit Elektrizität und Gas und die Sicherung eines langfristig angelegten leistungsfähigen und zuverlässigen Betriebs von Energieversorgungsnetzen;

---

agentur zu geschlossenen Verteilernetzen gem. § 110 EnWG vom 23.2.2012, S. 9, abrufbar unter http://www.bundesnetzagentur.de/SharedDocs/Downloads/DE/Sachgebiete/Energie/Unternehmen_Institutionen/EntflechtungKonzessionArealnetze/Arealnetze/LeitfadenGeschlVerteilernetze/LeitfadenGeschlVerteilernetze.pdf;jsessionid=A12375A0556BE04A2461E4088F1FF451?__blob=publicationFile&v=2.

10 OLG Düsseldorf, Beschl. v. 16.1.2013 - VI-3 Kart 163/11 (V) - S. 23; BR-Drucks. 17/6072, S. 75.

11 Siehe auch http://www.bundesnetzagentur.de/DE/DieBundesnetzagentur/UeberDieAgentur/Aufgaben/aufgaben_node.html.

– Umsetzung und Durchführung des Europäischen Gemeinschaftsrechts auf dem Gebiet der leitungsgebundenen Energieversorgung.

In Bezug auf die geschlossenen Verteilernetze sind die Regulierungsbehörden gem. § 110 Abs. 3 EnWG zunächst mit deren **Einstufung** als solche betraut. Nach Auffassung der Behörden haben bisherige Objektnetze ihren Status mit dem Außerkrafttreten des § 110 EnWG a.F. verloren.[12] Ihre Betreiber müssen einen Antrag nach § 110 Abs. 3 EnWG stellen. Dieser muss von der zuständigen Regulierungsbehörde beschieden werden.[13] Hinzu kommt, dass in der Vergangenheit nicht geklärt war, ob die formale Einstufung eines Objektnetzes nach § 110 EnWG a.F. deklaratorische oder konstitutive Wirkung hatte. Hieraus folgt, dass nunmehr auch Objektnetzbetreiber einen Antrag nach § 110 Abs. 3 EnWG stellen müssen, die bislang kein förmliches Verfahren durchlaufen haben. Die Einstufung als geschlossenes Verteilernetz ist nunmehr **konstitutiv**.[14] 21

In der Konsequenz könnte dies bedeuten, dass die Regulierungsbehörden unter dem neuen EnWG eine größere Anzahl von Anträgen bescheiden müssen. Des Weiteren sind die Behörden gem. § 110 Abs. 4 S. 1 EnWG zur **Überprüfung der Entgelte** in einem geschlossenen Verteilernetz verpflichtet, sofern ein Nutzer eines geschlossenen Verteilernetzes dies beantragt. In Bezug auf **Kundenanlagen und Kundenanlagen zur betrieblichen Eigenversorgung** ist ein offizielles Antragsverfahren nicht vorgesehen. Vielmehr obliegt es den Betreibern von Kundenanlagen und Kundenanlagen zur betrieblichen Eigenversorgung, sich ohne behördliche Beteiligung selbst als solche einzuschätzen. Gleichwohl sind Konstellationen denkbar, in denen die Regulierungsbehörden die Feststellung treffen müssen, ob es sich um eine Kundenanlage oder ein Netz handelt. Diese Frage stellte sich beispielsweise in einem besonderen Missbrauchsverfahren vor der BNetzA, in dem ein Letztverbraucher sowohl auf den Betreiber einer Kundenanlage als auch auf den vorgelagerten Netzbetreiber zugegangen war, um den Abschluss eines **Netznutzungsvertrages** anzufragen und einen **abrechnungs- und bilanzierungsrelevanten Zählpunkt** zu erhalten.[15] Der vorgelagerte Netzbetreiber hatte dies abgelehnt, da er der Meinung war, dass es sich bei der nachgelagerten Infrastruktur nicht um eine Kundenanlage, sondern um ein Netz handele, während der Betreiber der Infrastruktur der gegenteiligen Auffassung war. 22

12 So das Gemeinsames Positionspapier der Regulierungsbehörden der Länder und der Bundesnetzagentur zu geschlossenen Verteilernetzen gem. § 110 EnWG vom 23.2.2012, S. 20.

13 Es wurde zum Teil hinterfragt, ob zunächst ein förmlicher Widerruf bzw. eine förmliche Rücknahme der alten Objektnetzbescheide hätte erfolgen müssen oder ob diese Rechtsfolgen sogar unmittelbar im Gesetz hätten geregelt werden müssen. Auf diese Problematik soll an dieser Stelle aber nicht näher eingegangen werden.

14 Gemeinsames Positionspapier der Regulierungsbehörden der Länder und der Bundesnetzagentur zu geschlossenen Verteilernetzen gem. § 110 EnWG vom 23.2.2012, S. 15; *Strohe*, CuR 2011, 105 f.

15 BNetzA, Beschlusskammer 6, Beschl. v. 7.11.2011 - BK6-10-208 -.

In diesem Verfahren musste die BNetzA inzident über den Status der Infrastruktur entscheiden, um beurteilen zu können, wer zum Abschluss eines Netznutzungsvertrages und zur Einrichtung der betreffenden Zählpunkte zuständig war. Auch wenn dieser Beschluss der BNetzA vom OLG Düsseldorf mit Entscheidung vom 16.1.2013[16] aufgehoben wurde, sind zumindest ähnlich gelagerte Fälle durchaus auch in der Zukunft möglich. Darüber hinaus haben die Regulierungsbehörden in Bezug auf Kundenanlagen keine Befugnisse, da es sich um regulierungsfreie Räume handelt.

23 Zusammenfassend ist festzuhalten, dass die Regulierungsbehörden in Bezug auf geschlossene Verteilernetze eine Reihe von Aufgaben wahrnehmen, die von deren Einstufung bis hin zu einer Überprüfung von Netzentgelten reichen. In Bezug auf Kundenanlagen stehen den Regulierungsbehörden keine Regulierungsbefugnisse zu. Es sind aber Fallkonstellationen denkbar, in denen die Regulierungsbehörden inzident über den Status einer Infrastruktur, auch den einer Kundenanlage, entscheiden müssen.

E. Wirtschaftsprüfer

24 Das EnWG verpflichtet die Energieversorgungsunternehmen in den §§ 6 ff. EnWG zur **buchhalterischen, eigentumsrechtlichen, operationellen und informatorischen Entflechtung**. Hiermit ist die Prüfungspflicht der Wirtschaftsprüfer verbunden, ob bestimmte Verpflichtungen der Energieversorgungsunternehmen eingehalten werden. Nach § 6b EnWG sind **vertikal integrierte Energieversorgungsunternehmen** i.S.d. § 3 Nr. 38 EnWG, einschließlich rechtlich selbstständiger Unternehmen, die zu einer Gruppe verbundener Elektrizitäts- oder Gasunternehmen gehören und mittelbar oder unmittelbar energiespezifische Dienstleistungen erbringen, und rechtlich selbstständige Netzbetreiber sowie Betreiber von Speicheranlagen zur **buchhalterischen Entflechtung** und insbesondere zur Aufstellung, Prüfung und Offenlegung eines **Jahresabschlusses** und eines **Lageberichts** verpflichtet. Zu den Aufgaben der Wirtschaftsprüfer gehört die Prüfung der ordnungsmäßigen Buchführung eines Unternehmens und die Prüfung, ob ein den einschlägigen Vorschriften entsprechender Jahresabschluss und Lagebericht erstellt wurde. Um diese Prüfung ordnungsgemäß durchführen zu können, müssen die Wirtschaftsprüfer den Status eines Unternehmens einschätzen. Dies beinhaltet die Prüfung, ob ein vertikal integriertes Energieversorgungsunternehmen oder ein Netz im oben genannten Sinne vorliegt.

25 Darüber hinaus enthält das EnWG Regelungen zur eigentumsrechtlichen, operationellen und informatorischen Entflechtung. Laut den **Prüfungsstandards** des Instituts der Wirtschaftsprüfer ist die Abschlussprüfung nicht darauf ausgerichtet, Verstöße gegen solche gesetzlichen Vorschriften aufzudecken, die nicht auf die Rech-

16 OLG Düsseldorf, Beschl. v. 16.1.2013 - VI-3 Kart 163/11 (V) -.

nungslegung bezogen sind und aus denen sich keine wesentlichen Rückwirkungen auf den Jahresabschluss oder den Lagebericht ergeben. Die Einhaltung der Verpflichtungen zur rechtlichen, operationellen und informatorischen Entflechtung ist nur insoweit Gegenstand der Jahresabschlussprüfung, als sich daraus wesentliche Auswirkungen auf die Rechnungslegung ergeben. Erkennt der Abschlussprüfer jedoch im Rahmen der pflichtgemäßen Durchführung der Abschlussprüfung Unregelmäßigkeiten hinsichtlich der Einhaltung dieser Regelungen des Energiewirtschaftsgesetzes, soll er hierüber im Prüfungsbericht nach § 321 Abs. 1 S. 3 HGB berichten.[17]

Welche Pflichten sich konkret aus den §§ 6 ff. EnWG ergeben, hängt insbesondere **26** davon ab, ob es sich überhaupt um ein Energieversorgungsunternehmen handelt und ob dieses vertikal integriert ist. **Energieversorgungsunternehmen** sind gem. § 3 Nr. 18 EnWG natürliche oder juristische Personen, die Energie an andere liefern, ein Energieversorgungsnetz betreiben oder an einem Energieversorgungsnetz als Eigentümer Verfügungsbefugnis besitzen; der **Betrieb einer Kundenanlage** oder einer **Kundenanlage zur betrieblichen Eigenversorgung** macht den Betreiber nicht zum Energieversorgungsunternehmen. Eine Frage, die sich in diesem Zusammenhang stellen kann, ist, ob die betriebene Infrastruktur eine Kundenanlage oder ein Netz ist.

In diesem Zusammenhang ist nicht auszuschließen, dass es zwischen Infrastruk- **27** turbetreibern und Wirtschaftsprüfern zu Konflikten bzw. gegenläufigen Ansichten kommen kann. Einige Unternehmen begegnen dem, indem sie entsprechende Gutachten fertigen lassen. Sofern dies durch externe Anwaltskanzleien geschieht, ist dies natürlich mit Kosten verbunden. Es bleibt aber festzuhalten, dass die Unternehmen grundsätzlich zur Selbsteinschätzung berufen sind und die Wirtschaftsprüfer an dieser Stelle nicht die Funktion einer Prüfbehörde innehaben. Letztlich kann im Rahmen der Abschlussprüfung seitens der Wirtschaftsprüfer lediglich eine Plausibilitätsprüfung hinsichtlich des Status einer Infrastruktur vorgenommen werden.[18]

Zusammenfassend ist festzuhalten, dass die Wirtschaftsprüfer im Rahmen ihrer **28** Prüfung der Jahresabschlüsse von Unternehmen stets eine inzidente Plausibilitätsprüfung zum Status des Unternehmens vornehmen müssen. Die Unternehmen müssen diesen Status plausibel darlegen. Es ist nicht auszuschließen, dass es hier zu gegenläufigen Ansichten und Konflikten zwischen den Unternehmen und den Wirtschaftsprüfern kommen kann.

17 Entwurf einer Neufassung des IDW-Prüfungsstandards, Prüfung von Energieversorgungsunternehmen (IDW EPS 610 n.F., Stand: 25.11.2011), S. 4. Die finale IDW-Stellungnahme zur Rechnungslegung nach § 6b EnWG (IDW RS ÖFA 2) ist erhältlich unter http://shop.idw-verlag.de/product.idw;jsessionid=C5507797858D17DE0B8308B304E63178?product=20305.

18 Zur Selbsteinschätzung siehe auch Kap. 3 Rn 139 ff.

F. Kunden und Letztverbraucher

I. Geschlossenes Verteilernetz

29 Die Netznutzer in einem geschlossenen Verteilernetz haben die **freie Lieferantenwahl**. Jeder Netznutzer kann sich also auch von einem **externen Lieferanten** mit Energie beliefern lassen. Die **Festlegungen der Regulierungsbehörden** zum Datenaustausch und zur **Abwicklung massengeschäftstauglicher Geschäftsprozesse** müssen auch von den Betreibern der geschlossenen Verteilernetze umgesetzt werden. Damit ist gewährt, dass eine Belieferung durch einen externen Lieferanten auch diskriminierungsfrei möglich ist. Die Betreiber von geschlossenen Verteilernetzen unterliegen nicht der Pflicht, ihre **Netzentgelte** entsprechend den Vorgaben der Anreizregulierungsverordnung zu bilden. Insbesondere bedarf es keiner entsprechenden ex ante-Genehmigung durch eine Regulierungsbehörde. Die Netzentgelte dürfen allerdings nicht frei kalkuliert werden, sondern nur nach Maßgabe von § 21 Abs. 2 EnWG in Verbindung mit der **StromNEV** bzw. der **GasNEV**.[19] Laut § 110 Abs. 4 S. 1 EnWG kann der Netznutzer eine nachträgliche Überprüfung von der Regulierungsbehörde verlangen, wenn er befürchtet, die Netzentgelte seien überhöht. Allerdings gilt in diesem Fall zunächst die **Vermutungsregel** des § 110 Abs. 4 S. 2 EnWG. Danach gelten die Netzentgelte als den rechtlichen Vorgaben entsprechend, wenn kein höheres Entgelt gefordert wird, als im vorgelagerten Netz der allgemeinen Versorgung auf gleicher Netz- oder Umspannebene. Nach Ansicht der Regulierungsbehörden hat diese Vermutungswirkung zur Folge, dass eine Überprüfung der Netzentgelte abgelehnt werden kann, wenn es nicht gelingt, diese Vermutung zu widerlegen.[20] Ob der zuletzt genannten Ansicht gefolgt werden kann, darf zumindest bezweifelt werden. Denn damit würde einem Netznutzer, der keinerlei Einblick in die Netzkalkulation hat, eine Widerlegung zugemutet, die er nur schwerlich substanziieren könnte. Allerdings dürften die Entgelte aufgrund der besonderen Situation von Industrie- und Dienstleistungsnetzen regelmäßig höher sein als im vorgelagerten Netz der allgemeinen Versorgung. Industriestandorte bzw. hochkomplexe Dienstleistungsnetze stellen besonders hohe Ansprüche an Versorgungszuverlässigkeit und Sicherheit. Die Betreiber müssen unabhängig vom übergeordneten Verbundnetz die Inselbetriebsfähigkeit gewährleisten. Weitere Kennzeichen sind die sog. Schwarzstartfähigkeit, redundante Netzstrukturen und hohe Automatisierungsgrade in der gekoppelten Prozessführung sowie konkrete Anforderungen an die Behandlung von Netzrückwirkungen. Die Erfüllung

19 *Schalle*, ZNER 2011, 406, 409.

20 Leitfaden der Regulierungsbehörden der Länder und der BNetzA zu geschlossenen Verteilernetzen vom 23.2.2012, S. 20, abrufbar unter http://www.bundesnetzagentur.de/DE/Sachgebiete/ElektrizitaetundGas/Unternehmen_Institutionen/EntflechtungKonzessionenArealnetze/Arealnetze/arealnetze-node.html.

dieser besonderen, tatsächlichen Anforderungen liegt im Interesse der angeschlossenen Netznutzer und wird dazu führen, dass die Netzentgelte im geschlossenen Verteilernetz meist höher sind als im Netz der allgemeinen Versorgung. Das bedeutet auch, dass es voraussichtlich nur selten zur Anwendung der Vermutungsregel kommen wird und also, dass der Netznutzer regelmäßig eine Überprüfung der Entgelte verlangen kann.

In Bezug auf **§ 19 Abs. 2 S. 2 StromNEV** können die in geschlossenen Verteilernetzen angeschlossenen Letztverbraucher bei Erfüllung der jeweiligen Voraussetzungen einen Anspruch auf Befreiung von den Netzentgelten nach § 19 Abs. 2 S. 2 StromNEV geltend machen.[21] Allerdings sind zu diesem Punkt zahlreiche Fragen aufgetaucht, da der Betreiber eines geschlossenen Verteilernetzes diese befreiten Netzentgelte nicht bzw. nur in einem sehr beschränkten Umfang in den Wälzungsmechanismus einbringen darf.[22] Die Regelung des § 19 Abs. 2 S. 2 StromNEV wurde gerade erneut novelliert, womit der Gesetzgeber sowohl auf die nationale Rechtsprechung[23] wie auch auf das Beihilfeverfahren der Europäischen Kommission[24] reagierte.[25] Allerdings enthält die Novelle des § 19 Abs. 2 StromNEV keine neuen Regelungen zum Antragsrecht für Letztverbraucher in geschlossenen Verteilernetzen. 30

II. Kundenanlage

Die angeschlossenen Letztverbraucher in einer Kundenanlage haben ebenfalls die freie Lieferantenwahl und können sich jederzeit auch von einem externen Lieferanten mit Energie beliefern lassen. Sofern in der Kundenanlage eine Eigenerzeugung ansässig ist, dürfte es allerdings sehr oft im Interesse der Letztverbraucher liegen, sich aus dieser Eigenerzeugung (mit-)versorgen zu lassen. Denn damit fallen nicht nur keine oder weniger **Netzentgelte** an, sondern es entfallen auch die **Umlagen**, die über die Netzentgelte gewälzt werden. Damit kann ein wesentlicher Bestandteil des Strom- oder Gaspreises, der bei einem Bezug über ein Netz der allgemeinen Versorgung fällig wird, vermieden werden. 31

21 Festlegung der BNetzA hinsichtlich der sachgerechten Ermittlung individueller Entgelte nach § 19 Abs. 2 StromNEV - BK4-13-739 - S. 52, abrufbar unter http://www.bundesnetzagentur.de/DE/Service-Funktionen/Beschlusskammern/1BK-Geschaeftszeichen-Datenbank/BK4-GZ/2013/bis_0999/2013_700bis799/BK4-13-739_BKV/BK4-13-739_Entscheidung_BF.pdf?__blob=publicationFile&v=3.

22 Zur Teilnahme der geschlossenen Verteilernetze am Wälzungssystem siehe Kap 6 Rn 91 ff.

23 OLG Düsseldorf, Beschl. v. 6.3.2013 - VI-3 Kart 163/11 -.

24 Eröffnung des förmlichen Beihilfeverfahrens vom 6.3.2013.

25 Beschluss des Bundesrates, Verordnung zur Änderung von Verordnungen auf dem Gebiet des Energiewirtschaftsrechts, BR-Drucks. 447/13 (Beschl.).

32 Falls seitens der Letztverbraucher dennoch ein Fremdbezug über einen **externen Lieferanten** gewollt ist, ist der Kundenanlagenbetreiber verpflichtet, dem Lieferanten die unentgeltliche und **diskriminierungsfreie Durchleitung** durch die Kundenanlage zu gestatten. Der Betreiber einer Kundenanlage darf kein Entgelt für diesen Transport verlangen, sondern muss die Infrastruktur unentgeltlich zur Verfügung stellen.[26] In der vertraglichen Ausgestaltung zwischen Kundenanlagenbetreiber und Letztverbraucher darf die Infrastruktur allenfalls über ein vertragliches Gesamtpaket (beispielsweise über einen Miet- oder Pachtvertrag) abgerechnet werden.[27] In diesem Zusammenhang darf keinesfalls ein Entgelt für den Energietransport gefordert werden, welches abhängig vom tatsächlichen Energieverbrauch berechnet wird. Sofern der Letztverbraucher einen eigenen Liefervertrag mit einem externen Strom- oder Gaslieferanten abschließen lassen will, muss er sich den Netzzugang nach dem oben beschriebenen Beschluss des OLG Düsseldorf[28] durch den Betreiber der Kundenanlage vermitteln lassen, sofern er nicht selbst über einen Netzanschluss verfügt.

33 In Bezug auf einen Anspruch auf Befreiung von den Netzentgelten nach **§ 19 Abs. 2 S. 2 StromNEV** vertrat die BNetzA bislang die Auffassung, dass die in Kundenanlagen angeschlossenen Letztverbraucher einen Anspruch auf Befreiung von den Netzentgelten gegen den vorgelagerten Netzbetreiber geltend machen können, wenn sie über einen **abrechnungsrelevanten Zählpunkt** i.S.v. § 20 Abs. 1d EnWG verfügen.[29] Ob an dieser Auffassung noch festgehalten werden kann, nachdem das OLG Düsseldorf[30] verneint hat, dass ein eigener Anspruch der Letztverbraucher in einer Kundenanlage auf Einrichtung eines abrechnungsrelevanten Zählpunktes besteht, bedarf allerdings noch der Klärung.

34 Zusammenfassend ist festzuhalten, dass die einem geschlossenen Verteilernetz angeschlossenen Letztverbraucher ähnlichen Bedingungen unterliegen wie Kunden in Netzen der allgemeinen Versorgung. Letztverbraucher in einer Kundenanlage genießen demgegenüber den Vorteil, dass sie für die Nutzung der Kundenanlage keine Netzentgelte bezahlen müssen.

---

26 Gemeinsames Positionspapier der Regulierungsbehörden der Länder und der Bundesnetzagentur zu geschlossenen Verteilernetzen gem. § 110 EnWG vom 23.2.2012, S. 7.

27 Gesetzesbegründung zu § 3 Nr. 24a und b EnWG, BR-Drucks. 343/11, S. 126.

28 OLG Düsseldorf, Beschl. v. 16.1.2013 - VI-3 Kart 163/11 (V) - S. 23; BR-Drucks. 17/6072.

29 FAQ-Liste der Bundesnetzagentur zu § 19 Abs. 2 StromNEV, abrufbar unter http://www.bundesnetz-agentur.de/cln_1912/SharedDocs/Stab05/BK4/FAQ_Leitlinie_Individuelle_Netzentgelte/Antragstellung/A5.html?nn=214910.

30 OLG Düsseldorf, Beschl. v. 16.1.2013 - VI-3 Kart 163/11 (V) -.

G. Energielieferanten

Externe Lieferanten von Strom oder Gas, die mit dem Betreiber eines geschlossenen Verteilernetzes oder mit dem Betreiber einer Kundenanlage nicht identisch und auch nicht innerhalb des jeweiligen räumlichen Ausdehnungsbereichs ansässig sind, müssen zunächst das vorgelagerte Netz der allgemeinen Versorgung und sodann das geschlossene Verteilernetz bzw. die Kundenanlage zur Durchleitung nutzen, um einen Letztverbraucher zu versorgen. Hieraus ergibt sich das Interesse der Lieferanten, sämtliche Netze bzw. Kundenanlagen ungehindert zur Durchleitung nutzen zu können. Diesem Interesse entspricht der Anspruch auf freien **Netzzugang** gem. § 20 EnWG, der in verschiedenen Rechtsverordnungen der Bundesregierung und in Festlegungen der BNetzA näher ausgestaltet wird.[31] 35

I. Geschlossenes Verteilernetz

Da § 20 EnWG auch auf geschlossene Verteilernetze Anwendung findet, ist der Netzzugang vom Betreiber uneingeschränkt zu gewähren. Damit werden die geschlossenen Verteilernetze auch hinsichtlich der Bedingungen zum Netzzugang behandelt wie die Netze der allgemeinen Versorgung. Insbesondere die dort enthaltenen Vorgaben zur Massengeschäftstauglichkeit setzen voraus, dass die Betreiber von geschlossenen Verteilernetzen allen externen Lieferanten einheitliche, offen und leicht zugängliche Bedingungen unterbreiten, auf deren Basis der Netzzugang effizient eingeräumt und abgewickelt wird.[32] 36

II. Kundenanlage

Kundenanlagen sind keine Netze im Sinne des EnWG. Daraus folgt, dass § 20 EnWG keine Anwendung findet. Allerdings hat der Gesetzgeber in der Definition der Kundenanlage und der Kundenanlage zur betrieblichen Eigenversorgung in § 3 Nr. 24a und b EnWG festgeschrieben, dass diese jedermann zum Zwecke der Belieferung der angeschlossenen Letztverbraucher im Wege der Durchleitung unabhängig von der Wahl des Energielieferanten diskriminierungsfrei und unentgeltlich zur Verfügung gestellt werden müssen. Damit ist das „Ob" des Zugangsanspruchs ebenfalls festgelegt. Hinsichtlich der genauen Ausgestaltung dieses Anspruchs sind allerdings noch nicht alle Fragen beantwortet. 37

---

31 Leitfaden der Regulierungsbehörden der Länder und der Bundesnetzagentur zu geschlossenen Verteilernetzen vom 23.2.2012, S. 15, abrufbar unter http://www.bundesnetzagentur.de/DE/Sachgebiete/ElektrizitaetundGas/Unternehmen_Institutionen/EntflechtungKonzessionenArealnetze/Arealnetze/arealnetze-node.html.

32 BK-EnR/*Boesche*, § 20 EnWG Rn 105.

Kapitel 3
Kundenanlagen

A. Hintergrund der gesetzlichen Regelung

Die Umsetzung des Art. 28 der **Richtlinie 2009/72/EG**[1] stellte den deutschen Gesetz- 1
geber vor die Aufgabe, eine formale **Differenzierung zwischen den geschlossenen Verteilernetzen** im Sinne der Richtlinie und **anderer Infrastruktur** zu ermöglichen. Da sich traditionell nicht sämtliche sonstigen Infrastrukturen tatsächlich als **Netze der allgemeinen Versorgung** einordnen lassen, ergab sich die Notwendigkeit einer gesetzlichen Regelung der Kundenanlage. Diese Frage ist einer Einstufung von Netzen als geschlossene Verteilernetze nach § 110 EnWG vorgelagert. Denn handelt es sich bei der infrage stehenden Infrastruktur gar nicht um ein Netz im Sinne des EnWG, ist ein Antrag nach § 110 EnWG nicht statthaft und nicht erforderlich.

Zu den Anlagen, bei denen es sich nicht um „Netze" im Sinne des EnWG handelt, 2
zählt die **„Kundenanlage"**, die der Gesetzgeber nunmehr gesetzlich gesondert definiert und vom Begriff des Energieversorgungsnetzes ausgenommen hat. **Energieversorgungsnetze** sind nach § 3 Nr. 16 EnWG Elektrizitätsversorgungsnetze und Gasversorgungsnetze über eine oder mehrere Spannungsebenen oder Druckstufen, mit Ausnahme von Kundenanlagen i.S.d. Nr. 24a und 24b.

Die „Kundenanlage" liegt somit **außerhalb des regulierten Bereichs** eines 3
Energieversorgungsnetzes. Sie markiert, so der Gesetzgeber in seiner Begründung, die **Grenze zum regulierten Netz.**[2] Die Kundenanlage kann wie ein Letztverbraucher angesehen werden, der dem Netz der allgemeinen Versorgung als Marktgegenseite gegenübersteht.[3]

Dabei ist zu berücksichtigen, dass die Kundenanlage nicht erst mit ihrer gesetzli- 4
chen Definition geschaffen wurde. Auch bislang wurde die Kundenanlage als Grenze zum regulierten Netz angesehen, hinter der alle Leitungen der Regulierung durch das EnWG entzogen sind.[4] Die gesetzliche Definition dient lediglich der **Klarstellung**.[5] Sowohl in der Rechtsprechung als auch in der Literatur werden als klassischer Fall der Kundenanlagen die **Hausverteilanlagen** angesehen, die Anlage zwischen **Hausanschluss** und **Zählpunkt.**[6] Zu den bislang streitigen Fällen gehörten die Verteilanlagen auf Flughäfen, Campingplätzen und Industrieanlagen.[7]

---

1 RL 2009/72/EG v. 13.7.2009 - ABl. L 211/55 -.

2 Vgl. die Gesetzesbegründung zur EnWG-Novelle 2011, BT-Drucks. 17/6072, S. 51.

3 So *Schwintowski*, EWeRK 2012, 45.

4 *Leidinger/Berger*, RdE 2009, 161.

5 *Schwintowski*, EWeRK 2012, 45; *Rüger*, IR 2012, 218; siehe oben Kap. 1 Rn 33 ff.

6 Vgl. zur alten Rechtslage BK-EnR/*Boesche*, 2. Aufl., § 3 EnWG Rn 36.

7 Vgl. OLG Stuttgart, Beschl. v. 27.5.2010 - 202 EnWG 1/10 - Rn 42.

5 Zu Recht wird darauf hingewiesen, dass Kundenanlagen auch bereits europarechtlich von der **ex ante-Regulierung** ausgenommen sind, ohne dass es einer gesetzlichen Regelung bedurft hätte, da sie nicht zu den Strom- und Gasnetzen gehören.[8] Die nunmehr klarstellende gesetzliche Definition in § 3 Nr. 24a und b EnWG, auf die im Folgenden im Einzelnen eingegangen wird, dürfte das Ziel verfolgen, die Abgrenzung von Anlagen, bei denen eine Regulierung nach dem EnWG nicht erforderlich ist, und Netzen, bei denen eine **Regulierungsbedürftigkeit** besteht, zu erleichtern. Die gesetzliche Definition ist dabei allerdings durch **unbestimmte Rechtsbegriffe** gekennzeichnet, die weiterhin Auslegungsfragen aufwerfen.

6 Unabhängig von der Definition der Kundenanlage dürfte es weiterhin **Anlagen** geben, die zwar nicht die Eigenschaften einer Kundenanlage nach § 3 Nr. 24a oder b EnWG erfüllen, aber dennoch nicht als „Netze" im Sinne des EnWG anzusehen sind.[9] So sind nach Auffassung des BGH z.B. solche Anlagen als **„Nicht-Netze"** anzusehen, die zwar nicht die Voraussetzungen des § 3 Nr. 24a und b EnWG erfüllen, über welche jedoch z.B. häufig wechselnden und die Leistung nur kurzfristig nutzenden Letztabnehmern die Stromversorgung im **Gesamtpaket** angeboten wird, in dem die Stromversorgung ein (regelmäßig untergeordneter) Bestandteil ist, der nicht gesondert abgerechnet wird, sondern vom Preis erfasst ist.[10]

7 Zu denjenigen Anlagen, die nicht als Netze im Sinne des EnWG anzusehen sind, dürften damit sämtliche Anlagen zählen, welche **nicht kommerziell zur Versorgung Dritter** genutzt werden. Dazu gehören Anlagen, für deren Nutzung kein **Nutzungsentgelt** verlangt wird und Anlagen, über welche keine **Dritten** versorgt werden. Denn nur die Nutzung einer Anlage durch Dritte kann überhaupt eine Regulierung des Nutzungsverhältnisses zwischen Anlagenbetreiber und Nutzer nach den Vorgaben des EnWG erfordern.

B. Tatbestand der gesetzlichen Ausnahmeregelung zur Kundenanlage

8 Die Definition der Kundenanlage ist in die **Begriffsbestimmungen** in § 3 des EnWG eingefügt worden.[11] In § 3 Nr. 24a und b EnWG wird zwischen **„Kundenanlagen"** und **„Kundenanlagen zur betrieblichen Eigenversorgung"** unterschieden. Während Kundenanlagen als Energieanlagen zur Abgabe von Energie auf einem räumlich zusammengehörenden Gebiet, die für die Sicherstellung eines wirksamen und unverfälschten Wettbewerbs bei der Versorgung mit Elektrizität und Gas unbedeutend sind,

---

8 Vgl. *Schwintowski*, EWeRK 2012, 44; Säcker/*Wolf*, § 110 Rn 29.
9 BGH, Beschl. v. 18.10.2011 - EnVR 68/10 - Rn 14.
10 BGH, Beschl. v. 18.10.2011 - EnVR 68/10 - Rn 15.
11 Vgl. zum Überblick über die gesetzlichen Regelungen vgl. Kap. 1 Rn. 3 ff.

definiert werden, ist Merkmal der Kundenanlage zur betrieblichen Eigenversorgung, dass sie fast ausschließlich dem betriebsnotwendigen Transport von Energie innerhalb des eigenen Unternehmens oder zu verbundenen Unternehmen dienen.

Zur Bestimmung, wann die genannten Voraussetzungen der Kundenanlage vorliegen, ist es erforderlich, die verwendeten Tatbestandsmerkmale zu definieren. Dies wird dadurch erschwert, dass die gesetzliche Definition eine Vielzahl **unbestimmter Rechtsbegriffe** (*„unbedeutend für die Sicherstellung eines wirksamen und unverfälschten Wettbewerbs bei der Versorgung mit Elektrizität“*, *„fast ausschließlich“*, *„dem der Bestimmung des Betriebs geschuldeten Abtransport“*, *„verbundenes Unternehmen“*, *„räumlich zusammengehörendes Gebiet oder Betriebsgebiet“*) enthält.[12] 9

Eigenschaften der Kundenanlage !

- Energieanlage zur Abgabe von Energie, die sich auf einem räumlich zusammengehörenden Gebiet oder Betriebsgebiet befindet,
- die mit einem Energieversorgungsnetz oder einer Erzeugungsanlage verbunden ist,
  - die für die Sicherstellung eines wirksamen und unverfälschten Wettbewerbs bei der Versorgung mit Elektrizität unbedeutend ist (Nr. 24a), oder
  - die fast ausschließlich dem betriebsnotwendigen Transport von Energie innerhalb des eigenen Unternehmens oder zu verbundenen Unternehmen oder fast ausschließlich dem der Bestimmung des Betriebs geschuldeten Abtransport in ein Energieversorgungsnetz dient (Nr. 24b),
- die jedermann zum Zwecke der Belieferung der angeschlossenen Letztverbraucher im Wege der Durchleitung unabhängig von der Wahl des Energielieferanten diskriminierungsfrei und unentgeltlich zur Verfügung gestellt wird.

Anhaltspunkte für die Auslegung der gesetzlichen Definition der Kundenanlage 10 ergeben sich zunächst aus der **Gesetzesbegründung.**[13] Die **BNetzA** sowie die **Regulierungsbehörden der Länder** haben ferner ein gemeinsames **Positionspapier** veröffentlicht, in dem ebenfalls auf die Kundenanlage nach § 3 Nr. 24a und b EnWG eingegangen wird.[14] Für die Auslegung der gesetzlichen Definition ist zudem die bisher und bereits vor der Novellierung des EnWG ergangene **Rechtsprechung** zur Kundenanlage heranzuziehen.[15] Da es sich nach Auffassung des Gesetzgebers bei den Tatbestandsmerkmalen, die die Kundenanlage definieren, lediglich um „eine Klar-

12 So auch *Helmes*, EnWZ 2013, 23, 24.

13 Vgl. die Gesetzesbegründung zur EnWG-Novelle 2011, BT-Drucks. 17/6072, S. 51 f. (zu Buchstabe i).

14 Gemeinsames Positionspapier der Regulierungsbehörden der Länder und der Bundesnetzagentur zu geschlossenen Verteilernetzen gem. § 110 EnWG vom 23.2.2012, abrufbar unter http://www.bundesnetzagentur.de/SharedDocs/Downloads/DE/Sachgebiete/Energie/Unternehmen_Institutionen/EntflechtungKonzessionArealnetze/Arealnetze/LeitfadenGeschlVerteilernetze/LeitfadenGeschlVerteilernetze.pdf;jsessionid=A12375A0556BE04A2461E4088F1FF451?__blob=publicationFile&v=2.

15 Vgl. OLG Stuttgart, Beschl. v. 27.5.2010 - 202 EnWG 1/10 -; OLG Düsseldorf, Beschl. v. 5.4.2006 - VI-3 Kart 143/06 (V) -.

stellung" handelt,[16] wird mit der Definition der Kundenanlage keine neue Kategorie von Anlagen definiert, sondern es werden vielmehr die Merkmale, die auch bislang die Kundenanlage gekennzeichnet haben, **gesetzlich fixiert.**

11 Die Merkmale der Kundenanlage sowie der Kundenanlage zur betrieblichen Eigenversorgung sind im Wesentlichen gleich und unterscheiden sich nur in zwei Punkten: Während es bei der „Kundenanlage zur betrieblichen Eigenversorgung" auf den Anteil der **Eigenversorgung** ankommt, ist der Eigenversorgungsanteil bei der Kundenanlage nach § 3 Nr. 24a EnWG unerheblich. Bei der Kundenanlage nach § 3 Nr. 24a EnWG ist es jedoch erforderlich, dass sie **unbedeutend zur Sicherstellung eines wirksamen und unverfälschten Wettbewerbs bei der Versorgung mit Elektrizität und Gas** ist. Die Merkmale der Kundenanlage und diejenigen der Kundenanlage zur betrieblichen Eigenversorgung werden deshalb im Folgenden gemeinsam erörtert. Auf die Unterschiede zwischen der Kundenanlage und der Kundenanlage zur betrieblichen Eigenversorgung wird im Rahmen der Erörterung der Merkmale hingewiesen.

I. Energieanlage zur Abgabe von Energie

12 Kundenanlagen müssen zunächst nach den beiden Alternativen gem. § 3 Nr. 24a und b EnWG **„Energieanlagen zur Abgabe von Energie"** sein. „Energieanlagen" sind in § 3 Nr. 15 EnWG definiert als Anlagen zur Erzeugung, Speicherung, Fortleitung oder Abgabe von Energie, soweit sie nicht lediglich der Übertragung von Signalen dienen. Dies schließt nach § 3 Nr. 15 EnWG ausdrücklich die Verteileranlagen der Letztverbraucher sowie bei der Gasversorgung auch die **letzte Absperreinrichtung vor der Verbrauchsanlage** ein.

13 Da die Kundenanlage nur die Energieanlagen **zur Abgabe von Energie** umfasst, nicht aber die anderen Arten der Energieanlagen nach § 3 Nr. 15 EnWG, können Anlagen zur **Erzeugung**, zur **Speicherung** und zur **Fortleitung** von Energie keine Kundenanlagen sein. Zu den Abgabeanlagen gehören jedoch nach einhelliger Auffassung die **Übertragungs-**, **Fernleitungs-** und **Verteilernetze**, da diese auch der Abgabe von Energie an ihre Kunden dienen.[17] Zu den Abgabeanlagen werden ferner **Messeinrichtungen**, **Hausanschluss** und **Installationsanlagen** der Elektrizitäts- und Gasabnehmer gezählt. Auch diese Anlagen können damit grundsätzlich als Kundenanlagen in Betracht kommen. Zu den Energieanlagen zur Abgabe von Energie nach § 3 Nr. 15 EnWG gehören nach dem Wortlaut schließlich auch die Verteileranlagen für Letztverbraucher. Dazu werden die **Hausverteilungsanlagen** gezählt, die bereits vor der Einführung der Legaldefinition der Kundenanlage als solche in Abgrenzung zu

---

16 Gesetzesbegründung, BT-Drucks. 17/6072, S. 51.

17 Zum Begriff der Energieanlage vgl. BK-EnR/*Boesche*, § 3 EnWG Rn 47.

den Energieversorgungsnetzen angesehen wurden.[18] Diese Anlagen sind geradezu ein typisches Beispiel für eine Kundenanlage. Denn die Nutzung einer Hausverteilungsanlage ist in der Regel Teil der **mietvertraglichen Gebrauchsüberlassung**. Die Kosten, die für die Instandhaltung und Unterhaltung der Hausverteilungsanlage anfallen, werden im Rahmen der **Miete** abgegolten, und zwar unabhängig von der Menge an durchgeleiteter Energie.

Die „Kundenanlage“ i.S.d. § 3 Nr. 24a und b EnWG ist aber nicht auf die „Verteileranlagen der Letztverbraucher“ i.S.d. § 3 Nr. 15 EnWG und damit auf Hausverteilungsanlagen oder ähnliche Anlagen, die bislang bereits als Kundenanlagen galten, beschränkt. Die Begriffsbestimmung in § 3 Nr. 24a und b EnWG lässt damit grundsätzlich einen sehr viel weiteren Ansatz zur Einordnung von Anlagen als Kundenanlagen zu. Dies könnte die Schlussfolgerung nahelegen, dass der Gesetzgeber das Ziel verfolgt, auch für diejenigen Anlagen, die bislang nicht als **typische Kundenanlagen** angesehen worden sind, eine Einordnung als Kundenanlage zuzulassen, was durchaus mit der – europarechtlich gebotenen – Einschränkung der Freistellung von geschlossenen Verteilernetzen vom Anwendungsbereich der regulierungsrechtlichen Vorgaben des EnWG korrespondiert.[19] Die grundsätzlich weite Definition der Kundenanlage i.S.d. § 3 Nr. 24a und b EnWG bietet den Netzbetreibern, insbesondere den Betreibern von geschlossenen Verteilernetzen, die Möglichkeit, die Netze künftig als Kundenanlagen unter Vermeidung der Regulierungsvorschriften zu betreiben und im Gegenzug auf die Erhebung von **Durchleitungsentgelten** zu verzichten. 14

II. Räumlich zusammengehörendes Gebiet bzw. Betriebsgebiet

1. Keine gesetzliche Definition des Begriffs

Damit die Energieanlage als Kundenanlage anzusehen ist, muss sie sich in beiden Alternativen (§ 3 Nr. 24a und b EnWG) auf einem **„räumlich zusammengehörenden Gebiet bzw. Betriebsgebiet“** befinden. Der Begriff des „räumlich zusammengehörenden“ Gebietes ist im EnWG nicht definiert und ist aus der bisherigen Vorschrift zur Objektnetzausnahme des § 110 EnWG a.F. entlehnt. Nach der früheren Definition des Objektnetzes war erforderlich, dass sich die Energieversorgungsnetze auf einem *„räumlich zusammengehörenden Betriebsgebiet“* (§ 110 Abs. 1 Nr. 1 EnWG), auf einem *„räumlich zusammengehörenden privaten Gebiet“* (§ 110 Abs. 1 Nr. 2 EnWG) oder auf einem *„räumlich eng zusammengehörenden Gebiet“* (§ 110 Abs. 1 Nr. 3 EnWG) befinden. Der Gesetzgeber stellte sich unter diesen Gebieten typischerweise **Werksgelände** vor.[20] 15

18 Vgl. zur alten Rechtslage BK-EnR/*Boesche*, 2. Aufl., § 3 EnWG Rn 36.

19 Vgl. EuGH, Urt. v. 22.5.2008 - C-439/06 - „citiworks“.

20 Vgl. zur ursprünglichen Definition des Werksnetzes im Gesetzentwurf zum EnWG 2005: BT-Drucks. 15/3917, S. 75.

16 In der Gesetzesbegründung zum **EnWG 2011** wird auf dieses Tatbestandsmerkmal nicht näher eingegangen. Die Kundenanlage zur betrieblichen Eigenversorgung kann sich jedenfalls über **weite Flächen** erstrecken und soll nicht nur **kleinere Betriebsgelände** erfassen.[21] Regelungszweck ist hierbei die Ausnahme von Energieversorgungsnetzen aus dem Anwendungsbereich des EnWG, die der Energieversorgung in **Industrie- und Gewerbegebieten** dienen. So können sich die Kundenanlagen nach der Vorstellung des Gesetzgebers als Bestandteil der **Produktionsanlagen** eines Unternehmens des produzierenden Gewerbes, aber auch anderer Gewerbe-, Dienstleistungs- und Industriezweige darstellen.[22] Auch wenn es sich bei der Kundenanlage nicht um eine Kundenanlage zur betrieblichen Eigenversorgung handelt, sieht das Gesetz keine Obergrenze für das räumlich zusammenhängende Gebiet vor. Handelt es sich bei diesen Kundenanlagen um „geografisch eng begrenzte" Hausanlagen innerhalb von **Gebäuden** oder **Gebäudekomplexen**, stellen diese nach der Gesetzesbegründung in der Regel Kundenanlagen dar.[23] Auch wenn die Kundenanlagen nicht der betrieblichen Eigenversorgung dienen, können sie sich nach der Gesetzesbegründung im Einzelfall außerhalb von Gebäuden über ein **größeres Grundstück** erstrecken.[24]

17 Für die Frage, was die räumliche Zusammengehörigkeit eines Gebietes auszeichnet, lässt sich daraus wenig ableiten. Klar ist danach nur, dass zunächst **Hausanlagen** in Gebäuden oder mehreren zusammenhängenden Gebäuden als Kundenanlagen einzuordnen sind (soweit die anderen Tatbestandsvoraussetzungen erfüllt sind) und sich die Anlage im Weiteren auch über ein größeres Grundstück bzw. über weite Flächen erstrecken kann, und dass aus dem Gesetz keine Obergrenze für die Größe des Gebietes folgt, über welche sich eine Kundenanlage erstrecken darf. Zu beachten ist in diesem Zusammenhang, dass der Begriff des **„räumlich zusammengehörenden Gebietes"** sich inhaltlich durchaus vom Begriff der **„geografischen Ausdehnung"**, den der Gesetzgeber in der Gesetzesbegründung ebenfalls verwendet, unterscheidet. Während die „geografische Begrenzung" bzw. „Ausdehnung" nach allgemeinem Sprachverständnis beinhalten dürfte, dass ein Gebiet nach außen hin eine bestimmte Ausdehnung nicht überschreiten darf, dass es also eine Grenze hat, zielt der Begriff „räumlich zusammengehörend" keineswegs auf eine bestimmte Begrenzung nach außen hin ab, sondern zielt vielmehr auf die innere Zusammengehörigkeit eines Gebietes ab. Die Ausdehnung nach außen und damit die Größe der Fläche sind dabei nicht entscheidend.

---

21 Gesetzesbegründung, BT-Drucks. 17/6072, S. 51.

22 Vgl. Gesetzesbegründung, BT-Drucks. 17/6072, S. 51.

23 Vgl. BNetzA, Beschl. v. 7.11.2011 - Bk 6-10-208 - S. 11.

24 Vgl. BNetzA, Beschl. v. 7.11.2011 - Bk 6-10-208 - S. 11.

2. Entscheidungspraxis der BNetzA

Es sind hier im Wesentlichen drei Entscheidungen der **BNetzA** zur Kundenanlage zu nennen, in welchen die BNetzA auch zu dem Merkmal der räumlichen Zusammengehörigkeit Stellung nimmt. Nach Auffassung der BNetzA wird die räumliche Zusammengehörigkeit eines Gebietes nicht dadurch ausgeschlossen, dass durch das in Rede stehende Gebiet eine **öffentliche Straße** verläuft.[25] In einem von der BNetzA zu entscheidenden Fall grenzten die zusammengehörenden Grundstücke des Gebietes mit „Ausnahme einer Straße" aneinander an.[26] Nach der Definition der Kundenanlage sei zwar eine „gewisse räumliche Zusammengehörigkeit" entscheidend.[27] Das Vorhandensein der Straße zwischen den Grundstücken erachtete die BNetzA jedoch als unschädlich. Dies entspricht der bereits zur **Objektnetzausnahme** des **EnWG 2005** vertretenen Auffassung in der Literatur.[28] Dem ist auch zuzustimmen, da sich die **Zusammengehörigkeit des Gebietes** im Wesentlichen an der Zusammengehörigkeit der Energieanlage orientieren muss, da es letztlich um die Einordnung dieser Anlage als Kundenanlage geht. Für die Einstufung als Kundenanlage ist es also unschädlich, wenn das in Betracht kommende Gebiet andere Grundstücke (z.B. öffentliche Straßen) umfasst, die nicht zu diesem Gebiet gehören. 18

Die Praxis der BNetzA ist hier jedoch nicht einheitlich. In einem anderen Fall, in dem es um die 30 kV-Anlage zur Versorgung der Berliner S-Bahn ging (**Fall „S-Bahn Berlin"**), hat die Behörde das Vorliegen eines räumlich zusammengehörenden Gebietes aufgrund einer „großen Zahl von Lücken" verneint.[29] Die **30 kV-Anlage zur Stromversorgung der S-Bahn Berlin** befindet sich vollständig auf dem Betriebsgelände der – mit der **S-Bahn Berlin GmbH** konzernmäßig verbundenen – Betreiberin und wird mindestens bis zum Jahr 2017 ausschließlich von der S-Bahn Berlin GmbH, ebenfalls einem mit der Betreiberin konzernverbundenen Unternehmen, genutzt werden. Erst nach dem Jahr 2017 wird aufgrund einer **Teilausschreibung** des S-Bahnnetzes die 30 kV-Anlage möglicherweise auch von Dritten genutzt werden. Das Gebiet, auf welchem sich die 30 kV-Anlage befindet, kreuzt an 37 Bahnübergängen öffentliche Wege. Das **Land Berlin** war der Auffassung, dass die Anlage ein Netz im Sinne des EnWG darstelle und der Regulierung unterliege. Dieser Auffassung schloss sich die BNetzA an und verpflichtete die Betreiberin mit Beschluss vom 25.10.2012, die Genehmigung von Entgelten bei der BNetzA zu beantragen und Nutzungsbedingungen zu veröffentlichen. 19

Die Tatsache, dass das Betriebsgebiet der Betreiberin an **37 Bahnübergängen** öffentliche Wege kreuzt und somit Lücken aufweist, machte nach Auffassung der 20

25 Vgl. BNetzA, Beschl. v. 7.11.2011 - BK6-10-208 - S. 11.
26 BNetzA, Beschl. v. 7.11.2011 - BK6-10-208 -.
27 BNetzA, Beschl. v. 7.11.2011 - BK6-10-208 - S. 11.
28 Vgl. BK-EnR/*Boesche*, 2. Aufl., § 110 EnWG Rn 15.
29 BNetzA, Beschl. v. 25.10.2012 - BK6-11-145 - S. 8.

Behörde deutlich, *„dass das Betriebsgebiet von vornherein keinen Eindruck der räumlichen Zusammengehörigkeit“* vermittle.[30] Der Beschluss, der von der Betreiberin angefochten wurde, hatte vor dem **OLG Düsseldorf** letztlich keinen Bestand. Das Verfahren wurde im Rahmen eines Vergleiches beigelegt und noch in der mündlichen Verhandlung erklärte die BNetzA den Beschluss für gegenstandslos. Die Betreiberin der 30 kV-Anlage ist derzeit damit nicht verpflichtet, der Behörde **Netzentgelte** zur Genehmigung vorzulegen und **Nutzungsbedingungen** aufzustellen. Das OLG Düsseldorf machte in der mündlichen Verhandlung deutlich, dass es die Anlage derzeit nicht als regulierungsbedürftig erachtet, da keine Dritten diese Anlage nutzen. Ob das Gebiet als „räumlich zusammengehörig“ anzusehen ist oder nicht, ließ das Gericht in der mündlichen Verhandlung allerdings offen, ebenso ob es sich bei der Anlage um eine Kundenanlage i.S.d. § 3 Nr. 24a oder b EnWG handelt.

21 Weist das Gebiet in seinem Zusammenhang also mehr als eine **Lücke** auf, so besteht durchaus das Risiko, dass die Regulierungsbehörde dieses Gebiet nicht als zusammengehörend ansehen wird. Unklar ist nach der genannten – rechtlich nicht mehr wirksamen Entscheidung der BNetzA in Sachen S-Bahn Berlin –, ob die BNetzA allein nach **objektiven Kriterien** auf die Zusammengehörigkeit eines Gebietes abstellt oder auch auf den **Gebietscharakter** bzw. **„den Eindruck“**, den das Gebiet „vermittelt“. Es scheint nach Ansicht der BNetzA für das Kriterium des „zusammengehörenden Gebietes“ nicht allein auszureichen, dass das Gebiet keine oder allenfalls eine Lücke aufweist, sondern es muss darüber hinaus auch den Charakter der Zusammengehörigkeit vermitteln.

22 In eine ähnliche Richtung deutet eine weitere Entscheidung der BNetzA zur Kundenanlage.[31] In dem zu entscheidenden Fall (**„Valentinswerder“**) begehrten Eigentümer von Grundstücken auf der auf dem **Tegeler See** in Berlin gelegenen Insel Valentinswerder den Anschluss an Anlagen zur Stromversorgung und stellten, da ihnen der Anschluss verweigert wurde, einen **Missbrauchsantrag** bei der BNetzA. Die Anlagen zur Stromversorgung befinden sich im Eigentum des Antragsgegners, der auch Eigentümer eines Großteils der Inselfläche von ca. 130.000 m^2 ist. Von den 120 Parzellen auf der Insel liegen 108 im Miteigentum des Antragsgegners, der 90 dieser Parzellen verpachtet. Eine der Parzellen wird zudem als Zeltplatz genutzt. Die Anlagen zur Stromversorgung umfassen ein elektrisches Leitungssystem, über welches auch **Letztverbraucher** versorgt werden.

23 Die BNetzA hat in diesem Fall das Vorliegen eines **Energieversorgungsnetzes** verneint und das Begehren der Antragsteller abgelehnt. Die Behörde hat die Anlage des Antragsgegners als Kundenanlage nach § 3 Nr. 24a EnWG eingestuft. Für die BNetzA ist ausweislich der Beschlussbegründung entscheidend, dass die Energieanlage ohne Unterbrechung über das Inselareal verläuft und sich hauptsächlich über

30 BNetzA, Beschl. v. 25.10.2012 - BK6-11-145 - S. 8.

31 BNetzA, Beschl. v. 7.1.2013 - BK6-12-152 -.

das in zahlreiche Parzellen geteilte Grundstück des Antragsgegners erstreckt, dass die Grundstücke nicht durch öffentliche Straßen und Plätze voneinander getrennt sind und das Gebiet, da es als Insel von Wasser umgeben ist, ein in sich **geschlossenes und eng begrenztes Areal** darstelle.[32]

3. Fazit

Die wenigen bislang ergangenen Entscheidungen der BNetzA machen deutlich, dass 24 es der Regulierungsbehörde bei der Frage, ob ein Gebiet als „räumlich zusammengehörend" zu beurteilen ist, maßgeblich auf das **äußere Erscheinungsbild des Gebietes** anzukommen scheint. Denn auch bei der Anlage zur Versorgung der S-Bahn Berlin, die die BNetzA nicht als Kundenanlage klassifiziert hat, handelt es sich nach dem **objektiven Sachverhalt** um eine Anlage, die sich räumlich ausschließlich auf dem Betriebsgebiet des Anlageneigentümers befindet – im Unterschied zu dem Fall der Anlage auf der Insel Valentinswerder jedoch für Außenstehende nicht ohne Weiteres erkennbar. Es ist zweifelhaft, ob die bisherige Praxis der BNetzA, bei der das **äußere Erscheinungsbild** einer Anlage in hohem Maße berücksichtigt wird, geeignet ist, ausreichend Rechtssicherheit für Anlagenbetreiber zu schaffen.

Für Gebiete, die sichtbar begrenzt sind und welche nicht oder kaum von **öffentlichem Straßenland** durchschnitten werden, dürfte jedoch nach der genannten Praxis 25 der BNetzA davon auszugehen sein, dass sie die Voraussetzung des räumlich zusammengehörenden Gebietes erfüllen. Das dürfte in der Praxis insbesondere die „klassischen", durch einen **Werkzaun** abgegrenzten **Industrieparks** betreffen.

III. Verbindung mit einem Energieversorgungsnetz oder einer Erzeugungsanlage

Die Energieanlage zur Abgabe von Energie muss mit einem **Energieversorgungsnetz** 26 oder einer **Erzeugungsanlage** verbunden sein. Möglich ist auch eine Verbindung der Energieanlage mit mehreren Erzeugungsanlagen oder mehreren Energieversorgungsnetzen.[33] Nach der Vorstellung des Gesetzgebers ist ferner auch eine Verbindung mit einer Erzeugungsanlage ausreichend, die selbst nicht mit einem Energieversorgungsnetz verbunden ist (sog. **Insellösung**).[34] Diese Voraussetzungen treffen auf alle Energieanlagen zu. Die Auslegung dieses Tatbestandsmerkmals dürfte deshalb in der Praxis keine Schwierigkeiten bereiten.

32 BNetzA, Beschl. v. 7.1.2013 - BK6-12-152 - Rn 2.2.1.
33 Gesetzesbegründung, BT-Drucks. 17/6072, S. 51.
34 Gesetzesbegründung, BT-Drucks. 17/6072. S. 51.

IV. Betriebsnotwendiger Transport von Energie

27 Dient die Kundenanlage der betrieblichen Eigenversorgung, so wird in § 3 Nr. 24b lit. c EnWG darauf abgestellt, ob die Anlage fast ausschließlich dem betriebsnotwendigen Transport von Energie innerhalb des eigenen Unternehmens oder zu verbundenen Unternehmen oder ob sie fast ausschließlich dem der Bestimmung des Betriebs geschuldeten Abtransport in ein Energieversorgungsnetz dient. Ausweislich der Gesetzesbegründung können sich diese Anlagen als Bestandteil der Produktionsanlagen eines Unternehmens verschiedener Gewerbe- und Industriezweige darstellen.[35] Weder kommt es bei der Beurteilung, ob es sich um eine Kundenanlage zur betrieblichen Eigenversorgung handelt, auf die Menge der durchgeleiteten Energie an noch auf die Fläche, über welche sich das Betriebsgebiet erstreckt: Nach Auffassung des Gesetzgebers werden von der Kundenanlage zur betrieblichen Eigenversorgung gerade Konstellationen erfasst, in denen die Energiemenge sehr hoch sein kann.[36] Zudem kann sich das räumlich zusammengehörende Betriebsgebiet über weite Flächen erstrecken und soll nicht nur kleine Betriebsgelände erfassen.[37]

28 Der Begriff des **„verbundenen Unternehmens"** ist in Ermangelung anderer Gesetzesverweise (vgl. § 6b Abs. 2 EnWG) nach Maßgabe des **§ 15 AktG** auszulegen, nach dem verbundene Unternehmen rechtlich selbstständige Unternehmen sind, die im Verhältnis zueinander in **Mehrheitsbesitz** stehen oder mit Mehrheit beteiligte Unternehmen, abhängige und herrschende Unternehmen, **Konzernunternehmen**, wechselseitig beteiligte Unternehmen oder **Vertragsteile eines Unternehmensvertrages** sind. Vereinzelt wird vertreten, dass daneben auch „besondere geschäftliche Verbindungen" zwischen zwei Unternehmen einen Verbund i.S.d. § 3 Nr. 24b lit. c EnWG darstellen können.[38] Ein Bedürfnis dafür wird insbesondere beim Contracting gesehen, bei der Betreiber und Nutzer der Kundenanlage verschiedene Personen sind, die nur durch einen Betreibervertrag miteinander verbunden sind, bei der aber aus Sicht des versorgten Unternehmens eine Eigenversorgung durch die Anlage vorliegt.[39] Ob eine solche Konstellation einen Verbund von zwei Unternehmen i.S.d. § 3 Nr. 24b lit. c EnWG darstellt, ist bislang allerdings weder behördlich noch richterlich geklärt.

29 Als unbestimmtes Merkmal bleibt der Begriff des **„fast ausschließlichen"** betriebsnotwendigen Transports von Energie innerhalb des eigenen Unternehmens oder zu verbundenen Unternehmen. Nach Auffassung der Regulierungsbehörden ist bei der Auslegung des Begriffs „fast ausschließlich" auf den Anteil von an Dritte ver-

35 Gesetzesbegründung, BT-Drucks. 17/6072. S. 51.
36 Gesetzesbegründung, BT-Drucks. 17/6072. S. 51.
37 Gesetzesbegründung, BT-Drucks. 17/6072. S. 51.
38 *Helmes*, EnWZ 2013, 23, 24; *Rüger*, IR 2012, S. 338 f.
39 So *Rüger*, IR 2012, 338, 340; zum Contracting vgl. unten Rn 165.

teilter Energie an der Gesamtenergiemenge abzustellen.[40] Der Anteil soll danach im jährlichen Mittel regelmäßig in Abhängigkeit vom Einzelfall **5 % bis 10 %** nicht überschreiten.[41] Als **„Dritte"** in diesem Sinne sind auch hier Personen anzusehen, die **nicht mit dem Betreiber identisch oder verbunden sind.**[42] Anlagen, die fast ausschließlich der Versorgung von konzernmäßig verbundenen Unternehmen dienen, fallen hingegen (bei Vorliegen der übrigen Voraussetzungen) unter den Begriff der Kundenanlage.[43]

Bei der Frage, ob die Kundenanlage fast ausschließlich dem betriebsnotwendigen Transport von Energie innerhalb des eigenen Unternehmens oder zu verbundenen Unternehmen dient, ist auf die **tatsächlichen Verhältnisse** abzustellen und nicht auf mögliche künftige Entwicklungen. 30

Die BNetzA hat in einem Einzelfall allerdings auf künftige Entwicklungen abgestellt. In dem zugrundeliegenden Fall **„S-Bahn Berlin"**[44] hatte die BNetzA bei dem Merkmal des „verbundenen Unternehmens" nicht auf die tatsächliche Verwendung der Anlage abgestellt, sondern auf ihre **Zweckbestimmung.**[45] Sei die Anlage für den Zweck bestimmt, auch andere – nicht-verbundene Unternehmen – zu versorgen, so handele es sich nicht um eine Kundenanlage, sondern um ein Netz, welches zu regulieren sei.[46] In dem zugrundeliegenden Fall war eine Versorgung anderer Unternehmen allerdings zum **Entscheidungszeitpunkt** gar nicht vorgesehen. Nach Auffassung der BNetzA reicht es somit bei der Auslegung des Tatbestandsmerkmals des fast ausschließlichen Transports von Energie zu verbundenen Unternehmen nicht aus, auf die tatsächlich vorliegenden Verhältnisse abzustellen, sondern es muss darauf abgestellt werden, dass möglicherweise auch andere Unternehmen **künftig über die Anlage mit Energie versorgt werden könnten**. Die Entscheidung wurde im Nachhinein jedoch von der BNetzA in einem gerichtlichen Vergleich für gegenstandslos erklärt, sodass nicht absehbar ist, ob die BNetzA diese Auffassung beibehalten wird.[47] Die Auffassung, dass bei der Einordnung einer Anlage darauf abgestellt werden müsse, ob möglicherweise künftig auch **nicht-verbundene Unternehmen** versorgt werden, ist richtigerweise auch abzulehnen, denn es kommt bei der Frage der Regulierungsbedürftigkeit einer Anlage immer darauf an, ob dieses **Bedürfnis** 31

40 Gemeinsames Positionspapier der Regulierungsbehörden der Länder und der Bundesnetzagentur zu geschlossenen Verteilernetzen gem. § 110 EnWG vom 23.2.2012, S. 8.
41 Gemeinsames Positionspapier der Regulierungsbehörden der Länder und der Bundesnetzagentur zu geschlossenen Verteilernetzen gem. § 110 EnWG vom 23.2.2012, S. 8; vgl. auch *Jacobshagen/Kachel/Baxmann*, IR 2012, 2, 4.
42 *Leidinger/Berger*, RdE 2009, 165.
43 Vgl. BK-EnR/*Wolf*, § 110 EnWG Rn 64 m.w.N.
44 Siehe dazu oben, Rn 19.
45 BNetzA, Beschl. v. 25.10.2012 - BK6-11-145 - S. 8 f.
46 BNetzA, Beschl. v. 25.10.2012 - BK6-11-145 - S. 8 f.
47 EnZW 5/2013, „EnZW-Aktuell", S. X.

gegenwärtig besteht und nicht darauf, ob es in der Zukunft einmal bestehen wird. Anderenfalls wäre bei der Auslegung des Tatbestandsmerkmals des § 3 Nr. 24b lit. c EnWG immer zu untersuchen, ob potenziell damit zu rechnen ist, dass die Anlage künftig auch nicht-verbundenen Unternehmen zur Versorgung dienen kann und soll. Da der **Charakter einer Anlage** Veränderungen unterliegen kann, insbesondere was den **Anteil an Dritten** anbelangt die über die Anlage versorgt werden, würde dies zu einer **unnötigen Einschränkung** des Anwendungsbereiches der Kundenanlage führen und zudem die **Rechtsunsicherheit** erheblich erhöhen, wann die Merkmale eines zu regulierenden Netzes erfüllt sind und wann (noch) von einer Kundenanlage auszugehen ist.

V. Keine Bedeutung für den wirksamen und unverfälschten Wettbewerb

32 Dient die Kundenanlage nicht der betrieblichen Eigenversorgung, so darf sie keine Bedeutung für die Sicherstellung eines wirksamen und unverfälschten Wettbewerbs bei der Versorgung mit Elektrizität und Gas haben. Wann eine Anlage als bedeutend für die Sicherstellung eines wirksamen und unverfälschten Wettbewerbs bei der Versorgung mit Elektrizität und Gas anzusehen ist, kann in der **Praxis schwierig zu beurteilen sein**. Nach der Gesetzesbegründung kommen für die Auslegung dieses unbestimmten Rechtsbegriffs verschiedene Kriterien in Betracht, die nach Auffassung des Gesetzgebers jedoch nicht als abschließend zu verstehen sind.[48] Zu den vom Gesetzgeber ausdrücklich genannten Kriterien gehören die **Anzahl der angeschlossenen Letztverbraucher, die geografische Ausdehnung der Anlage** und **die Menge der durchgeleiteten Energie.**[49]

1. Anzahl der Letztverbraucher

33 Nach **Vorstellung des Gesetzgebers** gilt der Grundsatz, dass je größer die Anzahl der an eine Energieanlage unmittelbar oder mittelbar angeschlossenen Letztverbraucher sei, dieses auf das Vorliegen eines Energieversorgungsnetzes hindeute.[50] Dabei sind Anlagen, die ausschließlich der **Eigenversorgung der Betreiber** dienen, grundsätzlich als Kundenanlagen anzusehen.[51] Dieses Hinweises des Gesetzgebers hätte es streng genommen nicht bedurft, da dies bereits aus § 3 Nr. 24b EnWG folgt, der anstelle des Merkmals „unbedeutend für die Sicherstellung eines wirksamen und unverfälschten Wettbewerbs“ das Tatbestandsmerkmal der betrieblichen Eigen-

48 Gesetzesbegründung, BT-Drucks. 17/6072, S. 51.
49 Gesetzesbegründung, BT-Drucks. 17/6072, S. 51.
50 Gesetzesbegründung, BT-Drucks. 17/6072, S. 51.
51 Gesetzesbegründung, BT-Drucks. 17/6072, S. 51.

versorgung enthält und die Anlagen, die der betrieblichen Eigenversorgung dienen, ohnehin von der Regulierung freistellt.

Dass es bei der Frage, ob eine Kundenanlage vorliegt, darauf ankommt, ob und 34
in **welchem Umfang Letztverbraucher darüber (kommerziell) versorgt werden,** wird auch durch ein Urteil des **OLG Stuttgart** gestützt: Danach kann eine Kundenanlage dann zu einem Energieversorgungsnetz werden, wenn sie **kommerziell zur Versorgung Dritter** genutzt wird.[52] Der Begriff des „Letztverbrauchers" ist mit dem in der Rechtsprechung verwendeten Begriff des „Dritten", also einem Verbraucher, der nicht mit dem Betreiber identisch (oder mit diesem verbunden) ist, gleichzusetzen. Denn würden bei der Auslegung des § 3 Nr. 24a lit. c EnWG zu den Letztverbrauchern auch Personen gezählt, die mit dem Betreiber identisch oder verbunden sind, so würde dies der Wertung des § 3 Nr. 24b lit. c EnWG insofern widersprechen, als danach gerade solche Anlagen von der Regulierung ausgenommen werden, über welche Energie **fast ausschließlich innerhalb des eigenen Unternehmens oder zu verbundenen Unternehmen** transportiert wird. Dienen also Kundenanlagen der Versorgung von **Dritten** mit Strom, kann dies – je nach Umfang – nach der Vorstellung des Gesetzgebers dazu führen, dass die Anlage als Energieversorgungsnetz einzuordnen ist. Weder das Gesetz noch die Begründung enthalten jedoch eine **konkrete Obergrenze** für den Anteil der Letztverbraucher, die über die Kundenanlage versorgt werden darf.

2. Geografische Ausdehnung

Ein weiteres **Indiz für die wettbewerbliche Bedeutung** von Kundenanlagen nach 35
§ 3 Nr. 24a EnWG soll nach Vorstellung des Gesetzgebers die **„geografische Ausdehnung"** der Anlage sein: Nach Vorstellung des Gesetzgebers sind **eng begrenzte Hausanlagen innerhalb von Grundstücken oder Gebäudekomplexen** „in der Regel" Kundenanlagen. Möglich ist es aber auch, dass sich eine Kundenanlage **außerhalb von Gebäuden über ein größeres Grundstück** erstreckt.[53] Auch für die zulässige geografische Ausdehnung ergibt sich eine Obergrenze weder aus dem Gesetz noch aus der Gesetzesbegründung.

3. Menge der durchgeleiteten Energie

Schließlich stellt der Gesetzgeber auf die Menge der durchgeleiteten Energie ab. Dabei 36
kann nach Ansicht des Gesetzgebers angenommen werden, dass die Anlage desto **unbedeutender für die Sicherstellung des Wettbewerbs** ist, je kleiner die Energiemenge ist, die über die Anlage an die angeschlossenen Letztverbraucher gelie-

---

52 OLG Stuttgart, Beschl. v. 27.5.2010 - 202 EnWG 1/10 - Rn 42, zit. nach juris.

53 Gesetzesbegründung, BT-Drucks. 17/6072, S. 51.

fert wird.[54] Es sollen aber, so der Gesetzgeber in seiner Begründung, **keine festen Schwellenwerte** gelten.[55]

4. Weitere Merkmale

37 Nach Auffassung des Gesetzgebers können im jeweiligen Einzelfall und im Rahmen einer **„durchzuführenden Gesamtschau“** neben den genannten noch andere Merkmale zu berücksichtigen sein.[56] Exemplarisch wird die zwischen dem Betreiber und den angeschlossenen Letztverbrauchern geschlossenen Verträge oder das Vorhandensein einer größeren Anzahl weiterer angeschlossener Kundenanlagen genannt.

5. Bezeichnung der Anlage (als Netz oder Kundenanlage)

38 Die Bezeichnung der Anlage ist für die **materielle Rechtsfrage**, ob eine Anlage als Netz oder Kundenanlage zu bewerten ist, unerheblich. Auch wenn die Betreiber eine Anlage als Netz bezeichnen, kann es sich dabei um eine Kundenanlage handeln.[57]

6. Praxis der BNetzA

39 Bislang liegt zur Auslegung des Merkmals der **wettbewerblichen Bedeutung** nur eine Entscheidung zu einem Netz auf der Insel Valentinswerder vor.[58] Die BNetzA hat in diesem Fall die wettbewerbliche Bedeutung der zu beurteilenden Anlage mit den Argumenten verneint, dass weder die Menge der durchgeleiten Energie (90.000 kWh) noch die Anzahl der angeschlossenen Letztverbraucher (90 verpachtete Grundstücke) für die wettbewerbliche Bedeutung der Anlage sprechen, da die Anzahl der Letztverbraucher und die Energiemenge nicht höher als in einem **größeren Mehrfamilienhaus** sei.[59] Für die Behörde war zudem von Bedeutung, dass die Nutzung der Grundstücke und damit auch der Stromverbrauch **saisonalen Charakter** haben, da die Insel überwiegend zu **Urlaubs- und Erholungszwecken** genutzt werde.[60] Bei der geografischen Ausdehnung (130.000 m²) sei zu berücksichtigen, dass die Insel über viele **Gärten und Grünanlagen** verfüge.[61] Der **weitläufige Aufbau** der Anlage erhöhe deshalb nicht ihre Wirkung auf den Wettbewerb.[62]

---

54 Gesetzesbegründung, BT-Drucks. 17/6072, S. 51.
55 Gesetzesbegründung, BT-Drucks. 17/6072, S. 51.
56 Gesetzesbegründung, BT-Drucks. 17/6072, S. 105.
57 BNetzA, Beschl. v. 7.1.2013 - BK6-12-152 - S. 14.
58 BNetzA, Beschl. v. 7.1.2013 - BK6-12-152 - Fall „Valentinswerder“.
59 BNetzA, Beschl. v. 7.1.2013 - BK6-12-152 - S. 13 f.
60 BNetzA, Beschl. v. 7.1.2013 - BK6-12-152 - S. 13.
61 BNetzA, Beschl. v. 7.1.2013 - BK6-12-152 - S. 14.
62 BNetzA, Beschl. v. 7.1.2013 - BK6-12-152 - S. 14.

Die Regulierungsbehörde tendiert in der Entscheidung offenbar zu einer **weiten Auslegung** des Merkmals der Bedeutung der Anlage zur **Sicherstellung wirksamen Wettbewerbs**. Die Behörde stellt dabei im Ergebnis auf einen **Gesamteindruck der Anlage** ab. Belastbare **Kriterien** dafür, wann eine wettbewerbliche Bedeutung nach Auffassung der BNetzA vorliegt und in welchem Fall nicht, lassen sich daraus jedoch nicht ableiten. 40

VI. Diskriminierungsfreie und unentgeltliche Zurverfügungstellung der Anlage

Für **beide Arten von Kundenanlagen**, auch für diejenige zur betrieblichen Eigenversorgung, ist schließlich entscheidend, dass sie **jedermann** zum Zwecke der Belieferung der an sie angeschlossenen Letztverbraucher im Wege der Durchleitung unabhängig von der Wahl der Energielieferanten **diskriminierungsfrei und unentgeltlich** zur Verfügung gestellt wird.[63] Daraus folgt, dass **jedem Energielieferanten** das Netz offensteht und von diesem – anders als beim Energieversorgungsnetz – für die **Nutzung des Netzes** kein Entgelt gefordert werden darf. Das Tatbestandsmerkmal der **„Unentgeltlichkeit"** ihrer Nutzung verdeutlicht den entscheidenden Unterschied der Kundenanlage zum Energieversorgungsnetz, für dessen Nutzung ein Nutzungsentgelt verlangt wird, welches der Regulierung unterliegt. „Unentgeltlichkeit" bedeutet jedoch nicht, dass die **Kosten der Kundenanlage** dem Nutzer gar nicht in Rechnung gestellt werden können. Denn nach Auffassung des Gesetzgebers ist die Voraussetzung der Unentgeltlichkeit im Regelfall erfüllt, wenn eine Kundenanlage im **Rahmen eines vertraglichen Gesamtpaketes** zur Verfügung gestellt wird.[64] Wird die Anlage im Rahmen eines **Miet- oder Pachtvertrages** zur Verfügung gestellt und für die Nutzung der Anlage ein **pauschales Entgelt als Teil der Miete oder Pacht** erhoben, unabhängig von der **durchgeleiteten Menge an Energie**, so spricht dies nicht gegen die Beurteilung als Kundenanlage. Denn ein Pauschalentgelt als Teil der Miete oder Pacht stellt **kein Nutzungsentgelt** dar.[65] 41

Entscheidend auch bei der Frage der Unentgeltlichkeit ist das **Verhältnis zu Dritten**, also Personen oder Unternehmen, die nicht mit dem Betreiber der Anlage identisch oder verbunden sind. Der Begriff „Letztverbraucher" umfasst demgemäß nur Dritte – natürliche Personen oder Unternehmen, die rechtlich nicht aufseiten des Netzbetreibers stehen.[66] Verlangt der Betreiber einer Anlage z.B. von einem **verbundenen Unternehmen ein Netznutzungsentgelt**, so stellt dies für die **Einstufung der Anlage** als Kundenanlage kein Hindernis dar. Denn insoweit handelt es sich um 42

63 Vgl. BGH, Beschl. v. 12.11.2013 - EnVZ 11/13 - IR 2014, 62 f

64 Gesetzesbegründung, BT-Drucks. 17/6072.

65 *Leidinger/Berger*, RdE 2009, 161, 164 f.

66 *Leidinger/Berger*, RdE 2009, 161, 165.

einen **rein konzerninternen** Vorgang, der keinerlei **wettbewerbliche Relevanz** aufweist und eine Regulierung nicht erfordert.

43 Dem Betreiber einer Kundenanlage ist es damit untersagt, gegenüber einem **Drittnutzer** ein Netznutzungsentgelt in Rechnung zu stellen. Dies gilt nach Auffassung der Regulierungsbehörden auch dann, wenn er damit **keine Gewinnerzielungsabsicht** verfolgt.[67]

VII. Gestufte Prüfung

44 Um den Betreibern die Beurteilung zu erleichtern, ob es sich bei einer Energieanlage um eine Kundenanlage handelt, bietet sich die folgende **gestufte Vorgehensweise** bei der Prüfung an:

Stufe 1:
100 %ige Eigenversorgung oder > 90 %ige betriebliche Eigenversorgung
= Kundenanlage
Aus den Merkmalen und der Gesetzesbegründung sowie aus der Wertung des § 3 Nr. 24b EnWG lässt sich zunächst ableiten, dass ausschließlich der Eigenversorgung dienende Anlagen als Kundenanlage anzusehen sind, sei es zu betrieblichen oder nichtbetrieblichen Zwecken. Aus der Wertung des § 3 Nr. 24b EnWG folgt, dass dies ebenfalls für verbundene Unternehmen gilt. Werden über die Energieanlage ausschließlich Unternehmen versorgt, die mit dem Betreiber der Energieanlage gem. § 15 AktG verbunden sind, handelt es sich um eine Kundenanlage. Handelt es sich um eine Anlage zur betrieblichen Eigenversorgung nach § 3 Nr. 24b EnWG, so reicht es für eine Einstufung dieser Anlage als Kundenanlage aus, wenn über die Anlage zu einem Anteil von 90 % oder mehr (gemessen an der Gesamtenergiemenge) das eigene Unternehmen oder verbundene Unternehmen versorgt werden.
Auf die geografische Ausdehnung dieser Anlagen dürfte es bei Vorliegen dieser Voraussetzungen nicht mehr ankommen. Für Kundenanlagen zur betrieblichen Eigenversorgung ergibt sich dies bereits direkt aus § 3 Nr. 24b EnWG, der zu der geografischen Ausdehnung der Kundenanlage keine Anforderungen enthält.[68] Für die Kundenanlage nach § 3 Nr. 24a EnWG ergibt sich dies daraus, dass nach Auffassung des Gesetzgebers das Merkmal „unbedeutend für die Sicherstellung eines wirksamen und unverfälschten Wettbewerbs" grundsätzlich dann erfüllt ist, wenn die Energieanlage ausschließlich der Eigenversorgung dient.

Stufe 2:
Fehlen der Voraussetzungen nach Stufe 1, aber Versorgung von angeschlossenen Letztverbrauchern innerhalb eines Gebäudes.
Sobald dritte Letztverbraucher an die Anlage angeschlossen sind bzw. mehr als 10 % der Energiemenge einer Anlage zur betrieblichen Eigenversorgung an nicht konzernverbundene Unternehmen abgegeben werden, sollten weitere Merkmale der Anlage betrachtet werden. So ist z.B. die geogra-

---

67 Gemeinsames Positionspapier der Regulierungsbehörden der Länder und der Bundesnetzagentur zu geschlossenen Verteilernetzen gem. § 110 EnWG vom 23.2.2012, S. 7; zur kartellrechtlichen Aufsicht über die Kundenanlage und die Gestaltung der Miete oder Pacht vgl. *Schwintowski*, unten Rn 100.
68 Das Tatbestandsmerkmal „räumlich zusammenhängend" besagt nichts über die „geografische Ausdehnung".

fische Ausdehnung der Anlage zu berücksichtigen: Handelt es sich bei der Energieanlage um eine eng begrenzte Hausanlage innerhalb eines Gebäudes oder Gebäudekomplexes, dürfte in der Regel eine Kundenanlage vorliegen.[69] Dies ist auch der Fall, wenn viele Letztverbraucher an diese Anlage angeschlossen sind.[70] Die Anlage muss jedermann zum Zwecke der Belieferung der Letztverbraucher diskriminierungsfrei und unentgeltlich zur Verfügung gestellt werden.
Sind diese Voraussetzungen erfüllt, müssen schon besondere Umstände hinzutreten, um zu dem Ergebnis zu gelangen, dass keine Kundenanlage vorliegt. Energieanlagen in Bürogebäuden und Kaufhäusern aber auch in Bahnhöfen dürften danach die Voraussetzungen einer Kundenanlage nach § 3 Nr. 24a EnWG in der Regel erfüllen.

Stufe 3:
Weder Vorliegen der Voraussetzungen nach Stufe 1 oder 2, aber Versorgung von angeschlossenen Letztverbrauchern außerhalb eines Gebäudes auf einem größeren Grundstück.
Sind Letztverbraucher an die Kundenanlage angeschlossen (bzw. wird bei Kundenanlagen zur betrieblichen Eigenversorgung mehr als 10% der Gesamtenergiemenge an nicht-verbundene Unternehmen abgegeben) und erstreckt sich die Kundenanlage ferner außerhalb von Gebäuden über ein größeres Grundstück, dann spricht dies nach der Gesetzesbegründung zunächst tendenziell gegen das Vorliegen einer Kundenanlage nach § 3 Nr. 24a EnWG. Denn nur „im Einzelfall" soll es danach möglich sein, dass sich eine Kundenanlage nach § 3 Nr. 24a EnWG außerhalb von Gebäuden oder Gebäudekomplexen erstreckt.
Die BNetzA scheint hierbei aber einen weiten Ansatz zu vertreten, wie der Fall „Valentinswerder" zeigt. Obgleich die dort zu bewertende Anlage sich über das Gebiet einer ganzen Insel erstreckt und Dritte (90 Pachtgrundstücke) über die Anlage versorgt werden, hat die BNetzA die Anlage – im Ergebnis zu Recht – als Kundenanlage beurteilt. Dabei hat die Behörde zum einen darauf abgestellt, dass die Zahl der angeschlossenen Letztverbraucher nicht höher sei als in einem größeren Mehrfamilienhaus und zum anderen darauf, dass der „weitläufige Aufbau der Anlage" mit vielen Gärten und Grünanlagen nicht die Wirkung auf den Wettbewerb erhöhe.
Auch Anlagen der „Stufe 3" können somit dann als Kundenanlagen zu bewerten sein, wenn sie sich über ein größeres Grundstück erstrecken, dieses aber keine höhere wettbewerbliche Bedeutung aufweist als ein größeres Mehrfamilienhaus. Auch hier ist natürlich erforderlich, dass die Anlage jedermann zum Zwecke der Belieferung der Letztverbraucher diskriminierungsfrei und unentgeltlich zur Verfügung gestellt wird.

VIII. Verbleibende Unsicherheiten

Bei Anlagen, die **nicht der überwiegenden Eigenversorgung** dienen und sich 45
außerhalb eines Gebäudes befinden, ist die Einstufung als Kundenanlage diffizil und hängt von **Einzelfragen bzw. dem Gesamtbild der Anlage** ab. Dies betrifft viele für die Praxis wichtige Fälle, wie Anlagen zur Versorgung von **Flughäfen** oder **Industrieparks**. Ursache für diese verbleibende Unsicherheit ist das **unbestimmte Tatbestandsmerkmal der wettbewerblichen Bedeutung** nach § 3 Nr. 24a lit. c EnWG, welches für die Kundenanlagen der **Stufe 3** besonders relevant ist.

69 Gesetzesbegründung, BT-Drucks. 17/6072.
70 Vgl. auch *Rüger*, IR 2012, 220.

46 Bei der **Bewertung der wettbewerblichen Bedeutung** soll es nach Auffassung des Gesetzgebers maßgeblich auf die **durchgeleitete Energiemenge** ankommen, mit der Letztverbraucher versorgt werden, also Personen, die nicht mit dem Betreiber identisch oder verbunden sind, sowie auf die Anzahl der an die Anlage angeschlossenen Letztverbraucher.[71] Da weder das Gesetz noch die Gesetzesbegründung hier irgendwelche **Schwellenwerte** vorsehen, kann jedoch weder aus dem Gesetz noch aus seiner Begründung eine **sichere Aussage** abgeleitet werden, wie hoch die Energiemenge oder die Zahl der angeschlossenen Letztverbraucher sein darf, die zu einer **kritischen wettbewerblichen Bedeutung** der Anlage führt. Auch bei den Regulierungsbehörden herrscht dazu keine abschließende Auffassung. Im **Positionspapier** geben die Regulierungsbehörden lediglich die Gesetzesbegründung wieder.[72]

1. Berücksichtigung der Entgeltfreiheit

47 Um **verbleibende Unsicherheiten** über die Einordnung als eine Kundenanlage zu beseitigen, sollte entscheidend darauf abgestellt werden, dass die Kundenanlage gem. § 3 Nr. 24a lit. d EnWG **unentgeltlich** zur Verfügung gestellt wird: Denn wird eine Energieanlage jedermann diskriminierungsfrei und unentgeltlich bereitgestellt, so scheint es grundsätzlich schwer vorstellbar, dass sie in irgendeiner Weise (negative) **Auswirkungen auf den Wettbewerb bei der Versorgung mit Elektrizität oder Gas** haben kann. Schließlich haben alle an die Energieanlage angeschlossenen Letztverbraucher die Möglichkeit, ihre Energie bei dem Anbieter ihrer Wahl nachzufragen, der für die Nutzung der Anlage kein Entgelt entrichten muss.

48 Zwar heißt „unentgeltlich" nicht kostenfrei, da der Betreiber der Energieanlage die Kosten, die er für den Betrieb der Anlage aufwendet, als **Bestandteil des vertraglichen Gesamtpaketes**, in dessen Rahmen die Kundenanlage zur Verfügung gestellt wird (z.B. Miet- oder Pachtvertrag[73]) gegenüber dem Letztverbraucher geltend machen darf. Solange das Entgelt jedoch **nicht abhängig von der Nutzung der Kundenanlage** erhoben wird und sich der Höhe nach nicht nach der Menge der durchgeleiteten Energie richtet, ist die Unentgeltlichkeit gewahrt, da kein Nutzungsentgelt erhoben wird, welches der Regulierung bedarf.[74]

49 Die **Unentgeltlichkeit der Zurverfügungstellung der Anlage** spricht grundsätzlich aber dafür, dass tendenziell auch die Durchleitung **sehr großer Energiemengen** an Letztverbraucher der Beurteilung einer Anlage als Kundenanlage (der

---

71 Gesetzesbegründung, BT-Drucks. 17/6072, S. 51.

72 Gemeinsames Positionspapier der Regulierungsbehörden der Länder und der Bundesnetzagentur zu geschlossenen Verteilernetzen gem. § 110 EnWG vom 23.2.2012, S. 6.

73 So ausdrücklich in der Gesetzesbegründung genannt, vgl. BT-Drucks. 17/6072, S. 51.

74 Gemeinsames Positionspapier der Regulierungsbehörden der Länder und der Bundesnetzagentur zu geschlossenen Verteilernetzen gem. § 110 EnWG vom 23.2.2012, S. 7; *Strohe*, CuR 2011, 105, 108.

„Stufe 3") nicht entgegenstehen dürften. Für die Menge an Energie, die durch eine Anlage durchgeleitet werden „darf", damit sie den Status als Kundenanlage behält, gibt es jedoch keine Schwellenwerte. Hier verbleibt für den Rechtsanwender wie Rechtsunterworfenen eine **erhebliche Unsicherheit.**

2. Wertung aus der Elektrizitätsbinnenmarktrichtlinie

Möglicherweise können hinsichtlich der für eine Kundenanlage zulässigen Energiemenge auf die Eigenschaften des **„kleinen isolierten Netzes"** oder des **„isolierten Kleinstnetzes" nach Art. 2 Nr. 26 bzw. 27 Elektrizitätsbinnenmarktrichtlinie**[75] abgestellt werden. Ein kleines isoliertes Netz nach Art. 2 Nr. 26 Elektrizitätsbinnenmarktrichtlinie ist dadurch gekennzeichnet, dass über das Netz **weniger als 3.000 GWh** („im Jahr 1996") verbraucht werden und es bis zu einem Wert von weniger als 5 % seines Jahresverbrauches mit anderen Netzen in Verbund geschaltet werden kann. Ein „isoliertes Kleinstnetz" hingegen zeichnet sich dadurch aus, dass es einen Verbrauch von **weniger als 500 GWh im Jahr** aufweist und nicht mit anderen Netzen verbunden ist. 50

Gegen eine Übertragung dieser Wertungen auf Kundenanlagen spricht allerdings, dass die Elektrizitätsbinnenmarktrichtlinie für „kleine isolierte Netze" gem. Art. 26 Abs. 4 nur **Ausnahmen von den Entflechtungsvorgaben der Richtlinie** vorsieht und für weitere Ausnahmen sowie Ausnahmen für „isolierte Kleinstnetze" gem. Art. 44 Abs. 1 S. 1 einen **Antrag** seitens des jeweiligen **Mitgliedstaates** voraussetzt. Zudem handelt es sich bei diesen Netzen um „Energieversorgungsnetze", für welche der Betreiber ein Netznutzungsentgelt verlangen darf. Bei Kundenanlagen handelt es sich jedoch gerade nicht um Energieversorgungsnetze. Der Betreiber darf hier kein Netznutzungsentgelt verlangen. Die Kundenanlagen fallen demgemäß nicht in den Anwendungsbereich der Elektrizitätsbinnenmarktrichtlinie. Auch dies spricht gegen eine Übernahme der Wertungen aus der Richtlinie. 51

Andererseits lassen sich aus Art. 26 Abs. 4 sowie Art. 44 Abs. 1, S. 1 Elektrizitätsbinnenmarktrichtlinie insofern **Rückschlüsse auf die Kundenanlage** ziehen, als dass der europäische Gesetzgeber selbst für Netze, für welche Netznutzungsentgelte verlangt werden dürfen, eine Art **„Bagatellgrenze"** oder **„de minimis-Ausnahme"** für erforderlich hält. Das lässt immerhin den Schluss zu, dass es für Kundenanlagen (der „Stufe 3"), für die der Betreiber kein Netznutzungsentgelt verlangen darf und zu welchen er jedermann diskriminierungsfreien Zugang zu gewähren hat, unschädlich ist, wenn eine Energiemenge über diese Anlage abgegeben wird, die unterhalb der Schwelle eines „kleinen isolierten Netzes" (3.000 GWh/a) liegt. 52

75 RL 2009/72/EG v. 13.7.2009 - ABl. L 211/55 -.

3. Spürbarkeit für den Wettbewerb

53 Schließlich könnte für die Frage, welche Energiemenge über eine Kundenanlage (der „Stufe 3") abgegeben werden darf, damit sie noch als „unbedeutend für die Sicherstellung eines wirksamen und unverfälschten Wettbewerbs bei der Versorgung mit Elektrizität und Gas" angesehen werden kann, auf die de minimis-Grenze aus dem **Kartellrecht** abgestellt werden.[76] Im Kartellrecht ist es anerkannt, dass bestimmte Verhaltensweisen, die grundsätzlich verboten sind, dann ausnahmsweise nicht zu untersagen sind, wenn sie die Schwelle der sog. **Spürbarkeit** (auch de minimis-Schwelle genannt) nicht überschreiten. So ist anerkannt, dass Vereinbarungen oder Verhaltensweisen nur dann geeignet sind, den **zwischenstaatlichen Handel** zu beeinträchtigen, wenn von ihnen spürbare Wirkungen ausgehen.[77] Die Spürbarkeitsschwelle, die die Funktion einer Bagatellklausel hat, wird nach der Rechtsprechung erst dann überschritten, wenn sich der Handel ohne die infrage stehende Vereinbarung anders entwickelt hätte.[78] Verschiedene Kriterien, wann dies der Fall ist, sind anerkannt. Dazu gehören z.B. **Umsatz, Marktstärke** und **Marktanteil** des Unternehmens.[79]

54 Nach der sog. **Bagatellbekanntmachung der EU-Kommission** wird auf die Marktanteile der beteiligten Unternehmen abgestellt: Hier gilt z.B. für **horizontale Vereinbarungen** eine Marktanteilsschwelle von 10 %, bei **vertikalen Vereinbarungen** eine Schwelle von 15 %.[80] Ausgenommen davon sind sog. **Kernbeschränkungen**, z.B. sog. Hardcore-Kartelle, die Preisabsprachen beinhalten.[81] Die Rechtsprechung hat die Frage, ab wann eine Wettbewerbsbeschränkung spürbar ist, bei einem Marktanteil von 5 % des betroffenen Unternehmens bejaht.[82] Legt man diese Maßstäbe auf die Kundenanlage an und stellt die Frage, ab wann die Anlage Bedeutung für den Wettbewerb hat, dürften Kundenanlagen bereits deshalb grundsätzlich wettbewerblich unbedeutend sein, da sie in **keinem Fall einen derart hohen Anteil am Gesamtbezug von Elektrizität und Gas auf dem deutschen Markt** haben, dass sie die genannten Schwellenwerte erreichen.[83]

---

76 So *Schwintowski*, EWeRK 2012, 48; *Rüger*, IR 2012, 219.

77 *Mestmäcker/Schweitzer*, S. 136 ff.; MüKo-EuWettbR/*Kirchhoff*, Art. 81 EG Rn 605 ff.

78 Vgl. EuGH, Urt. v. 25.11.1971 - 22/71 - „Béguelin Import/G.L. Import Export", Rn 10 ff.

79 *Mestmäcker/Schweitzer*, S. 136 ff.

80 De minimis-Bekanntmachung der Kommission v. 22.12.2001 - 2001/C 368/07 -; ebenso BKartA, Bekanntmachung Nr. 18/2007 v. 13.3.2007.

81 Vgl. de minimis-Bekanntmachung der Kommission v. 22.12.2001 - 2001/C 368/07 - Ziff. 11.

82 EuGH, Urt. v. 1.2.1978 - 19/77 - „Miller/Kommission", Rn 9 ff.; vgl. dazu MüKo-EuWettbR/*Kirchhoff*, Art. 81 EG Rn 606.

83 So *Schwintowski*, EWeRK 2012, 49, der davon ausgeht, dass Kundenanlagen nicht mehr als 0,5 % Marktanteil bezogen auf das Gebiet Deutschlands erreichen dürften; instruktiv zu der Marktabgrenzung bei Strom und Gas auch: *Klaue/Schwintowski*, BB 2010, BB-Special zu Heft 14, 1 ff.

Neben Marktanteilen sind aber auch die **Auswirkungen der Wettbewerbsbeschränkung auf den Marktzugang** zu berücksichtigen:[84] Nur wenn von einer z.B. nach **Art. 101 AEUV** grundsätzlich verbotenen Vereinbarung spürbare Wirkungen auf Dritte ausgehen, also sie in ihren **Wahlmöglichkeiten** quantitativ oder qualitativ beeinträchtigt werden, kann diese Vereinbarung untersagt werden.[85] Auch wenn Gegenstand sowohl der Bagatellbekanntmachung der EU-Kommission als auch der genannten Rechtsprechung in erster Linie Vereinbarungen sind, die am Maßstab des Art. 101 AEUV, d.h. des Kartellverbots, überprüft werden und es hierbei nicht um Fragen des Zugangs zu Einrichtungen wie Elektrizitätsnetzen geht, erscheinen jedoch die Wertungen auf die Kundenanlage übertragbar. Denn aus der **Perspektive des Wettbewerbsrechts** entscheidet sich die Frage, ob eine spürbare Wettbewerbsbeeinträchtigung vorliegt, daran, inwieweit der Markt **Auswahlmöglichkeiten** hat und inwieweit Dritte in ihrer **Auswahl von Marktalternativen** beeinträchtigt sind. 55

Auf die Kundenanlage angewendet muss daraus der Schluss gezogen werden, dass eine Wettbewerbsbeeinträchtigung durch eine Kundenanlage letztlich in **keiner Weise davon abhängig sein kann, wie viel Energie durch die Anlage geleitet wird und wie viele Letztverbraucher daran angeschlossen sind.** Denn die Kundenanlage lässt auf dem relevanten nachgelagerten Markt der Energieversorgung den Letztverbrauchern in jedem Falle die **volle Wahlfreiheit** bezüglich des Energielieferanten. Da die Kundenanlage voraussetzt, dass sie jedermann zum Zwecke der Belieferung von Letztverbrauchern unentgeltlich und diskriminierungsfrei zur Verfügung gestellt werden muss, werden Letztverbraucher durch eine Kundenanlage **nicht in ihrer Entscheidungsfreiheit** bezüglich ihres Energieanbieters beschränkt. Eine Wettbewerbsbeeinträchtigung durch eine Kundenanlage kann damit in der Regel gar nicht vorliegen. 56

Daraus folgt, dass eine Anlage im Grunde genommen in jeder Ausprägung hinsichtlich Größe und durchgeleiteter Energie für die Sicherstellung eines wirksamen und unverfälschten Wettbewerbs solange als unbedeutend gelten muss, wie gewährleistet ist, dass sie jedermann unentgeltlich und diskriminierungsfrei zur Verfügung gestellt wird. Das wird auch durch die **Zielsetzung des § 1 Abs. 2 EnWG** gestützt: Danach soll das Energiewirtschaftsgesetz der **Sicherstellung eines wirksamen und unverfälschten Wettbewerbs bei der Versorgung mit Energie** dienen. Diese Formulierung, die derjenigen zur Kundenanlage ähnelt, verdeutlicht die Zielsetzung, Stromerzeugern und Stromlieferanten die Marktteilnahme durch den Zugang zum Energieversorgungsnetz zu ermöglichen.[86] Da zu Kundenanlagen jedermann unentgeltlich und diskriminierungsfrei Zugang zu gewähren ist, **können Kundenanlagen diese Zielsetzung des EnWG nicht beeinträchtigen.** Im Ergebnis folgt hieraus: 57

84 *Mestmäcker/Schweitzer*, S. 136 ff. und S. 291.
85 *Mestmäcker/Schweitzer*, S. 290 ff.
86 Vgl. dazu BK-EnR/*Tiemann*, § 1 EnWG Rn 47.

Haben Dritte diskriminierungsfreien und unentgeltlichen Zugang zur Energieanlage, so ist die Anlage in der Regel als für die Sicherstellung des Wettbewerbs unbedeutend anzusehen unabhängig davon, wie groß die durchgeleitete Energiemenge ist und wie viele Letztverbraucher daran angeschlossen sind.

IX. Zusammenfassung

58 Die Tatbestandsvoraussetzungen der Kundenanlage sind zum Teil unbestimmt. Um die Anwendung der Vorschrift und die rechtliche Einordnung von Energieanlagen zu erleichtern, ist eine gestufte Prüfung zu empfehlen: Unstreitig dürfte sein, dass alle Anlagen, die zu **100 % der Eigenversorgung** dienen, immer als Kundenanlagen anzusehen sind. Als Eigenversorgung ist es richtigerweise auch anzusehen, wenn über die Anlage ausschließlich verbundene Unternehmen versorgt werden. Unstreitig dürfte es ebenfalls sein, wenn über die Energieanlage zu **90-100 % eigene oder verbundene Unternehmen mit Energie versorgt werden** und es sich bei der Anlage um eine Anlage zur betrieblichen Eigenversorgung handelt.

59 Sollten Dritte (bzw. nicht mit dem Betreiber identische oder verbundene Unternehmen) über die Anlage versorgt werden, befindet sich die Anlage jedoch innerhalb eines Gebäudes oder Gebäudekomplexes, so dürfte es ebenfalls unstreitig sein, dass in der Regel eine Kundenanlage vorliegt. Voraussetzung ist dabei immer, dass die Anlage jedermann diskriminierungsfrei und unentgeltlich zur Belieferung von Letztverbrauchern zur Verfügung gestellt wird.

60 Streitig könnte künftig der Fall werden, in welchem über die Energieanlage in **nennenswertem Maße (mehr als 10 %) Dritte** versorgt werden und sich die Energieanlage über ein größeres Grundstück außerhalb von Gebäuden erstreckt. Denn hier soll es auf die Menge an durchgeleiteter Energie sowie die Anzahl der angeschlossenen Letztverbraucher ankommen, ohne dass jedoch feste Schwellenwerte vorgesehen sind. Entsprechen Energiemenge und Zahl der angeschlossenen Letztverbraucher den Verhältnissen in einem größeren Mietshaus, dann ist nach der bisherigen Praxis der BNetzA davon auszugehen, dass die Anlage von den Regulierungsbehörden als Kundenanlage beurteilt wird. Unter **Berücksichtigung der Zielsetzung des EnWG** sowie wettbewerbsrechtlicher Grundsätze dürfte es jedoch auf die Kriterien „Anzahl der Letztverbraucher" und „Menge der durchgeleiteten Energie" nicht ankommen, wenn die Anlage jedermann **diskriminierungsfrei und unentgeltlich** zur Belieferung von Letztverbrauchern zur Verfügung gestellt wird. Dies ist allerdings noch **nicht richterlich** geklärt.

C. Rechtsfolgen der Einordnung als Kundenanlage

Kundenanlagen sind keine Energieversorgungsnetze. Ungeachtet dessen, dass der Betreiber einer Kundenanlage in einer anderen Marktrolle (z.B. als Lieferant oder als Erzeuger) ein Energieversorgungsunternehmen sein kann,[87] bleibt zunächst festzuhalten, dass alleine der Betrieb einer Kundenanlage den Betreiber weder zum Netzbetreiber noch zu einem sonstigen Energieversorgungsunternehmen macht. Das EnWG knüpft in seinen Regelungen entweder an ein Energieversorgungsnetz oder an ein sonstiges Energieversorgungsunternehmen bzw. dessen Betrieb an. Da die Kundenanlage beiden Begrifflichkeiten nicht unterfällt, hat ein Großteil der Vorschriften des EnWG damit keine Geltung für die Kundenanlage. Kundenanlagen unterfallen damit grundsätzlich nicht dem EnWG und nicht der Regulierung. Dieses Verständnis wird durch einen Beschluss des OLG Düsseldorf vom 6.3.2013 unterstrichen, in dem das Gericht feststellt, dass es sich bei der Kundenanlage um einen regulierungsfreien Raum handelt, in dem die Vorschriften des EnWG nur sehr begrenzt Anwendung finden.[88] 61

In **§ 20 Abs. 1d EnWG** wird bestimmt, dass der Betreiber des Energieversorgungsnetzes, an das eine Kundenanlage oder Kundenanlage zur betrieblichen Eigenversorgung angeschlossen ist, die erforderlichen Zählpunkte zu stellen hat. Bei der Belieferung der Letztverbraucher durch Dritte findet erforderlichenfalls eine Verrechnung der Zählwerte über Unterzähler statt. Das OLG Düsseldorf hat die Vorschrift so ausgelegt, dass der Anspruch auf Einrichtung der Zählpunkte gem. § 20 Abs. 1d EnWG lediglich dem Betreiber der Kundenanlage zusteht.[89] Dieser muss den Letztverbrauchern, die in seiner Kundenanlage angeschlossen sind, sodann die entsprechenden Zählpunkte zur Verfügung stellen, diese betreiben und verwalten.[90] Der Anspruch der Letztverbraucher auf die Stellung und Verwaltung der Zählpunkte gegenüber dem Betreiber der Kundenanlage kann allerdings nur auf vertraglichen Verpflichtungen beruhen. 62

§ 20 Abs. 1d EnWG begründet nach Auffassung des Gerichts nur Pflichten des vorgelagerten Netzbetreibers gegenüber dem Betreiber der Kundenanlage.

§ 49 EnWG regelt, dass Energieanlagen so zu errichten und zu betreiben sind, dass die technische Sicherheit gewährleistet ist. Energieanlagen sind gem. § 3 Nr. 15 EnWG Anlagen zur Erzeugung, Speicherung, Fortleitung oder Abgabe von Energie, soweit sie nicht lediglich der Übertragung von Signalen dienen. Dies schließt die Verteileranlagen der Letztverbraucher sowie bei der Gasversorgung auch die letzte Absperreinrichtung vor der Verbrauchsanlage ein. Der Anlagenbegriff soll weit zu fassen sein.[91] Kundenanlagen sind per Definition Anlagen zur Abgabe von Energie 63

87 Dazu unten Kap. 5.

88 OLG Düsseldorf, Beschl. v. 6.3.2013 - VI-3 Kart 163/11 -.

89 OLG Düsseldorf, Beschl. v. 6.3.2013 - VI-3 Kart 163/11 -.

90 OLG Düsseldorf, Beschl. v. 6.3.2013 - VI-3 Kart 163/11 - S. 22 f.

91 Britz/Hellermann/Hermes/*Hellermann*, § 3 Rn 30; *Salje*, § 3 Rn 79.

und damit Energieanlagen. Als solche unterfallen sie den Vorgaben des § 49 EnWG und müssen sämtliche Regeln, die zur Gewährleistung der technischen Sicherheit aufgestellt sind, erfüllen.

64 Nach **§ 65 Abs. 1 EnWG** kann die Regulierungsbehörde Unternehmen oder Vereinigungen von Unternehmen verpflichten, ein Verhalten abzustellen, das den Bestimmungen dieses Gesetzes sowie den aufgrund dieses Gesetzes ergangenen Rechtsvorschriften entgegensteht. Im Weiteren werden diese Maßnahmen präzisiert. Diese Regelung kann als behördliche Generalermächtigung für Aufsichtsmaßnahmen gesehen werden.[92] Allerdings werden vom Anwendungsbereich dieser Vorschrift nur solche Verpflichtungen aus dem EnWG erfasst, die für die betroffenen Unternehmen sowieso gelten. Für Kundenanlagen sind dies die technischen Anforderungen an Energieanlagen gem. § 49 EnWG.

D. Anwendung des Kartellrechts auf Kundenanlagen

65 Nach § 111 Abs. 1 EnWG sind die §§ 19, 20, 29 GWB **nicht anzuwenden**, soweit durch das EnWG oder aufgrund des EnWG ausdrücklich **abschließende Regelungen** teilweise getroffen werden.[93] Gemeint sind z.B. geschlossene Verteilernetze, für die § 110 EnWG teilweise abschließende Regelungen enthält, sodass auf diese die genannten Normen des GWB nicht anzuwenden sind. Das gilt jedenfalls für den Netzbetrieb, während für die Belieferung mit Energie auch die geschlossenen Verteilernetze der Missbrauchskontrolle des GWB (§§ 19, 20, 29) unterliegen.[94] Daraus resultiert die Frage, ob das EnWG für Kundenanlagen ausdrücklich abschließende Regelungen getroffen hat. Die Antwort ergibt sich aus dem Zusammenspiel der Regelungen zur Kundenanlage und zum Netzbegriff. Kundenanlagen, die seit der Novellierung des EnWG vom 28.7.2011[95] erstmals im EnWG definiert sind, sind **Energieanlagen zur Abgabe von Energie** (§ 3 Nr. 24a und b EnWG), wenn sie bestimmte weitere Kriterien erfüllen.[96] Energieanlagen zur Abgabe von Energie sind von § 3 Nr. 15 EnWG erfasst und gehören somit nicht zu den Energieversorgungsnetzen, die in § 3 Nr. 2, 3, 4, 5, 6, 7, 10, 16, 17 EnWG definiert sind. Kundenanlagen sind somit keine Energieversorgungsnetze und unterfallen deshalb auch nicht dem EnWG.[97]

92 Danner/Theobald/*Theobald/Werk*, § 65 Rn 1.

93 Zu diesem „Spezialitätsgrundsatz" ausführlich BK-EnR/*Säcker*, § 111 EnWG ab Rn 6.

94 Vertiefend BK-EnR/*Wolf*, § 110 EnWG Rn 225, 226.

95 BGBl. I, S. 1690.

96 Zum Begriff BK-EnR/*Boesche*, § 3 EnWG Rn 308 ff. Zur Abgrenzung zwischen geschlossenen Verteilernetzen und Kundenanlagen *Schalle*, ZNER 2011, 406; *Gussone/Wünsch*, WuW 2013, 464.

97 So auch der Entwurf des Gemeinsamen Positionspapiers der Regulierungsbehörden der Länder und der Bundesnetzagentur zu geschlossenen Verteilernetzen gem. § 110 EnWG, S. 6-9 auch unter Hinweis darauf, dass der Betreiber einer Kundenanlage unter bestimmten Voraussetzungen z.B. der Lie-

Auf Kundenanlagen sind somit nicht nur die §§ 19, 20, 29 GWB, sondern sämtliche Vorschriften des GWB anwendbar.

Der Gesetzgeber ist der Auffassung, dass Kundenanlagen noch nie zu den Energieversorgungsnetzen zählten. Die Definitionen in § 3 Nr. 24a und b EnWG dienen – so die gesetzliche Begründung – **nur der Klarstellung.**[98] Woraus der Gesetzgeber – vergangenheitsbezogen – die Klarstellung ableitet, bleibt offen. Der Begriff Kundenanlage wurde zwar in § 5 NDAV auch früher schon verwendet – allerdings war er einer einzelfallbezogenen Auslegung vorbehalten.[99] In der Entscheidung des OLG Stuttgart vom 27.5.2010[100] heißt es, dass zwischen dem Energieversorgungsnetz und den **Kundenanlagen** zu unterscheiden sei,[101] *„wobei Abgrenzungsprobleme bei Leitungen in Mietshäusern, Gewerbegebieten und insbesondere in Einkaufszentren auftreten können"*. Der Begriff der Kundenanlage sei nicht legaldefiniert. Eine Kundenanlage, für die der netzseitige EnWG-Pflichtenkatalog nicht gelte, sei die Gesamtheit der netztechnischen Anlage ab der Liefer-, Leistungs- und Eigentumsgrenze (Netzanschluss- bzw. Zählpunkt) in Abgrenzung zum vorgelagerten Netz und begönne in der Regel mit der Hausanschlusssicherung/Zähleranlage. Eine Kundenanlage könne grundsätzlich an alle Spannungs- und Umspannebenen angeschlossen sein. 66

Sei der Nutzer nur Kunde des Energieversorgungsnetzes und versorge selbst keinen nachgelagerten Letztverbraucher, bedürfe es keines besonderen gesetzlichen Schutzes; ein Objektnetz (heute: Verteilernetz i.S.d. § 110 EnWG) sei demnach nicht gegeben. Andererseits könne man als Anknüpfungspunkt die vertragliche Ausgestaltung der Stromlieferungsverträge mit Letztverbrauchern oder die Zahlung von Netzentgelten sehen. Diese Auslegung sei jedoch ebenfalls problematisch, da sie das Vorliegen eines Energieversorgungsnetzes von den subjektiven Bedingungen der Beteiligten abhängig mache. Eine klare Abgrenzung sei daher kaum möglich, vielmehr solle es auf die Umstände des Einzelfalls ankommen. In der Praxis sollte zunächst von den technischen Gegebenheiten ausgegangen werden – anschließend seien insbesondere die Verträge der Beteiligten einer Analyse zu unterziehen.[102] 67

So könne eine Kundenanlage dann zu einem Energieversorgungsnetz im Sinne des EnWG werden, wenn sie kommerziell zur Versorgung Dritter genutzt werde (Geschäftstätigkeit, Gewinnerzielungsabsicht). Ein Indiz für eine kommerzielle Nutzung könne sein, wenn z.B. die Kosten einer Kundenanlage, die auch zur Versorgung Dritter diene, gegenüber den Dritten direkt und vertraglich gesondert über laufende Nutzungs- 68

---

ferung von Energie nach § 3 Nr. 18 EnWG ein Energieversorgungsunternehmen darstellen könnte. In diesem Falle unterfällt die Anlage dem EnWG, d.h., die § 19, 20, 29 GWB sind nicht mehr anwendbar.

98 BT-Drucks. 17/6072, S. 51; ausführlich zur Historie BK-EnR/*Boesche*, § 3 EnWG Rn 108 ff.

99 *Schalle*, ZNER, 2011, 406, 410.

100 OLG Stuttgart, Beschl. v. 27.5.2010 - 202 EnWG 1/10 - RdE 2011, 62; Anm. v. *Schendel*, EWeRK 11/2/2011, 63 f., siehe auch http://www.ewerk.hu-berlin.de/node/3579.

101 OLG Stuttgart, Beschl. v. 27.5.2010 - 202 EnWG 1/10 - Rn 42.

102 OLG Stuttgart, Beschl. v. 27.5.2010 - 202 EnWG 1/10 - Rn 42 m.w.N.

oder Versorgungsverträge anteilig mit Gewinnanteil abgerechnet und nicht – wie im Mietrecht üblich – mietvertraglich über die Miete oder Mietnebenkosten abgegolten würden.[103] Hinzukomme, dass das Versorgungsnetz nicht der **allgemeinen Versorgung** gewidmet sein dürfe, d.h., die durch das Netz zu versorgenden Letztverbraucher dürften weder individuell noch im Hinblick auf ihre Anzahl bereits bei Netzerrichtung feststehen.[104] Wer jedenfalls ein Netz betreibe, dass der eigenen Versorgung und der von Vertragspartnern (z.B. Mietern einer Wohnanlage) diene, sei nicht Netzbetreiber der allgemeinen Versorgung, sondern Eigenversorger.[105]

69 Sehr ähnlich hat die deutsche Regierung im Verfahren **cityworks AG** im Vorabentscheidungsverfahren vor dem EuGH argumentiert.[106] Möglicherweise meint der Gesetzgeber diese offenen Abgrenzungsfragen zwischen einem Netz und einer Kundenanlage, die nun durch § 3 Nr. 16 EnWG – klarstellend – überwunden sind, denn dort heißt es:

> *„Elektrizitätsversorgungsnetze oder Gasversorgungsnetze über eine oder mehrere Spannungsebenen oder Druckstufen mit Ausnahme von Kundenanlagen im Sinne der Nr. 24a und 24b."*

70 Da es – abgesehen von dieser Klarstellung – keinerlei ausdrückliche oder abschließende Regelungen für Kundenanlagen im EnWG selbst gibt, betrifft § 111 EnWG Kundenanlagen **nicht**. Daraus folgt, dass die Vorschriften des **GWB auf Kundenanlagen im vollen Umfang** anzuwenden sind, auch soweit es sich um die §§ 19, 20, 29 GWB handelt, die normalerweise im Verhältnis zum EnWG keine Anwendung finden. Darüber hinaus sind auf Kundenanlagen, sofern sie grenzüberschreitende Wirkungen entfalten – insbesondere wenn es sich um Kundenanlagen in Grenznähe handelt – die europäischen Wettbewerbsregelungen, also Art. 101, 102 AEUV, anzuwenden.[107]

71 Die Anwendung des Kartellrechts auf Kundenanlagen ist nichts Neues, sondern galt schon immer. Aus der Perspektive des nationalen Rechts hat der Gesetzgeber durch § 3 Nr. 16, 24a, 24b EnWG nur klargestellt, dass Kundenanlagen nicht zu den (regulierten) Netzen zählen, sondern von der Netzregulierung ausgenommen sind. Daneben galten – ebenfalls schon immer – die Art. 101, 102 AEUV, da das nationale Recht das supranationale (übergeordnete) europäische Recht nicht ausschalten kann.

72 So gesehen ist auf Kundenanlagen das geltende nationale und europäische Kartellrecht in vollem Umfang anzuwenden.[108] Konkret heißt das, dass innerhalb von

103 OLG Stuttgart, Beschl. v. 27.5.2010 - 202 EnWG 1/10 - Rn 42; Hinweis auf OLG Dresden RdE 2002, 309.
104 OLG Stuttgart, Beschl. v. 27.5.2010 - 202 EnWG 1/10 - Rn 42 m.w.N.
105 OLG Stuttgart, Beschl. v. 27.5.2010 - 202 EnWG 1/10 - Rn 42 m.w.N.
106 EuGH, Urt. v. 22.5.2008 - C-439/06 - Rn 28.
107 Zum prinzipiellen Verhältnis zwischen EnWG und Art. 102 AEUV: BK-EnR/*Säcker*, § 111 EnWG Rn 13 ff.
108 So auch BK-EnR/*Säcker*, § 111 EnWG Rn 19; ebenso BK-EnR/*Wolf*, § 110 EnWG Rn 27.

Kundenanlagen keine (spürbaren) Kartelle geschlossen werden dürfen und dass der Betreiber einer Kundenanlage weder vorgelagerte Netzebenen noch die bei ihm eingebundenen Letztverbraucher missbräuchlich behandeln darf (§§ 19, 20 GWB; Art. 102 AEUV). Die daneben schon immer anwendbaren nationalen und europäischen Regeln über die Fusionskontrolle spielen für Kundenanlagen keine Rolle.

I. Das Kartellverbot (§ 1 GWB/Art. 101 AEUV)

Nach § 1 GWB/Art. 101 AEUV sind Vereinbarungen zwischen Unternehmen und aufeinander abgestimmte Verhaltensweisen, die eine Verhinderung, Einschränkung oder Verfälschung des Wettbewerbs bezwecken oder bewirken, verboten. Dieses Kartellverbot wird von § 111 EnWG nicht erfasst, d.h., sämtliche Normenadressaten des EnWG sind – ganz unabhängig von der energiewirtschaftlichen ex ante-Regulierung – dem **Kartellverbot** unterworfen. Insoweit gilt für die Betreiber von Kundenanlagen nichts anderes als für die Betreiber von Netzen. 73

Der Verstoß gegen das Kartellverbot löst zivil-, verwaltungs- und bußgeldrechtliche Folgen aus. Zivilrechtlich sind Kartellvereinbarungen **verboten**. Alle Vereinbarungen oder Beschlüsse, die gegen dieses Verbot verstoßen, sind folglich nach § 134 BGB **nichtig**. 74

Etwas anderes kann nur dann gelten, wenn das Verbot nach § 2 GWB **freigestellt** ist. Dies ist möglich, wenn die Vereinbarungen, unter angemessener Beteiligung der Verbraucher an dem entstehenden Gewinn, zur Verbesserung der Warenerzeugung oder -verteilung oder zur Förderung des technischen oder wirtschaftlichen Fortschritts beitragen, ohne dass dem beteiligten Unternehmer 75

- Beschränkungen auferlegt werden, die für die Verwirklichung dieser Ziele nicht unerlässlich sind, oder
- Möglichkeiten eröffnet werden, für einen wesentlichen Teil der betreffenden Waren den Wettbewerb auszuschalten.

Ob diese Voraussetzungen im Einzelfall vorliegen, muss jedes Unternehmen – also auch der Betreiber einer Kundenanlage – nach der VO 1/2003 im Wege der **Selbsteinschätzung** feststellen. Diese Selbsteinschätzung ist Teil des nach § 91 Abs. 2 AktG geschuldeten **Risikomanagementsystems** und gehört somit zum – vom Aufsichtsrat zu kontrollierenden – **Compliance-Programm** eines jeden Betreibers einer Kundenanlage. Verstöße hiergegen können zur gesellschaftsrechtlichen Haftung des Vorstands und des Aufsichtsrates führen (§§ 93, 116 AktG).[109] 76

Verwaltungsrechtlich kann die Kartellbehörde (§ 32 GWB) die beteiligten Unternehmen verpflichten, eine Zuwiderhandlung gegen das Kartellverbot abzustellen. Daneben ist der Verstoß gegen das Kartellverbot nach § 81 Abs. 2 Nr. 1 GWB mit einem 77

109 *Klaue/Schwintowski*, ZNER 2004, 342; *Petry*, passim.

Bußgeld bedroht. Verboten, und damit auch ordnungswidrig, ist nicht nur die Praktizierung des Kartellverbots, sondern bereits der Abschluss der Vereinbarung. Dabei genügt der **fahrlässige** Verstoß.

78 Unternehmen, die im Rahmen einer Kundenanlage beispielsweise gemeinsam Strom oder Gas einkaufen (**Einkaufskooperation**), verstoßen damit grundsätzlich gegen § 1 GWB/Art. 101 AEUV.[110] Dies gilt nur dann nicht, wenn die Einkaufskooperation für den Wettbewerb **nicht spürbar**, also als geringfügig oder unbedeutend einzustufen ist.[111] Die Außenwirkung muss *„mehr als nur unbedeutend"* sein.[112] Die Bagatellbekanntmachung der Kommission von 2001[113] geht davon aus, dass keine Spürbarkeit vorliegt, wenn der von den an der Vereinbarung beteiligten Unternehmen insgesamt gehaltene Marktanteil auf keinem der von der Vereinbarung getroffenen relevanten Märkte **10 %** überschreitet.[114] Für vertikale Vereinbarungen liegt die Spürbarkeitsgrenze bei **15 %**.[115] Das BKartA hat sich mit der **Bagatellbekanntmachung von 2007** weitgehend an die Bagatellbekanntmachung der Kommission angepasst.[116] Bei Einkaufskooperationen hat die Kommission den **Safe Harbour** auf **15 %** erweitert.[117]

79 Angesichts derartiger Marktanteilsgrenzen dürften Einkaufskooperationen unter den Beteiligten einer Kundenanlage im **Regelfall vom Kartellverbot freigestellt** sein – allerdings sollten die Beteiligten einer Kundenanlage vor Abschluss und vor Praktizierung von Einkaufskooperationen eine kartellrechtliche Prüfung durchführen und sich im Wege der Selbsteinschätzung – von einer unabhängigen Dritten – bestätigen lassen, dass ihr Verhalten kartellrechtskonform ist. Anderenfalls riskieren sie die nachträgliche Nichtigkeit der geschlossenen Einkaufskooperation – einschließlich der Rückabwicklung von Leistungen und Gegenleistungen; Bußgelder können verhängt werden und es droht für die Geschäftsleitung und den Aufsichtsrat Schadensersatz aus gesellschaftsrechtlicher Perspektive.

II. Missbräuchliches Verhalten (§ 19 GWB)

80 Im Gegensatz zum Kartellverbot findet das Verbot missbräuchlichen Verhaltens nach § 19 GWB auf die Adressaten des EnWG – insbesondere auf die **Netzbetreiber** – **keine Anwendung** (§ 111 Abs. 1 EnWG). Damit sind auch die Betreiber geschlossener Verteilernetze (§ 110 EnWG) gemeint.[118] Der Grund liegt in der ex ante-Regulierung, insbe-

---

110 BGH, Urt. v. 12.11.2002 - KZR 11/01 - WuW/E DE-R 1087.

111 BGH, Urt. v. 23.2.1988 - KRB 4/87 - WuW/E 2469 „Brillenfassungen".

112 BGH, Urt. v. 13.1.1998 - KVR 40/96 - GRUR 1998, 739, 743 „Car-Partner".

113 ABl. 2001 C368/13.

114 Ziffer 7 lit. a Bagatellbekanntmachung.

115 Ziffer 7 lit. b Bagatellbekanntmachung.

116 *Bechtold*, § 1 Rn 40; dort ist die Bagatellbekanntmachung in Anhang C 2 (ab S. 918) abgedruckt.

117 ABl. 2001 C 3/2 Rn 130.

118 BK-EnR/*Wolf*, § 110 EnWG Rn 225, 226.

sondere in §§ 20, 20a, 21 EnWG. Nach diesen Normen haben die Betreiber von Energieversorgungsnetzen jedermann diskriminierungsfreien Netzzugang zu gewähren (§ 20 Abs. 1 EnWG). Der **Lieferantenwechsel** darf mit keinen zusätzlichen Kosten verbunden sein und maximal drei Wochen dauern (§ 20a EnWG) und die **Bedingungen und Entgelte** für den Netzzugang müssen angemessen, diskriminierungsfrei und transparent sein (§ 21 Abs. 1 EnWG). Einen Netzbetreiber, der diesen energiewirtschaftlichen Regulierungen (ex ante) unterworfen ist, muss man nicht zusätzlich der im Wesentlichen inhalts- und deckungsgleichen Missbrauchsaufsicht nach § 19 GWB unterwerfen.

Allerdings kann der deutsche Gesetzgeber das europäische Primärrecht nicht 81
außer Kraft setzen. Dies bedeutet, dass § 111 Abs. 1 EnWG zwar die nationale Missbrauchsaufsicht über Netzbetreiber nach § 19 GWB außer Kraft setzen kann, aber **nicht** die in Art. 102 AEUV angelegte **europäische** Aufsicht über marktbeherrschende Unternehmen.[119] Dieser Hinweis ist in den Fällen wichtig, in denen es um die Frage geht, ob das Verhalten eines Netzbetreibers möglicherweise nach Art. 102 AEUV missbräuchlich ist – aber nicht durch eine Norm des EnWG geahndet wird. In einem solchen Fall ist die europäische Missbrauchsaufsicht über marktbeherrschende Unternehmen (Netzbetreiber sind als natürliche Monopolisten notwendigerweise marktbeherrschend) vorrangig und – das EnWG insoweit verdrängend – anwendbar. Auf **Kundenanlagen** findet umgekehrt das **EnWG keine Anwendung**, sodass insoweit, als dass das EnWG Kundenanlagen aus der ex ante-Regulierung befreit, § 19 GWB anwendbar ist. Es gilt das, was für jedes andere Unternehmen in der Bundesrepublik Deutschland ebenfalls gilt: die allgemeine Anwendbarkeit des Kartellrechts auf unternehmerisches Verhalten. Daneben gilt das weitgehend inhaltsgleiche europäische Missbrauchsverbot nach Art. 102 AEUV selbstverständlich auch für Kundenanlagen.

Nach § 19 Abs. 1 GWB ist die missbräuchliche Ausnutzung einer marktbeherrschen- 82
den Stellung durch ein oder mehrere Unternehmen verboten. Voraussetzung ist also, dass der oder die Betreiber einer Kundenanlage auf einem ganz bestimmten **Markt** eine **beherrschende Stellung** haben und diese Stellung **missbräuchlich** ausnutzen.

1. Marktabgrenzung

Im Regelfall werden Märkte sachlich, räumlich und zeitlich abgegrenzt. Für die sachli- 83
che Marktabgrenzung hat sich das **Bedarfsmarktkonzept** durchgesetzt. Danach sind

> *„sämtliche Erzeugnisse, die sich nach ihren Eigenschaften, nach ihrem wirtschaftlichen Verwendungszweck und ihrer Preislage so nahe stehen, dass der verständige Verbraucher sie als für die Deckung eines bestimmten Bedarfs geeignet und in*

119 Wie hier: BK-EnR/*Säcker*, § 111 EnWG Rn 13 ff.

berechtigter Weise abwägend miteinander vergleicht und als gegeneinander austauschbar ansieht, marktgleichwertig."[120]

84 Typischerweise gelten auch solche Waren als austauschbar, die der Anbieter durch Umstellung seines Angebots alternativ herstellen kann. In diesen Fällen geht es um die **Angebotsumstellungsflexibilität.**[121] Ökonomisch geht es in allen Fällen um die Frage, ob der Verbraucher bei leichten Preiserhöhungen (ca. 5-10 %) auf ähnliche Substitutionsprodukte ausweicht oder dem nunmehr teureren Produkt treu bleibt. Im ersten Fall sind die Substitutionsprodukte in den sachlich relevanten Markt einzubeziehen, im zweiten Fall nicht (**SSNIP-Test**: Small but significant non-transitory increase in price-test).[122]

85 Im Bereich von **Strom** wird zwischen dem Erzeugungsmarkt, dem Markt für Großkunden und Weiterverteiler und dem Markt für nicht leistungsgemessene Endkunden (Kleinkunden) differenziert.[123] Auf **Gasmärkten** geht es um den Markt der Gasimporteure, der Weiterverteiler (in der Regel Stadtwerke), der industriellen und gewerblichen Großkunden sowie um die Belieferung der Kleinkunden.[124]

86 Für den **räumlich relevanten Markt** kommt es ebenfalls auf die funktionelle Austauschbarkeit aus der Sicht des Nachfragers an.[125] Die Endkundenmärkte für Strom werden heute **bundesweit** abgegrenzt, weil der Verbraucher in jedem Teil der Republik durch schlichten Klick im Internet zu einem bundesweit tätigen Anbieter wechseln kann.[126] Im Bereich Gas werden die Märkte nach wie vor regional nach den Netzgebieten der beteiligten Unternehmen abgegrenzt.[127] Diese räumliche Marktabgrenzung entspricht aber nicht mehr den tatsächlichen Gegebenheiten auf den Gasversorgungsmärkten für Endkunden – auch hier kann jeder Kunde im Internet eine Vielzahl von bundesweit tätigen Gasanbietern finden und zu ihnen wechseln – deshalb sind die Endkundenmärkte bei Gas in Zukunft bundesweit abzugrenzen.[128]

87 Der **zeitlich relevante Markt** spielt nur in Fällen eine Rolle, in denen Waren und Leistungen zu ganz bestimmten Zeitpunkten – etwa auf Frühjahrs- bzw. Herbstmes-

---

120 So vor allem die vom KG entwickelte Formel in KG, Urt. v. 18.2.1969 - Kart V 34/67 - WuW/E OLG 995, 996 „Handpreisauszeichner"; BGH, Urt. v. 19.3.1996 - KZR 1/95 - WuW/E 3058, 3062 „Pay-TV-Durchleitung" oder BGH, Urt. v. 25.6.1985 - KVR 3/84 - WuW/E 2150, 2153 „Rheinmetall/WMF".

121 Beispiel: BGH, Urt. v. 21.2.1978 - KVR 4/77 - WuW/E 1501, 1503 „Kfz-Kupplungen": Ein Unternehmen, das Kupplungsscheiben für Pkw herstellt, kann dies ohne großen Aufwand auch für Lkw tun.

122 Vergleiche die Bekanntmachung der Kommission über den relevanten Markt ABl. 1997 C 371/1 Rn 17.

123 BGH, Urt. v. 11.11.2008 - KVR 60/07 - WuW/E DE-R 2451 „E.ON/Eschwege".

124 BGH, Urt. v. 10.12.2008 - KVR 2/08 - NJW 2009, 1212 „Stadtwerke Uelzen".

125 BGH, Urt. v. 13.7.2004 - KVR 2/03 - WuW/E DE-R 1301 „Sanacorp/Anzag".

126 BGH, Urt. v. 11.11.2008 - KVR 60/07 - WuW/E DE-R 2451 „E.ON/Eschwege".

127 BGH, Urt. v. 10.12.2008 - KVR 2/08 - NJW 2009, 1212 „Stadtwerke Uelzen".

128 Vertiefend *Klaue/Schwintowski*, BB, BB-Special 1 zu Heft 14, 1 ff.

sen – angeboten werden.[129] Auch ein einzelnes Spitzenfußballspiel kann zeitlich ein eigener relevanter Markt sein.[130]

Einzelne Leitungsverbindungen können besondere Märkte sein, insbesondere **88** wenn es um **Durchleitungen** – etwa in Fernsehkabelnetzen – geht.[131] Dieser Gedanke ist auch für **Kundenanlagen** grundlegend, denn sie sind in der Regel nicht duplizierbar, folglich keinem Wettbewerb ausgesetzt – sie bilden für diejenigen, die über die Kundenanlage versorgt werden, ein **natürliches Monopol**. Bei natürlichen Monopolen lohnt sich die Eröffnung von Wettbewerb – durch Duplizierung von Leitungen – nicht, d.h., es ist wirtschaftlich sinnvoller, den Monopolpreis zu akzeptieren, weil die Duplizierung von Leitungen und damit die Eröffnung von Wettbewerb sehr viel teurer wäre. Dies bedeutet, dass natürliche Monopole – und damit auch Kundenanlagen – einen eigenen sachlich-räumlichen Markt bilden.[132]

2. Marktbeherrschung

Im zweiten Schritt setzt § 19 GWB voraus, dass ein Unternehmen **marktbeherrschend** **89** ist. Dies ist immer dann der Fall, wenn ein Unternehmen auf dem sachlich und räumlich relevanten Markt ohne Wettbewerber ist (§ 19 Abs. 2 Nr. 1 GWB).[133] Bei natürlichen Monopolen – und damit auch bei Kundenanlagen – liegt genau dieser Fall vor. Der Betreiber der Kundenanlage ist in seinem räumlichen Gebiet keinem Wettbewerb ausgesetzt – das ergibt sich bereits aus der Natur des natürlichen Monopols.

3. Missbrauch einer marktbeherrschenden Stellung

Somit stellt sich im dritten Schritt die Frage, ob und unter welchen Voraussetzungen **90** ein Missbrauch der marktbeherrschenden Stellung durch eine Kundenanlage vorliegt. Ein solcher Missbrauch ergibt sich vor allem aus § 19 Abs. 4 Nr. 4 GWB. Missbräuchlich handelt, wer sich weigert, einem anderen Unternehmen gegen angemessenes Entgelt **Zugang** zum eigenen Netz oder anderen Infrastruktureinrichtungen **zu gewähren**. Dies gilt jedenfalls dann, wenn es dem anderen Unternehmen (z.B. dem Lieferanten von Strom) ohne die Mitbenutzung der Kundenanlage nicht möglich ist, als Wettbewerber des marktbeherrschenden Unternehmens tätig zu werden.[134] Etwas anderes gilt dann, wenn die Mitbenutzung aus betriebsbedingten oder sonstigen Gründen nicht möglich oder nicht zumutbar ist (§ 19 Abs. 4 Nr. 4 GWB).

---

129 BGH, Urt v. 3.3.1969 - KVR 6/68 - BGHZ 52, 65 „Sportartikelmesse".
130 BGH, Urt. v. 26.5.1987 - KVR 4/86 - WuW/E 2406 „Inter-Mailand".
131 BGH, Urt. v. 19.3.1996 - KZR 1/95 - WuW/E 3058, 3062 „Pay-TV-Durchleitung".
132 Ähnlich *Gussone/Wünsch*, WuW 2013, 464, 468.
133 BGH, Beschl. v. 28.6.2005 - KVR 27/04 - WuW 2005, 924 „Arealnetz".
134 So auch *Gussone/Wünsch*, WuW 2013, 464, 470.

91 Der Missbrauchstatbestand des § 19 Abs. 4 Nr. 4 GWB ist mit der 6. GWB-Novelle mit Wirkung ab 1.1.1999 in das GWB integriert worden. Der Tatbestand beruht auf der, im amerikanischen Kartellrecht entwickelten, essential facility doctrine, die von der Europäischen Kommission bereits im Jahre 1993 auch in das europäische Kartellrecht integriert wurde.[135] § 19 Abs. 4 Nr. 4 GWB stellt klar, dass es missbräuchlich ist, wenn ein marktbeherrschendes Unternehmen (Kundenanlage) einem anderen Unternehmen (z.B. Strom- oder Gaslieferanten) den Zugang zu dem beherrschten Markt ohne Sachgrund verweigert. Der wettbewerbstheoretische Grund hierfür liegt im **Leveraging**, also der Übertragung der Marktherrschaft im Bereich der Kundenanlage auf den damit verbundenen Markt für die Belieferung mit Strom oder Gas.

4. Die Beziehung zwischen dem Begriff der Kundenanlage und § 19 Abs. 4 Nr. 4 GWB

92 Nach § 19 Abs. 4 Nr. 4 GWB handelt derjenige missbräuchlich, der den Zugang zu einem Netz oder einer Infrastruktureinrichtung (hier: Kundenanlage) ohne Sachgrund verweigert. Die in § 3 Nr. 24a und b EnWG definierte Kundenanlage setzt nun voraus, dass die Kundenanlage *„jedermann zum Zwecke der Belieferung der angeschlossenen Verbraucher im Wege der Durchleitung unabhängig von der Wahl des Energielieferanten diskriminierungsfrei und unentgeltlich zur Verfügung gestellt"* wird (§ 3 Nr. 24a und b lit. d).

93 In der Gesetzesbegründung heißt es hierzu:

> *„Eine Kundenanlage muss weiterhin von ihrem Betreiber jedem Netznutzer des vorgelagerten Energieversorgungsnetzes bzw. den an die Anlage angeschlossenen Letztverbrauchern zur Verfügung gestellt werden. Dies bedeutet, dass jeder angeschlossene Letztverbraucher die Möglichkeit haben muss, seinen Energielieferanten frei zu wählen – und umgekehrt. Insbesondere Exklusivitätsvereinbarungen durch den Betreiber der Anlage, also eine Bindung an einen Energielieferanten, sind unzulässig. Die Betreiber einer Kundenanlage haben jedem Energieanbieter zu gestatten, die an die Kundenanlage angeschlossenen Letztverbraucher im Wege der Durchleitung mit Energie zu versorgen. Eine Verweisung auf so genannte Beistellungsvereinbarungen ist unzulässig."*[136]

94 Weiterhin heißt es in der Gesetzesbegründung:

> *„Die Gewährung des Zuganges zu der Kundenanlage und damit die Nutzung im Wege der Durchleitung hat unabhängig von der Wahl des Energielieferanten unent-*

135 Entscheidung der Kommission v. 11.6.1992 - 5 CMLR 255 - „B&I Line/Ceiling Harbours"; Entscheidung v. 21.12.1993 - ABl. EG 1994 Nr. L 55/52 - „Hafen von Rødby"; vertiefend *Schwintowski*, WuW 1999, 842 m.w.N. in Fn 3.

136 BT-Drucks. 17/6072, S. 51.

geltlich und diskriminierungsfrei zu erfolgen. Dies bedeutet insbesondere, dass der Betreiber einer Kundenanlage von Energielieferanten kein Nutzungsentgelt fordern darf. Wenn er dies tut, wandelt sich die Kundenanlage in ein Energieversorgungsnetz um und unterfällt der ex ante Regulierung des EnWG. Die Voraussetzung der Unentgeltlichkeit ist im Regelfall erfüllt, wenn eine Kundenanlage im Rahmen eines vertraglichen Gesamtpaketes zur Verfügung gestellt wird (beispielsweise im Rahmen eines Miet- oder Pachtvertrages). Das Tatbestandsmerkmal der Unentgeltlichkeit liegt aber nicht vor im Falle einer prohibitiven Preisgestaltung oder eines sonstigen Umgehungstatbestandes.“[137]

Für die Kundenanlagen zur betrieblichen Eigenversorgung (§ 3 Nr. 24b EnWG) gelten 95
die gleichen Grundsätze.[138]

Die hieraus resultierende rechtsdogmatische Frage lautet, ob ein Missbrauch 96
i.S.d. § 19 Abs. 4 Nr. 4 GWB überhaupt denkbar ist, da eine **Kundenanlage begrifflich** dann – und nur dann – vorliegt, wenn der Betreiber der Kundenanlage jedem Energieanbieter die **Durchleitung unentgeltlich gestattet**. Man könnte der Auffassung sein, dass die Definition des Begriffs Kundenanlage die Anwendbarkeit von § 19 Abs. 4 Nr. 4 GWB ausschließt, denn der Betreiber der Kundenanlage ist nur dann eine Kundenanlage, wenn er unentgeltlich durchleitet. Wenn er dies tut, so ist § 19 Abs. 4 Nr. 4 GWB ausgeschlossen, da der Betreiber der Kundenanlage die Durchleitung zu einem angemessenen Entgelt (hier: sogar unentgeltlich) durch einen Dritten gerade **nicht verweigert**.

Denkt man die Dinge zu Ende, so zeigt sich jedoch, dass der Begriff Kundenan- 97
lage in § 3 Nr. 24a und b EnWG **die Anwendbarkeit** von § 19 Abs. 4 Nr. 4 GWB **nicht** ausschließt. Dies ergibt sich zunächst einmal daraus, dass § 19 Abs. 4 Nr. 4 GWB ganz generell auf alle Netze und Infrastruktureinrichtungen (und damit auch auf Kundenanlagen) anwendbar ist, d.h. die Frage, ob ein Missbrauch i.S.d. § 19 Abs. 4 Nr. 4 GWB vorliegt, setzt eine kartellrechtliche Prüfung des Verhaltens der beteiligten Unternehmen voraus – eine Prüfung nach dem EnWG genügt hierfür nicht.

Das ergibt sich auch aus § 111 EnWG, der die Anwendbarkeit von § 19 GWB nur 98
insoweit ausschließt, als durch das EnWG oder durch Rechtsverordnungen auf der Grundlage des EnWG **ausdrücklich abschließende Regelungen** getroffen sind. Mit Blick auf Kundenanlagen gibt es aber im EnWG keine ausdrücklichen abschließenden Regelungen, sondern nur eine Definition in § 3 Nr. 24a und b EnWG. Welche Rechtsfolgen sich beispielsweise mit einer Verletzung des Begriffs Kundenanlage verbinden, ob daraus zivilrechtliche Nichtigkeitsgründe oder Schadensersatzansprüche hergeleitet werden können, ob daneben verwaltungsrechtliche Verfügungen und/oder die Verhängung von Bußgeldern möglich ist, erschließt sich nicht aus dem EnWG.

137 BT-Drucks. 17/6072, S. 51.
138 BT-Drucks. 17/6072, S. 51.

Insoweit fehlen jegliche Regelungen im EnWG. Es enthält auch keinerlei Verfahrensregelungen für die Untersuchung und Überprüfung eines etwaigen Missbrauchsvorwurfs bei Verstoß gegen den Begriff der Kundenanlage. Sämtliche Regelungen dieser Art enthält ausschließlich das GWB – teilweise ergänzt um das BGB (insbesondere § 134 BGB). Das bedeutet, dass die bloße Definition des Begriffs Kundenanlage die Anwendbarkeit des Missbrauchstatbestandes in § 19 Abs. 4 Nr. 4 GWB nicht verdrängen kann. Das gilt erst recht für die Anwendbarkeit des (weitgehend inhaltsgleichen) supranationalen Missbrauchsverbots nach Art. 102 AEUV.

99 Rechtsdogmatisch steht der Begriff Kundenanlage also neben dem Missbrauchstatbestand in § 19 Abs. 4 Nr. 4 GWB/Art. 102 AEUV. Etwas anderes gilt dann, wenn gar keine Kundenanlage, sondern ein Energieversorgungsnetz (z.B. nach § 110 EnWG) betrieben wird. Dies wäre – so das Beispiel in der Gesetzesbegründung – etwa dann der Fall, wenn der Betreiber der scheinbaren Kundenanlage vom Energielieferanten ein **Nutzungsentgelt** für die Durchleitung fordert. In einem solchen Fall, der für die Nutzung der allgemeinen Versorgung typisch ist, zeigt sich, dass keine Kundenanlage, sondern ein allgemeines Versorgungsnetz betrieben wird. Wenn und soweit dies der Fall ist, unterliegt dieses Versorgungsnetz der ex ante-Regulierung durch das EnWG, insbesondere den §§ 20, 20a, 21 EnWG, d.h., es liegen ausdrückliche und abschließende Regelungen i.S.d. § 111 Abs. 1 EnWG für dieses Netz vor, sodass eine Anwendbarkeit des § 19 GWB ausscheidet. Art. 102 AEUV ist damit nicht verdrängt, da nationales Recht supranationales (europäisches) Recht nicht verdrängen kann.

100 Es kann aber – worauf die Gesetzesbegründung zutreffend hinweist – auch Fälle geben, in denen das Tatbestandsmerkmal der Unentgeltlichkeit wegen einer prohibitiven Preisgestaltung oder eines sonstigen Umgehungstatbestandes nicht vorliegt.[139] In diesen Fällen geriert sich der Betreiber als **Kundenanlage**, d.h., er selbst ist der Meinung, kein Energieversorgungsnetz, sondern eine aus der Regulierung herausgenommene Kundenanlage zu betreiben. In diesen Fällen, in denen der Betreiber der Kundenanlage und die von ihm versorgten Letztverbraucher von der Existenz einer Kundenanlage ausgehen, ist nunmehr zu überprüfen, ob die tatbestandlichen Voraussetzungen der Kundenanlage sowohl i.S.d. § 3 Nr. 24a und b EnWG als auch im Sinne des Missbrauchstatbestandes (§ 19 Abs. 4 Nr. 4 GWB) vorliegen. Es findet in diesen Fällen eine **integrative** Rechtsprüfung statt, die auf der einen Seite fragt, ob die Kundenanlage begrifflich vorliegt und auf der anderen Seite überprüft, ob ein Missbrauch im Sinne des GWB besteht. Beide Fragenkreise verschränken sich ineinander – sind aber nicht völlig deckungsgleich. Das zeigt sich besonders gut am Beispiel der Unentgeltlichkeit. Wird eine Kundenanlage im Rahmen eines vertraglichen Gesamtpaketes, beispielsweise im Rahmen eines **Mietvertrages**, zur Verfügung gestellt, so liegt das Merkmal der Unentgeltlichkeit im Falle einer prohibitiven Preisgestaltung oder eines sonstigen Umgehungstatbestandes nach der Begründung des Gesetzgebers **nicht**

139 BT-Drucks. 17/6072, S. 51.

vor.[140] Damit schützt der Gesetzgeber im Rahmen des Begriffs Kundenanlage den unmittelbar betroffenen Letztverbraucher, z.B. den Mieter im Rahmen einer Kundenanlage (etwa den Automatenaufsteller in einem Bahnhof). Dieser Letztverbraucher ist durch § 19 Abs. 4 Nr. 4 GWB nicht geschützt, denn dort geht es nur um denjenigen, der Netzzugang zu angemessenen Konditionen begehrt – also den Lieferanten von Strom oder Gas.

Der an die Kundenanlage angeschlossene Letztverbraucher ist allerdings über 101
§ 19 Abs. 4 Nr. 2 GWB geschützt, wonach ein marktbeherrschendes Unternehmen (hier: Kundenanlage) keine Entgelte fordern darf, die von denjenigen abweichen, die sich bei wirksamem Wettbewerb mit hoher Wahrscheinlichkeit ergeben würden. Da es innerhalb einer Kundenanlage (natürliches Monopol) naturgemäß keinen Wettbewerb auf Vergleichsmärkten geben kann, erweist sich § 3 Nr. 24a und b lit. d EnWG als **Auslegungshilfe** bei der Interpretation von § 19 Abs. 4 Nr. 2 GWB. Für die Netznutzung darf im Rahmen einer Kundenanlage **kein Entgelt** verlangt werden – die Unentgeltlichkeit darf auch nicht durch eine prohibitive Preisgestaltung etwa bei der Miethöhe des Letztverbrauchers oder durch einen sonstigen Umgehungstatbestand ausgehöhlt werden. Diese Klarstellungen im EnWG wirken auf den Missbrauchstatbestand in § 19 Abs. 4 Nr. 2 und 4 GWB zurück und sorgen auf diese Weise für eine einheitliche, diskriminierungsfreie Anwendung des kartellrechtlichen Missbrauchsverbots.

Eine Kundenanlage ist also tatbestandlich auch dann schon eine Kundenanlage, 102
wenn die Voraussetzungen für den Begriff Kundenanlage, insbesondere die Frage der diskriminierungsfreien und unentgeltlichen Durchleitung, nicht endgültig geklärt sind. Solange der Betreiber der Kundenanlage und der an sie angeschlossene Letztverbraucher der Meinung sind, es handele sich durchaus um eine Kundenanlage, es sei nur streitig, ob alle Voraussetzungen i.S.d. § 3 Nr. 24a und b EnWG erfüllt sind, findet auf diese nach dem **Vorstellungsbild der Parteien** betriebene Kundenanlage § 19 Abs. 4 GWB Anwendung. Erst dann, wenn sich – etwa nach abgeschlossenem Kartellverfahren – herausstellt, dass die Kundenanlage in Wirklichkeit als Energieversorgungsnetz betrieben wird, tritt an die Stelle der Missbrauchsaufsicht des GWB die ex ante-Regulierung durch das EnWG.

Aus der Perspektive dieses, die begrifflichen Voraussetzungen der Kundenanlage 103
mit den Missbrauchstatbeständen des GWB verbindenden, **integrativen** Prüfkonzeptes, sind nunmehr im Folgenden Fallkonstellationen zu untersuchen, die einen Missbrauch i.S.d. § 19 Abs. 4 GWB/Art. 102 AEUV zumindest denkbar erscheinen lassen.

140 BT-Drucks. 17/6072, S. 51.

III. Missbrauchskonstellationen

1. Miet- oder Pachtverträge

104 Das Merkmal der Unentgeltlichkeit ist im Regelfall erfüllt, wenn eine Kundenanlage im Rahmen eines vertraglichen Gesamtpaketes zur Verfügung gestellt wird (beispielsweise im Rahmen eines Miet- oder Pachtvertrages).[141] In diesen Fällen zahlt beispielsweise der Gewerbebetrieb oder der Automatenaufsteller an den Betreiber der Kundenanlage eine Miete oder eine Pacht. Wie der Betreiber der Kundenanlage die Miete oder die Pacht kalkuliert, ist seine Sache – insoweit entscheidet der Wettbewerb über die Höhe des am Markt letztlich durchsetzbaren Miet- oder Pachtzinses. Der Standortwettbewerb ist – auch im Rahmen von Kundenanlagen – nicht beschränkt. Insoweit besteht kein Monopol zugunsten des Betreibers der Kundenanlage. Er konkurriert mit allen Standorten, die für Gewerbetreibende/Automatenaufsteller vergleichbarer Art alternativ von Interesse sein könnten. Es liegt also weder eine marktbeherrschende Position des Betreibers der Kundenanlage noch eine Netzzugangsbeschränkung nach § 19 Abs. 4 Nr. 4 GWB vor.

105 In der Begründung weist der Gesetzgeber aber darauf hin, dass das Tatbestandsmerkmal der Unentgeltlichkeit im Falle einer prohibitiven Preisgestaltung oder eines sonstigen Umgehungstatbestandes **nicht** vorliegt. Eine (objektiv) prohibitive Preisgestaltung könnte etwa dann vorliegen, wenn der Betreiber der Kundenanlage eine **Kaltmiete** erhebt und daneben Strom oder Gas zu einem Preis liefert, der 20 % oder 30 % oberhalb des durchschnittlichen Marktpreises für vergleichbare Energiemengen (Strom oder Gas) liegt. In diesem Fall könnte sich zwar der Mieter/Pächter von einem unabhängigen Dritten mit Energie beliefern lassen, tut dies aber möglicherweise nicht, weil ihm die rechtlichen Zusammenhänge nicht geläufig sind oder auch um seinen Standort nicht zu gefährden. In einem solchen Falle würde es am Tatbestandsmerkmal der Unentgeltlichkeit wegen (objektiv) prohibitiver Preisgestaltung bei Strom oder Gas fehlen, die Energiepreisgestaltung wäre missbräuchlich und nach § 134 BGB nichtig – der überzahlte Energiepreis wäre einschließlich der Nutzungen/Zinsen nach §§ 812, 818 BGB herauszugeben.

106 Ein **sonstiger Umgehungstatbestand** läge beispielsweise dann vor, wenn der Betreiber der Kundenanlage neben der Kaltmiete eine **Umspanngebühr** oder eine **Trafoumlage** erheben würde. In beiden Fällen handelt es sich um verkappte Netznutzungsentgelte. Der Energielieferant würde scheinbar kein Netznutzungsentgelt zahlen, dafür aber an seiner Stelle der Letztverbraucher, demgegenüber man das Netznutzungsentgelt nur anders benennt. Ein solcher Umgehungstatbestand würde die Unentgeltlichkeit aufheben und somit einen Missbrauch nach § 19 Abs. 4 Nr. 4 GWB darstellen. Hätte der Letztverbraucher Trafo- oder Umspannentgelte oder ähnlich benannte Entgelte für die Netznutzung an den Betreiber der Kundenanlage entrich-

141 BT-Drucks. 17/6072, S. 51.

tet, wären diese Zahlungen nach § 19 GWB verboten und nach § 134 BGB nichtig, also über die §§ 812, 818 BGB rückabzuwickeln.

Natürlich bleibt es in diesen Fällen dem Inhaber der Kundenanlage unbenommen über die Frage nachzudenken, ob er seine **Kaltmiete** eigentlich richtig berechnet hat. Die Kaltmiete amortisiert typischerweise sämtliche Aufwendungen in einem mit einem Grundstück verbundenen Gebäude – und damit immer auch die energieleitenden Gebäudebestandteile. Darüber hinaus enthält die Kaltmiete eine marktübliche Eigenkapitalverzinsung (Gewinn), die bis zur Grenze des § 138 BGB (Sittenwidrigkeit/Wucher) am Markt frei gebildet wird. Wenn der Betreiber einer Kundenanlage einen besonders attraktiven Standort hat, wird er höhere Kaltmieten durchsetzen als an weniger attraktiven Standorten. Ob er sich bei seiner internen Kalkulation vorgestellt hat, für die im Gebäude verbaute Kundenanlage ein besonders attraktives Entgelt durchzusetzen, wird man im Einzelfall nicht nur nicht aufklären können, sondern ist auch irrelevant. Die Kaltmiete als solche wird im Wettbewerb – und zwar im Standortwettbewerb – gebildet. Auf welchen internen Rechnungsgrundlagen sie beruht, ist aus der Position der Nachfrager nach Mieten/Pachten an einem bestimmten Standort gleichgültig und unterliegt nicht der Kontrolle des § 19 GWB. Ausnahmen sind nur dann denkbar, wenn der Inhaber eines Standortes beispielsweise über ein zeitlich begrenztes Monopol verfügt (Beispiel: Hannover Messe). In solchen Fällen kann § 19 GWB ausnahmsweise einschlägig sein (Fall des Ausbeutungsmissbrauchs: § 19 Abs. 4 Nr. 2 GWB). Jedoch haben Fallgestaltungen dieser Art etwas mit dem Standortwettbewerb zu tun, aber nichts mit der missbräuchlichen Nutzung einer Kundenanlage. 107

Anders wäre es, wenn der Betreiber der Kundenanlage mit dem Letztverbraucher (z.B. Automatenaufsteller) eine **Warmmiete** und im Rahmen dieser Warmmiete auch die Energielieferung vereinbart hätte. Wenn nun der Letztverbraucher den Anbieter wechselt und sich Strom oder Gas von einem dritten Energielieferanten beschaffen würde, so wäre es missbräuchlich, wenn der Betreiber der Kundenanlage zwar die Belieferung durch den Dritten akzeptieren, die Warmmiete aber nicht entsprechend senken würde. Damit würde der Automatenaufsteller/Letztverbraucher nämlich letztlich gezwungen werden, die Energie doppelt zu bezahlen, einmal im Rahmen der Warmmiete und zum zweiten gegenüber dem unabhängigen Energielieferanten. In diesen Fällen sorgt § 19 Abs. 4 GWB dafür, dass sich die Warmmiete um den an den Energielieferanten zu zahlenden Strompreis vermindert. Sollte der Letztverbraucher für eine gewisse Zeit doppelt gezahlt haben, so könnte er die Doppelzahlung über §§ 812, 818 BGB vom Inhaber der Kundenanlage herausverlangen, solange sein Rückzahlungsanspruch nicht verjährt ist. 108

Ergänzend kann der Letztverbraucher in diesen Fällen auch die zuständige Landeskartellbehörde oder in Fällen, in denen der Wettbewerbsverstoß über das Gebiet eines Landes hinausreicht, das BKartA einschalten (§ 48 GWB). Die Kartellbehörden leiten Verfahren von Amts wegen oder auf Antrag ein (§ 54 Abs. 1 GWB). Wird die Einleitung eines Verfahrens gegen einen Dritten – z.B. den Betreiber einer Kundenan- 109 lage – bei der Kartellbehörde angeregt, so liegt es im **Ermessen** der Behörde, ob sie das Verfahren von Amts wegen „einleitet“ (§ 54 Abs. 1 S. 2 GWB).

110 In den Fällen des § 19 GWB leiten die Kartellbehörden Kartellverfahren häufig deshalb nicht ein, weil § 19 Abs. 1 GWB ein zivilrechtlicher Verbotstatbestand ist und folglich den Betroffenen die Möglichkeit eröffnet, ihre Rechte vor den ordentlichen Gerichten **selbst durchzusetzen**. Der Letztverbraucher in einer Kundenanlage könnte also beispielsweise nach § 19 Abs. 4 Nr. 2 GWB prüfen lassen, ob das Entgelt, das er für die Nutzung der Kundenanlage entrichtet, von demjenigen abweicht, das sich bei wirksamem Wettbewerb mit hoher Wahrscheinlichkeit ergeben wird. Bei dieser Frage ist die Grundwertung von § 3 Nr. 24a und b EnWG zu beachten.

111 Die Durchleitung von Strom oder Gas hat danach **unentgeltlich** und diskriminierungsfrei zu erfolgen. Das Tatbestandsmerkmal der Unentgeltlichkeit darf auch nicht durch prohibitive Preisgestaltung oder einen sonstigen Tatbestand umgangen werden. Das bedeutet: Aus dem EnWG folgt, dass das Entgelt für die Gewährung des Zugangs zu der Kundenanlage und die Nutzung derselben unentgeltlich zu erfolgen haben. Diese Grundentscheidung des Gesetzgebers im Rahmen des EnWG ist bei der Auslegung des § 19 Abs. 4 Nr. 2 GWB zu beachten, d.h., für den Zugang und die Nutzung von Kundenanlagen können sich – auch bei gedachtem Wettbewerb – keine Entgelte bilden. Die Gewährung des Zugangs und der Nutzung der Kundenanlage ist unentgeltlich. Der Grund hierfür ist, dass der Inhaber einer Kundenanlage seine Investitionen im Rahmen einer vertraglichen Gesamtgestaltung (beispielsweise Miet- oder Pachtvertrag) amortisieren kann.

112 Im Rahmen dieser vertraglichen Gesamtgestaltung sind auch Fragen zu klären, die sich im Zeitverlauf aus der Perspektive des Letztverbrauchers ergeben können. So kann es für den Letztverbraucher in einer Kundenanlage wichtig sein, ob er jederzeit eine Leistungserhöhung oder auch eine Leistungsverminderung verlangen kann, wenn der Anschluss für seine Versorgung nicht mehr ausreichend oder überdimensioniert sein sollte. Leistungsverminderungen dürften keine Probleme bereiten, da der Betreiber der Kundenanlage für die Netznutzung ohnehin kein Entgelt berechnen darf. Ist er bei abnehmendem Strombezug nicht bereit, die Warmmiete zu ermäßigen, möglicherweise weil es im Miet-/Pachtvertrag keine dynamische, den Energieverbrauch abbildende Preisanpassungsklausel gibt, so kann der Letztverbraucher sich von einem außenstehenden Dritten mit (der benötigten geringeren) Energiemenge beliefern lassen. Die Warmmiete sinkt mindestens um den an den Dritten gezahlten Energiepreis.

113 Sollte der Letztverbraucher vor dem Lieferantenwechsel eine erheblich größere Menge an Energie vom Betreiber der Kundenanlage im Rahmen der Warmmiete dauerhaft bezogen haben, so dürfte das Absenken der Warmmiete um den Preis, den der Letztverbraucher dem neuen Energielieferanten entrichtet, nicht genügen. Vielmehr ist nach § 19 Abs. 4 Nr. 2 GWB nunmehr eine Absenkung der Warmmiete entsprechend des durchschnittlichen dauerhaften Stromverbrauchs vor der deutlichen Absenkung naheliegend. Allerdings sind in diesen Fällen die Eingriffsschwellen für den Missbrauch nach § 19 Abs. 4 Nr. 2 GWB durchaus fließend. Für die Parteien wäre

es besser, im Miet- bzw. Pachtvertrag den für die Warmmiete relevanten durchschnittlichen dauerhaften Energieverbrauch festzulegen und vertraglich zu vereinbaren, wie sich die Warmmiete verändert, wenn sich der Energieverbrauch nach oben oder nach unten bewegt.

Vertragliche Lösungen dieser Art in Form von **Preisanpassungsklauseln** sind in jedem Fall sicherer und sehr viel praktikabler als das Verlassen auf § 19 Abs. 4 Nr. 2 GWB. Die Fragen stellen sich umgekehrt aus der Sicht des Betreibers der Kundenanlage, wenn **Leistungserhöhungen** eintreten und der Anschluss für die Versorgung des Kunden nicht mehr ausreichen sollte. Gerade für diese Fälle sollte unbedingt im Miet- bzw. Pachtvertrag das Ob und das Wie einer **Netzausbaupflicht** seitens des Betreibers der Kundenanlage vereinbart sein, einschließlich der Auswirkungen auf die vereinbarte Warmmiete/Pacht. 114

Fehlen vertragliche Vereinbarungen dieser Art, so ist zunächst einmal darauf hinzuweisen, dass das BKartA in ständiger Praxis davon ausgeht, dass der Infrastrukturinhaber (hier: Kundenanlage) in – wenn auch beschränktem – Umfang verpflichtet ist, Um- und Ausbau vorzunehmen, wenn die Einrichtung ohne einen solchen Ausbau nicht mehr genutzt werden kann.[142] Allerdings ist der zumutbare Umfang von Um- und Ausbaupflichten im Vorfeld schwer zu konkretisieren. Außerdem geht die – spärliche – Rechtsprechung bisher davon aus, dass die Kosten für die Umbau- und Anpassungsmaßnahmen voll demjenigen in Rechnung gestellt werden können, der den Um- und Ausbau verlangt. In den Fällen des § 19 Abs. 4 Nr. 4 GWB wäre dies der zugangsbegehrende Energielieferant. Er darf aber nach § 3 Nr. 24a und b EnWG gerade nicht mit Kosten belastet werden. Ihm gegenüber muss der Netzzugang **unentgeltlich** und diskriminierungsfrei erfolgen. 115

Die **Verlagerung der Netzzugangskosten** auf den Letztverbraucher ist – so die Begründung des Gesetzgebers – ebenfalls unzulässig, darin läge nämlich eine verbotene **Umgehung.**[143] Denkt man dies zu Ende, so würde dies dazu führen, dass der Betreiber der Kundenanlage zwar zu Um- und Ausbaumaßnahmen in einem schwer im Voraus zu definierenden Umfang verpflichtet ist, aber die Kosten dafür weder vom Letztverbraucher noch vom Zugangspetenten verlangen könnte. Ob eine solche Argumentation vor den Gerichten hält, ist zurzeit nicht absehbar. Dafür spricht, dass der Inhaber einer Kundenanlage weiß, dass diese Anlage den (sich verändernden) Bedürfnissen der bei ihm angeschlossenen Letztverbraucher genügen muss und dass er folglich Um- und Ausbaumaßnahmen in einem vorhersehbaren, angemessenen und zumutbaren Umfang in die Kalkulation seiner Warmmiete einzubeziehen hat. Außerdem kann er vertraglich Preisanpassungsklauseln für Szenarien dieser Art vorsehen, sodass man ihm im Rahmen eines Streites nach § 19 Abs. 4 Nr. 4 GWB wohl sagen 116

142 BKartA, Beschl. v. 21.12.1999 - B9-63220-T199/97 - WuW/E DE-V 253 „Puttgarden", dazu auch OLG Düsseldorf WuW/E DE-R 569, 577 „Puttgarden II"; vertiefend *Höppner*, S. 362 m.w.N.
143 BT-Drucks. 17/7062, S. 51.

wird, dass die typischen, sich aus dem ändernden Energiebedarf der angeschlossenen Kunden ergebenden Um- und Ausbaunotwendigkeiten von ihm zu tragen sind.[144]

117 Noch schwieriger dürfte es werden, wenn ein Kunde vom Betreiber der Kundenanlage verlangt, dass für ihn eine eigene Leitung gebaut wird, um von außen beliefert zu werden. Ein solches Verlangen des Kunden wäre nach § 19 Abs. 4 Nr. 4 GWB irrelevant, weil dort nur der Zugangspetent (Energielieferant) das Recht hat, Netzzugang zu verlangen. Er – der Zugangspetent – müsste also den Bau einer eigenen Leitung zum Kunden als energietechnisch zwingend notwendig geltend machen und der daraus resultierende Netzausbau müsste für den Betreiber der Kundenanlage zumutbar sein. Da der Betreiber einer Kundenanlage diese dem Netzzugangspetenten **unentgeltlich** zur Verfügung zu stellen hat, wird man die Frage der Zumutbarkeit des Baus einer eigenen Leitung zum Kunden sehr kritisch zu beurteilen haben, jedenfalls dann, wenn es die Parteien in der Hand gehabt hätten, Fragen dieser Art zum Gegenstand des Miet- oder Pachtvertrages zu machen.

118 Die Grenze zum zumutbaren Netzum- und -ausbau dürfte in der Regel überschritten sein, wenn der Kunde sich entschließt, ein **eigenes Kraftwerk** für seine eigene Produktion zu errichten. Damit ändert er die Geschäftsgrundlage seines Miet- oder Pachtverhältnisses – das kann er nicht einseitig. Es geht auch nicht um den nach § 19 Abs. 4 Nr. 4 GWB geschützten Anspruch auf Netzzugang durch einen Zugangspetenten, sondern es geht um den Wunsch des Kunden, ein eigenes Kraftwerk zu bauen.

119 Der Kunde könnte diesen Wunsch allerdings außerhalb der Kundenanlage jederzeit verwirklichen, wenn er die erforderlichen Genehmigungen für den Kraftwerksbau hätte. Er würde dann nach § 17 EnWG mit dem Kraftwerk an das Netz der öffentlichen Versorgung angeschlossen werden und könnte nun den von ihm erzeugten Strom über das Netz der allgemeinen Versorgung bis zum Anschlusspunkt an die Kundenanlage und von dort zu sich selbst liefern. In einem solchen Falle wäre die Belieferung des Kunden über sein eigenes Kraftwerk der Belieferung über einen dritten unabhängigen Energielieferanten vergleichbar – die Warmmiete müsste gegenüber dem Betreiber der Kundenanlage um den Gegenwert der gelieferten Energiemenge gesenkt werden.

2. Diskriminierungsfreie Durchleitung

120 Die Gewährung des Zugangs zu der Kundenanlage und damit auch die Nutzung im Wege der Durchleitung hat unabhängig von der Wahl des Energielieferanten nicht nur unentgeltlich, sondern auch **diskriminierungsfrei** zu erfolgen (§ 3 Nr. 24a und b lit. d EnWG).[145] Dies bedeutet, dass der Betreiber der Kundenanlage diese zum Zwecke der

144 Sehr skeptisch *Bechtold*, § 19 Rn 101, 106 m.w.N.
145 BT-Drucks. 17/6072, S. 51.

Belieferung im Wege der Durchleitung zur Verfügung zu stellen hat. Die **Zählpunkte** dafür muss der vorgelagerte Netzbetreiber der allgemeinen Versorgung zur Verfügung stellen (§ 20 Abs. 1d EnWG). Wenn es hierbei zu Verzögerungen kommt, liegt darin keine Diskriminierung durch den Betreiber der Kundenanlage, denn dieser hat auf die zur Verfügungstellung der Zählpunkte keinen (rechtlichen) Einfluss. Verzögerungen, die auf einem Verhalten des vorgelagerten Netzbetreibers beruhen, können also weder den Begriff der Kundenanlage beeinflussen, noch einen Missbrauchstatbestand nach § 19 GWB auslösen. Es kann sich in diesen Fällen allenfalls die Frage stellen, ob der Inhaber der Kundenanlage und/oder der an die Kundenanlage angeschlossene Letztverbraucher möglicherweise einen Schadensersatzanspruch gegen den Betreiber des vorgelagerten Energieversorgungsnetzes wegen Verletzung eines gesetzlichen Schuldverhältnisses (§ 20 Abs. 1d EnWG i.V.m. §§ 662, 280 BGB) haben könnte.

Die gleichen Fragen stellen sich dann, wenn der Betreiber des vorgelagerten Ener- 121
gieversorgungsnetzes den Kunden in der Kundenanlage, der sich von einem außenstehenden Lieferanten beliefern lassen will, keinem Bilanzkreis zuordnet. Auch in diesem Falle liegt keine Diskriminierung seitens des Betreibers der Kundenanlage gegenüber dem (potenziellen) Energielieferanten vor, sondern ein Fehlverhalten des Netzbetreibers und damit eine Verletzung der gesetzlich geschuldeten Pflichten aus dem EnWG und des daraus resultierenden (gesetzlichen) Auftragsverhältnisses. Hier kann es nur schadensersatzrechtlich, nicht aber kartellrechtlich zu Lösungen kommen.

Völlig anders liegen die Dinge, wenn der Betreiber der Kundenanlage dem Betrei- 122
ber des vorgelagerten Energieversorgungsnetzes nicht die Möglichkeit gibt, an einem geeigneten Platz die Zähler aufzustellen. Dies kommt im Ergebnis der Verweigerung des Zugangs zur Kundenanlage gleich. Der Inhaber der Kundenanlage diskriminiert in diesem Falle den Zugangspetenten, indem er Zugangshindernisse (kein Platz für Zähler) schafft, die zwar unmittelbar den Betreiber des vorgelagerten Energienetzes betreffen, aber mittelbar dazu führen, dass der (potenzielle) Energielieferant nicht liefern kann. In diesem Falle verletzt der Betreiber der Kundenanlage § 19 Abs. 4 Nr. 4 GWB und hat für den aus dieser Verletzung resultierenden Schaden sowohl gegenüber dem (potenziellen) Energielieferanten als auch gegenüber dem bei ihm angeschlossenen Letztverbraucher zu haften (§ 33 Abs. 3 GWB).

3. Umgestaltung der Kundenanlage

Schließlich sind Fälle denkbar, in denen der oder eine Gruppe von an die Kundenan- 123
lage angeschlossenen Letztverbrauchern diese so umgestaltet, dass aus ihr ein **Netz der allgemeinen Versorgung** wird. Im Rahmen von Mietverhältnissen ist dies ausgeschlossen, da der Mieter einer Sache nicht berechtigt ist, diese grundlegend umzugestalten. Im Rahmen von Pachtverträgen kann dies anders sein, insbesondere bei Unternehmenspachtverträgen sind auch Umgestaltungen von Unternehmen – etwa

der Umstieg auf eine völlig neue Art der Produktion oder auf andere Produkte – nichts Außergewöhnliches. So gesehen könnte bei entsprechend gestalteten Pachtverträgen auch die Umgestaltung einer Kundenanlage durch einen oder eine Gruppe von Pächtern in der Weise erfolgen, dass die Kundenanlage letztlich selbst zum Teil des Netzes der allgemeinen Versorgung wird und damit der ex ante-Regulierung des EnWG unterliegt.

124 **Kartellrechtlich** sind solche **Umgestaltungen irrelevant**, denn in ihnen verwirklicht sich nicht der Missbrauch einer marktbeherrschenden Position des Inhabers der Kundenanlage oder die Verweigerung des Netzzugangs nach § 19 Abs. 4 Nr. 4 GWB. Vielmehr ist es so, dass (umgekehrt) der Letztverbraucher selbst auf die Kundenanlage Einfluss nimmt. Die Frage, ob er hierzu berechtigt ist, lässt sich jedenfalls nicht mithilfe des Kartellrechts beantworten. Insoweit ist **ausschließlich das Vertragsrecht** und unter Umständen auch das Deliktsrecht heranzuziehen. Entscheidend ist der Inhalt des Pacht- oder sonstigen Nutzungsvertrages. Sieht der Vertrag – möglicherweise in bestimmten Grenzen – eine Umgestaltung vor, so hat dies der Inhaber der Kundenanlage hinzunehmen, da er selbst es vereinbart hat. Ob er sich gegenüber anderen Letztverbrauchern in der Kundenanlage damit schadensersatzpflichtig macht, ist eine zweite Frage.

125 Sieht der Pacht- oder Nutzungsvertrag mit dem Letztverbraucher eine Umgestaltung der Kundenanlage hingegen nicht vor, so verletzt der Letztverbraucher seine Rechtspflichten gegenüber dem Betreiber der Kundenanlage und schuldet seinerseits Schadensersatz (§ 280 Abs. 1 BGB). Verändert er durch seinen Eingriff das Eigentum des Betreibers der Kundenanlage, so haftet er zugleich auf Schadensersatz aus § 823 Abs. 1 BGB und bei Verletzung eines Schutzgesetzes (etwa Sachbeschädigung: § 303 StGB) auch aus § 823 Abs. 2 BGB.

4. Verletzung von § 20 GWB

126 Neben § 19 GWB ist innerhalb von Kundenanlagen auch § 20 GWB anwendbar, wie § 111 Abs. 1 EnWG ausdrücklich klarstellt.[146] § 20 GWB enthält ein Diskriminierungsverbot. Marktbeherrschende Unternehmen (z.B. Kundenanlagen) dürfen ein anderes Unternehmen gegenüber gleichartigen Unternehmen ohne sachlich gerechtfertigten Grund nicht unterschiedlich behandeln.

127 Aus der Perspektive des Netzzugangs bedeutet dies, dass der Inhaber einer Kundenanlage (potenziellen) Energielieferanten den Zugang zum Netz nicht ohne Sachgrund verweigern darf. Das ergibt sich allerdings schon aus § 19 Abs. 4 Nr. 4 GWB – insoweit ist das Diskriminierungsverbot des § 20 GWB mit dem Missbrauchstatbestand des § 19 Abs. 4 Nr. 4 GWB deckungsgleich.

146 *Gussone/Wünsch*, WuW 2013, 464, 476.

Den **Anschluss des Letztverbrauchers an die Kundenanlage** schuldet der Inhaber der Kundenanlage regelmäßig bereits aus dem Vertrag, den er mit seinem Kunden schließt. Sollte dieser Vertrag den Anschluss an die Kundenanlage nicht und noch nicht einmal inzident enthalten, was praktisch kaum mehr denkbar ist, so würde der Inhaber der Kundenanlage den Anschluss nach § 20 Abs. 1 GWB schulden, jedenfalls dann, wenn es sich bei dem anzuschließenden Letztverbraucher um ein Unternehmen handelt. Dem Betreiber der Kundenanlage ist es nämlich verwehrt, zwischen den anzuschließenden Kunden ohne Sachgrund zu differenzieren, d.h. den einen anzuschließen und den anderen nicht anzuschließen. Handelt es sich um natürliche Personen, so ergibt sich die Anschlusspflicht aus § 826 BGB in Verbindung mit dem natürlichen Monopol, das die Kundenanlage darstellt. Es ist nämlich sittenwidrig, eine natürliche Person von der Nutzung eines Monopols auszuschließen, wenn sie auf diese angewiesen ist. 128

Die Frage des Anschlusses an die Kundenanlage setzt allerdings immer voraus, dass eine Rechtsbeziehung zwischen dem Inhaber der Kundenanlage und dem Letztverbraucher (z.B. ein Miet- oder Pachtvertrag) existiert. Der Inhaber einer Kundenanlage ist nicht verpflichtet, diese jedermann zur Verfügung zu stellen – er kann sich entschließen, die **Kundenanlage für sich selbst zu nutzen**. Wenn und soweit der Inhaber der Kundenanlage das tut, kann niemand von ihm Zugang zu dieser Anlage kartellrechtlich erzwingen. Das ergibt sich bereits aus dem Wortlaut von § 20 Abs. 1 GWB, wonach das marktbeherrschende Unternehmen ein anderes Unternehmen überhaupt nur dann diskriminieren kann, wenn es gleichartigen Unternehmen den Zugang (hier zur Kundenanlage) üblicherweise eröffnet. Öffnet der Inhaber einer Kundenanlage diese aber nicht für gleichartige dritte Unternehmen, sondern nutzt er sie für sich selbst, so ist eine Verletzung von § 20 GWB – aber auch von § 19 Abs. 4 Nr. 4 GWB – von vornherein ausgeschlossen. 129

Der Zugang zur Kundenanlage darf **nicht** mit dem **Zugang** beispielsweise zum **Industriepark**, zum Flughafengelände oder zum Bahnhofsgelände **verwechselt** werden. Bei dieser Frage geht es um schlichten Standortwettbewerb, also darum, ob ein Unternehmen womöglich einen Rechtsanspruch darauf hat, als Gewerbetreibender oder Automatenaufsteller in einem bestimmten Gelände zugelassen zu werden. Bei dieser Frage spielt das Netzmonopol an der Kundenanlage keine Rolle – es geht um den vorgelagerten Markt für die Vermietung oder Verpachtung von Gewerbeflächen in bestimmten Dienstleistungs- oder Industriezentren. Soweit es um den Zugang zu diesen Dienstleistungszentren oder Energieparks geht, ist nicht der Markt der Kundenanlage, sondern der davon **getrennte Markt** nach **Gewerbeflächen** in bestimmten Zentren gemeint. 130

Die Betreiber der Dienstleistungszentren oder Industrieparks sind in aller Regel nicht marktbeherrschend, sodass das § 20 Abs. 1 GWB nicht Anwendung findet. In bestimmten Konstellationen kann § 20 Abs. 2 GWB Anwendung finden, wenn nämlich die kleinen oder mittleren Unternehmen, die eine Anbindung im Dienstleistungszentrum oder im Industriepark nachfragen, von dem Anbieter (Betreiber des Dienstleis- 131 tungszentrum/Industriepark) **abhängig** sind. Auch das ist aber in der Regel nicht der Fall – die hieraus resultierenden Fragen betreffen das allgemeine Kartellrecht, haben aber mit den spezifischen Problemen einer Kundenanlage und dem Anschluss an diese nichts zu tun.

E. Weitere Einzelfragen

I. Abgrenzung zwischen Netz und Kundenanlage in der Praxis

132 In der Praxis ist recht oft die Frage anzutreffen, wann eine Kundenanlage beginnt. „Bin ich eine Kundenanlage, wenn ich Strom aus meinem Kraftwerk an meinen Nachbarn liefere, aber ansonsten keine technischen oder räumlichen Zusammenhänge verwirklicht habe?" ist eine Frage, die viele Unternehmen geklärt wissen wollen. Diese Frage ist eine Frage des Einzelfalls und lässt sich nicht generell beantworten.

133 Die Frage ist insbesondere mit den Definitionen zur Kundenanlage oder zur Kundenanlage zur betrieblichen Eigenversorgung nur schwer zu klären, denn in beiden Definitionen wird lediglich zum einen an das Bestehen von **Energieanlagen** zur Abgabe von Energie und zum anderen an einen gewissen **räumlichen Zusammenhang** – ein zusammengehörendes Gebiet oder Betriebsgebiet – angeknüpft. Energieanlagen sind weiter in § 3 Nr. 15 EnWG definiert als

> *„Anlagen zur Erzeugung, Speicherung, Fortleitung oder Abgabe von Energie, soweit sie nicht lediglich der Übertragung von Signalen dienen, dies schließt die Verteileranlagen der Letztverbraucher sowie bei der Gasversorgung auch die letzte Absperreinrichtung vor der Verbrauchsanlage ein."*

134 Auch diese Definition – die von Anlagen als Mehrzahl spricht, aber im Wesentlichen nur negativ abgrenzt – hilft nicht wirklich weiter, den Beginn einer Kundenanlage zu definieren.

135 Wie sich außerdem der räumliche Zusammenhang für eine Kundenanlage in der Praxis offenbart, ist zudem nicht näher erläutert. Gemeint sein dürfte wohl der klassische **Werkszaun** um eine Ansammlung von mehreren Unternehmen; also etwas, das nach außen eine gewisse Geschlossenheit vermittelt. Um der Frage des Beginns der Kundenanlage wenigstens ein Stück näher zu kommen, sollte man daher – sozusagen als kleinste Einheit – zunächst auf die Definition der **Direktleitung** abheben, denn das, was eine Direktleitung darstellt, kann nicht unbedingt Gegenstand einer Kundenanlage sein. § 3 Nr. 12 EnWG lautet: Eine Direktleitung ist

> *„eine Leitung, die einen einzelnen Produktionsstandort mit einem einzelnen Kunden verbindet, oder eine Leitung, die einen Elektrizitätserzeuger und ein Elektrizitätsversorgungsunternehmen zum Zwecke der direkten Versorgung mit ihrer eigenen*

Betriebsstätte, Tochterunternehmen oder Kunden verbindet, oder eine zusätzlich zum Verbundnetz errichtete Gasleitung zur Versorgung einzelner Kunden."

Aus dieser Definition kann man jedenfalls ableiten, dass eine vereinzelte Versorgung 136 eines einzigen Kunden über eine Direktleitung noch keine Versorgung über Energieanlagen sein soll. Außerdem kann man feststellen, dass dort, wo sich nur eine einzelne Verbindung zu einem genau definierten Kunden befindet (auch wenn diese möglicherweise noch zusätzlich zum Netz der allgemeinen Versorgung besteht), kein weiterer räumlicher Zusammenhang ersichtlich ist.[147] Mehrere Unternehmen an einem größeren Standort müssen daher nicht unbedingt bereits eine Kundenanlage bilden, wenn sie in dieser Weise über **Direktleitungen** versorgt werden. Es fehlt insoweit an einer **gewissen Komplexität der Energieanlagen** und außerdem ist ein **innerer und äußerer Zusammenhang**, der die Unternehmen an einen Standort bindet, nicht ersichtlich. Wenn also Unternehmen eher zufällig an diesem einen Standort sind, spricht das eher gegen das Vorliegen einer Kundenanlage.[148]

Zuletzt könnte auch die Tatsache, wer die Leitung **finanziert** hat und in wessen 137 **Eigentum** die Leitung zu dem jeweiligen Kunden steht, ein Indiz dafür sein, ob nur eine Versorgung über eine Direktleitung stattfindet oder ob – sollten die Leitungen einem einzigen Eigentümer gehören – eher als Energieanlagen im Sinne der Definition zur Kundenanlage zu verstehen sind.

Insgesamt ist die Frage aber bisher nicht entschieden. Noch gibt es dazu **keine** 138 **Rechtsprechung** und auch keine wirklich **gefestigte Praxis** zu dieser Frage. Es ist daher zu empfehlen, im Rahmen der **Selbsteinschätzung** für die Kundenanlage oder Kundenanlage zur betrieblichen Eigenversorgung auch diesen Punkt aufzugreifen, besonders zu begründen und schriftlich zu dokumentieren. Sollten Behörden oder Wirtschaftsprüfer Fragen zu diesen Punkten haben, muss der Betreiber nachweisen können, warum er sich wie entschieden hat.

II. Selbsteinschätzung

Weder § 3 Nr. 24a oder § 3 Nr. 24b EnWG noch andere energiewirtschaftsrechtliche 139 Bestimmungen sehen ein behördliches Verfahren vor, um die Voraussetzungen für eine Kundenanlage oder eine Kundenanlage zur betrieblichen Eigenversorgung prüfen und anerkennen zu lassen. Es ist demnach allein die Aufgabe des Betreibers der Kundenanlage, die Voraussetzungen zu prüfen, sich insbesondere Gedanken über die möglichen „Grenzfälle" bezogen auf seinen Standort zu machen und dies

147 Siehe hierzu auch BK-EnR/*Boesche*, § 3 EnWG Rn 24, der – zum alten § 110 EnWG – hervorhebt, dass Betreiber von Direkt- oder Stichleitungen nicht Normadressat des EnWG sind. Diese Ansicht lässt sich 1:1 auf Kundenanlagen nach neuem Recht übertragen.
148 Ebenso BK-EnR/*Boesche*, § 3 EnWG Rn 40.

schriftlich zu dokumentieren. Anschließend muss der Betreiber der Kundenanlage dann für sich selbst und allein entscheiden, ob eine Kundenanlage i.S.d. § 3 Nr. 24a EnWG oder i.S.d. § 3 Nr. 24b EnWG zur betrieblichen Eigenversorgung gegeben ist. Es muss daher **allein** eine **Selbsteinschätzung** getroffen werden. Eine Dokumentation ist wichtig – am besten schriftlich!

140 Dieses Prinzip der Selbsteinschätzung ist dem deutschen Recht nicht fremd; auch im GWB gibt es seit der 7. GWB-Novelle 2005 und beruhend auf den europäischen Regeln[149] das Prinzip der Legalausnahmen,[150] d.h., wettbewerbsbeschränkende horizontale oder vertikale Vereinbarungen sind wirksam, wenn sie die Voraussetzungen des § 2 GWB erfüllen; das zu prüfen und zu bewerten, ist Aufgabe des Unternehmens selbst. Man sollte dies im Hinterkopf haben, denn insoweit – also mindestens hinsichtlich des „Wie" einer Selbsteinschätzung – könnte im Zweifel die umfangreiche Literatur zum GWB hilfreich sein.[151]

141 Dabei ist zu empfehlen, sich zum einen **fachkundigen Rat von außen** zu holen, um das Risiko von Fehleinschätzungen zu minimieren, und zum anderen die Entscheidung und die Entscheidungswege – also wie man letztlich zu der Überzeugung gelangt ist, dass eine Kundenanlage oder eine Kundenanlage zur betrieblichen Eigenversorgung vorliegt – zu **dokumentieren**. Besonderes Augenmerk sollte man auf die Dokumentation legen, wenn die Kundenanlage erst durch **Umstrukturierungen** des eigenen Standorts entsteht; man also die alte Struktur eines Standorts so aufteilt oder verändert, dass für einen abgegrenztenBereich eine Kundenanlage entsteht, die den gesetzlichen Anforderungen genügt. Es empfiehlt sich auch, diese Dokumentation von Zeit zu Zeit zu prüfen; insbesondere zu prüfen, ob sich Umstände, die der Entscheidung seinerzeit zugrunde gelegt worden sind, mittlerweile geändert haben könnten. Die Dokumentation sollte daher mit Datum versehen sein und ggf. festgeschrieben werden.

142 In diesem Zusammenhang ist auch fraglich, ob einem Unternehmen, gerade wenn Umstrukturierungen stattgefunden haben, ein nur eingeschränkt überprüfbarer Beurteilungsspielraum einzuräumen ist.[152] Dafür spricht, dass nur das Unternehmen allein die genauen Details kaufmännischer Zusammenhänge an seinem Standort kennt. Sind daher die dokumentierten Gedanken zur Selbsteinschätzung als Kundenanlage bzw. Kundenanlage zur betrieblichen Eigenversorgung nicht von vornherein unlogisch oder verstoßen gegen Denkgesetze, dann spricht nichts dagegen,

149 VO (EG) Nr. 1/2003, die am 1.5.2004 in Kraft getreten ist und der Durchführung der Art. 101 und 102 AEUV dient.

150 Siehe *Schwintowski*, S. 97 f.; Loewenheim/Meessen/Riesenkampff/*Nordemann*, § 2 GWB Rn 5 ff. m.v.w.N., 195 ff.

151 Loewenheim/Meessen/Riesenkampff/*Nordemann*, § 2 GWB Rn 5 und zur praktischen Handhabung derselben Rn 198 ff.

152 Diese Frage wird auch bei den kartellrechtlichen Selbsteinschätzungen so diskutiert, vgl. Loewenheim/Meessen/Riesenkampff/*Nordemann*, § 2 GWB Rn 200, allerdings sehr kritisch dazu.

diese **unternehmerische Entscheidung** allein auf Ermessensfehler überprüfen zu können. Hierdurch wäre auch dem legitimen Interesse an Vertrauensschutz und Sicherheit für den Standort gedient.

Es ist **nicht** zu empfehlen, zu versuchen, eine Kundenanlage durch einen **Antrag auf Zulassung eines geschlossenen Verteilernetzes (dessen Ablehnung man erwartet)** quasi inzident behördlich genehmigt zu bekommen. Denn ein Antrag auf Zulassung eines geschlossenen Verteilernetzes ist inhaltlich deutlich anders strukturiert (es werden insbesondere andere Voraussetzungen geprüft) als für die Begründung einer Kundenanlage. Es kann außerdem die Regulierungsbehörde, die über den Antrag eines geschlossenen Verteilernetzes zu entscheiden hat (und wie erwartet, abschlägig entscheiden soll), nicht verpflichtet werden, im Rahmen dieser Ablehnung des Antrages auf Zulassung eines geschlossenen Verteilernetzes auf die Frage einzugehen, ob **anstelle** eines geschlossenen Verteilernetzes eine Kundenanlage vorliegt. Diese Bezugnahme auf die Kundenanlage ist nicht nötig für die Prüfung des § 110 EnWG und spielt daher in der Praxis der Regulierungsbehörden auch üblicherweise nur eine sehr untergeordnete Rolle. Es verbleibt daher immer **allein bei der Selbsteinschätzung** durch den Betreiber der Kundenanlage allein. 143

III. Buchhalterische Entflechtung von Kundenanlagen

Die Pflichten, die sich aus der Regelung des **§ 6b EnWG** ergeben, richten sich entweder an vertikal integrierte Energieversorgungsunternehmen i.S.d. § 3 Nr. 38 EnWG, an Netzbetreiber sowie Betreiber von Speicheranlagen. Da Kundenanlagen keine Netze sind, stellt sich die Frage, ob Kundenanlagenbetreiber in einer anderen Marktrolle ein **Energieversorgungsunternehmen** betreiben können und welche Pflichten damit ggf. einhergehen. 144

Nach **§ 3 Nr. 18 EnWG** sind **Energieversorgungsunternehmen** natürliche oder juristische Personen, die Energie an andere liefern, ein Energieversorgungsnetz betreiben oder an einem Energieversorgungsnetz als Eigentümer Verfügungsbefugnis besitzen; der **Betrieb einer Kundenanlage** oder Kundenanlage zur betrieblichen Eigenversorgung macht den Betreiber **nicht zum Energieversorgungsunternehmen.** 145

Nach **§ 3 Nr. 16 EnWG** sind **Energieversorgungsnetze** Elektrizitätsversorgungsnetze und Gasversorgungsnetze über eine oder mehrere Spannungsebenen oder Druckstufen **mit Ausnahme von Kundenanlagen** i.S.d. Nr. 24a und 24b. 146

Kundenanlagen und Kundenanlagen zur betrieblichen Eigenversorgung sind also per Definition **keine Netze** und in dieser Funktion auch **keine Energieversorgungsunternehmen.** Die Regelung des § 3 Nr. 18 EnWG wird allerdings so ausgelegt, dass Betreiber von Kundenanlagen und Kundenanlagen zur betrieblichen Eigenversorgung zwar nicht – als solche – ein Energieversorgungsunternehmen i.S.d. § 3 Nr. 18 EnWG sind. Dies schließt aber nicht aus, dass Betreiber von Kundenanlagen aufgrund anderer Tätigkeiten gem. § 3 Nr. 18 EnWG (z.B. die Lieferung von Energie) ein Energieversorgungsunternehmen darstellen können. Vor der Novelle des EnWG vom 147

28.12.2012 waren Energieversorgungsunternehmen nach dieser Auffassung verpflichtet, die entsprechenden Rechtspflichten gem. § 6b Abs. 1 EnWG, wie die Aufstellung, Prüfung und Offenlegung eines Jahresabschlusses, auszuführen.[153]

148 Aus diesem Grund entstand zunächst eine Diskussion darüber, ob die genannte Auslegung zutreffend ist. Viele Unternehmen, die Kundenanlagen zu industriellen oder gewerblichen Zwecken betreiben, widersprachen dieser Auffassung. Zur Begründung führten sie aus, dass die Rechtspflichten aus § 6b EnWG für Energieversorger im klassischen Sinn festgelegt worden seien. Also für Unternehmen, deren **Hauptzweck** die **Energieversorgung** ist und die in aller Regel Tausende Kunden im Massengeschäft beliefern. Für diese Energieversorgungsunternehmen sollen die Rechtspflichten aus § 6b EnWG sicherstellen, dass gem. § 6 EnWG die **Transparenz** und die **diskriminierungsfreie Ausgestaltung und Abwicklung des Netzbetriebs** gewährleistet ist.

149 Betreiber von Kundenanlagen hingegen geben Energie in den allermeisten Fällen ausschließlich innerhalb der Kundenanlagen an Dritte ab, wobei die Anzahl der mitversorgten Drittkunden meist im einstelligen Bereich liegt. An vielen Standorten werden nur ein oder zwei Kunden mitversorgt, die aus historischen Gründen in der Kundenanlage ansässig oder unmittelbar mit den Produktionsprozessen verbunden sind. Aufgrund solcher Konstellationen als Energieversorgungsunternehmen eingestuft zu werden und die oben angeführten Rechtspflichten ausführen zu müssen, hätte für diese Unternehmen problematisch und zumindest bei ausschließlich interner Lieferung innerhalb der Kundenanlage auch unangemessen sein können.

150 Deshalb sollte die Privilegierung des § 3 Nr. 18 EnWG auch den Fall erfassen, in dem der Betreiber einer Kundenanlage Energie an Dritte abgibt; dies zumindest in dem Fall, in dem die Energie ausschließlich innerhalb der Kundenanlage an Dritte geliefert wird.

151 Ungeachtet der weiteren Argumente, die zu diesem Meinungsstreit von den verschiedenen Seiten angeführt wurden, reagierte der Gesetzgeber in der Sache und änderte § 6b Abs. 1 EnWG in der Novelle, die am 28.12.2012 in Kraft trat. Seither richten sich die Pflichten aus § 6b EnWG nur noch an **vertikal integrierte Energieversorgungsunternehmen.**

152 In der Konsequenz bedeutet das, dass Kundenanlagenbetreiber in ihrer Funktion als Energielieferanten durchaus als **Energieversorgungsunternehmen** gelten. Die Rechtspflichten aus der buchhalterischen Entflechtung gem. § 6b EnWG müssen sie aber nur dann erfüllen, wenn sie als **Energieversorgungsunternehmen** auch **vertikal integriert** sind. Für Betreiber von Kundenanlagen, die an ihrem Standort lediglich Letztverbraucher mitversorgen, ohne mit anderen Gesellschaften, die ebenfalls energiebezogene Tätigkeiten anbieten, verbunden zu sein, sind die Rechtspflichten aus § 6b EnWG damit nicht relevant.

153 Gemeinsames Positionspapier der Regulierungsbehörden der Länder und der Bundesnetzagentur zu geschlossenen Verteilernetzen gem. § 110 EnWG vom 23.2.2012, S. 8 f.

IV. „Unentgeltlichkeit" des Zugangs zu Kundenanlagen

Wie bereits oben erwähnt, ist es für die **Einstufung einer Energieanlage als Kundenanlage** entscheidend, dass sie jedermann zum Zwecke der Belieferung der an sie angeschlossenen Letztverbraucher im Wege der Durchleitung unabhängig von der Wahl der Energielieferanten diskriminierungsfrei und **unentgeltlich** zur Verfügung gestellt wird.[154] Das Merkmal der Unentgeltlichkeit schließt aus, dass der Betreiber oder Eigentümer der Kundenanlage ein gesondertes Netznutzungsentgelt verlangt. 153

Nach Auffassung des Gesetzgebers ist die Unentgeltlichkeit im Regelfall erfüllt, wenn eine Kundenanlage im Rahmen eines **vertraglichen Gesamtpaketes** zur Verfügung gestellt wird. Der Gesetzgeber nennt als Beispiel die Zurverfügungstellung der Kundenanlage (beispielsweise im Rahmen eines Miet- oder Pachtvertrags).[155] Der Betreiber darf jedoch insbesondere vom Energielieferanten kein Netznutzungsentgelt verlangen. 154

Die Regulierungsbehörden verweisen hier ebenfalls auf die Gesetzesbegründung, konkretisieren jedoch die Anforderungen an die Unentgeltlichkeit: Danach ist das Merkmal der Unentgeltlichkeit erfüllt, wenn das Entgelt nicht abhängig von der Nutzung der Kundenanlage ist, insbesondere sich die Höhe des Entgelts nicht nach der Menge der durchgeleiteten Energie richtet.[156] 155

Ein Nutzungsentgelt soll jedoch nach **Auffassung der Regulierungsbehörden** in jedem Falle vorliegen, wenn der Betreiber der Anlage für den Fall der **Drittbelieferung mit Energie einen höheren Miet- oder Pachtzins** verlangt.[157] Ob der Betreiber mit dem Nutzungsentgelt eine **Gewinnerzielungsabsicht** verfolgt oder nicht, ist nach Auffassung der Regulierungsbehörden hingegen unbeachtlich.[158] Auch bei fehlender Gewinnerzielungsabsicht schließt damit ein Nutzungsentgelt die Beurteilung einer Energieanlage als Kundenanlage aus. 156

Davon gesondert besteht die Frage, ob der Betreiber einer Kundenanlage mit dem für die Nutzung der Kundenanlage in Rechnung gestellten Pauschalentgelt einen **Gewinn erzielen darf.** Denn auch wenn nach Auffassung der Regulierungsbehörden für das Vorliegen eines Netznutzungsentgelts unbeachtlich ist, ob eine **Gewinnerzielungsabsicht** vorliegt oder nicht, ist damit nicht die Frage beantwortet, ob mit den für die Nutzung der Kundenanlage in Rechnung gestellten Kosten als Teil eines Gesamtpaketes ein Gewinn erzielt werden darf oder ob im Falle einer Gewinnerzie- 157

---

154 Siehe oben Rn 41 ff.

155 Gesetzesbegründung, BT-Drucks. 17/6072, S. 51.

156 Gemeinsames Positionspapier der Regulierungsbehörden der Länder und der Bundesnetzagentur zu geschlossenen Verteilernetzen gem. § 110 EnWG vom 23.2.2012, S. 7.

157 Gemeinsames Positionspapier der Regulierungsbehörden der Länder und der Bundesnetzagentur zu geschlossenen Verteilernetzen gem. § 110 EnWG vom 23.2.2012, S. 7.

158 Gemeinsames Positionspapier der Regulierungsbehörden der Länder und der Bundesnetzagentur zu geschlossenen Verteilernetzen gem. § 110 EnWG vom 23.2.2012, S. 7.

lung in jedem Fall ein Netznutzungsentgelt vorliegt, unabhängig davon, ob es in Abhängigkeit der Nutzung erhoben wird oder als Pauschalbetrag.

158 Gegen die Zulässigkeit einer Gewinnerzielung spricht im Ergebnis, dass die Kundenanlage nicht reguliert wird. Räumt man dem Betreiber einer Kundenanlage die Möglichkeit ein, einen Gewinn zu erzielen, besteht das Bedürfnis einer Kontrolle, ob der Gewinn und damit letztlich das gesamte Pauschalentgelt angemessen ist. Letztlich besteht in diesem Fall ein vergleichbares **Regulierungsbedürfnis** wie bei einem Netz, sodass kein Grund mehr für eine **Privilegierung der Kundenanlage** gegenüber einem Netz ersichtlich ist. Verfolgt der Betreiber einer Kundenanlage das Ziel, mit der bloßen Nutzung der Anlage zur Stromdurchleitung einen Gewinn zu erzielen, liegt nach alledem wohl keine Kundenanlage vor. Dies entspricht auch der **Rechtsprechung zur alten Rechtslage**, bevor die Kundenanlage gesetzlich normiert war und wonach die Kundenanlage dann zu einem Energieversorgungsnetz werden kann, *„wenn sie kommerziell zur Versorgung Dritter genutzt wird."*[159]

159 Wenn also nach Vorstellung des Gesetzgebers und der Regulierungsbehörden bei der Kundenanlage die Erhebung eines gesonderten Nutzungsentgeltes –unabhängig von seiner Höhe – ausgeschlossen sein soll, stellt sich die Frage, **wie die Kosten, die auch bei dem Betrieb einer Kundenanlage anfallen, auf die Nutzer der Anlage verteilt werden können.**

160 Der Gesetzgeber selbst deutet hier eine Lösung an, indem er die **Möglichkeit eines „vertraglichen Gesamtpaketes"** einräumt. Werden die Kosten, die eine Kundenanlage verursacht, im Rahmen eines vertraglichen Gesamtpaktes in Rechnung gestellt, so dürfte dies also nicht im Widerspruch zu einer Beurteilung der Anlage als Kundenanlage stehen. Leitbild dafür dürfte der **klassische Fall einer Kundenanlage** sein: einem **Hausverteilernetz** in einem klassischen Mietshaus. Auch hier verursachen die Leitungen Kosten, z.B. bei deren **Verlegung** und **Instandhaltung.** Diese Kosten werden aber auch hier nicht gesondert in Rechnung gestellt als Netznutzungsentgelt, sondern sind Teil der Miete. Zu beachten ist dabei aber, dass die Miete nicht so ausgestaltet sein darf, dass sie den Mieter in seiner Entscheidung behindert, von einem dritten Anbieter mit Energie beliefert zu werden. In diesem Fall könnten die Regulierungsbehörden von einer **„prohibitiven Preisgestaltung"** ausgehen, die im Widerspruch zu einer Kundenanlage steht. Entscheidend ist ferner, dass die für die Kundenanlage geltend gemachten Kosten als Teil der Miete und damit die Miete insgesamt nicht abhängig davon sind, **wie viel Energie** durch die Kundenanlage geleitet wird. Anderenfalls würden die Regulierungsbehörden darin ein **Netznutzungsentgelt** erkennen.

161 **Klärungsbedürftig** ist derzeit zudem, ob die Kosten, die für die Kundenanlage anfallen und im Rahmen z.B. eines Mietvertrages dem Nutzer in Rechnung gestellt

---

159 OLG Stuttgart, Beschl. v. 27.5.2010 - 202 EnWG 1/10 - Tz. 42, bestätigt durch den BGH, Beschl. v. 18.10.2011 - EnVR 68/10 -; so ebenfalls *Rüger*, IR 2012, 338, 339 f.

werden, **gesondert ausgewiesen werden dürfen.** Die Frage mutet kurios an, denn für den Nutzer dürfte es in erster Linie relevant sein, ob er Kosten zu tragen hat und erst in zweiter Linie, ob diese Kosten gesondert ausgewiesen werden dürfen. Sind jedoch Kosten für den Betrieb der Kundenanlage entstanden und soll der Nutzer der Kundenanlage daran beteiligt werden, so dürfte es zudem eher in seinem Interesse liegen, die **Höhe dieser Kosten zu kennen,** als nur zu wissen, dass diese Kosten Teil seiner Miete sind, aber nicht die Höhe ihres Anteils. Die Frage ist dennoch von Relevanz. Denn werden im Rahmen eines vertraglichen Gesamtpaketes die Kosten einer Kundenanlage gesondert ausgewiesen, könnten die Regulierungsbehörden zur Einschätzung kommen, dass der Betreiber bzw. Eigentümer der Kundenanlage ein **Nutzungsentgelt** in Rechnung stelle. Die gesonderte Ausweisung von Kosten einer Kundenanlage gegenüber dem Nutzer wird von der BNetzA kritisch gesehen. Darauf deuten zumindest die Ausführungen der BNetzA in dem – mittlerweile für gegenstandslos erklärten – Beschluss zur S-Bahn Berlin hin.[160] Denn auch hier hatte die BNetzA beanstandet, dass die Kosten der Anlage der S-Bahn Berlin gesondert in Rechnung gestellt werden und nicht im Rahmen des Trassennutzungsvertrages.[161]

Die Auffassung, dass die Kosten der Nutzung der Kundenanlage nicht gesondert ausgewiesen werden dürfen, kann jedoch **rechtlich nicht haltbar** sein: Die Kundenanlage ist deshalb von der Regulierung ausgenommen, da kein gesondertes **Netznutzungsentgelt** in Rechnung gestellt wird.[162] Der Begriff des Netznutzungsentgeltes meint jedoch **typischerweise Entgelte, die in Abhängigkeit von der durch das Netz durchgeleiteten Energiemenge** berechnet und üblicherweise dem Energielieferanten in Rechnung gestellt werden.[163] Ein Entgelt, welches **pauschal** die für eine Anlage entstandenen Kosten abbildet und nicht abhängig von dem Grad der Nutzung der Anlage ist, ist bereits begrifflich kein Netz**nutzungs**entgelt. 162

Würde man die gesonderte Ausweisung der Kosten einer Energieanlage als ein Netznutzungsentgelt betrachten, würde dies zudem zu dem paradoxen Ergebnis führen, dass sich die Betreiber der Kundenanlagen für die für den angeschlossenen Verbraucher **intransparente** und damit nachteilhafte Alternative entscheiden und die Kosten der Kundenanlage nicht gesondert ausweisen würden.[164] 163

Die **besseren Gründe** und vor allem die Interessen der an die Kundenanlage angeschlossenen Letztverbraucher sprechen damit grundsätzlich dafür, dass der Betreiber oder Eigentümer einer Kundenanlage die **Kosten der Kundenanlage auch gesondert ausweisen darf.**[165] Gleichwohl ist es nicht ganz ausgeschlossen, dass 164

---

160 BNetzA, Beschl. v. 25.10.2012 - BK6-11-145 - S. 9.

161 BNetzA, Beschl. v. 25.10.2012 - BK6-11-145 - S. 9.

162 Gesetzesbegründung, BT-Drucks. 17/6072, S. 51.

163 So wohl auch *Helmes*, EnWZ 2013, 23, 25.

164 Vgl. auch *Rüger*, IR 2012, 219 mit dem Hinweis, dass Kartellbehörden weitergereichte Anlagekosten als verdeckte Netzentgelte einstufen könnten.

165 So auch Säcker/*Wolf*, § 110 Rn 57.

die Regulierungsbehörden in diesem Fall das Vorliegen eines Netznutzungsentgeltes bejahen könnten. Eine **Klarstellung seitens des Gesetzgebers** wäre hier für die Praxis hilfreich.

! **Praxistipp**
Betreiber einer Kundenanlage dürfen dem Nutzer die Kosten einer Kundenanlage pauschal und unabhängig vom Grad der Nutzung in Rechnung stellen. Die Höhe der in Rechnung gestellten Kosten muss unabhängig davon sein, ob eine Fremdbelieferung mit Energie erfolgt. Wird mit dem Entgelt ein Gewinn erzielt, besteht das Risiko, dass die Regulierungsbehörden darin ein Regulierungsbedürfnis sehen und die Kundenanlage als Netz beurteilen. Ebenfalls sollte auf eine gesonderte Ausweisung des Nutzungsentgeltes verzichtet werden. Es sollte gegenüber dem Nutzer als Teil der Miete oder Pacht der über die Kundenanlage versorgten Einrichtung in Rechnung gestellt werden.

V. Contracting in der Kundenanlage

165 Steht Contracting in einer Infrastruktur dem Status der Kundenanlage entgegen? Der Begriff Contracting ist kein gesetzlich definierter Terminus und wird in der Praxis für **unterschiedliche Contractingkonzepte und Contractingprodukte** verwendet, auf die unten noch näher eingegangen werden soll.

166 Die Kundenanlage zur betrieblichen Eigenversorgung nach § 3 Nr. 24b EnWG hat zur Voraussetzung, dass sie fast ausschließlich dem betriebsnotwendigen Transport von Energie innerhalb des eigenen Unternehmens oder zu verbunden Unternehmen dient. Wenn die gesamte Energiemenge zunächst von einem Contractor genutzt wird, könnte dies dem Wortlaut zur Kundenanlage zur betrieblichen Eigenversorgung nach § 3 Nr. 24a EnWG entgegenstehen. Dies könnte insbesondere dann der Fall sein, wenn tatsächlich ein **Letztverbrauch durch einen Contractor** vorliegt. Insofern ist zunächst zu fragen, in welchen Fällen ein Letztverbrauch durch den Contractor vorliegt.

167 Die Rechtsprechung hat sich mit dieser Frage befasst und einen **Energy Contractor** als Letztverbraucher i.S.v. § 3 Nr. 25 EnWG eingestuft.[166] Dieser hatte die stromverbrauchenden Anlagen seiner Kunden übernommen, sodass die Kunden keinen eigenen Strombedarf mehr hatten, sondern die jeweilige Endleistung in Form von **Wärme**, **Licht**, **Kraft** und **Kälte** von ihm zur Verfügung gestellt bekamen. In der genannten Entscheidung ging es allerdings um die Frage, ob der Contractor zum einen **abgabepflichtig nach EEG und KWKG** und zum anderen **umsatzsteuerpflichtig** ist. Hinsichtlich der hier relevanten Einschätzung, ob eine Kundenanlage vorliegt, geht es hingegen um die Abgrenzung zwischen dem **regulierten** sowie dem **unregulierten Bereich** und damit um eine andere Fragestellung. Diese Differenzierung wurde in den genannten Gerichtsbeschlüssen allerdings nicht vorgenommen.

---

166 OLG Frankfurt, Beschl. v. 13.3.2012 und Beschl. v. 25.4.2012 - 21 U 41/11 -.

In der beschriebenen Fallkonstellation, in der zunächst 100 % der Energie, die durch die Kundenanlage transportiert wird, von dem Contractor gekauft und genutzt wird, bevor der Contractor die Energie in einer anderen Form wieder abgibt, bleibt also festzuhalten, dass der **Contractor auch Letztverbraucher** ist.

Da die gesamte Energie also zunächst von dem Contractor (als Drittem) verbraucht wird, liegt dem Wortlaut nach eine **Kundenanlage zur betrieblichen Eigenversorgung** nach **§ 3 Nr. 24b EnWG** bei diesem Contractingmodell nicht vor; ähnlich auch in den Fällen, in denen ein Contractor in einer Kundenanlage die gesamte von außen gelieferte Energie in Form von Strom oder Gas aufkauft und diese in andere Energieträger, wie Dampf, Wärme, Strom etc. wandelt, um diese Energieträger dann an den Betreiber der Kundenanlage und weitere Letztverbraucher in der Kundenanlage weiter zu verteilen. 168

Allerdings definiert § 3 Nr. 24a EnWG Kundenanlagen als Energieanlagen zur Abgabe von Energie, die für die Sicherstellung eines wirksamen und unverfälschten Wettbewerbs bei der Versorgung mit Elektrizität und Gas unbedeutend sind. Der Umstand, dass in einer Kundenanlage die **Primärenergie** zunächst durch einen Contractor genutzt wird, macht die Kundenanlage nicht bedeutend für die Sicherstellung eines wirksamen und unverfälschten Wettbewerbs. In Konstellationen, in denen ein Letztverbrauch durch den Contractor vorliegt, ist also von einer Kundenanlage nach § 3 Nr. 24a EnWG auszugehen, sofern die weiteren Voraussetzungen der Kundenanlage vorliegen. 169

Darüber hinaus gibt es Contractingmodelle, die auf einem **Pachtmodell** oder auf einer sog. **Lohnverstromung** basieren. Im **Pachtmodell** wird der eigentliche Letztverbraucher, also der Betreiber der Kundenanlage (und eventuell dessen angeschlossene Drittkunden) auch zum Betreiber der Contractinganlage gemacht. In diesem Fall liegt also gar kein Letztverbrauch durch einen Dritten vor. Bei der **Lohnverstromung** wird die Energie vom Betreiber der Kundenanlage an den Contractor geliefert und nach Wandlung in einen anderen Energieträger von diesem auch wieder abgenommen. In diesem Fall liegt also weder eine Energielieferung an den Energiecontractor noch ein Letztverbrauch durch diesen vor. In den beiden genannten Konstellationen ist die Kundenanlage nach **§ 3 Nr. 24b EnWG** also nicht von vorneherein ausgeschlossen, weil ein Contractingmodell in der Anlage betrieben wird. 170

Zusammenfassend ist festzuhalten, dass Contracting in einer Kundenanlage dem Status der Kundenanlage nicht entgegensteht. Je nach Fallkonstellation ist allerdings zu unterscheiden, ob von einer Kundenanlage nach **§ 3 Nr. 24a EnWG** oder einer Kundenanlage zur betrieblichen Eigenversorgung nach **§ 3 Nr. 24b EnWG** auszugehen ist. 171

Kapitel 4
Geschlossene Verteilernetze

A. Tatbestand des § 110 EnWG n.F.

Die Tatbestandsvoraussetzungen für das geschlossene Verteilernetz hat der deutsche Gesetzgeber maßgeblich aufgrund der Entscheidung des **EuGH** in Sachen **„citiworks“** geändert. Da der EuGH die ursprüngliche Ausnahmeregelung des § 110 EnWG als nicht konform mit den Vorgaben der Elektrizitätsbinnenmarktrichtlinie erachtet hatte, wurde eine **Neuregelung des § 110 EnWG** erforderlich.[1] Die Entscheidung des EuGH kann als ursächlich dafür angesehen werden, dass der Gesetzgeber sich bei der Neufassung der Norm diesmal so **eng an den Vorgaben des Art. 28 der Elektrizitätsbinnenmarktrichtlinie orientiert** hat, sodass der **Wortlaut des § 110** EnWG nun nahezu identisch mit dem **Art. 28 Elektrizitätsbinnenmarktrichtlinie** ist. 1

Im Wesentlichen haben sich durch die Neufassung des § 110 EnWG die **Rechtsfolgen** einer Einstufung eines Netzes als geschlossenes Verteilernetz verändert. Nunmehr sind geschlossene Verteilernetze vor allem noch von den Vorschriften zur **ex ante-Entgeltregulierung** ausgenommen. Jedoch finden die Vorgaben zur Zugangsgewährung, dies betrifft z.B. auch die Umsetzung der **GPKE- und MaBiS-Vorgaben**, nunmehr auch auf die geschlossenen Verteilernetze Anwendung.[2] 2

Die Neufassung hat jedoch auch Veränderungen bei den **Tatbestandsvoraussetzungen** zur Folge. Sie sind insgesamt enger gefasst als unter der vorherigen Gesetzeslage. 3

I. Energieversorgungsnetz zur Verteilung von Energie zur Versorgung von Kunden in einem geografisch begrenzten Industrie- und Gewerbegebiet oder in einem Gebiet, in dem Leistungen gemeinsam genutzt werden

Als geschlossene Verteilernetze können zunächst solche Energieversorgungsnetze eingestuft werden, mit denen Energie zum Zwecke der **Ermöglichung der Versorgung von Kunden** in einem **geografisch begrenzten Industrie- oder Gewerbegebiet** oder **in einem Gebiet, in dem Leistungen gemeinsam genutzt werden**, verteilt wird. 4

---

1 EuGH, Urt. v. 22.5.2008 - C-439/06 - „citiworks“; vgl. *Kühling/Pisal*, IR 2009, 74, 77; *Ortlieb/Bier*, N&R 2009, 143; *Schwartz*, RdE 2011, 177; Kap. 1 Rn. 41 ff.

2 Vgl. dazu Rn 104.

1. Energieversorgungsnetz

5 Vom Begriff des Energieversorgungsnetzes sind zunächst alle Elektrizitäts- und Gasversorgungsnetze **über eine oder mehrere Spannungsebenen oder Druckstufen erfasst** mit Ausnahme von Kundenanlagen (vgl. § 3 Nr. 16 EnWG).

6 Diejenigen Netze, die als **Kundenanlagen** zu beurteilen sind, fallen damit von vornherein aus dem Anwendungsbereich des § 110 EnWG heraus. Kundenanlagen und geschlossene Verteilernetze schließen sich demgemäß gegenseitig aus. Ist ein Netz als Kundenanlage zu beurteilen, so kann **keine gleichzeitige Einstufung als geschlossenes Verteilernetz** erfolgen. Möglich ist allerdings, dass eine Anlage, die vormals als Kundenanlage zu beurteilen war, anschließend als geschlossenes Verteilernetz eingestuft wird, wenn die Voraussetzungen einer Kundenanlage nicht mehr vorliegen – und umgekehrt.

2. Gebiet

7 Eine Einstufung des Energieversorgungsnetzes als geschlossenes Verteilernetz erfolgt im Weiteren dann, wenn es der Ermöglichung der Versorgung von Kunden in einem **geografisch begrenzten Industrie- oder Gewerbegebiet** oder einem **Gebiet, in dem Leistungen gemeinsam genutzt werden**, dient.

8 Dieses Merkmal wurde **wörtlich aus Art. 28 der Elektrizitätsbinnenmarktrichtlinie** übernommen. Es weist eine Ähnlichkeit zu der Vorgängerfassung des § 110 Abs. 1 Nr. 1 EnWG sowie zu den Voraussetzungen der Kundenanlage auf, die sich auf einem **„räumlich zusammengehörenden Betriebsgebiet"** befinden muss.[3] Die Gesetzesbegründung zu § 110 EnWG enthält keine Hinweise darauf, wie das Merkmal „geografisch begrenztes Industrie- oder Gewerbegebiet oder Gebiet, in dem Leistungen gemeinsam genutzt werden" auszulegen ist.

9 Die **bisherige Fassung des § 110 EnWG** (*„räumlich zusammengehörendes Betriebsgebiet"*) wurde – ausgehend vom ursprünglichen Begriff des **„Arealnetzes"** – so ausgelegt, dass es sich um ein Gebiet handelt, das aus einem oder mehreren Grundstücken besteht, zu **Wohn- oder gewerblichen Zwecken** genutzt wird und zur Versorgung der im Gebiet bzw. „Areal" ansässigen Letztverbraucher über ein eigenes **Niederspannungs-Verteilernetz** verfügt.[4] Dabei wurde jedoch bereits unter alter Rechtslage und unter Verweis auf die Entstehung der Vorschrift sowie unter Verweis auf die **Europarechtskonformität** darauf hingewiesen, dass der Begriff des Objektnetzes enger auszulegen sei als derjenige des Arealnetzes.[5]

---

3 Vgl. die Fassung des § 110 im EnWG a.F.; zur Kundenanlage vgl. Kapitel 3 Rn 15 ff.

4 Vgl. zur alten Rechtslage: BK-EnR/*Boesche*, 2. Aufl., § 110 EnWG Rn 4 unter Verweis auf BGH RdE 2005, 222 ff.

5 BK-EnR/*Boesche*, 2. Aufl., § 110 EnWG Rn 7 ff.

Nach der Neufassung des § 110 EnWG, die seine Europarechtskonformität nun gewährleisten soll, gibt es für die Auslegung des Begriffs des „geografisch begrenzten Industrie- oder Gewerbegebietes oder einem Gebiet, in dem Leistungen gemeinsam genutzt werden" seitens der Regulierungsbehörden bislang nur **wenige Hinweise.** 10

Nach **Auffassung der Regulierungsbehörden** liegt ein solches Gebiet vor, wenn es im Wesentlichen durch **industrielle oder gewerbliche Nutzung geprägt** ist.[6] Ein Gebiet, in dem Leistungen gemeinsam genutzt werden, ohne dass es sich um ein Industrie- oder Gewerbegebiet handelt, ist dadurch gekennzeichnet, dass Infrastruktur und Dienstleistungen gemeinsam genutzt werden und diese Nutzung über die übliche gemeinsame Nutzung hinausgeht.[7] Verwiesen werden kann dabei auf den **30. Erwägungsgrund** der Elektrizitätsbinnenmarktrichtlinie (bzw. 28. Erwägungsgrund der Gasrichtlinie), in denen als mögliche Beispiele für solche Gebiete **Bahnhofsgebäude, Flughäfen, Krankenhäuser, große Campingplätze sowie Standorte der Chemieindustrie** genannt werden.[8] 11

Sowohl das Industrie- und Gewerbegebiet als auch das Gebiet, in dem Leistungen gemeinsam genutzt werden, müssen ferner **geografisch begrenzt** sein. Das Merkmal der „geografischen Begrenztheit" bezieht sich dabei sowohl auf das Industrie- und Gewerbegebiet als auch auf das Gebiet, in dem Leistungen gemeinsam genutzt werden. Obgleich der Wortlaut der Vorschrift auch eine andere Auslegung erlauben würde, nämlich, dass sich das Merkmal der geografischen Begrenztheit nur auf das Industrie- und Gewerbegebiet bezieht, wird aus der **systematischen Zusammenschau** mit den anderen sprachlichen Fassungen des wörtlich übernommenen Textes aus Art. 28 der Elektrizitätsbinnenmarktrichtlinie deutlich, dass sich das Merkmal auf beide Gebiete bezieht.[9] 12

---

6 Vgl. Gemeinsames Positionspapier der Regulierungsbehörden der Länder und der Bundesnetzagentur zu geschlossenen Verteilernetzen gem. § 110 EnWG vom 23.2.2012, S. 10. Das Positionspapier ist zu finden auf den Internetseiten der BNetzA, abrufbar unter http://www.bundesnetzagentur.de/SharedDocs/Downloads/DE/Sachgebiete/Energie/Unternehmen_Institutionen/Entflechtung KonzessionArealnetze/Arealnetze/LeitfadenGeschlVerteilernetze/LeitfadenGeschlVerteilernetze.pdf?__blob=publicationFile&v=2.

7 Gemeinsames Positionspapier der Regulierungsbehörden der Länder und der Bundesnetzagentur zu geschlossenen Verteilernetzen gem. § 110 EnWG vom 23.2.2012, S. 10.

8 Als Beispiele aus der Praxis sind hier ein großer Teil der Bahnhöfe der Deutschen Bahn AG (u.a. auch die Hauptbahnhöfe in Berlin, Frankfurt, Köln und Leipzig) zu nennen; vgl. zur Rechtslage BK-EnR/*Ruge*/*Klinge*, § 3a EnWG Rn 74 ff.

9 Vgl. z.B. die englische Fassung der RL 2009/72/EG: *„within a geographically confined industrial, commercial or shared services site"* oder die spanische Fassung: *„una zona industrial, comercial o de servicios compartidos reducido desde el punto de vista geografico"*; vgl. auch Gemeinsames Positionspapier der Regulierungsbehörden der Länder und der Bundesnetzagentur zu geschlossenen Verteilernetzen gem. § 110 EnWG vom 23.2.2012, S. 10.

13 Von den Regulierungsbehörden wird für die **geografische Begrenztheit** vorausgesetzt, dass die Netzanlagen auf einem als **Einheit erscheinenden**, räumlich in sich geschlossenem Gelände gelegen sind.[10] Dabei soll eine **rein physikalische Verbindung des Netzes jedoch nicht genügen.**[11] Es muss nicht nur das Netz verbunden sein, sondern auch das Gebiet, welches über das Netz versorgt wird. Dabei soll wiederum eine **rechtliche oder organisatorische Verbindung des Gebietes nicht ausreichen.**[12] Die rechtliche Verbindung ist für die Regulierungsbehörden sogar irrelevant, da sich das Industrie- oder Gewerbegebiet über mehrere Grundstücke mit unterschiedlichen Eigentümern erstrecken könne.[13] Die **eigentumsrechtliche Zuordnung** des Gebietes ist damit nicht entscheidend. Es kommt für die Regulierungsbehörden offenbar – wie bereits bei der Kundenanlage – vielmehr auf das **Erscheinungsbild des Gebietes** an.[14] Dabei kann als **Hilfskriterium** sicherlich die Überlegung angestellt werden, ob es denkbar wäre, um das Gebiet einen **Werkzaun** zu ziehen. Ist das der Fall, wird dies für das Vorliegen eines geografisch begrenzten Gebietes sprechen. Keinesfalls ist es jedoch erforderlich, dass das Gebiet tatsächlich durch physische Barrieren (Zäune, Mauern o.ä.) gekennzeichnet und umgrenzt ist.[15]

14 Zu beachten ist dabei, dass die Einordung des Gebietes als geografisch begrenztes Industrie- oder Gewerbegebiet oder Gebiet, in dem die Leistungen gemeinsam genutzt werden, jedoch nicht deshalb ausgeschlossen ist, weil das Gebiet durch eine **öffentliche Straße** oder einen **Wasserweg** durchschnitten ist, wenn es sich, so die Auffassung der Regulierungsbehörden, trotzdem als objektiv zusammengehörig darstellt.[16]

15 Schon aus dem Begriff „geschlossenes Verteilernetz" folgt, dass das Netz ausschließlich der Versorgung eines geografisch begrenzten Gebietes dienen muss und nicht **andere Nutzer außerhalb des Gebietes** über das Netz versorgt werden dürfen.[17]

---

10 Vgl. Gemeinsames Positionspapier der Regulierungsbehörden der Länder und der Bundesnetzagentur zu geschlossenen Verteilernetzen gem. § 110 EnWG vom 23.2.2012, S. 10.

11 Vgl. Gemeinsames Positionspapier der Regulierungsbehörden der Länder und der Bundesnetzagentur zu geschlossenen Verteilernetzen gem. § 110 EnWG vom 23.2.2012, S. 10.

12 Vgl. Gemeinsames Positionspapier der Regulierungsbehörden der Länder und der Bundesnetzagentur zu geschlossenen Verteilernetzen gem. § 110 EnWG vom 23.2.2012, S. 10.

13 Vgl. Gemeinsames Positionspapier der Regulierungsbehörden der Länder und der Bundesnetzagentur zu geschlossenen Verteilernetzen gem. § 110 EnWG vom 23.2.2012, S. 10.

14 Zur Behördenpraxis bei der Kundenanlage vgl. Kap. 3 Rn 18 ff.

15 Ebenso BK-EnR/*Wolf*, § 110 EnWG Rn 84.

16 Vgl. Gemeinsames Positionspapier der Regulierungsbehörden der Länder und der Bundesnetzagentur zu geschlossenen Verteilernetzen gem. § 110 EnWG vom 23.2.2012, S. 10 unter Verweis auf *Säcker/Wolf*, S. 39.

17 Vgl. dazu auch BK-EnR/*Wolf*, § 110 EnWG Rn 73.

Schließlich kann das Gebiet, welches über das geschlossene Verteilernetz versorgt wird, eine **erhebliche Größe** aufweisen. Nach Ansicht der Regulierungsbehörden kann es jedoch **nicht beliebig groß** sein. So sollen Anlagen, die sich über sehr große Flächen erstrecken, nicht als geschlossene Verteilernetze eingestuft werden können.[18] 16

Gleichwohl ist festzustellen, dass die Formulierung im Gesetz **keine Obergrenze** vorgibt, bei deren Überschreiten ein Industrie- oder Gewerbegebiet nicht mehr als geografisch begrenzt anzusehen ist. Auch die Auslegung durch die Regulierungsbehörden hilft hierbei nicht weiter, da der Begriff der „sehr großen Fläche" denkbar **unbestimmt** ist.[19] Es ist zweifelhaft, ob eine Obergrenze für die Fläche, welche von einem geschlossenen Verteilernetz versorgt wird, auch erforderlich ist. Zwar ist zutreffend, dass jedes Netz geografisch begrenzt ist, sodass die Gefahr bestünde, dass dem Merkmal der „geografischen Begrenztheit keine eigenständige Bedeutung" zukommt, würde die Größe des Gebietes völlig beliebig sein. Auf der anderen Seite gilt die Ausnahmeregelung des § 110 EnWG bereits aufgrund der weiteren Voraussetzungen ohnehin nicht für jedes beliebige Netz, sondern nur für Netze, die **bestimmte Gebiete** versorgen. Diese Gebiete **(Industrie- und Gewerbegebiete)** wiederum sind per se insofern geografisch begrenzt und weisen ohnehin keine beliebige Größe auf. 17

II. Verknüpfung von Tätigkeiten oder Produktionsverfahren aus konkreten technischen oder sicherheitstechnischen Gründen oder Eigenversorgung

1. Verknüpfung von Tätigkeiten oder Produktionsverfahren

Zwei weitere – **alternative** – Voraussetzungen muss das Energieversorgungsnetz erfüllen, damit es als geschlossenes Verteilernetz eingestuft werden kann: Nach der **ersten Alternative** kommt eine Einstufung als geschlossenes Verteilernetz in Betracht, wenn die **Tätigkeiten oder Produktionsverfahren der Anschlussnutzer dieses Netzes aus konkreten technischen oder sicherheitstechnischen Gründen verknüpft** sind. 18

Von einer solchen Verknüpfung von Tätigkeiten oder Produktionsverfahren der Anschlussnutzer ist nach Auffassung der Regulierungsbehörden z.B. dann auszugehen, wenn die Tätigkeiten oder Produktionsverfahren in technischer Hinsicht und im Sinne einer **Wertschöpfungskette** aufeinander aufbauen (Weiterverarbeitung von Stoffen oder aufeinander aufbauende Produktionsstufen) oder wenn seitens der 19

18 Vgl. Gemeinsames Positionspapier der Regulierungsbehörden der Länder und der Bundesnetzagentur zu geschlossenen Verteilernetzen gem. § 110 EnWG vom 23.2.2012, S. 10.

19 Es ist nicht auszuschließen, dass ein Campingplatzbetreiber unter einer „sehr großen Fläche" etwas anderes verstehen wird als der Betreiber eines Industrieparks.

Anschlussnutzer ähnliche Anforderungen an die **technische Qualität des Netzes** bestehen, die **über diejenigen hinausgehen**, die an das **Netz der allgemeinen Versorgung** gestellt werden.[20]

20 Nach **Vorstellung der Regulierungsbehörden** kann eine **konkrete technische Verknüpfung** von Tätigkeiten oder Produktionsverfahren ausdrücklich in folgenden Fällen vorliegen:[21]

- **Abnahme und Weiterverarbeitung** von durch einen Anschlussnehmer erzeugten chemischen Stoffen oder industriellen Produkten durch einen anderen Anschlussnehmer,
- **zentrale Versorgung der Anschlussnehmer** mit industriellen oder chemischen Grundstoffen für ihre Produktion (nicht ausreichend soll hier aber die zentrale Versorgung mit Energie sein)
- die **Nutzung von Abwärme und Stromerzeugung im Produktionsprozess** eines anderen Anschlussnehmers.

21 Das Gebiet muss durch die solcherart verknüpften Tätigkeiten oder Produktionsverfahren **geprägt sein**, was nach Ansicht der Regulierungsbehörden auch dann der Fall ist, wenn die Verknüpfung in Bezug auf einzelne Tätigkeiten oder Produktionsverfahren fehlt.[22] Zu beachten ist allerdings, dass dies seine Grenze nach der Praxis der Regulierungsbehörden dann finden dürfte, wenn eine „mehr als geringfügige" Anzahl von Unternehmen keine Verknüpfung aufweist.[23]

22 Eine Verknüpfung der Tätigkeiten oder Produktionsverfahren aus **konkreten sicherheitstechnischen Gründen** setzt voraus, dass die Anschlussnutzer ähnliche Anforderungen an die **technische Qualität des Netzes** haben, die durch das Netz der allgemeinen Versorgung nicht erfüllt werden. Die Regulierungsbehörden nennen hier z.B. die **Notstromversorgungsfähigkeit**, **Inselbetriebsfähigkeit**, **Schwarzstartfähigkeit, besondere Anforderungen an Überspannungsschutz** u.ä.[24]

---

20 Vgl. Gemeinsames Positionspapier der Regulierungsbehörden der Länder und der Bundesnetzagentur zu geschlossenen Verteilernetzen gem. § 110 EnWG vom 23.2.2012, S. 11 f.

21 Gemeinsames Positionspapier der Regulierungsbehörden der Länder und der Bundesnetzagentur zu geschlossenen Verteilernetzen gem. § 110 EnWG vom 23.2.2012, S. 11 f.

22 Vgl. Gemeinsames Positionspapier der Regulierungsbehörden der Länder und der Bundesnetzagentur zu geschlossenen Verteilernetzen gem. § 110 EnWG vom 23.2.2012, S. 12.

23 Vgl. Gemeinsames Positionspapier der Regulierungsbehörden der Länder und der Bundesnetzagentur zu geschlossenen Verteilernetzen gem. § 110 EnWG vom 23.2.2012, S. 12.

24 Gemeinsames Positionspapier der Regulierungsbehörden der Länder und der Bundesnetzagentur zu geschlossenen Verteilernetzen gem. § 110 EnWG vom 23.2.2012, S. 12.

2. In erster Linie Eigenversorgung

Nach der **zweiten Alternative** kann eine Einstufung als geschlossenes Verteilernetz auch erfolgen, wenn **keine technische oder sicherheitstechnische Verknüpfung** von Tätigkeiten vorliegt, aber **über das Netz in erster Linie eine Eigenversorgung** stattfindet. Diese Alternative dürfte eine große praktische Relevanz für die Betreiber von Netzen entfalten, über welche **Bahnhöfe**, **Flughäfen** oder **Krankenhäuser** versorgt werden. 23

Über ein Netz findet „in erster Linie" eine Eigenversorgung statt, wenn darüber überwiegend der Netzeigentümer oder -betreiber versorgt wird oder mit diesem „verbundene Unternehmen". Wie bereits im Zusammenhang mit der Kundenanlage zur betrieblichen Eigenversorgung erörtert, ist der Begriff des **verbundenen Unternehmens** nach **§ 15 AktG** auszulegen.[25] 24

Eine überwiegende Eigenversorgung liegt dann vor, wenn mehr als 50 % der über das Netz abgegebenen Energiemenge für das eigene oder für verbundene Unternehmen verwendet werden.[26] Diese Grenze lässt sich ohne Weiteres dem Wortlaut der Regelung entnehmen. Sie entspricht im Übrigen auch der Auslegung der Vorgängerregelung, der **bisherigen Objektnetzausnahme** in § 110 EnWG a.F. 25

Damit scheiden Netze, die vor allem der Versorgung von anderen Verbrauchern dienen, die nicht mit dem Betreiber oder Eigentümer des Netzes verbunden sind, aus dem Anwendungsbereich des § 110 EnWG aus. Relevant dürfte dies z.B. für **Einkaufscenter** oder auch **Campingplätze** sein. Obgleich Campingplätze im 30. Erwägungsgrund der Elektrizitätsbinnenmarktrichtlinie (RL 2009/72/EG) als Beispiele für Gebiete angeführt werden, die über geschlossene Verteilernetze versorgt werden, dürften auf diesen in der Regel Verbraucher versorgt werden, die nicht mit dem Betreiber oder Eigentümer des Netzes verbunden sind. 26

III. Keine Versorgung von „Haushaltsletztverbrauchern"

Eine Einstufung eines Energieversorgungsnetzes als geschlossenes Verteilernetz kann gem. § 110 Abs. 2 S. 2 EnWG grundsätzlich nicht erfolgen, wenn **Letztverbraucher über das Netz versorgt werden, die Energie für den Eigenverbrauch im Haushalt** kaufen. Es dürfen mithin keine sog. Haushaltsletztverbraucher über das Netz versorgt werden. 27

25 Siehe oben Kap. 3 Rn 28 ebenso die Auffassung der Regulierungsbehörden, vgl. Gemeinsames Positionspapier der Regulierungsbehörden der Länder und der Bundesnetzagentur zu geschlossenen Verteilernetzen gem. § 110 EnWG vom 23.2.2012, S. 12.

26 Vgl. auch Gemeinsames Positionspapier der Regulierungsbehörden der Länder und der Bundesnetzagentur zu geschlossenen Verteilernetzen gem. § 110 EnWG vom 23.2.2012, S. 13.

28 Der Begriff dieses sog. **Haushaltsletztverbrauchers** ist nicht deckungsgleich mit demjenigen des **„Haushaltskunden"** i.S.d. § 3 Nr. 22 EnWG. Denn nach § 3 Nr. 22 EnWG ist der Begriff des „Haushaltskunden" sehr viel weiter. Davon sind Kunden umfasst, die Energie überwiegend für den Eigenverbrauch im Haushalt kaufen oder für den einen Jahresverbrauch von 10.000 kWh nicht übersteigenden Eigenverbrauch für berufliche, landwirtschaftliche oder gewerbliche Zwecke.

29 Der Haushaltsletztverbraucher bezieht den Strom hingegen **nur für den Verbrauch im eigenen Haushalt**, ohne dass er damit berufliche, landwirtschaftliche oder gewerbliche Zwecke verfolgt. Dadurch, dass § 110 Abs. 2 S. 2 EnWG auf den Haushaltsletztverbraucher abstellt, ist der Anwendungsbereich des § 110 EnWG folglich weiter, als er es wäre, wenn keine Haushaltskunden an das Netz angeschlossen sein dürften. Für die Einstufung eines Energieversorgungsnetzes als geschlossenes Verteilernetz dürfte es damit in der Praxis nur in dem Fall problematisch sein, wenn über das Netz **Privathaushalte, z.B. Wohnungen**, versorgt werden.

30 Dies kann Auswirkungen auf die Einstufung von Netzen haben, die potenziell als geschlossene Verteilernetze in Betracht kommen. Dies kann v.a. Netze betreffen, die der Versorgung von **Campingplätzen** oder **Ferienparks** dienen. Denn über diese Netze werden typischerweise Letztverbraucher mit Energie versorgt, die diese **nicht für gewerbliche Zwecke** nutzen. Eine strenge Auslegung des Begriffs des Haushaltsletztverbrauchers würde damit zur Folge haben, dass solche Netze grundsätzlich nicht als geschlossene Verteilernetze eingestuft werden könnten. Vor dem Hintergrund dessen, dass z.B. Campingplätze jedoch ausdrücklich in der **Elektrizitätsbinnenmarktrichtlinie** als Beispiel für geschlossene Verteilernetze genannt werden, würde eine derartige Auslegung des Begriffs des Haushaltsletztverbrauchers im Widerspruch zur Elektrizitätsbinnenmarktrichtlinie stehen.[27]

31 Dies spricht dafür, § 110 EnWG richtlinienkonform auszulegen und den **Widerspruch zur Elektrizitätsbinnenmarktrichtlinie** aufzulösen. Danach wäre der richtlinienkonforme Anknüpfungspunkt für den Bezug von „Energie für den Eigenverbrauch im Haushalt" bei Campingplätzen und Ferienparks nicht der Letztverbraucher, der vorübergehend Energie für den Haushalt über das Netz bezieht, sondern **der Betreiber oder Eigentümer des Netzes**, der über das Netz Energie bezieht, um seine Leistungen – Nutzungsgewährung einer an das Stromnetz angeschlossenen Fläche für einen begrenzten Zeitraum – anzubieten. Dergestalt könnte auch in diesen Konstellationen das Vorliegen eines geschlossenen Verteilernetzes nach § 110 Abs. 2 Nr. 2 EnWG bejaht werden. Es ist allerdings offen, ob die Regulierungsbehörden sich einer solchen Bewertung anschließen würden.

27 Vgl. den 30. Erwägungsgrund der Elektrizitätsbinnenmarktrichtlinie 2009/72/EG; vgl. auch BK-EnR/*Wolf*, § 110 EnWG Rn 127.

IV. Geringe Anzahl von Haushaltsletztverbrauchern mit Beschäftigungsverhältnis oder vergleichbarer Beziehung zum Eigentümer oder Betreiber

Die Vorschrift des § 110 Abs. 2 S. 2 EnWG enthält eine **Rückausnahme**, nach der eine 32
Versorgung von Haushaltsletztverbrauchern mit dem Status als geschlossenes Verteilernetz vereinbar ist, wenn über das Netz eine **geringe Zahl von Letztverbrauchern** versorgt wird, die **ein Beschäftigungsverhältnis oder eine vergleichbare Beziehung zum Eigentümer** unterhalten. Damit ist es für eine Einstufung als geschlossenes Verteilernetz z.B. unproblematisch, wenn über das Netz in geringem Umfang **Werkswohnungen** (z.B. bei Industrieparks) o.ä. versorgt werden und die darin versorgten Letztverbraucher eine „geringe Zahl" nicht übersteigen.

1. „Geringe Anzahl"

Der Begriff der „geringen Anzahl" ist weder im Gesetz definiert, noch ist der Gesetzes- 33
begründung zu entnehmen, ab welcher Grenze **nicht mehr** von einer geringen Anzahl von Haushaltsletztverbrauchern gesprochen werden kann. Die Regulierungsbehörden stellen unter Verweis auf den Wortlaut des § 110 Abs. 2 S. 2 EnWG auf die **(absolute) Anzahl** der angeschlossenen Haushalte ab, nicht hingegen auf das Verhältnis der an diese verteilten Energie zu der insgesamt über das Netz verteilten Energie.[28] Eine geringe Anzahl von Haushaltsletztverbrauchern soll danach nicht mehr gegeben sein, wenn mehr als **20 Haushalte** über das Netz versorgt werden.[29] Da diese Zahl jedoch gesetzlich nicht verankert ist, ist auch bei einer darüber liegenden Anzahl an Haushalten die Einstufung als geschlossenes Verteilernetz grundsätzlich nicht ausgeschlossen. Da sich die Regulierungsbehörden jedoch auf eine Grenze von 20 Haushalten festgelegt haben, ist bei einer darüber liegenden Anzahl an Haushalten von einem gewissen **Risiko** auszugehen, dass dem Antrag auf Einstufung als geschlossenes Verteilernetz vonseiten der Regulierungsbehörden nicht stattgegeben wird.

2. Beschäftigungsverhältnis oder vergleichbare Beziehung zum Netzeigentümer oder -betreiber

Die Haushaltsletztverbraucher müssen ein „Beschäftigungsverhältnis oder eine 34
vergleichbare Beziehung" zum Netzeigentümer oder -betreiber aufweisen. Als ein

---

28 Gemeinsames Positionspapier der Regulierungsbehörden der Länder und der Bundesnetzagentur zu geschlossenen Verteilernetzen gem. § 110 EnWG vom 23.2.2012, S. 13.

29 Gemeinsames Positionspapier der Regulierungsbehörden der Länder und der Bundesnetzagentur zu geschlossenen Verteilernetzen gem. § 110 EnWG vom 23.2.2012, S. 13.

„Beschäftigungsverhältnis" lässt sich zunächst eine abhängige Beschäftigung im Sinne eines **Arbeitsvertrages i.S.d. § 611 BGB** einordnen.[30]

35 Zur Auslegung des Begriffs des Beschäftigungsverhältnisses kann ebenfalls **§ 7 SGB IV** herangezogen werden. Nach § 7 Abs. 1 SGB IV ist Beschäftigung die *„nichtselbständige Arbeit, insbesondere in einem Arbeitsverhältnis"*. Nach § 7 Abs. 2 SGB IV gilt als Beschäftigung auch der *„Erwerb beruflicher Kenntnisse, Fertigkeiten oder Erfahrungen im Rahmen der betrieblichen Berufsbildung"*.

36 Danach gehören zunächst die beim Netzeigentümer oder -betreiber **angestellten Personen**, auch **Auszubildende** oder **Werksstudenten**, zu den möglichen Haushaltsletztverbrauchern i.S.d. § 110 Abs. 2 S. 2 EnWG. Offen bleibt, wann eine mit einem Beschäftigungsverhältnis „vergleichbare Beziehung" zum Netzeigentümer oder Netzbetreiber vorliegt. Nach Auffassung der Regulierungsbehörden soll eine solche bei anderen rechtlichen Beziehungen gegeben sein, die ein **ähnlich starkes Abhängigkeitsverhältnis zum Vertragspartner** begründen.[31] Dazu gehört nach Auffassung der Regulierungsbehörden z.B. auch die Fortsetzung des Beschäftigungsverhältnisses durch ein sog. **Pensionärsverhältnis.**[32] Ebenfalls dürften dazu aber auch Personen zu zählen sein, die zwar nicht Angestellte des Netzeigentümers oder -betreibers sind, jedoch für diesen in anderer Weise tätig sind, z.B. im Rahmen von **Zeitarbeit** oder als **Werkunternehmer**. Hier wird jedoch eine **Bewertung des Einzelfalls** erforderlich sein, inwieweit auch in diesen Fällen ein Abhängigkeitsverhältnis vom Netzeigentümer oder -betreiber besteht, dass von einer „vergleichbaren Beziehung" auszugehen ist. Es ist ebenfalls anzunehmen, dass diese Fälle in der Praxis auch nur eine untergeordnete Bedeutung haben.

37 Von der Ausnahme nach § 110 Abs. 2. S. 2 EnWG dürften in der Praxis vor allem **Werkswohnungen** umfasst sein, die von beim Netzeigentümer oder -betreiber Beschäftigten oder ehemaligen Beschäftigten, die sich im Ruhestand befinden, bewohnt werden. Umfasst sein dürften ebenfalls **alle weiteren Personen**, die zu dem Haushalt des Haushaltsletztverbrauchers gehören, z.B. seine Angehörigen.

38 Es dürfte für die Einstufung als geschlossenes Verteilernetz ebenfalls ausreichen, dass das **Beschäftigungsverhältnis** der Haushaltsletztverbraucher mit einem mit dem Netzeigentümer oder -betreiber **konzernmäßig verbundenen Unternehmen** besteht. Denn aufgrund der regelmäßig bestehenden Einflussnahmemöglichkeiten innerhalb von konzernmäßig verbundenen Unternehmen dürfte ein Haushaltsletztverbraucher, der bei einem mit dem Netzeigentümer oder -betrei-

---

30 So auch die Regulierungsbehörden, Gemeinsames Positionspapier der Regulierungsbehörden der Länder und der Bundesnetzagentur zu geschlossenen Verteilernetzen gem. § 110 EnWG vom 23.2.2012, S. 13.

31 Gemeinsames Positionspapier der Regulierungsbehörden der Länder und der Bundesnetzagentur zu geschlossenen Verteilernetzen gem. § 110 EnWG vom 23.2.2012, S. 14.

32 Gemeinsames Positionspapier der Regulierungsbehörden der Länder und der Bundesnetzagentur zu geschlossenen Verteilernetzen gem. § 110 EnWG vom 23.2.2012, S. 14.

ber verbundenen Unternehmen beschäftigt ist, regelmäßig in einer vergleichbaren Beziehung zu dem Netzeigentümer oder -betreiber stehen wie eine Person, die direkt dort beschäftigt ist. Auch hierbei wird es aber auf die konkrete Beurteilung im Einzelfall ankommen.

In der Praxis problematisch kann die Einstufung von Energieversorgungsnetzen als geschlossene Verteilernetze in denjenigen Fällen sein, in welchen – z.B. aus **historischen Gründen** – Haushalte an das Netz angeschlossen sind, in denen in der **Vergangenheit** Werks- oder Betriebsangehörige gewohnt haben, nunmehr aber die Bewohner ein entsprechendes Verhältnis zum Netzbetreiber/Netzeigentümer nicht mehr aufweisen. In denjenigen Fällen, in denen die Anzahl dieser an das Netz angeschlossenen Haushalte **marginal** ist, erscheint es interessengerecht, die Einstufung eines geschlossenen Verteilernetzes daran nicht scheitern zu lassen. Insbesondere deshalb, da die angeschlossenen Netznutzer nach § 110 Abs. 4 EnWG jederzeit die Möglichkeit haben, die Netzentgelte überprüfen zu lassen und somit nicht schutzlos gestellt sind. Es ist jedoch nicht ausgeschlossen, dass die **Regulierungsbehörden** in diesen Fällen sich hier **eng am Wortlaut des § 110 Abs. 2 EnWG** orientieren werden und die Einstufung als geschlossenes Verteilernetz in diesen Fällen kritisch sehen. 39

Eine mögliche **Lösung** kann in diesen Fällen darin bestehen, die betroffenen Haushalte von der Versorgung durch das geschlossene Verteilernetz **abzukoppeln** und einen Anschluss an das öffentliche Netz zu ermöglichen. Es wird hier jedoch im Einzelfall abzuwägen sein, ob dies **wirtschaftlich sinnvoll** ist. 40

V. Vergleich zwischen § 110 EnWG n.F. und der früheren Objektnetzausnahme

1. Verknüpfung von Tätigkeiten aus technischen und sicherheitstechnischen Gründen und gemeinsamer übergeordneter Geschäftszweck

Durch die Neufassung des § 110 EnWG haben sich zunächst die **Voraussetzungen**, unter denen ein Energieversorgungsnetz als geschlossenes Verteilernetz eingestuft werden kann, verändert. Die bisherige Regelung des § 110 Abs. 1 EnWG a.F. sah folgende **drei Alternativen** vor, nach denen bei Vorliegen ihrer Voraussetzungen eine Einstufung als geschlossenes Verteilernetz erfolgte: 41

- **1. Alternative:** Es musste sich bei dem Netz entweder um ein Energieversorgungsnetz auf räumlich zusammengehörendem Betriebsgebiet handeln, welches überwiegend dem Transport von Energie innerhalb des eigenen Unternehmens oder zu verbundenen Unternehmen dient; oder
- **2. Alternative:** Es musste sich um ein Energieversorgungsnetz auf räumlich zusammengehörendem privaten Gebiet handeln, welches dem Netzbetreiber oder einem Beauftragten dazu dient, durch einen gemeinsamen übergeordneten Geschäftszweck bestimmbare Letztverbraucher mit Energie zu versorgen. Der Geschäftszweck musste dabei über reine Vermietungs- und Verpachtungsverhältnisse hinausgehen und hätte durch die Anwendung der EnWG-Bestimmungen,

von denen die Objektnetze ausgenommen sein sollten, „unzumutbar erschwert" sein müssen; oder
- **3. Alternative:** Es musste sich um ein Energieversorgungsnetz auf einem räumlich eng zusammengehörenden Gebiet handeln, welches überwiegend der Eigenversorgung dient.

42 Nach der **„citiworks-Entscheidung"** des EuGH war die ursprüngliche Fassung des § 110 EnWG faktisch nicht mehr anwendbar auf Netze, über die überwiegend Energie innerhalb des eigenen Unternehmens oder an verbundene Unternehmen verteilt wird. Solche Netze konnten demgemäß nicht mehr als Objektnetze eingestuft werden. Durch die Neufassung ist § 110 EnWG – freilich mit **anderen Rechtsfolgen als die Objektnetzausnahme im EnWG a.F.** – wieder auf diese Netze anwendbar, sodass diese Netze nunmehr als geschlossene Verteilernetze eingestuft werden können.

43 Wie bislang auch ist es erforderlich, dass über das Netz **über 50 % der Energie** an das eigene oder verbundene Unternehmen verteilt werden. Wird diese Hürde nicht erreicht, so kann heute nur dann eine Einstufung als geschlossenes Verteilernetz erreicht werden, wenn die Tätigkeiten oder Produktionsverfahren der Anschlussnutzer aus „konkreten technischen oder sicherheitstechnischen" Gründen verknüpft sind. Dies stellt eine **Verschärfung der Anforderungen an die Einstufung von Netzen als geschlossenes Verteilernetz** dar, über welche weniger als 50 % der abgegebenen Energie an eigene oder verbundene Unternehmen abgegeben werden.

44 Bisher kam es bei diesen Netzen darauf an, dass die Voraussetzungen nach § 110 Abs. 1 Nr. 2 EnWG a.F. vorlagen. Bei den über das Netz versorgten Unternehmen musste also zunächst ein **gemeinsamer übergeordneter Geschäftszweck** vorliegen, der über **reine Vermietungs- und Verpachtungsverhältnisse** hinausgeht. Hier war es äußerst umstritten, bei welchen Gebieten ein solcher gemeinsamer übergeordneter Geschäftszweck von Unternehmen zu bejahen war. Ein solcher Geschäftszweck wurde z.B. dann bejaht, wenn zwischen den über das Netz versorgten Unternehmen eine **starke Abhängigkeit** der einzelnen Gewerbeeinheiten durch **intensive Liefer- oder Geschäftsbeziehungen untereinander** bestand.[33] Dabei sollte Voraussetzung sein, dass die Intensität der Zusammenarbeit der einzelnen Einheiten und die **Abhängigkeit der Produktionsschritte** derjenigen eines verbundenen Unternehmens vergleichbar sind oder dass die Unternehmen in einer **vertikalen Abhängigkeit** zueinanderstehen.[34] Ein gemeinsamer übergeordneter Geschäftszweck wurde daneben auch als die Bereitstellung eines **nutzbaren Unternehmensstandortes** mithilfe eines umfangreichen Dienstleistungspakets mit dem Ziel, dass mehrere Einzelunternehmen an diesem Standort ein wirtschaftliches Gesamtgebilde formen, definiert.[35]

---

33 Vgl. zur alten Rechtslage: BK-EnR/*Boesche*, 2. Aufl., § 110 EnWG Rn 20.
34 Vgl. BK-EnR/*Boesche*, 2. Aufl., § 110 EnWG Rn 20.
35 *Reimann/Birkenmaier*, RdE 2006, 230, 235.

Bei **Bahnhöfen** und **Flughäfen** wurde vereinzelt bezweifelt, ob ein gemeinsamer übergeordneter Geschäftszweck vorliege.[36] Nach einer Auffassung sollte bei Bahnhöfen und Flughäfen ein solcher Geschäftszweck nicht gegeben sein, da die auf dem jeweiligen Gelände angesiedelten Geschäfte überwiegend nicht einem gemeinsamen Zweck dienen, sondern davon **unabhängige Interessen wie den Verkauf von Produkten** verfolgen sollen.[37] Nach der Gegenauffassung wurde sowohl bei Bahnhöfen als auch bei Flughäfen ein gemeinsamer übergeordneter Geschäftszweck von den dort angesiedelten Unternehmen (und dem Netzbetreiber) gerade in der **Versorgung von Reisenden** erkannt.[38] 45

Dieser Streit muss mit der **Neufassung des § 110 EnWG** nicht mehr entschieden werden: Erreicht das infrage kommende Netz nicht die Hürde von über 50 %iger Eigenversorgung (oder Versorgung verbundener Unternehmen), so kommt es darauf an, dass eine „konkrete technische oder sicherheitstechnische Verknüpfung" der Tätigkeiten oder Produktionsverfahren der Anschlussnutzer dieses Netzes vorliegt. 46

Diese Anforderung unterscheidet sich von dem bisher enthaltenen „gemeinsamen übergeordneten Geschäftszweck". Es kommt nicht mehr auf die – notwendigerweise **subjektive** – **Einordnung** des Zweckes an, den die Anschlussnutzer mit ihren Unternehmen verfolgen. Es zählt nun vielmehr, dass die Tätigkeiten technisch verknüpft sind oder dass aus Sicherheitsgründen besondere Anforderungen an das Netz zu stellen sind, sodass eine sicherheitstechnische Verknüpfung bejaht werden kann. 47

Die Frage des Verhältnisses des neuen Kriteriums „konkrete technische Verknüpfung von Tätigkeiten und Produktionsverfahren" zu dem alten Kriterium „gemeinsamer übergeordneter Geschäftszweck" ist jedoch insofern von **Relevanz**, um beurteilen zu können, ob die geschlossenen Verteilernetze, die bislang unter die Objektnetzausnahme fielen, auch weiterhin als geschlossene Verteilernetze eingestuft werden können. 48

Dies wird **nicht zwingend** der Fall sein. Denn eine konkrete Verknüpfung von Tätigkeiten und Produktionsverfahren aus **technischen Gründen** muss auch bei einem „gemeinsamen übergeordneten Geschäftszweck" nicht notwendigerweise vorliegen. Dies muss auch dann nicht der Fall sein, wenn der „gemeinsame übergeordnete Geschäftszweck" darin besteht, dass die über das in Rede stehende Netz versorgte Anschlussnutzer in **intensiven Geschäfts- und Lieferbeziehungen** zueinanderstehen. Denn trotz enger Geschäfts- und Lieferbeziehungen- und damit ggf. einer engen Verknüpfung von Tätigkeiten aus **wirtschaftlichen Gründen** muss nicht zwingend eine Verknüpfung von Tätigkeiten oder Produktionsverfahren aus **technischen Gründen** vorliegen. Auch wenn dies in der Praxis, z.B. in **Industrieparks**, häufig der 49

---

36 BK-EnR/*Boesche*, 2. Aufl., § 110 EnWG Rn 21 ff.

37 So BK-EnR/*Boesche*, 2. Aufl., § 110 EnWG Rn 21 ff.; in Bezug auf den Flughafen Leipzig/Halle ebenso das LG Leipzig, Urt. v. 16.2.2006 - 05 O 4702/05 -.

38 So *de Wyl/Becker*, ZNER 2006, 101 ff., 108.

Fall sein wird, da hier der gemeinsam verfolgte wirtschaftliche Geschäftszweck häufig Ausdruck der Verknüpfung der Tätigkeiten aus technischen Gründen ist, indem die Produktionsschritte durch verschiedene Anschlussnutzer aufeinander aufbauen.

50 Auch wenn die über das Netz versorgten Anschlussnutzer – ohne dass es einer Verknüpfung aus technischen Gründen bedarf – lediglich den gemeinsamen Zweck verfolgen, **Dienstleistungen oder Produkte gegenüber Dritten anzubieten**, dürfte eine Verknüpfung aus technischen Gründen i.S.d. § 110 Abs. 2 Nr. 1 EnWG in der Regel nicht vorliegen.

51 Davon unabhängig kann aber auch in diesen Fällen eine Verknüpfung aus sicherheitstechnischen Gründen vorliegen. Denn hier haben die Anschlussnutzer lediglich ähnliche Anforderungen an die **technische Qualität des Netzes**, die durch das Netz der allgemeinen Versorgung nicht erfüllt werden.

52 Gerade bei **Flughäfen** und **Krankenhäusern** kann aus den technischen Gegebenheiten des Netzes eine **sicherheitstechnische Verknüpfung** der Tätigkeiten der verschiedenen Anschlussnutzer zu bejahen sein. Auch bei **Industrieparks** kommt eine solche Möglichkeit, je nach den technischen Gegebenheiten, in Betracht. In diesen Fällen kommt es nicht mehr darauf an, dass eine Verknüpfung der Tätigkeiten oder Produktion aus technischen Gründen vorliegt.

! **Praxistipp**
Bei **denjenigen Verteilernetzen, die nicht in erster Linie der Eigenversorgung dienen,** kommt es anstelle eines „übergeordneten Geschäftszwecks" auf die Verknüpfung der Tätigkeiten der Nutzer aus technischen oder sicherheitstechnischen Gründen an. Dies ist dann der Fall, wenn die Tätigkeiten der Nutzer **technisch oder produktiv aufeinander aufbauen** oder **besondere Anforderungen an die Netzsicherheit** existieren.

---

2. Personelle, technische und wirtschaftliche Leistungsfähigkeit

53 Anders als in der derzeitigen Fassung des § 110 EnWG war in der bisherigen Objektnetzausnahme in § 110 Abs. 1 EnWG a.F. Voraussetzung für eine Einstufung als **Objektnetz**, dass der Betreiber oder sein Beauftragter die personelle, technische und wirtschaftliche Leistungsfähigkeit besitzt, um den Netzbetrieb entsprechend den Vorschriften dieses Gesetzes zu gewährleisten. Diese Voraussetzung entsprach auch bislang überwiegend derjenigen Anforderung an den Betreiber eines Energieversorgungsnetzes in **§ 4 Abs. 2 EnWG** mit dem Unterschied, dass der Betreiber eines Objektnetzes **keine Zuverlässigkeit** aufweisen musste. Der Grund für diese „Privilegierung" war nicht ersichtlich.[39]

54 Die genannte Formulierung ist nun in § 110 EnWG **ersatzlos** weggefallen, sodass auch für den Betreiber von geschlossenen Verteilernetzen als Betreiber eines Ener-

---

39 Vgl. nur Danner/Theobald/*Theobald*, § 110 EnWG Rn 58; siehe zu den Anforderungen auch *Reimann/Birkenmaier*, RdE 2006, 234.

gieversorgungsnetzes nunmehr die Regelung in **§ 4 Abs. 2 EnWG** gilt, nach der der Betreiber personell, technisch und wirtschaftlich leistungsfähig und zuverlässig sein muss, um den Netzbetrieb entsprechend den Vorschriften dieses Gesetzes auf Dauer zu gewährleisten.

Praxistipp **!**
Insgesamt sind die Anforderungen an die Einstufung als geschlossenes Verteilernetz **höher** geworden als unter Geltung des bisherigen § 110 EnWG, zumindest in denjenigen Fällen, in denen das Netz nicht der überwiegenden Eigenversorgung (nun: „in erster Linie“ Eigenversorgung) dient. Zugleich sind die Rechtsfolgen der Einstufung, wie unten aufgezeigt werden wird, bei Weitem **nicht mehr mit vergleichbaren Vorteilen** für den Betreiber wie unter Geltung des § 110 EnWG a.F. verbunden.[40]

VI. Folgen der Neufassung der Merkmale der geschlossenen Verteilernetze für die Praxis

Da durch die Neufassung des § 110 EnWG der Anwendungsbereich der Norm grundsätzlich enger geworden ist,[41] stellt sich für die Betreiber von Netzen, die **bis 2011** als **Objektnetze** einzuordnen waren, damit die Frage, ob die von ihnen betriebenen Netze noch unter die Ausnahme des § 110 EnWG fallen. Betroffen davon dürften in der Praxis z.B. die bislang klassischerweise als Objektnetze einzuordnenden Energieversorgungsnetze zur Versorgung von Flughäfen, Industrieparks und Bahnhöfen, aber auch diejenigen von Krankenhäusern, Einkaufscentern und Ferienparks sein, die auch als Fallbeispiele in der **Elektrizitätsbinnenmarktrichtlinie** genannt werden.[42] Hier wird in **jedem Einzelfall** zu prüfen sein, ob die Voraussetzungen für die Einstufung als geschlossenes Verteilernetz vorliegen.[43] 55

Die **Regulierungsbehörden** weisen ausdrücklich darauf hin, dass die Elektrizitätsbinnenmarktrichtlinie zwar eine Auslegung des § 110 EnWG ausschließt, die eine Einstufung von Netzen in den dort erwähnten Fallbeispielen rechtlich oder praktisch unmöglich machen würden, sie gebiete es aber nicht, dass diese Anlagen immer als geschlossene Verteilernetze einzustufen seien.[44] Ob bei diesen Netzen typischerweise immer noch von geschlossenen Verteilernetzen auszugehen sein wird, soll folgende **Übersicht** zeigen. Es ist allerdings darauf hinzuweisen, dass die Übersicht nur eine **Typisierung/den Regelfall** darstellt. Jeder Einzelfall kann aufgrund **besonderer Merkmale** ganz unterschiedlich zu beurteilen sein. 56

---

40 Zu den Rechtsfolgen einer Einstufung als geschlossenes Verteilernetz siehe unten Rn 57 ff.
41 Vgl. oben Rn 1 ff.
42 Vgl. dazu auch den 30. Erwägungsgrund der Elektrizitätsbinnenmarktrichtlinie 2009/72/EG.
43 Vgl. zu der Rechtslage bei Bahnhofsnetzen BK-EnR/*Ruge*/*Klinge*, § 3a EnWG Rn 74 ff.
44 Gemeinsames Positionspapier der Regulierungsbehörden der Länder und der Bundesnetzagentur zu geschlossenen Verteilernetzen gem. § 110 EnWG vom 23.2.2012, S. 11.

Tabelle: Fallbeispiele für geschlossene Verteilernetze

„Typisches Objektnetz“	Geografisch begrenztes Gebiet?	Verknüpfung von Tätigkeiten oder Verfahren/Eigenversorgung?	Keine Haushaltsletztverbraucher
Flughafen	(+)	(+)/(-), i.d.R. sicherheitstechnische Verknüpfung	(+)
Industriepark	(+), zwar vereinzelt von öffentlichen Straßen durchzogen, dennoch Einstufung als geografisch begrenzt	(+/-), Einzelfallbetrachtung maßgeblich: (+), wenn Tätigkeiten Wertschöpfungskette bilden (+), wenn Eigenversorgung	(+)
Bahnhof	(+)	(+), da i.d.R. in erster Linie Eigenversorgung	(+), da i.d.R. keine Haushaltsletztverbraucher
Krankenhaus	(+), zwar vereinzelt von öffentlichen Straßen durchzogen, dennoch Einstufung als geografisch begrenzt	(+)	(+)
Einkaufscenter	(+)	(+/-) i.d.R. keine (sicherheits-) technische Verknüpfung von Tätigkeiten Eigenversorgung abhängig vom Betreiberkonzept Mögliche Alternative: Kundenanlage	(+)
Hafen	(+)	(+/-) i.d.R. eher keine (sicherheits-) technische Verknüpfung von Tätigkeiten Mögliche Alternative: Kundenanlage	(+)
Campingplatz	(+)	Eher (-) Mögliche Alternative: Kundenanlage	(-)

B. Rechtsfolgen der Einordnung als geschlossenes Verteilernetz

I. Überblick

Da geschlossene Verteilernetze ein Unterfall der Verteilernetze sind, gelten für die geschlossenen Verteilernetze grundsätzlich alle Regelungen im EnWG und in den Verordnungen, die auch für die Verteilernetze der allgemeinen Versorgung gelten. Lediglich die enumerativ aufgeführten Ausnahmen, wie in Tabelle 1[45] dargestellt und erläutert, müssen auf geschlossene Verteilernetze nicht angewandt werden. Das bedeutet für die Betreiber von geschlossenen Verteilernetzen, dass sie neben einer **Genehmigung für die Aufnahme des Netzbetriebs gem. § 4 Abs. 1 EnWG** folgende Verpflichtungen zu erfüllen haben: 57

Verpflichtungen	Gesetzliche Regelungen
Buchhalterische und informationelle Entflechtung im Rahmen des Netzbetriebs	§§ 6 ff. EnWG
Gewährung des Netzanschlusses für Dritte	§ 17 EnWG
Gewährung des Netzzugangs	§§ 20 ff. EnWG in Verbindung mit der StromNZV bzw. der GasNZV sowie den Festlegungen der BNetzA (für Strom: GPKE, MaBiS; für Gas: Geli Gas und Gabi Gas sowie für beide Medien WiM) Des Weiteren haben Unternehmen im Gasbereich die „Kooperationsvereinbarung zwischen den Betreibern von in Deutschland gelegenen Gasversorgungsnetzen" – KoV VI – in der am 1.10.2013 in Kraft getretenen Fassung aktiv zu berücksichtigen.
Kalkulation und Ausweisung von Netzentgelten	§ 21 in Verbindung mit der StromNEV bzw. der GasNEV (die Anreizregulierungsverordnung findet wegen der ausdrücklichen Ausnahme von § 21a EnWG keine Anwendung).
	Laut § 27 StromNEV bzw. GasNEV sind die Netzentgelte zu **veröffentlichen**, d.h. auf der ggf. extra dafür einzurichtenden **eigenen Internetseite** bekanntzugeben und auf Nachfrage allen Interessenten unverzüglich in Textform zur Verfügung zu stellen.
	Netzentgelte in geschlossenen Verteilernetzen **müssen nicht vorab genehmigt** werden. Auch dies folgt aus der ausdrücklichen Ausnahme in § 110 Abs. 1 EnWG

45 Siehe Kap. 1 Rn 6.

58 Durch die Notwendigkeit, die zuvor dargestellten umfangreichen Verpflichtungen des Energiewirtschaftsrechts anwenden zu müssen, ist der Charme des § 110 EnWG gegenüber der früheren Objektnetze-Regelung, die alle Objektnetze nicht dem EnWG unterwarf, deutlich geringer geworden. Andererseits können die genannten Verpflichtungen gerade für eine geringe Anzahl von Netzkunden sehr gut durch externe Dienstleister erbracht werden. Gestaltungsmöglichkeiten sind allerdings auch dann nur sehr eingeschränkt nutzbar; und auch nur unter behördlicher Überwachung. In praktischer Hinsicht kann sich daher für einen Betreiber eines solchen Standortes immer die Frage stellen, ob es nicht einfacher ist, gleich ein Netz der allgemeinen Versorgung zu werden.

! **Praxistipps**

Prüfen Sie Ihre Optionen!

- Bringen die wenigen Ausnahmen als geschlossenes Verteilernetz mehr Vorteile oder Nachteile in der tatsächlichen Abwicklung an Ihrem konkreten Standort?
- Können Dienstleister Ihre Netzverpflichtungen besser als geschlossenes Verteilernetz oder besser als Netz der allgemeinen Versorgung übernehmen?
- Macht es möglicherweise sogar Sinn, das eigene Netz gänzlich einem Dritten (als Betreiber oder zu Eigentum) zu überlassen?
- Können Änderungen in der Netzstruktur wie Abspaltung bestimmter Bereiche – beispielsweise auch in Kooperation mit Ihrem nächstgelegenen oder benachbarten Netzbetreiber – das Problem, Netzbetreiber zu sein, ganz generell beseitigen, weil stattdessen eine oder mehrere Kundenanlagen entstehen?

II. Anzeige und Genehmigung des Netzbetriebs[46]

1. § 4 – Genehmigung:

59 Nach § 4 EnWG bedarf die **Aufnahme** des Netzbetriebs der Genehmigung durch die nach Landesrecht zuständige Behörde (das ist die Energieaufsichtsbehörde, die entweder beim Wirtschaftsministerium, beim Energieministerium oder beim Umweltministerium des Landes, in dem sich das Netz befindet, angesiedelt ist – siehe nachfolgende **Tabelle**).

---

46 Einen umfassenden Einblick zu diesem Thema gibt Schneider/Theobald/*Franke*, Kap. 2, § 3 „Marktzutrittsregeln für Energieversorgungsunternehmen".

Bundesland	Energieaufsichtsbehörde	Ort
Baden-Württemberg	Ministerium für Umwelt, Klima und Energiewirtschaft	Stuttgart
Bayern	Bayerisches Staatsministerium für Wirtschaft und Medien, Energie und Technologie	München
Berlin	Senatsverwaltung für Wirtschaft, Technologie und Forschung	Berlin
Brandenburg	Ministerium für Wirtschaft und Europaangelegenheiten	Potsdam
Bremen	Senatsverwaltung für Umwelt, Bau und Verkehr	Bremen
Hamburg	Senatsverwaltung für Wirtschaft, Verkehr und Innovation	Hamburg
Hessen	Hessisches Ministerium für Wirtschaft, Verkehr und Landesentwicklung	Wiesbaden
Mecklenburg-Vorpommern	Ministerium für Energie, Infrastruktur und Landesentwicklung	Schwerin
Niedersachsen	Niedersächsisches Ministerium für Wirtschaft, Arbeit und Verkehr	Hannover
Nordrhein-Westfalen	Ministerium für Wirtschaft, Energie, Industrie, Mittelstand und Handwerk	Düsseldorf
Rheinland-Pfalz	Ministerium für Wirtschaft, Klimaschutz, Energie und Landesplanung	Mainz
Saarland	Ministerium für Wirtschaft, Arbeit, Energie und Verkehr	Saarbrücken
Sachsen-Anhalt	Ministerium für Wissenschaft und Wirtschaft	Magdeburg
Sachsen	Staatsministerium für Wirtschaft, Arbeit und Verkehr	Dresden
Schleswig-Holstein	Ministerium für Wissenschaft, Wirtschaft und Verkehr	Kiel
Thüringen	Thüringer Ministerium für Wirtschaft, Arbeit und Technologie	Erfurt

Allerdings sind in den meisten Fällen die Betreiber geschlossener Verteilernetze **60**
nach geltendem EnWG Betreiber von Objektnetzen nach § 110 EnWG 2005 gewesen. Diese waren von der Genehmigungspflicht ausdrücklich befreit. Ihre Objektnetzanträge nach altem Recht enthielten materiell deckungsgleiche Feststellungen wie § 4

EnWG.[47] Demgemäß wurde nach altem Recht inzidenter geprüft, ob diese Betreiber die nötige personelle, technische und wirtschaftliche Leistungsfähigkeit für den damaligen Objektnetzbetrieb mitbrachten. Folglich kann man jetzt nach neuem Energiewirtschaftsrecht davon ausgehen, dass ein Objektnetzbetreiber nach altem Recht, der seinen Netzbetrieb unter den neuen gesetzlichen Rahmenbedingungen **fortsetzt**, seinen Netzbetrieb nicht erneut aufnimmt im Sinne der gesetzlichen Regelung des § 4 Abs. 1 EnWG. Objektnetzbetreiber, die Ihren Betrieb lediglich fortführen und über einen (damals nur deklaratorischen) Objektnetzbescheid nach altem Recht verfügen, müssen zwar das neue Recht anwenden, bedürfen aber nach richtiger Auffassung **keiner erneuten behördlichen Genehmigung**.[48] Diese Betreiber geschlossener Verteilernetze sind so zu behandeln wie sonstige Alt-Netzbetreiber, die vor der EnWG-Novelle von 2005 den Netzbetrieb bereits aufgenommen hatten.[49]

! **Praxistipp**

Überprüfen Sie, ob Sie in der Vergangenheit einen nur Rechts anzeigenden Antrag auf Anerkennung als Objektnetz erfolgreich gestellt hatten. Die behördliche Anerkennung (Bescheid) können Sie jetzt noch als Nachweis i.S.d. § 4 – Genehmigung verwenden. Haben sie einen Bescheid nach altem Recht, müssen Sie nicht weiter tätig werden, es sei denn, Sie hatten den Netzbetrieb unterbrochen und nehmen ihn jetzt erkennbar erneut auf.

Hatten Sie in der Vergangenheit auf den nur deklaratorischen Antrag verzichtet, sollten Sie sich mit Ihrer Genehmigungsbehörde – der nach Landesrecht zuständigen Energieaufsichtsbehörde (siehe Tabelle oben) – in Verbindung setzen.

---

2. Anzeigepflicht nach § 5 EnWG

61 Die Belieferung von Haushaltskunden mit Energie muss gem. § 5 EnWG gegenüber der Regulierungsbehörde angezeigt werden; dies gilt grundsätzlich sowohl für die Aufnahme der Belieferung, die Beendigung als auch die Änderung der Belieferung. Allerdings gilt dies für Betreiber geschlossener Verteilernetze dann **nicht**, wenn sie ausschließlich Haushaltskunden innerhalb ihres geschlossenen Verteilernetzes – also nicht außerhalb dessen – beliefern. Der Gesetzgeber hat diese Fälle ausdrücklich gem. § 5 S. 1 Hs. 2 EnWG **von der Anzeigepflicht befreit**. Die Regulierungsbehörde kann aber diese **Versorgungstätigkeit** gem. § 5 S. 4 EnWG **untersagen**, wenn die personelle, technische oder wirtschaftliche Leistungsfähigkeit oder Zuverlässigkeit nicht gewährleistet werden kann oder entfällt.[50]

---

47 Vgl. ebenso BK-EnR/*Wolf*, § 110 EnWG Rn 204 m.w.N.
48 Zustimmend BK-EnR/*Wolf*, § 110 EnWG Rn 204 m.w.N.
49 Vgl. BK-EnR/*Wolf*, § 110 EnWG Rn 204 mit Hinweis auf BK-EnR/*Säcker*, § 4 Rn 20.
50 Ebenso BK-EnR/*Wolf*, § 110 EnWG Rn 164.

III. Kalkulation der Netzentgelte

Da geschlossene Verteilernetze hinsichtlich der Pflicht zur Kalkulation von Netzentgelten nicht anders behandelt werden als Netzbetreiber der allgemeinen Versorgung, müssen sie nach § 21 EnWG die Netzentgelte grundsätzlich kostenorientiert und kostenbasiert bilden.[51] Insbesondere verpflichtet § 21 Abs. 1 EnWG auch Betreiber geschlossener Verteilernetze, Entgelte für den Netzzugang zu bilden, die **angemessen, diskriminierungsfrei, transparent und nicht ungünstiger** sein dürfen, als sie vom Betreiber des geschlossenen Verteilernetzes in vergleichbaren Fällen für Leistungen innerhalb seines Unternehmens oder gegenüber verbundenen Unternehmen angewendet und tatsächlich oder kalkulatorisch in Rechnung gestellt werden.[52] Hintergrund dieser Regelung ist, dass jedes Netz – auch das geschlossene Verteilernetz – ein **natürliches Monopol** darstellt. Will ein Netznutzer Zugang zu diesem Netz haben, ist für ihn der **Preis des Netzzugangs** von zentraler Bedeutung. Normalerweise bilden sich Preise im Wettbewerb; Angebot und Nachfrage bestimmen deshalb den „richtigen" Preis. Diese Situation ist in einem natürlichen Monopol nicht möglich zu erreichen, es gibt vielmehr immer nur einen einzigen Anbieter – den Netzbetreiber als Monopolisten. Deshalb müssen angemessene und diskriminierungsfreie Netzentgelte nach anderen Regeln bestimmt werden; also solchen Vorgaben, die quasi einen „Als-ob-Wettbewerb" erzeugen. Das bedeutet, durch die Vorgaben für die Kalkulation der Netzentgelte soll ein Entgeltniveau erreicht werden, das sich auch bei wirksamem Wettbewerb einstellen würde.[53] Lediglich von der **Anreizregulierung** sind die Betreiber geschlossener Verteilernetze **befreit**, wie sich eindeutig aus § 110 Abs. 1 EnWG mit der Verweisung auf § 21a EnWG ergibt. 62

Für die Kalkulation der Netzentgelte sind die Regelungen der StromNEV und der GasNEV in vollem Umfang zu beachten.[54] Sie bilden den materiellen Maßstab, d.h. die Entgelte für den Netzzugang müssen diskriminierungsfrei gebildet werden.[55] Außerdem dürfen nur die Kosten angesetzt werden, die einer Betriebsführung entspricht, welche ein effizienter und strukturell vergleichbarer Netzbetreiber ansetzen würde; unter Berücksichtigung von Anreizen für eine effiziente Leistungserbringung und einer angemessenen, wettbewerbsfähigen und risikoangepassten Verzinsung des 63

---

51 Siehe PwC/*Küper*, S. 43; ebenso BK-EnR/*Säcker/Meinzenbach*, § 21 EnWG Rn 59 ff. m.w.N.; ebenso BK-EnR/*Wolf*, § 110 EnWG Rn 190.

52 BK-EnR/*Säcker/Meinzenbach*, § 21 EnWG Rn 44 ff.

53 Siehe die Einzelheiten bei PwC/*Gerdes/Zöckler*, S. 442.

54 Auf die umfangreiche Literatur im Einzelnen wird daher verwiesen: siehe die Kommentierung im BK-EnR (3. Aufl.) zu §§ 6 ff., 17 und 20 ff. EnWG sowie in demselben Kommentar (2. Aufl.) die Anhänge A bis D zu § 24 EnWG zur Stromnetzzugangsverordnung, zur Stromnetzentgeltverordnung, zur Gasnetzzugangsverordnung und zur Gasnetzentgeltverordnung; ebenso Schneider/Theobald/*Theobald/Zenke/Lange*, § 17 Netzentgeltregulierung Abschnitt D Rn 152 ff.

55 Schneider/Theobald/*Theobald/Zenke/Lange*, § 17 Netzentgeltregulierung Abschnitt D Rn 153.

eingesetzten Kapitals (vgl. § 21 Abs. 2 S. 1 EnWG), soweit nicht in der StromNEV oder in der GasNEV eine Abweichung von der kostenorientierten Entgeltbildung bestimmt ist. Der Effizienzmaßstab des § 21 Abs. 2 EnWG ist nicht gleichzusetzen mit den Regelungen der Anreizregulierungsverordnung. Er gilt daher auch für geschlossene Verteilernetze bei der Kalkulation der kostenbasierten Netzentgelte.

64 Außerdem dürfen – soweit die Entgelte kostenorientiert gebildet werden – Kosten oder Kostenbestandteile, die sich ihrem Umfang nach im Wettbewerb nicht einstellen würden, nicht berücksichtigt werden (vgl. § 21 Abs. 2 S. 2 EnWG).[56] Dies ist der zentrale und wesentliche Kostenmaßstab der Netzentgeltkalkulation im System des regulierten Netzzugangs, in dem sich auch die geschlossenen Verteilernetze bewegen.[57] Ziel dieses normierten Kostenansatzes ist, **angemessene Entgelte für den Netzzugang** zu gewährleisten, um dem Ziel des Energiewirtschaftsgesetzes gem. § 1 Abs. 2 EnWG zu entsprechen, nämlich wirksamen und unverfälschten Wettbewerb in der leitungsgebundenen Versorgung mit Strom und Gas zu schaffen bzw. zu sichern.[58]

65 Da § 21 Abs. 2 S. 1 EnWG lediglich Bezug nimmt auf die „Kosten einer Betriebsführung" sowie auf eine „angemessene, wettbewerbsfähige und risikoangepasste Verzinsung", sind die Einzelheiten der Kostenermittlung beim ersten Hinsehen unklar. Es werden weder Vorgaben für die **Methodik zur Kostenermittlung** gemacht, noch konkrete betriebswirtschaftliche Verfahren zur Umrechnung der Kosten in Netznutzungsentgelte festgeschrieben. Hier kommen die **Netzentgeltverordnungen für Strom und für Gas** ins Spiel. Sie bilden nach dem Willen des Gesetzgebers die maßgeblichen Grundlagen, weil sie die soeben genannten Anforderungen – den Regelungsrahmen – **konkretisieren.**[59]

66 Außerdem hat der Gesetzgeber bei der Formulierung der Ausnahmetatbestände in § 110 Abs. 1 EnWG auf § 24 EnWG – die allgemeine Ermächtigungsgrundlage für den Erlass der StromNEV und der GasNEV – nicht ausdrücklich hingewiesen. Daher wird einhellig davon ausgegangen, dass die gesamten Vorgaben zur Kalkulation der Netzentgelte für Strom- oder Gasnetze allein nach den Bestimmungen und Vorgaben zur Netzentgeltkalkulation dieser Normen zu vollziehen sind. Dies gilt also auch für die Betreiber geschlossener Verteilernetze.

67 Demgemäß haben auch Betreiber geschlossener Verteilernetze ihre Netzentgelte immer anhand des **sog. Dreischritts**[60] zu ermitteln, der sich auch nicht verkürzen lässt.[61] Sie müssen also eine Kostenarten-, Kostenstellen- und eine Kostenträgerrechnung im Sinne der StromNEV bzw. der GasNEV bilden. Diese Kostenrechnung ist Teil

---

56 Vgl. die umfangreiche Literatur dazu in BK-EnR/*Säcker/Meinzenbach*, § 21 EnWG Rn 37 ff.

57 Vgl. BK-EnR/*Säcker/Meinzenbach*, § 21 EnWG Rn 59.

58 Vgl. BK-EnR/*Säcker/Meinzenbach*, § 21 EnWG Rn 60.

59 BR-Drucks. 245/05 v. 14.4.2005, S. 1.

60 Grundsätzlich geregelt in § 3 Abs. 1 StromNEV bzw. § 3 Abs. 1 GasNEV.

61 Vgl. BK-EnR/*Säcker/Meinzenbach*, § 21 EnWG Rn 60, 73.

des internen Rechnungswesens und dient der Orientierung des Unternehmens über ihre Kosten- und Erlöslage.[62]

Mit der **Kostenartenrechnung**[63] **werden die Kosten ermittelt**, die für die 68
Netzentgeltkalkulation angesetzt werden dürfen. Es werden dabei systematisch sämtliche Kosten erfasst, die bei der Erstellung und der Verwertung der Leistung entstehen. Dieser erste Schritt bildet die wichtigste Ausgangsbasis für die Ermittlung der adäquaten Kalkulationsgrundlage.[64] Innerhalb der Kostenartenrechnung sind **aufwandsgleiche (bilanzielle) Kosten**[65] **und kalkulatorische Kosten**[66] zu berücksichtigen. Kalkulatorische Kosten sind neben den kalkulatorischen Abschreibungen die kalkulatorische Eigenkapitalverzinsung und die kalkulatorischen Steuern. Etwaige Erlöse oder Erträge sind kostenmindernd zu berücksichtigen. Im Strombereich sind außerdem die Kosten für die Beschaffung von Verlustenergie nach § 10 StromNEV in die Kalkulation aufzunehmen.

Folgende Bestandteile sind zulässige Netzkosten: 69

Aufwandsgleiche Kosten:	– Materialkosten
	– Personalkosten
	– Fremdkapitalkosten
	– Ansetzbare betriebliche Steuern
	– Sonstige betriebliche Kosten
+ Kalkulatorische Kosten:	– Kalkulatorische Abschreibungen
	– Kalkulatorische Eigenkapitalverzinsung
	– Kalkulatorische Gewerbesteuer
– Kostenminderde Erlöse und Erträge	
= Netzkosten	

Insgesamt dürfen nur solche Kosten berücksichtigt werden, die den Kosten eines effi- 70
zienten und strukturell vergleichbaren Netzbetreibers entsprechen.[67]

Anschließend werden diese Kosten auf die verursachenden Stellen verteilt 71
(= **Kostenstellenrechnung**[68]). Es wird also die Frage beantwortet, wo die konkreten Kosten angefallen sind. Zu diesem Zweck sind nach Anlage 2 der StromNEV und

62 Vgl. BK-EnR/*Säcker/Meinzenbach*, § 21 EnWG Rn 73 und dort Fn 158.
63 §§ 4 bis 11 StromNEV, §§ 4 bis 10 GasNEV.
64 Vgl. BK-EnR/*Säcker/Meinzenbach*, § 21 EnWG Rn 73 und dort Fn 159.
65 §§ 5 StromNEV bzw. GasNEV; zu den Einzelheiten siehe die ausführliche Kommentierung bei BK-EnR/*Säcker/Meinzenbach*, § 21 EnWG Rn 78 ff.
66 §§ 6 bis 8 StromNEV bzw. GasNEV, zu den Einzelheiten siehe die ausführliche Kommentierung bei BK-EnR/*Säcker/Meinzenbach*, § 21 EnWG Rn 81 ff. und 96 ff.
67 So ausdrücklich § 4 Abs. 1 StromNEV bzw. GasNEV; vgl. BK-EnR/*Säcker/Meinzenbach*, § 21 EnWG Rn 77.
68 §§ 12 bis 14 StromNEV, §§ 11, 12 GasNEV.

der GasNEV Haupt-, Neben- und ggf. Hilfskostenstellen zu bilden, denen die in der Kostenartenrechnung konkret kalkulierten Netzkosten zuzuordnen sind. Dabei muss jeder Netzbetreiber – also auch der Betreiber eines geschlossenen Verteilernetzes – eine sachgerechte **Schlüsselung** bilden, nach der die Kosten **verursachungsgerecht, angemessen und sachgerecht** verteilt werden. Diese Zuordnung muss auch für sachkundige Dritte nachvollziehbar sein und **schriftlich dokumentiert** werden.[69]

72 Im dritten Schritt werden die Kosten denjenigen Leistungen zugeordnet, über die diese Kosten verdient werden sollen (= **Kostenträgerrechnung**[70]), d.h. hier findet die Preisermittlung statt.[71] In der Kostenträgerrechnung wird also ermittelt, wofür die Kosten angefallen sind. So werden die Kosten den Produkten des Unternehmens zugeordnet. Für die Beurteilung der Netzentgelte werden daher die Kosten den einzelnen Dienstleistungen des Netzbetreibers zugeordnet. Mit anderen Worten: Es werden die jeweiligen Kosten einer Netzebene auf Leistungs- und Arbeitspreise des individuellen Abnehmers „heruntergebrochen", sodass letztlich die Netzentgelte bestimmt werden können.[72]

73 Ein weiterer wichtiger Grundsatz für die Entgeltkalkulation ergibt sich aus §§ 3 Abs. 1, 4 Abs. 2 StromNEV/GasNEV: Danach ist als **Datenbasis** die Gewinn- und Verlustrechnung des **letzten abgeschlossenen Geschäftsjahrs** nach (§ 10 Abs. 3 EnWG alt – heute) § 6b Abs. 3 EnWG für die Kalkulation der Netzentgelte maßgeblich.[73] Grund dafür ist, eine belastbare Grundlage zugrunde legen zu müssen. Diese ist gegeben, wenn die GuV-Rechnung des betreffenden Netzbetreibers (bzw. Betreibers des geschlossenen Verteilernetzes) vom Wirtschaftsprüfer geprüft und testiert worden ist.[74]

74 Innerhalb der Anwendungsbereiche der StromNEV und der GasNEV sind die verschiedenen Kostenregelungen insbesondere hinsichtlich Ermittlungsmethodik und des Umfangs der einzelnen Kostenpositionen nach §§ 4 ff. StromNEV bzw. GasNEV durchaus **umstritten.**[75] Daher sahen sich die Regulierungsbehörden von Anfang an verpflichtet, einen Kalkulationsleitfaden[76] vorzugeben, um besonders umstrittene Kostenpositionen zu erläutern und ihre Sicht der Regulierungspraxis für alle Netzbetreiber einheitlich darzustellen. Auf der Basis dieses Leitfadens wurden in der Vergangenheit etliche Netzentgeltkalkulationen gekürzt. Insbesondere die angemes-

69 Vgl. BK-EnR/*Säcker/Meinzenbach*, § 21 EnWG Rn 73 und dort Fn 160 m.w.N.
70 §§ 15 bis 21 StromNEV, §§ 13 bis 20b GasNEV.
71 Schneider/Theobald/*Theobald/Zenke/Lange*, § 17 Netzentgeltregulierung Rn 64, 153.
72 Vgl. BK-EnR/*Säcker/Meinzenbach*, § 21 EnWG Rn 73 und dort Fn 161 m.w.N.
73 Vgl. BK-EnR/*Säcker/Meinzenbach*, § 21 EnWG Rn 73 und dort Fn 162.
74 Schneider/Theobald/*Theobald/Zenke/Lange*, § 17 Netzentgeltregulierung Rn 66.
75 Vgl. den sehr guten Überblick einschließlich aktueller Rechtsprechung in der Kommentierung bei BK-EnR/*Säcker/Meinzenbach*, § 21 EnWG Rn 78 ff., 81 ff. und 96 ff.
76 Positionspapier der Regulierungsbehörden des Bundes und der Länder zu Einzelfragen der Kostenkalkulation gemäß Stromnetzentgeltverordnung vom 7.3.2006.

sene Verzinsung des eingesetzten Kapitals war dabei eine umstrittene Kalkulationsgröße. In vielen Fällen wurde die Regulierungspraxis aufgrund des Leitfadens von den betroffenen Netzbetreibern vor den Gerichten angegriffen und letztlich mit den Entscheidungen des BGH vom 14.8.2008[77] geklärt.[78]

Der BGH hat die Berechnungen der Regulierungsbehörden weitgehend gebilligt. 75
Bestätigt wurden insbesondere die von den Behörden im Rahmen der Restwertermittlung nach § 32 Abs. 3 StromNEV gewählten Ansätze, was zu Abzügen bei den Kostenpositionen „kalkulatorische Abschreibung" und „kalkulatorische Eigenkapitalverzinsung" führte. Weitere Einschränkungen für die Höhe der Entgelte ergaben sich aus der sog. doppelten Deckelung der kalkulatorischen Eigenkapitalverzinsung im Rahmen von § 7 StromNEV a.F. sowie der lediglich kalkulatorischen Anrechenbarkeit der Gewerbesteuer nach § 8 StromNEV. Die Netzbetreiber konnten sich nur in einzelnen Punkten durchsetzen. So sind geleistete Anzahlungen und Anlagen im Bau bei der Ermittlung des zu verzinsenden Eigenkapitals zu berücksichtigen. Zudem können gesicherte Erkenntnisse für das Planjahr auch bei der sog. Verlustenergie nach § 10 StromNEV kostenmäßig angesetzt werden.

Aufgrund dieser Rechtsprechung ist sowohl § 7 StromNEV als auch § 8 StromNEV 76
bereits mehrfach geändert worden.[79] Einen sehr guten und ausführlichen Überblick über die einzelnen Kostenpositionen und ihre aktuelle Bewertung geben *Gerdes/Zöckler* im PwC-Handbuch.[80]

Praxistipp !

Es empfiehlt sich, die zitierte Rechtsprechung des BGH der Netzentgeltkalkulation innerhalb eines geschlossenen Verteilernetzes zugrunde zu legen, denn diese Ansätze dürften hinreichend rechtssicher sein und beruhen auf der für geschlossene Verteilernetze immer noch aktuellen Rechtsgrundlage des § 21 EnWG.

Demgegenüber müssen sonstige, aktuelle Hinweise für Netzbetreiber im Allgemei- 77
nen immer daraufhin überprüft werden, ob sie ihre Grundlage möglicherweise in der **Anreizregulierung** haben könnten. Denn diese findet für die Kalkulation von Netzentgelten in geschlossenen Verteilernetzen **keine Anwendung**. Dementsprechend lassen sich diese Regelungen und insbesondere die dortigen Ausführungen

---

77 Beschlüsse des BGH - KVR 27/07 - „Stadtwerke Emden"; - KVR 35/07 - „Stadtwerke Neustadt an der Weinstraße"; - KVR 36/07 - „Stadtwerke Trier"; - KVR 39/07 - „Vattenfall"; - KVR 42/07 - „Rheinhessische Energie".

78 Vgl. BK-EnR/*Säcker/Meinzenbach*, § 21 EnWG Rn 76.

79 In § 7 StromNEV ist durch Art. 2 vom 29.10.2007, BGBl. I 2007, S. 2529 die zitierte Rechtsprechung des BGH gesetzlich umgesetzt worden.

80 Siehe dort S. 453 ff.; insbesondere zu den kalkulatorischen Kosten siehe ab S. 462 ff.; zu der kalkulatorischen Eigenkapitalverzinsung siehe ab S. 469 ff. mit der ausführlichen Darstellung der soeben zitierten Rechtsprechung und ihren praktischen Auswirkungen.

zu Effizienzvorgaben nicht auf die Kalkulation von Netzentgelten in geschlossenen Verteilernetzen übertragen.

78 Weil § 23a EnWG ebenfalls keine Anwendung findet (vgl. ausdrücklich § 110 Abs. 1 EnWG), müssen die von den Betreibern geschlossener Verteilernetze erhobenen Netzentgelte für den Netzzugang auch **nicht von der Regulierungsbehörde genehmigt** werden. Das hat auch zur Folge, dass diese **Netzentgelte nicht im Vorfeld behördlich überprüft werden**, sondern lediglich im Nachgang und auch nur in dem Fall, wenn ein Netznutzer eines geschlossenen Verteilernetzes eine Überprüfung bei der zuständigen Regulierungsbehörde beantragt (§ 110 Abs. 4 S. 1 EnWG).

79 Ob sich die Betreiber geschlossener Verteilernetze bei der Kalkulation der Netzentgelte akribisch an die Vorgaben der StromNEV oder GasNEV halten müssen, ist bisher gerichtlich noch ungeklärt; die Systematik des Gesetzes und der Verordnungen spricht aber dafür. Im Hinblick auf die Vermutungsregelungen in § 110 Abs. 4 S. 3 EnWG scheint allerdings ein gewisser Spielraum erkennbar zu sein. Danach wird vermutet, dass die Netzentgelte innerhalb eines geschlossenen Verteilernetzes den rechtlichen Vorgaben entsprechen, wenn der Betreiber des geschlossenen Verteilernetzes kein höheres Netzentgelt fordert als der Betreiber des benachbarten Netzes der allgemeinen Versorgung in derselben Spannungsebene bzw. Druckstufe. Ob dieser Maßstab generell zum Vergleichen geeignet ist, mag fraglich sein. Warum soll gerade das benachbarte Netz der allgemeinen Versorgung zum Vergleich geeignet sein? Nur weil es in der nächsten Nähe liegt und dieselbe Spannungsebene oder Druckstufe hat? Dieser Vergleich dürfte hinken, denn gerade an Standorten größerer Industrieansiedlungen dürfte die Kundenstruktur oder die Anforderungen, die die dort ansässigen Kunden grundsätzlich an die Netzsicherheit stellen, einen Vergleich mit einem Netz der allgemeinen Versorgung in der Nachbarschaft schwierig machen.

! **Praxistipp**

Vor dem Hintergrund der (fragwürdigen) Vergleichsgrundlage kann es bestimmt kein Fehler sein, die eine oder andere Vergleichsrechnung bzw. Vergleichsbetrachtung mit anderen Standorten öffentlicher Netzbetreiber in der Nachbarschaft anzustellen. In jedem Fall müssen sich Betreiber geschlossener Verteilernetze aber bewusst sein, dass Netzentgelte nicht prohibitiv überhöht sein dürfen und sich eine echte Kostensituation in der Kalkulation diskriminierungsfrei widerspiegeln muss.

IV. Pflicht zur Gewährung von Netzanschluss und Netzzugang

1. Netzanschluss nach § 17 EnWG

80 Nach § 110 Abs. 1 EnWG findet § 18 EnWG, der die allgemeine Anschlusspflicht von Letztverbrauchern in Niederspannung im Rahmen der allgemeinen Versorgung im Gemeindegebiet regelt, auf den Betrieb eines geschlossenen Verteilernetzes ausdrücklich keine Anwendung. **§ 17 EnWG** als allgemeine Norm zur Anschlusspflicht und **§ 20 EnWG**, der den Zugang zu den Energieversorgungsnetzen und damit die Netznutzung regelt, sind dagegen nicht von der Anwendung ausgeschlossen und

müssen deshalb beachtet werden. Hintergrund ist, dass die zugrunde liegenden europäischen Richtlinien eine Ausnahme von den allgemeinen Anschluss- und Zugangsverpflichtungen nicht zulassen, denn diese sind für die Schaffung des Europäischen Binnenmarkts mit seinem hohen Verbraucherschutzniveau wesentlich[81] und daher auch für geschlossene Verteilernetze zwingend zu beachten.

§ 17 EnWG regelt den **Anspruch** von Letztverbrauchern, gleich- oder nachge- 81
lagerten Versorgungsnetzen, Gas- oder Stromleitungen und Erzeugungs- und Speicheranlagen auf technische Anbindung an ein Energieversorgungsnetz. **Anspruchsverpflichteter** sind die Betreiber von Strom- und Gasnetzen und damit auch die **Betreiber von geschlossenen Verteilernetzen.** Die technischen und wirtschaftlichen Bedingungen für den Netzanschluss müssen angemessen, diskriminierungsfrei und transparent sein. Grundsätzlich müssen die geschlossenen Verteilernetze damit in der gleichen Weise Netzanschluss nach § 17 EnWG gewähren wie die Netze der allgemeinen Versorgung.[82]

Die gesetzliche Ausgestaltung als unmittelbaren Leistungsanspruch versetzt 82
denjenigen, der Netzanschluss begehrt, in die rechtlich vorteilhafte Lage, allein durch **einseitige Gestaltungserklärung** gegenüber dem Netzbetreiber – im Zweifel (auch) gegenüber dem Betreiber eines geschlossenen Verteilernetzes – direkt seinen Anspruch durchsetzen zu können. Das bedeutet, allein aufgrund der gesetzlichen Ausgestaltung kann der Anspruchsteller auf Anschluss klagen. Daraus folgt umgekehrt für den Betreiber eines geschlossenen Verteilernetzes die **unmittelbare Anschlusspflicht.** Insbesondere kann ein Betreiber eines geschlossenen Verteilernetzes nicht ohne Weiteres einen Netzanschluss Begehrenden an seinen **Nachbarn** mit einem Netz der allgemeinen Versorgung verweisen, denn grundsätzlich hat derjenige, der Netzanschluss begehrt, auch das **Recht zu wählen**, wo er angeschlossen werden will; selbstverständlich muss er die technischen Voraussetzungen im Einzelnen erfüllen.[83] Das Wahlrecht gilt wegen des Grundsatzes der Nicht-Diskriminierung uneingeschränkt für alle Netzanschlusspetenten.[84]

Die Ausgestaltung des Netzanschlusses muss in einem **Netzanschlussvertrag** 83
im Einzelnen vereinbart werden. Netzbetreiber geschlossener Verteilernetze müssen dafür mit dem Anschlussnehmer die **technischen Bedingungen** wie Abnahmestelle, Zählpunktbezeichnung und vorzuhaltende Leistung sowie den Beginn der Anschlussnutzung verbindlich festlegen. Außerdem müssen die **wirtschaftlichen Bedingungen** geklärt werden. Hierbei sind sowohl das Interesse des Netzbetreibers,

81 Ebenso BK-EnR/*Wolf*, § 110 EnWG Rn 167 mit Hinweis auf die citiworks-Entscheidung des EuGH vom 22.5.2008 - C-439/06 -.

82 Zu Einzelheiten dazu siehe die umfangreiche Kommentierung und Literatur von BK-EnR/*Säcker/Boesche*, § 17 EnWG Rn 3 ff.

83 So ausdrücklich BGH, Urt. v. 23.6.2009, RdE 2009, 336 ff.

84 Ebenso BK-EnR/*Säcker/Boesche*, § 17 EnWG Rn 43 ff.

Einnahmen zu generieren, als auch das Interesse des Anschlusssuchenden an der wirtschaftlich günstigsten Lösung sowie das Interesse der Allgemeinheit an einer möglichst kostengünstigen Struktur der Energieversorgungsnetze insgesamt zu berücksichtigen.[85] Die Konditionen des Netzanschlusses dürfen **nicht diskriminierend** sein, sondern müssen angemessen und transparent sowie nicht ungünstiger als in vergleichbaren Fällen gegenüber dem jeweiligen Netzanschlussbegehrenden angeboten werden.[86]

84 Im Zusammenhang mit dem Anspruch auf Gewährung des Netzzugangs wird immer wieder seitens der Betreiber von geschlossenen Verteilernetzen die Befürchtung geäußert, Netzanschlüsse und damit auch Netzzugang in einer Weise gewähren zu müssen, die die Dimensionen und technischen Möglichkeiten eines geschlossenen Verteilernetzes möglicherweise überfordern könnte. Dem können Betreiber geschlossener Verteilernetze **ausnahmsweise** mit dem **Netzanschlussverweigerungsrecht** aus § 17 Abs. 2 EnWG entgegenwirken. Dieses greift, wenn einer der in § 17 Abs. 2 genannten Gründe vorliegt, also wenn die Gewährung des Netzanschlusses aus **betriebsbedingten** oder sonstigen **wirtschaftlichen** oder **technischen Gründen** unter Berücksichtigung der Ziele des § 1 EnWG nicht möglich oder nicht zumutbar ist. Betriebsbedingte Gründe sind solche, die im Netzbetrieb begründet sind, d.h. ihre Ursache unmittelbar in der Funktionsfähigkeit der betrieblichen Anlagen haben.[87] Unzureichende oder fehlende **Netzkapazität** wird ebenfalls als Verweigerungsgrund anerkannt.[88] Außerdem kann **technische Unzumutbarkeit** eingewandt werden, wenn **Netzüberlastung** die Folge des begehrten Netzanschlusses wäre.[89] Der häufigste Grund für die Verweigerung eines Netzanschlusses ist meistens in der **wirtschaftlichen Unzumutbarkeit** gegeben.[90] Danach kann sich ein Netzbetreiber grundsätzlich darauf berufen, dass sein Netz nicht hinreichende Kapazitäten hat und ihm der Netzausbau wirtschaftlich nicht möglich ist, weil damit zugleich eine Kostentragung zulasten des Netzbetreibers und damit letztlich zulasten der sonstigen Kunden im geschlossenen Verteilernetz verbunden wäre, die volkswirtschaftlich betrachtet unsinnig sein könnte.[91] Allerdings sind die Anforderungen im Einzelfall hoch und die Einzelheiten zu diesem Verweigerungsgrund sind auch noch nicht hinreichend gerichtlich geklärt.

85 Die Voraussetzungen, um den Netzanschluss erfolgreich verweigern zu können, sind jedenfalls bei Netzbetreibern der allgemeinen Versorgung insgesamt hoch, denn es handelt sich erkennbar um den gesetzlich geregelten Ausnahmefall in § 17 EnWG.

---

85 BK-EnR/*Säcker/Boesche*, § 17 EnWG Rn 24 mit Hinweis auf BGH, Urt. v. 28.6.2005, RdE 2005, 222 ff.
86 Vgl. im Einzelnen BK-EnR/*Säcker/Boesche*, § 17 EnWG Rn 22 ff.
87 Vgl. im Einzelnen BK-EnR/*Säcker/Boesche*, § 17 EnWG Rn 58.
88 Kritisch allerdings BK-EnR/*Säcker/Boesche*, § 17 EnWG Rn 57.
89 Kritisch allerdings BK-EnR/*Säcker/Boesche*, § 17 EnWG Rn 66.
90 Siehe dazu im Einzelnen BK-EnR/*Säcker/Boesche*, § 17 EnWG Rn 74 ff.
91 BK-EnR/*Säcker/Boesche*, § 17 EnWG Rn 79.

Im Einzelnen müssen die Voraussetzungen für eine zulässige Verweigerung detailliert nachgewiesen und gut begründet werden (vgl. ausdrücklich § 17 Abs. 2 S. 2 bis 4 EnWG).

Derzeit gibt es noch keine Rechtsprechung, die die Netzanschlussverweigerung im 86 Zusammenhang mit geschlossenen Verteilernetzen näher überprüft hat. Daher muss davon ausgegangen werden, dass für Betreiber geschlossener Verteilernetze dieselben Maßstäbe angewandt werden wie für Netzbetreiber der allgemeinen Versorgung.

In jedem Fall sollte man aber den **Schutz der Struktur als geschlossenes Verteilernetz** einwenden dürfen. Es kann nämlich nicht dem Sinne der gesetzlichen Ausnahmeregelung des neuen § 110 EnWG entsprechen, jeden Anschluss herstellen zu müssen (beispielsweise ein großes Mietshaus mit ausschließlich Haushaltskunden ans Netz nehmen zu müssen), wenn dadurch zugleich der Status als geschlossenes Verteilernetz in Gefahr geraten könnte. 87

Außerdem könnte auch die **besonders hohe Versorgungssicherheit** in 88 geschlossenen Verteilernetzen, die für die dort bereits ansässigen Kunden mit besonders sensiblen Herstellungsprozessen aufgebaut worden ist, im Einzelfall zur Begründung für eine Verweigerung des Netzanschlusses, beispielsweise einer volatilen Stromeinspeiseanlage – Windrad oder Photovoltaikanlage – herangezogen werden.

Des Weiteren könnte auch die **besondere Kostensituation** in geschlossenen 89 Verteilernetzen mit nur wenigen Netzkunden ggf. einen wirtschaftlichen Verweigerungsgrund bilden. Es kann nämlich unter dem Gesichtspunkt des § 1 EnWG – preisgünstige Energieversorgung – kaum hingenommen werden, dass wenige Kunden in einem geschlossenen Verteilernetz über Gebühr belastet werden, um einen einzelnen Netzanschluss herzustellen. Hier dürfte im Rahmen einer Abwägung im Einzelfall viel für eine Verweigerung des Netzanschlusses sprechen.

In jedem Fall ist der Einzelfall entscheidend und die Verweigerung muss auch im 90 Hinblick auf geschlossene Verteilernetze **dargelegt, gut begründet und bewiesen** werden.

Praxistipp !

Prüfen Sie genau Ihre Optionen, bevor Sie ein Begehren auf Netzanschluss verweigern. Nur wenn Sie gute, stichhaltige Gründe haben, sollte dieser Weg beschritten werden, denn die Verweigerung des Netzzugangs ist die Ausnahme.

---

2. Netzzugang nach § 20 EnWG

Neben dem Recht auf Netzanschluss ist das Recht auf Netzzugang das Kernstück der 91 Liberalisierung der Energienetze seit 1999. In § 20 EnWG ist dieses Recht zentral für alle Strom- und Gasversorgungsnetze geregelt. Aus der Sicht der früheren Objektnetzbetreiber – zumeist heutigen geschlossenen Verteilernetzbetreiber – stellte sich in der Vergangenheit häufig die Frage, ob ein Kunde in einem Objektnetz von außen beliefert werden könne. Oder umgekehrt formuliert: Ob ein Lieferant von außerhalb des Objektnetzes einfach so einen Kunden im Objektnetz beliefern könnte. Dies wurde mit unterschiedlichsten Abschottungsversuchen zu verhindern versucht, letztlich erfolglos. Auch die Entscheidung „citiworks“,[92] die zu der kompletten Neuregelung des § 110 EnWG geführt hatte, hatte ihre wesentliche Ursache in der Verweigerung des Netzzugangs für einen Lieferanten.

92 Die Frage, ob man Netzzugang verschaffen musste, war zwar bereits unter der Geltung des alten § 110 EnWG eindeutig mit „ja“ zu beantworten, weil auch außerhalb des Energiewirtschaftsrechts nach alter Ausgestaltung eine sog. essential facility – wie es zumeist in einem Objektnetz zu sehen war – bereits nach kartellrechtlichen Grundsätzen diskriminierungsfrei zur Verfügung gestellt werden musste. Unter der Geltung des neuen § 110 EnWG sind nun letzte Zweifelsfragen endgültig geklärt: Dadurch, dass die Anwendung des § 20 EnWG nicht eindeutig in § 110 EnWG ausgenommen ist, gilt § 20 EnWG ohne Einschränkungen auch für geschlossene Verteilernetze. Damit hat jeder Lieferant oder Energiehändler das Recht, einen Kunden im geschlossenen Verteilernetz zu beliefern und jeder Kunde in einem geschlossenen Verteilernetz kann sich von außerhalb des geschlossenen Verteilernetzes beliefern lassen, wenn dies nach seiner Auffassung für ihn vorteilhaft ist und er dies wünscht. Der Betreiber des geschlossenen Verteilernetzes hat kein Recht dies zu verweigern, geschweige denn zu hinterfragen. Allenfalls in den sehr engen Grenzen des § 20 Abs. 2 EnWG könnte ausnahmsweise der Netzzugang aus betriebsbedingten oder sonstigen Gründen wegen Unzumutbarkeit verweigert werden. Ebenso wie in § 17 EnWG ist dieser Verweigerungsfortbestand aber nur in engen Grenzen möglich. Allein durch die Ausübung des Gestaltungsrechts – also der **Erklärung**, das Netz nutzen zu wollen – konkretisiert entweder ein Kunde oder ein Lieferant/Energiehändler seinen gesetzlich bereits bestehenden Anspruch auf Netznutzung i.S.d. § 20 EnWG (insoweit wird hier dogmatisch von einer leistungskonkretisierenden, Beginn, Art und Umfang der Nutzung bestimmenden **Gestaltungserklärung** als leistungsausfüllende einseitige Willenserklärung mit rechtsgestaltender Wirkung gesprochen).[93]

93 Es gibt auch kaum ein Argument, dem Lieferanten den Zugang zum Kunden im geschlossenen Verteilernetz zu versperren oder umgekehrt, den Kunden „gefangen“ zu halten. Durch die Pflicht zur Beachtung des § 20 EnWG (eingegrenzt durch § 20 Abs. 2 EnWG) gibt es daher faktisch keine „gefangenen Kunden“ mehr im Bereich der leitungsgebundenen Versorgung mit Strom oder Gas (im Bereich der Wärmeversorgung kann dies auch heute noch anders sein).

94 In Einzelnen verpflichtet § 20 EnWG zu folgenden Leistungen:
- diskriminierungsfreier Netzzugang nach sachlich gerechtfertigten Kriterien,
- Anbieten von Musterverträgen, die bundesweit einheitlich sind,[94]

92 Zu den Einzelheiten siehe oben die Ausführungen von *Staebe*, Kap. 1 Rn 41 ff.
93 Ebenso BK-EnR/*Säcker/Boesche*, § 20 EnWG Rn 62 m.w.N.
94 Einen umfassenden Überblick dazu geben Schneider/Theobald/*de Wyl/Thole/Bartsch*, Kap. 6, § 16 Rn 237 ff und 321 ff.

- bis spätestens am 15.10. eines Jahres müssen die Netzentgelte und Konzessionsabgaben im Internet für das Folgejahr veröffentlicht werden,
- Zusammenarbeit mit allen anderen Netzbetreibern in dem Umfang, der erforderlich ist, um einen effizienten Netzzugang zu gewährleisten,
- Zurverfügungstellen aller für den effizienten Netzzugang erforderlichen Informationen,
- Regelung des Netzzugangs nach massengeschäftstauglichen Gesichtspunkten und Systemen.

Diese Verpflichtungen enthalten sowohl ein **Verbot vertikaler Diskriminierung** als auch ein **Verbot horizontaler Diskriminierung**:

Das vertikale Diskriminierungsverbot untersagt es dem Betreiber eines geschlos- 95 senen Verteilernetzes, externe Lieferanten im Vergleich zu verbundenen Unternehmen anders (im Zweifel ungünstiger) zu behandeln, Maßstab für die Entgeltberechnung und die Netznutzungsbedingungen ist daher das Verhalten, das der Betreiber eines geschlossenen Verteilernetzes gegenüber einer mit ggf. ihm gesellschaftsrechtlich verbundenen Liefergesellschaft praktiziert.[95] Das führt letztlich dazu, dass das allgemeine Netznutzungsentgelt, das der Betreiber des geschlossenen Verteilernetzes veröffentlichen muss, identisch ist mit einem ggf. existierenden internen Verrechnungspreis zwischen Konzerngesellschaften.[96] Inwieweit dies allerdings tatsächlich überprüfbar ist, mag auf Seiten externer Lieferanten fraglich sein.

Das horizontale Diskriminierungsverbot verbietet die unterschiedliche Behand- 96 lung gleichartiger „externer" Energielieferanten. Es kann daher dem Betreiber des geschlossenen Verteilernetzes unter Umständen Probleme bereiten, wenn er beispielsweise große Lieferanten kleinen vorzieht oder von Letzteren andere Anforderungen an die Nachweise hinreichender Bonität stellen würde.

Vor diesem Hintergrund kann es auch zweifelhaft sein, ob ein Betreiber eines 97 geschlossenen Verteilernetzes ausschließlich Lieferanten von erneuerbaren Energien als solche zulässt, selbst wenn das Konzept seines geschlossenen Verteilernetzes vornehmlich auf nachhaltige Versorgung mit leitungsgebundener Energie ausgerichtet sein sollte.

Entscheidend – weil auch Bußgeld bewehrt, siehe § 95 Abs. 1 Nr. 4 EnWG – sind 98 die für den Betreiber geschlossener Verteilernetze zu **beachtenden Informations- und Veröffentlichungspflichten:** Jeder Betreiber eines geschlossenen Verteilernetzes muss alle Konditionen, Bedingungen für den Netzzugang und alle Preise für die Netznutzung auf seiner Website veröffentlichen. Damit soll erreicht werden, dass jeder Netznutzungspetent leicht Zugriff auf die Daten und Fakten hat, die er benötigt – beispielsweise aus der Perspektive eines Energiehändlers –, um seinen Kunden

95 Ebenso BK-EnR/*Säcker/Boesche*, § 20 EnWG Rn 40 m.w.N.
96 Ebenso BK-EnR/*Säcker/Boesche*, § 20 EnWG Rn 41 m.w.N.

oder potenziellen Kunden im Netzgebiet des geschlossenen Verteilernetzes ein Strom- oder Gaslieferangebot unterbreiten zu können.

99 Anders als in Netzen der allgemeinen Versorgung werden die Netzentgelte in geschlossenen Verteilernetzen nicht im Vorfeld genehmigt. Grundsätzlich gilt daher **Vertragsfreiheit.** Es stellt sich daher für die Belieferung von Kunden in geschlossenen Verteilernetzen auch die Frage, ob **Verhandlungsspielräume** im Hinblick auf Netzentgelte gegeben sein können. Durch die gesetzliche Konstruktion des § 110 EnWG ist dies jedenfalls nicht per se ausgeschlossen, aber wegen der oben genannten Diskriminierungsverbote, die streng gehandhabt werden, dürften die Spielräume gering sein.

100 Von der Pflicht zur Veröffentlichung umfasst sind auch **Musterverträge** – dies dient der Transparenz und fördert auch die Schnelligkeit von Lieferantenwechseln. Zwar ist auch ein Betreiber eines geschlossenen Verteilernetzes nicht verpflichtet, den veröffentlichten Mustervertrag mit einem Netznutzungspetenten abzuschließen, aber unter dem Gesichtspunkt der Nichtdiskriminierung dürften auch hier die Spielräume für individuelle Lösungen klein sein.

101 Inhalt und Umfang der auf der Website des Betreibers eines geschlossenen Verteilernetzes zu veröffentlichenden Informationen ergeben sich aus den Netzzugangsverordnungen; beispielsweise aus § 17 Abs. 2 StromNZV oder § 40 GasNZV. Außerdem hat die BNetzA für die Betreiber von Stromnetzen alle Veröffentlichungspflichten in einem **Leitfaden** zusammengefasst und auf ihrer Website veröffentlicht.[97] Ob dieser Leitfaden allerdings für die Betreiber geschlossener Verteilernetze 1:1 anzuwenden ist, mag infrage gestellt sein. Denn zum einen wird auf geschlossene Verteilernetze nicht explizit eingegangen und zum anderen gab es zum Zeitpunkt des Erlasses des Leitfadens (2008) die geschlossenen Verteilernetze nach aktuell gültigen § 110 EnWG auch noch nicht. Als Richtschnur ist der Leitfaden gleichwohl geeignet, aber im Einzelfall mit Vorsicht zu behandeln.

! **Praxistipp**

Dort, wo Diskrepanzen in den Veröffentlichungspflichten sichtbar werden zum Leitfaden, sollte man mit (für sich niedergelegter) schriftlicher Begründung von den Veröffentlichungspflichten Abstand nehmen.

Im Zweifel oder in akuten Fällen – Streitigkeiten mit Netzkunden oder vorgelagerten Netzbetreibern oder Lieferanten – sollte man informell die BNetzA um Rat fragen, bevor man die zuständige Regulierungsbehörde anruft.

---

97 Abrufbar unter http://www.bundesnetzagentur.de/SharedDocs/Downloads/DE/Sachgebiete/Energie/Unternehmen_Institutionen/HandelundVertrieb/Marktueberwachung_REMIT/Leitfaden VeroeffentlgStromnetzbetrId12526pdf.

Eine weitere wichtige Verpflichtung, die sich aus § 20 EnWG ergibt, betrifft die Verpflichtung zur **Zusammenarbeit mit den anderen Netzbetreibern**. Sie ist darauf gerichtet, gemeinsam einen effizienten Netzzugang zu bewerkstelligen. Diese Verpflichtung umfasst in aller erster Linie den **Datenaustausch** hinsichtlich benötigter, benutzter und frei werdender oder frei gewordener Kapazitäten, Einspeise- und Entnahmepunkten, Vertragslaufzeiten, Bilanzkreisen, Netzkoppelpunkten, Lieferanten, Zählpunkten, Systemdienstleistungen sowie dem fristgerechten Austausch von Einspeise- und Entnahmezeitreihen (**Messwerten**). Letzteres dürften wohl die wichtigsten Daten sein.[98] Weitere Einzelheiten hinsichtlich der Pflicht zur Zusammenarbeit unter den Netzbetreibern ergeben sich für den Strombereich aus § 16 StromNZV bzw. für den Gasbereich aus §§ 3, 7 GasNZV in Verbindung mit der „Kooperationsvereinbarung zwischen den Betreibern von in Deutschland gelegenen Gasversorgungsnetzen" – KoV VI – in der am 1.10.2013 in Kraft getretenen Fassung.[99] 102

Mit dem expliziten Hinweis in § 20 Abs. 1 EnWG auf die **Massengeschäftstauglichkeit** verpflichtet der Gesetzgeber alle Netzbetreiber – auch die Betreiber geschlossener Verteilernetze – allen Lieferanten einheitliche, offen und leicht zugängliche Bedingungen zu unterbreiten, damit man dem Ziel der Liberalisierung der Energiemärkte gerecht werden kann. Diese sind wesentlich davon gekennzeichnet, auf einheitlicher Datenbasis effizient Netzzugang zu gewähren, und zwar schnellstmöglich und ohne bürokratische Hürden. 103

V. Geschäftsprozesse für den Lieferantenwechsel und die Marktkommunikation

Die Klassifizierung als geschlossenes Verteilernetz entbindet gem. § 110 Abs. 1 EnWG nicht von den Pflichten der §§ 20 und 20a EnWG, die den Zugang zu den Energieversorgungsnetzen sowie den Lieferantenwechsel regeln. Betreiber geschlossener Verteilernetze werden vom Gesetzgeber damit im Verhältnis zu den an ihr Netz angeschlossenen Entnahmestellen ebenso wie Betreiber öffentlicher Verteilernetze als Monopolisten angesehen, die zu diskriminierungsfreiem Handeln gegenüber diesen Entnahmestellen verpflichtet sind. 104

Betreiber von geschlossenen Verteilernetzen müssen folglich den an ihr Netz angeschlossenen Anschlussnehmern die freie Wahl des Energielieferanten gewähren. Sie sind zur Unterstützung des Lieferantenwechselprozesses sowie der Bereitstellung von Messdaten zur Verbrauchs- und Bilanzkreisabrechnung nach den Maßgaben von EnWG, darauf aufbauenden Verordnungen und Beschlüssen der BNetzA verpflichtet. Damit sind sie auch denselben Anforderungen an Inhalte, Fristen und **Datenformate** 105

98 BK-EnR/*Säcker/Boesche*, § 20 EnWG Rn 55.

99 Abrufbar unter http://www.bdew.de/internet.nsf/id/C8D4102AA5347BE0C12578300046BCE6/$file/13-06-28_KoV%20VI_Gesamt_final.pdf; vgl. auch Schneider/Theobald/*de Wyl/Thole/Bartsch*, Kap. 6, § 16 Rn 441 ff.

der Marktkommunikation gemäß jeweils aktueller Beschlusslage der BNetzA unterworfen wie die Betreiber von Verteilernetzen der öffentlichen Versorgung und zur **DV-gestützten Kommunikation verpflichtet**. Dies betrifft sowohl die Kommunikation mit den Marktpartnern bei der **Strombelieferung (GPKE)** bzw. der **Gasbelieferung (GeLi Gas)** als auch die Kommunikationsregeln zur **Bilanzkreisabrechnung Strom (MaBiS)** bzw. die entsprechenden Regelungen für den **Gasbereich (GaBi Gas)**.

1. Erforderliche Identifizierungscodes

106 Betreiber geschlossener Verteilernetze haben die Marktrolle der Verteilernetzbetreiber in den verpflichtend festgelegten Datenaustauschprozessen zu übernehmen. Zur eindeutigen Identifikation muss jeder Netzbetreiber für das Netz selbst eine **vierstellige Stromnetzbetreibernummer beantragen.**[100] Diese wird Bestandteil der von ihm vergebenen Zählpunktbezeichnungen für die Einspeise- und Entnahmestellen in seinem Netz wird. Die Zählpunktbezeichnung umfasst 33 alphanumerische Zeichen und ist in ihrem Aufbau durch den Metering Code normiert.[101] Sie setzt sich aus den Bestandteilen Land (2 Stellen), Netzbetreiber (6 Stellen), Postleitzahl (5 Stellen) und frei vom Netzbetreiber zu vergebener Zählpunktnummer (20 Stellen) zusammen. An der ausgewiesenen Position hat der Netzbetreiber die ihm zugeteilte Stromnetzbetreibernummer zu nutzen.

107 Weiterhin ist für die Identifikation des Betreibers in der standardisierten Marktkommunikation für die Marktrolle Verteilernetzbetreiber Strom oder Gas eine **Codenummer zu beantragen**. Der Zugang zur Beantragung ist auf der Internetseite des BDEW zu finden.[102] Diese Codenummern sind bei den Datenaustauschprozessen im Zusammenhang mit den Lieferantenwechselprozessen und der Bilanzierung Strom zu verwenden.

108 Zur eindeutigen Identifikation des Bilanzierungsgebietes, für das der Netzbetreiber im Zuge der MaBiS-Aufgaben die Daten bereitstellt, ist ein **weiterer Code (Energy Identification Code – EIC)** zu beantragen. Die Beantragung erfolgt gegenüber dem Bilanzkreiskoordinator, also dem Übertragungsnetzbetreiber, in dessen Regelzone das Verteilernetz liegt. Dabei gilt, dass ein Verteilernetzbetreiber mehrere Bilanzierungsgebiete bewirtschaften kann, die Bewirtschaftung jedes Bilanzierungsgebietes jedoch nur von genau einem Betreiber verantwortet wird. Mindestens drei Monate vor Aktivierung eines neuen Bilanzierungsgebietes hat der Netzbetreiber alle bis dahin bekannten Lieferanten und Bilanzkreisverantwortlichen, die Entnahmestellen in seinem Netz versorgen, über die Änderung zu informieren. Eine Übersicht über Verteilernetzbetreiber und **Bilanzierungsgebiete** kann auf der **Internetseite des BDEW** eingesehen werden.[103]

---

100 Diese Stammnetzbetreibernummer ist beim BDEW zu beantragen.

101 Siehe BDEW: Metering Code 2006, Ausgabe 2008.

102 Abrufbar unter http://www.bdew.de/internet.nsf/id/codenummern-de.

103 Abrufbar unter http://www.bdew.de/internet.nsf/id/DE_EIC-Codes-und-VNB-Bilanzierungsgebiete.

2. Pflichten des Verteilernetzbetreibers nach GPKE und GeLi Gas

Die Festlegungen zu den Geschäftsprozessen zur Kundenbelieferung mit Elektrizität wurden erstmals in 2006 von der 6. Beschlusskammer der BNetzA getroffen und als Anlage zu dem Beschluss BK6-06-009 vom 11.7.2006 veröffentlicht. Die Festlegungen zu den Lieferantenwechselprozessen Gas sind als Anlage zu dem Beschluss BK7-06-067 vom 20.8.2007 veröffentlicht worden. Letztere wurden in möglichst enger Anlehnung an die entsprechenden Regelungen im Strommarkt formuliert, Abweichungen betreffen vornehmlich Konventionen in Bezeichnungen (z.B. Zählerwerte bei Strom, Messdaten bei Gas) sowie einige wenige unverzichtbare inhaltliche Ergänzungen wie die Übermittlung zum Brennwert Gas, der keine inhaltliche Entsprechung in der Stromdatenübermittlung findet. Diese Dokumente sind in der jeweils aktuellen Fassung auf der Internetseite der BNetzA einzusehen.[104] 109

Die Marktkommunikation zu den Geschäftsprozessen zur Kundenbelieferung umfasst periodisch wiederkehrende und durch **spezielle Ereignisse ausgelöste Nachrichten.** Die Nachrichten werden zwischen Verteilernetzbetreiber und Energielieferanten **ausgetauscht**. Für jede Art von Nachricht sind **Fristen** und **Formen** der Übermittlung und Beantwortung in GPKE bzw. GeLi Gas festgelegt, die vom Netzbetreiber einzuhalten sind. 110

Tabelle: Periodisch wiederkehrende Marktkommunikation des Netzbetreibers

Täglich	Monatlich	Mindestens jährlich (sofern nicht unterjährige Kommunikation veranlasst)
Übermittlung der Viertelstunden-Zählwerte der mit registrierender Leistungsmessung (RLM) ausgestatteten Entnahme-/Einspeisestellen an den jeweiligen Lieferanten (Nachrichtentyp MSCONS)	Erstellen und Versenden von Kundenzuordnungslisten (Auflistung der zu beliefernden Kunden je Lieferant im Netzgebiet) an die jeweiligen Lieferanten (Nachrichtentyp UTILMD) Erstellen und Versenden der Netznutzungsabrechnung der RLM-Kunden an Kunden oder Lieferanten (Nachrichtentyp INVOICE)	Zählerstandübermittlung für Kunden, die nach Standardlastprofil (SLP) versorgt werden (Nachrichtentyp MSCONS) Erstellen und Versenden der Netznutzungsabrechnung für SLP-Kunden an Lieferanten (Nachrichtentyp INVOICE) Erstellung von Mehr-/Mindermengenabrechnung an Lieferanten (Nachrichtentyp INVOICE)

Ereignisinduzierte Marktkommunikation ist in der Regel veranlasst durch Änderung von Stammdaten oder durch Änderung der Lieferverhältnisse wie erstmalige Anmeldung, endgültige Abmeldung von Entnahmestellen oder Lieferantenwechsel. Bei einem 111

104 Abrufbar unter http://www.vku.de/energie/netzzugang-netzanschluss-elektrizitaet/lieferanten wechsel-prozesse/bnetza-veroeffentlicht-mitteilung-nr-31-zur-umsetzung-der-beschluesse-gpke-geli-gas.html mit konsolidierten Lesefassungen.

Lieferantenwechsel übernimmt der Verteilernetzbetreiber die Rolle einer den Wechsel unterstützenden Instanz, die die Anmeldung zur Belieferung des neuen Lieferanten zur Kenntnis nimmt. Falls eine Abmeldung des Altlieferanten noch nicht vorliegt, fragt der Verteilnetzbetreiber beim Altlieferanten nach der Bereitschaft zur Abmeldung der Belieferung. Bei Lieferantenkonkurrenz prüft er den Anspruch des Kunden auf Lieferantenwechsel. Die jeweiligen Prüfergebnisse und Antworten sind den beteiligten Marktpartnern in der vorgeschriebenen standardisierten Form zu übermitteln.

112 Sofern ein Lieferantenwechsel stattfindet, übernimmt der Verteilernetzbetreiber die entsprechende **Anmeldung** der Netznutzung durch den neuen Lieferanten sowie die **Abmeldung** des Altlieferanten in die eigenen Daten. Zur Bestätigung des abgeschlossenen Änderungsprozesses erstellt der Verteilernetzbetreiber die **monatlich zu versendende Zuordnungsliste**, in der die betroffene Entnahmestelle für den Folgemonat dem neuen Lieferanten zugeordnet wird und nicht weiter in der Zuordnungsliste des Altlieferanten erscheint. Entsprechendes gilt bei erstmaligem Anlagenzugang oder endgültiger Schließung/Aufhebung einer Entnahmestelle.

113 Einspeisestellen sind analog wie Entnahmestellen zu verwalten, die Details sind in der Festlegung Marktprozesse für Einspeisestellen Strom BK6-12-153 niedergelegt. Es wurden Prozesse, Nachrichtentypen und Datenformate in möglichst großer Anlehnung an die GPKE-Prozesse vereinbart.

114 Sämtliche Prozessschritte, zu verwendende Nachrichtentypen und einzuhaltende Fristen sind in der jeweils aktuellen Fassung GPKE/GeLi Gas niedergelegt. Der Empfang einer Nachricht ist elektronisch zu quittieren, fachlich fehlerhafte Mitteilungen sind elektronisch anzuzeigen.

115 Der Lieferantenwechselprozess darf gem. § 20a Abs. 2 EnWG **drei Wochen,** gerechnet ab dem Zeitpunkt des Zugangs der Anmeldung durch den neuen Lieferanten beim Netzbetreiber, nicht überschreiten, soweit sich der gewünschte Liefertermin nicht auf einen weiter in der Zukunft liegenden Termin bezieht. Werden diese Fristen nicht eingehalten, kann der Letztverbraucher Schadensersatz von dem Marktpartner verlangen, der die Verzögerung zu vertreten hat.

116 Die Festlegungen der BNetzA zu den Geschäftsprozessen GPKE und GeLi Gas, den **Datenformaten** sowie die aktuell gültigen Nachrichtentypversionen sind auf der **Internetseite der BNetzA veröffentlicht.**[105]

3. Pflichten des Verteilernetzbetreibers nach MaBiS

117 Die Festlegungen für die Durchführung der **Bilanzkreisabrechnung** Strom wurden gleichfalls von der 6. Beschlusskammer der BNetzA erstellt und sind als Anlage

105 Abrufbar unter http://www.vku.de/energie/netzzugang-netzanschluss-elektrizitaet/lieferantenwechsel-prozesse/bnetza-veroeffentlicht-mitteilung-nr-31-zur-umsetzung-der-beschluesse-gpke-geli-gas.html.

zum Beschluss BK6-07-002 vom 10.6.2009 veröffentlicht. Die Festlegungen sind seit Oktober 2010 anzuwenden.

Darin wird der Verteilernetzbetreiber verpflichtet, zu jedem Zeitpunkt eine vollstän- 118
dige Zuordnung der in seinem Bilanzierungsgebiet (dies entspricht in der Regel dem Verteilernetzgebiet) befindlichen Energiemengen zu Bilanzkreisen zu gewährleisten.[106] Einspeisezeitreihen und Lastgangzeitreihen (**Verbrauchsdaten**) sind separat zu erfassen. Die genauen Festlegungen sind auf der Internetseite der BNetzA einzusehen.[107]

Sämtliche durch MaBiS veranlasste Marktkommunikation dient **der Abstim-** 119
mung der Energieflüsse je Bilanzierungsgebiet mit den in diesem Gebiet aktiven Lieferanten und Bilanzkreisverantwortlichen und dem für die Abrechnung der Ausgleichsenergie verantwortlichen Bilanzkreiskoordinator. Die Datenübermittlung erfolgt monatlich in festgelegten Datenformaten und innerhalb vorgegebener Fristen.

Der Verteilnetzbetreiber stellt dazu die von ihm verwalteten und die Messdaten 120
den jeweiligen Lieferanten zugeordneten Messdaten der Entnahme- und Einspeisestellen und des Energieflusses in oder aus dem Bilanzierungsgebiet als Summenzeitreihe zur Verfügung. Die Kommunikationsflüsse nach MaBiS sind in der folgenden Abbildung dargestellt.

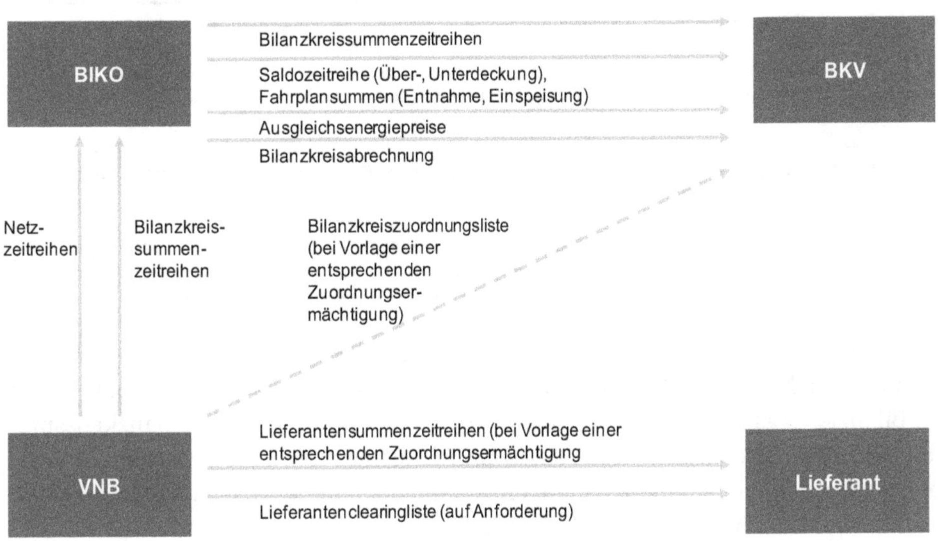

Quelle: BNetzA[108]

106 BNetzA: Anlage 1 zum dem Beschluss - BK6-07-002 - Ziff. 1.2.

107 Abrufbar unter http://www.vku.de/energie/netzzugang-netzanschluss-elektrizitaet/lieferantenwechsel-prozesse/bnetza-veroeffentlicht-mitteilung-nr-31-zur-umsetzung-der-beschluesse-gpke-geli-gas.html.

108 Abrufbar unter http://www.bundesnetzagentur.de/cln_1411/DE/Service-Funktionen/

121 Aus MaBiS ergeben sich für den Verteilernetzbetreiber – und damit auch für den Betreiber eines geschlossenen Verteilernetzes – **folgende Pflichten**:
- Einmalig je Zählpunkt (sowie bei Änderung der sachlichen Grundlage der Zuordnung): Zuordnung zu einem Zeitreihentyp;
- Monatlich: Bildung von Summenzeitreihen je Zeitreihentyp, d.h. Aufsummierung aller Viertelstundenwerte eines Zeitreihentyps für alle Viertelstunden eines Monats;
- Ausweisung der Netzzeitreihen, in denen der Energieaustausch mit den umgebenden Netzbetreibern ausgewiesen ist: Ermittlung der dem Verteilernetzbetreiber zuzurechnenden Energieflüsse wie Netzverluste, Aufnahme von EEG-Erzeugung oder nicht zuordenbare Differenzen.

122 Für die Zuordnung von Zählpunkten zu Zeitreihentypen ist eine Kombination aus Einspeise- oder Entnahmestelle und der Art der Bestimmung ihrer Ganglinie maßgeblich. Daraus ergeben sich die folgenden neun möglichen Zeitreihentypen, denen ein Zählpunkt zugeordnet werden kann.

Ganglinienbestimmung	Entnahmestelle	Einspeiser
Registrierende Lastgangmessung	Lastgangzeitreihe	Einspeisegangzeitreihe
Analytisches Standardprofil	Analytisches Lastprofil (SLP kompliziert)	
Synthetisches Standardprofil	Synthetisches Lastprofil (SLP normal)	Synthetisches Einspeiseprofil
Tagesparameterabhängiges Profil	z.B. temperaturabhängiger Verbraucher (Wärmepumpe)	z.B. temperaturabhängiger Erzeuger (Mini-BHKW)

123 Für diese Zeitreihentypen sind monatlich separate **Summenzeitreihen** je Bilanzkreisverantwortlicher und je Lieferant zu bilden, soweit entsprechende Abnahmestellen im Bilanzierungsgebiet beliefert werden bzw. dort produzieren. Die Bilanzkreissummenzeitreihen sind an den Bilanzkreiskoordinator, also den Übertragungsnetzbetreiber, zu senden, die Lieferantensummenzeitreihen an die jeweiligen Lieferanten, die Entnahmestellen im Netzgebiet versorgen.

124 Netzzeitreihen, d.h. der **viertelstündige Saldo der Energieflüsse** über die Netzgrenzen je Monat und je angrenzendem Netzbetreiber, sind zu ermitteln und an den Bilanzkreiskoordinator zu senden. Dem Netzbetrieb zuzurechnende Energieflüsse hat der Verteilernetzbetreiber in einem eigenen Bilanzkreis zu verwalten und in einer entsprechenden Bilanzkreissummenzeitreihe monatlich gegenüber dem Bilanz-

Beschlusskammern/1BK-Geschaeftszeichen-Datenbank/BK6-GZ/2007/2007_001bis100/BK6-07-002/BK6-07-002_Beschluss_BKV.html?nn=269602.

kreiskoordinator zu dokumentieren. Diesem Bilanzkreis sind zuzuordnen und als typenreine Summenzeitreihen zu melden:

- die kalkulierten Netzverluste;
- allerdings (nach umstrittener Auffassung) nicht die vom Verteilernetzbetreiber der allgemeinen Versorgung (zwangsweise in seiner Funktion als Verpflichteter gem. § 8 i.V.m. § 3 Nr. 8 EEG) aufgenommenen EEG-Einspeisungen (separiert nach Erzeugungsart und Art der Ermittlung der Einspeise-Ganglinie), denn Voraussetzung für das geschlossene Verteilernetz gem. § 110 EnWG ist, dass **kein** Netz der allgemeinen Versorgung betrieben wird; Adressat des EEG ist nach der Definition „Netzbetreiber" in § 3 Nr. 8 EEG aber allein der Netzbetreiber der allgemeinen Versorgung;[109]
- die Differenzmenge, die nach Zuordnung aller Energieflüsse von oder in andere Verteilernetze ausweislich der Netzzeitreihen sowie zu den typisierten Zählpunkten als nicht zuordenbar verbleibt.

Davon ausgehend, dass in einem geschlossenen Verteilernetz weniger als 100.000 Kunden angeschlossen sind, greift für den Netzbetreiber hier die de minimis-Regelung, sodass diese drei verschiedenen Zeitreihentypen einem gemeinsamen Bilanzkreis zugeordnet werden dürfen und nicht separat auszuweisen sind. Die entsprechenden Viertelstundensummenzeitreihen sind typenscharf als **Bilanzkreissummenzeitreihen dem Bilanzkreiskoordinator zu übermitteln.** 125

Sofern der Verteilernetzbetreiber von Bilanzkreisverantwortlichen dazu ermächtigt (bevollmächtigt) wurde, übersendet der Verteilernetzbetreiber den Bilanzkreisverantwortlichen die jeweilige Bilanzkreiszuordnungsliste, die u.a. die im Bilanzkreis geführten Lieferanten, die Zeitreihentypen der Lieferantensummenzeitreihen sowie Beginn und ggf. Ende der Zuordnung aufführen. 126

Die übermittelten Daten sind zu **archivieren**, insbesondere auch, da es sich um abrechnungsrelevante Informationen handelt. Korrekturen versendeter Datenreihen sind als fortlaufend nummerierte Versionen zu erstellen und gleichfalls zu archivieren. 127

109 Das ist umstritten, wie hier auch *Salje*, EEG, § 3 Rn 161; dagegen vertritt BK-EnR/*Wolf*, § 110 EnWG Rn 176 ff. mit ausführlicher Begründung die Auffassung, dass ein geschlossenes Verteilernetz, das nach den Regelungen des EnWG gerade kein Netz der allgemeinen Versorgung ist, gleichwohl nach der Diktion des EEG ein Netz der allgemeinen Versorgung sein könne. Diese unter dem Gesichtspunkt der Einheit der Rechtsordnung problematische Auffassung – dieselbe Bezeichnung in zwei energierechtlichen Regelungen mit unterschiedlicher Tragweite – kann nach hiesiger Sicht nicht gefolgt werden. Denn das EEG 2009 war bereits vor der Schaffung des neuen § 110 EnWG in Kraft. Hätte der Gesetzgeber bei der letzten Novellierung des EEG 2012 auch geschlossene Verteilernetze in den Anwendungsbereich mit aufnehmen wollen, dann hätte er dies explizit geregelt. Diese Auffassung liegt nahe, weil das EnWG und das EEG etwa zeitgleich im Gesetzgebungsverfahren 2011 behandelt worden sind.

4. IT-technische Anforderungen der Marktkommunikation

128 Die Marktkommunikation gemäß den Festlegungen aus GPKE, GeLi Gas und MaBiS sowie GaBi Gas ist Inhalten, Formen, Datenformaten und Fristen verbindlich vorgegeben. Die zentralen Regelungen sind nachfolgend ausgewiesen, die vollständigen Regelungen in den entsprechenden Anlagen zu den Beschlüssen.[110]

129 Für die Abwicklung der Prozesse sowie den Versand und Empfang der damit verbundenen Nachrichten hat jeder Beteiligte – also auch der Betreiber eines geschlossenen Verteilernetzes – eine einheitliche E-Mail-Adresse einzurichten, an die alle Nachrichten unabhängig vom Nachrichtentyp gesandt werden können („1.1-Adressierung"). Die Adresse ist ausschließlich für Mitteilungen im Zusammenhang mit den von der BNetzA festgelegten Prozessen zu verwenden. Die Nachrichten eines Verteilernetzbetreibers müssen also immer vom selben Server übermittelt und an ihn adressierte Nachrichten auch von diesem einen Server empfangen und quittiert werden. Zählwertdaten oder Netznutzungsabrechnungen müssen folglich vom selben Server versandt werden wie die Nachrichten im Rahmen von Lieferantenwechselprozessen.

130 Alle Betreiber von Elektrizitäts- und Gasversorgungsnetzen sind verpflichtet, für die Verarbeitung und den Austausch elektronischer Nachrichten im Rahmen der in GPKE und GeLi Gas sowie MaBiS beschriebenen Geschäftsprozesse das **Datenformat EDIFACT** anzuwenden. Bei allen Nachrichtentypen sind die jeweils aktuellen Versionen zu benutzen, Versionsänderungen sind jeweils zum 1.4. und zum 1.10. eines Jahres umzusetzen. Verlängerte Umsetzungsfristen können in den Versionsregeln festgelegt werden. Versions-Updates sind bislang wenigstens jährlich erarbeitet worden.

131 Der Empfänger einer elektronischen Nachricht hat dem Absender jeden Nachrichteneingang sowie das Auftreten oder Nichtauftreten von Syntaxfehlern unter Verwendung des **Nachrichtentyps CONTRL** mitzuteilen. Für jede elektronische Nachricht, deren Inhalt eine automatisierte Überprüfung erfordert (insbesondere MSCONS- und UTILMD-Nachrichten), hat der Empfänger eine Anwendungsfehler- bzw. Bestätigungsmeldung unter Verwendung des Nachrichtentyps APERAK an den Absender zu übermitteln.

132 Bei den IT-technischen Anforderungen wird, wie bei den Anforderungen an die Marktkommunikation überhaupt, nicht zwischen „kleinen" und „großen" Netzbetreibern unterschieden. Die festgelegten Anforderungen sind von allen gleichermaßen zu erfüllen.

---

110 BNetzA: Anlage zum Beschluss - BK6-06-009 - Abschnitt II-4 in der Fassung vom 1.4.2012.; mit der Festlegung der BNetzA in Sachen Ausgleichsleistung Gas (- BK7-08-002 - „GaBi Gas") wurde das Bilanzierungssystem im Gas umfassend neu geregelt und in der Kooperationsvereinbarung Gas (KoV) inkl. zugehörigem Leitfaden Bilanzkreismanagement Gas (LF BKM Gas) konkretisiert.

5. Umsetzung in Eigenleistung oder Herausgabe an Dienstleister

Art und Umfang der Marktkommunikation stellen sehr spezifische Anforderungen an die IT-Ausstattung der Beteiligten. Durch die zahlreichen Aktualisierungen wurde bisher außerdem **hoher Pflegeaufwand** verursacht. Bei geschlossenen Verteilernetzen mit eher niedriger Anzahl der angeschlossenen Kunden wirft dies hohe spezifische IT-Kosten auf, sofern diese Leistungen auf eigenen Systemen erbracht werden. 133

Sofern im Haus keine geeignete IT-Ausstattung zur Erstellung und Verwaltung von Zeitreihen genutzt werden kann, erfordert die monatlich fällige Listenerstellung (Bestandslisten und Summenzeitreihen) signifikanten Personalaufwand. Eine Erstellung mit gängiger Bürosoftware, z.B. im Programm Excel, ist zwar möglich, gewährleistet jedoch nicht die erforderliche Datensicherheit und unterstützt nicht bei den Versionierungs- und Archivierungspflichten. 134

Gerade aufgrund der speziellen IT-technischen Anforderungen und deren niedriger Auslastung bei alleiniger Nutzung durch den Betreiber geschlossener Verteilernetze bietet sich die **Einbindung eines Dienstleisters** an, um die Anforderungen der Marktkommunikation abzudecken. Entsprechende Angebote werden häufig auch von kleineren und mittelgroßen Stadtwerken in Anspruch genommen. 135

Bei der Beauftragung von Dienstleistern ist zu entscheiden, welche Aufgaben von dem Dritten und welche im eigenen Haus erbracht werden sollen. Versand und Empfang der Marktkommunikation dürften sicher bei dem Dienstleister liegen; inwieweit dieser auch für die Inhalte der Nachrichten verantwortlich sein soll, ist individuell zu entscheiden. 136

Die Beantragung der Identifikationscodes hat im Namen des Netzbetreibers zu erfolgen und stellt lediglich einen einmaligen Aufwand dar, der im eigenen Haus erbracht werden kann, ggf. mit Unterstützung Dritter. Damit würde auch bei dem Betreiber geschlossener Verteilernetze ein Grundwissen um die Beteiligten und die Aufgaben der Marktkommunikation in dieser Rolle erworben. Ebenfalls durch den Verteilernetzbetreiber selbst sollte die Zuordnung der angeschlossenen Entnahmestellen/Zählpunkte zu den Zeitreihentypen erfolgen, da dies Kenntnisse über diese Entnahmestellen erfordert, die Dritte nicht besitzen und die sachgerechte Zuordnung eine Grundvoraussetzung für korrekte Listenerstellung darstellt. 137

Bei der Einbindung von Dienstleistern bleibt insgesamt zu beachten, dass der Betreiber des geschlossenen Verteilernetzes in jedem Fall gegenüber den übrigen Marktpartnern und gegenüber dem Gesetzgeber und der BNetzA bzw. den jeweils zuständigen Landesregulierungsbehörden in der Verantwortung für die korrekte Abwicklung sämtlicher Prozesse gemäß GPKE, GeLi Gas und MaBiS steht und er sich des Dienstleisters lediglich als Erfüllungsgehilfen bedienen kann. 138

Die oben ausgeführten Pflichten zur Marktkommunikation betreffen die Betreiber geschlossener Verteilernetze in der Marktrolle als Verteilernetzbetreiber. Nicht diskutiert wurden die Aufgaben aus der Marktrolle Lieferant, die sich durch die Regelungen des EnWG 2011 nicht geändert haben. 139

C. Antragstellung nach § 110 Abs. 3 EnWG

140 Das Vorliegen der Voraussetzungen zur Einstufung reicht allein nicht aus für das Eintreten der teilweisen Freistellung des geschlossenen Verteilernetzes von den Vorschriften des EnWG. Unter der alten Rechtslage war umstritten, ob ein **Antrag auf Einstufung des Netzes** als Objektnetz erforderlich ist oder ob die Objektnetzeinstufung per Gesetz ohne eigenen Antrag erfolgt.[111] Die **Antragspflicht** hat nun der Gesetzgeber klar geregelt: Es ist für eine Einstufung und Anerkennung als geschlossenes Verteilernetz erforderlich, dass der **Netzbetreiber** gem. **§ 110 Abs. 3 EnWG** einen entsprechenden Antrag bei der Regulierungsbehörde stellt.

I. Zuständige Regulierungsbehörde

1. Sachliche Zuständigkeit

141 Für die Anträge nach § 110 EnWG sind sowohl die Landesregulierungsbehörden als auch die BNetzA zuständig. Die Abgrenzung der **sachlichen Zuständigkeit** richtet sich nach § 54 Abs. 2 Nr. 9 EnWG. Danach „obliegt" den Landesregulierungsbehörden die Entscheidung über das Vorliegen der Voraussetzungen nach § 110 Abs. 2 und 4 EnWG, soweit Energieversorgungsunternehmen betroffen sind, an deren Elektrizitäts- oder Gasverteilernetz jeweils weniger als **100.000 Kunden** unmittelbar oder mittelbar angeschlossen sind. Hierbei ist der **Kundenbegriff des EnWG** maßgeblich. Darunter fallen Großhändler, Letztverbraucher und Unternehmen, die Energie kaufen (vgl. § 3 Nr. 24 EnWG).

142 Nach Ansicht des **OLG Düsseldorf** ist Maßstab für die 100.000-Kunden-Grenze nicht das einzelne Netz, sondern das jeweilige Energieversorgungsunternehmen, welches das Netz betreibt.[112] Die BNetzA ist nach § 54 Abs. 2 S. 2 EnWG wiederum sachlich zuständig, wenn das Energieversorgungsnetz über das Gebiet eines Landes hinausreicht. Bei den Energieversorgungsnetzen, die als geschlossenes Verteilernetz überhaupt in Betracht kommen, und deren Betreibern dürfte die 100.000-Kunden-Grenze in der Regel unterschritten werden. In der Praxis dürften somit regelmäßig die **Landesregulierungsbehörden** für die Antragstellung sachlich zuständig sein.

2. Örtliche Zuständigkeit

143 Sind die Landesregulierungsbehörden sachlich zuständig, stellt sich die Frage nach der **örtlichen Zuständigkeit** der jeweiligen Regulierungsbehörde. Diese ist im EnWG weniger klar geregelt. So wäre es z.B. denkbar, dass sich die örtliche Zuständigkeit

111 *Rosin*, RdE 2006, 9; *Krebs*, RdE 2006, 115.
112 OLG Düsseldorf, Beschl. v. 27.8.2008 - VI-3 Kart 7/08 (V) -.

der jeweiligen Landesregulierungsbehörde danach richtet, in welchem **Bundesland** das Unternehmen, welches das geschlossene Verteilernetz betreibt, seinen Sitz hat. Denkbar wäre es auch, dass sich die Zuständigkeit danach richtet, in welchem Bundesland sich das **geschlossene Verteilernetz** (genauer: das Energieversorgungsnetz, für welches eine Einstufung als geschlossenes Verteilernetz beantragt werden soll) befindet.

Bereits die Vorschrift des § 54 Abs. 2 S. 2 EnWG spricht jedoch dafür, dass es darauf 144
ankommen muss, in welchem Bundesland sich das Netz befindet. Denn aus der Vorschrift folgt, dass dann die **BNetzA** zuständig ist, wenn ein Netz über das Gebiet eines Landes hinausreicht. Dieser Regelung würde es nicht bedürfen, wenn es bei der Abgrenzung der **örtlichen Zuständigkeit** auf den Sitz des Netzbetreibers ankäme. Zudem sprechen auch die Zuständigkeitsregeln des allgemeinen Verwaltungsrechts für diese Sichtweise. Denn nach **§ 3 Abs. 1 Nr. 2 VwVfG** wird bei der örtlichen Zuständigkeit in Angelegenheiten, die sich auf den Betrieb eines Unternehmens beziehen, ebenfalls auf den Ort abgestellt, an dem die Betriebsstätte betrieben wird.[113] Es ist also davon auszugehen, dass sich die örtliche Zuständigkeit der jeweiligen Landesregulierungsbehörden danach richtet, in welchem Bundesland sich das Energieversorgungsnetz befindet.[114]

3. Zuständigkeit bei mehreren Netzen in verschiedenen Ländern

Als ungeklärt gilt es bislang, welche Behörde sachlich zuständig ist – die jeweilige 145
Landesregulierungsbehörde oder die BNetzA? – wenn der Antragsteller für **mehrere Netze** einen Antrag nach § 110 EnWG stellen will und sich diese Netze jeweils **in verschiedenen Bundesländern** befinden. Grundsätzlich kann man bereits aufgrund des recht eindeutigen Wortlauts von § 54 Abs. 2 EnWG die Auffassung vertreten, dass hier je nach dem Netz, für welches der Antrag gestellt wird, die jeweilige Landesregulierungsbehörde sachlich zuständig ist, in dessen Bundesland sich das Netz befindet (solange das Netz sich nicht über die Bundeslandgrenzen erstreckt).

Die **Regulierungsbehörden** scheinen dies jedoch anders zu beurteilen. Nach 146
deren Auffassung kommt es unter Verweis auf eine Entscheidung des OLG Düsseldorf auf die **Gesamtheit des von dem betroffenen Energieversorgungsunternehmen betriebenen Verteilnetzes** an, ohne dass es einer physikalischen Verbindung oder Querung einer Landesgrenze bedarf.[115] Ob sich diese Auffassung der Regulierungsbehörden mit einem Verweis auf die genannte Entscheidung des OLG Düsseldorf stützen

113 So auch Danner/Theobald/*Theobald/Werk*, § 54 EnWG Rn 76.

114 Vgl. auch *Salje*, EnWG, § 54 Rn 39.

115 Gemeinsames Positionspapier der Regulierungsbehörden der Länder und der Bundesnetzagentur zu geschlossenen Verteilernetzen gem. § 110 EnWG vom 23.2.2012, S. 17 unter Verweis auf OLG Düsseldorf, Beschl. v. 27.8.2008 - VI-3 Kart 7/08 (V) -.

lässt, ist jedoch zweifelhaft. Zwar hat das OLG Düsseldorf in der Entscheidung unter Berücksichtigung der **Gesetzgebungshistorie** ausgeführt, dass sich die Auslegung des § 54 EnWG an der Gesamtheit des von dem Energieversorgungsunternehmen betriebenen Elektrizitätsverteilernetzes und damit an der Bedeutung des Energieversorgungsunternehmens selbst orientiere.[116] Allerdings geht es in der Entscheidung gar nicht um die Frage der Zuständigkeit für den Fall, in dem mehrere Netze in unterschiedlichen Bundesländern liegen, sondern darum, ob bei der 100.000-Kunden-Grenze an das Energieversorgungsunternehmen oder das jeweilige Verteilernetz anzuknüpfen sei.[117] Auch in seiner Begründung, dass Anknüpfungspunkt für die 100.000-Kunden-Grenze das Energieversorgungsunternehmen und nicht das einzelne Netz sei, stellt das OLG Düsseldorf maßgeblich darauf ab, dass die Kundengrenze von 100.000 unmittelbar oder mittelbar angeschlossenen Kunden verdeutlicht, dass nach dem Willen des Gesetzgebers die für die Energiemärkte bedeutsameren Energieversorgungsunternehmen der Regulierung durch die BNetzA unterfallen sollten.

147 Dass diese Begründung nicht die Antwort auf die Frage nach der Zuständigkeit bei mehreren Netzen in unterschiedlichen Bundesländern gibt, wird dadurch deutlich, dass nicht alle Netzbetreiber, die ggf. über zwei Netze in unterschiedlichen Bundesländern verfügen (z.B., weil sie dort jeweils ein Netz zur Versorgung eines Krankenhauses betreiben) als „bedeutsamere Energieversorgungsunternehmen" anzusehen sein dürften. Deshalb dürfte bei einer Antragstellung bezüglich mehrerer Netze in **unterschiedlichen Bundesländern** grundsätzlich von einer Zuständigkeit der **jeweiligen Landesregulierungsbehörde** auszugehen sein. Gleichwohl werden die Regulierungsbehörden aufgrund der eindeutigen Positionierung der BNetzA in diesen Fällen in der Praxis von einer **Zuständigkeit der BNetzA** ausgehen.

II. Inhalt des Antrags

148 Der Antrag auf Einstufung des geschlossenen Verteilernetzes muss die in § 110 Abs. 3 EnWG aufgezählten Angaben enthalten. Eine **vollständige Antragstellung** ist aufgrund der Vermutungsregel in § 110 Abs. 3 EnWG von hoher Bedeutung. Denn danach gilt das Verteilernetz ab einer vollständigen Antragstellung bei der Regulierungsbehörde bis zur Entscheidung der Regulierungsbehörde als geschlossenes Verteilernetz. Zu den notwendigen Angaben zählen:

- **Firma und Sitz** des Netzbetreibers und des Netzeigentümers;
- Angaben nach § 27 Abs. 2 StromNEV bzw. GasNEV. Das bedeutet, dass der Antrag die in § 27 Abs. 2 StromNEV aufgezählten **Strukturmerkmale des Netzes** enthal-

116 OLG Düsseldorf, Beschl. v. 27.8.2008 - VI-3 Kart 7/08 (V) - Rn 12, zit. nach Beck Online – BeckRS 2010, 27801.

117 Siehe oben unter Rn 142.

ten muss, wie z.B. Stromkreislänge der Kabel- und Freileitungen, die im Vorjahr entnommene Jahresarbeit in kWh/Netzebene, die Anzahl der Entnahmestellen, die Einwohnerzahl im Netzgebiet, die versorgte Fläche usw.; bei Gasnetzen Angaben gem. § 27 Abs. 2 GasNEV u.a. zur Länge des Gasleitungsnetzes, die im Vorjahr durch Weiterverteiler und Letztverbraucher entnommene Jahresarbeit in kWh oder in m^3, die Anzahl der Ausspeisepunkte jeweils für alle Druckstufen und die zeitgleiche Jahreshöchstlast aller Entnahmen in MW oder m^3/h und den Zeitpunkt des jeweiligen Auftretens;
- die Anzahl der versorgten **Haushaltskunden**. Der Begriff des „Haushaltskunden" ist hier in Übereinstimmung mit § 110 Abs. 2 EnWG als „Haushaltsletztverbraucher" auszulegen. Es gilt hier nicht die Begriffsbestimmung des § 3 Nr. 22 EnWG;[118]
- das **vorgelagerte Netz** einschließlich der **Spannung** oder des **Drucks**, mit der oder dem das Verteilernetz angeschlossen ist;
- **weitere Verteilernetze**, die der Netzbetreiber betreibt.

Liegen diese Angaben vor, greift die **Vermutungsregelung** des § 110 Abs. 3 EnWG.[119] 149
Unabhängig von der Vermutungsregelung muss der Antragsteller jedoch ggf. noch weitere Unterlagen dem Antrag beilegen. Die BNetzA weist in ihrem **Leitfaden** darauf hin, dass es dem Antragsteller obliege, die Tatsachen, die Voraussetzung für die Einstufung eines geschlossenen Verteilernetzes sind, darzulegen und die Beweismittel zu nennen.[120] Die BNetzA empfiehlt deshalb, **weitere Unterlagen** dem Antrag beizulegen:
- Flurkarten mit den Grenzen des versorgten Gebietes und Darstellung der Netzanlagen;
- Netzplan, aus dem der Schaltzustand im Normalbetrieb hervorgeht;
- Darlegungen zum Vorliegen einer technischen oder sicherheitstechnischen Verknüpfung oder zu den verteilten Energiemengen innerhalb und außerhalb des Unternehmens; ggf. Angaben und Belege zur Unternehmensstruktur;
- Beschäftigungsverhältnisse oder vergleichbare Beziehungen von angeschlossenen Letztverbrauchern, die Energie für den Eigenverbrauch im Haushalt kaufen.[121]

---

118 Siehe oben Rn 28.

119 Anders aber BK-EnR/*Wolf*, § 110 EnWG Rn 146.

120 Gemeinsames Positionspapier der Regulierungsbehörden der Länder und der Bundesnetzagentur zu geschlossenen Verteilernetzen gem. § 110 EnWG vom 23.2.2012, S. 16.

121 Gemeinsames Positionspapier der Regulierungsbehörden der Länder und der Bundesnetzagentur zu geschlossenen Verteilernetzen gem. § 110 EnWG vom 23.2.2012, S. 17.

150 Die BNetzA hat für die Antragstellung im **Internet** einen Erhebungsbogen und eine Übersicht über das Antragsverfahren veröffentlicht.[122] Im **Erhebungsbogen** sind neben allgemeinen Informationen (z.B. Firma des Betreibers, Rechtsform, Sitz) spezifische Informationen zum Netz anzugeben. Dazu gehören u.a. Informationen, die der Abgrenzung zu einer Kundenanlage dienen, Informationen über den Fremdbelieferungsanteil im Netz, Informationen zur Inanspruchnahme vorgelagerter Netzebenen, Informationen zu den Preisen der angrenzenden Netze, etc. Besonderheiten sind dabei detailliert zu erläutern.

151 In dem Erhebungsbogen werden dabei Informationen abgefragt, die zwar für eine erfolgreiche Antragstellung erforderlich sind, jedoch über diejenigen Informationen hinausgehen, die erforderlich sind, damit die gesetzliche Vermutungsregelung greift, dass es sich bei dem beantragten Netz um ein geschlossenes Verteilernetz handelt. Es ist daher nach der **gesetzlichen Regelung** möglich, dem Antrag zunächst die Angaben nach § 110 Abs. 3 EnWG beizufügen, um die Vermutung des Vorliegens eines geschlossenen Verteilernetzes auszulösen und im Anschluss daran die weiteren von der BNetzA für eine erfolgreiche Antragstellung verlangten Informationen.

152 Gleichwohl sieht das von der BNetzA beschriebene **Prozedere keine derartige Trennung dieser Informationen vor**, sondern setzt voraus, dass der Antrag unter **Beifügung des ausführlichen Erhebungsbogens und möglicherweise weiterer Unterlagen einmal** gestellt wird. Vorausgesetzt, dass die Zuständigkeit der BNetzA vorliegt, müssen für die Antragstellung der Erhebungsbogen und die weiteren Unterlagen in **elektronischer Form** an die **Beschlusskammer 8** der BNetzA übermittelt werden. Hierzu ist es erforderlich, dass der Antragsteller vorher eine **Organisationsnummer** beantragt, die von der BNetzA mit einem Passwort vergeben wird. Nach Zuteilung dieser Organisationsnummer soll dann mithilfe des Erhebungsbogens der Antrag auf Einstufung eines geschlossenen Verteilernetzes gestellt werden. Dazu ist der ausgefüllte und in der Struktur unveränderte **Erhebungsbogen** zusammen mit allen weiteren elektronischen Unterlagen in einer gesicherten **ZIP-Datei per E-Mail** an die Beschlusskammer 8 der BNetzA zu übertragen.[123]

153 Abweichend von diesem von der BNetzA vorgesehenen Prozedere, welches **gesetzlich so nicht zwingend vorgebeben** ist, dürfte es allerdings ebenfalls möglich sein, den Antrag auf anderem Wege zu stellen, insbesondere ihn zeitlich dergestalt zu trennen, dass zunächst diejenigen Informationen an die BNetzA übermittelt werden, die zu einem Eingreifen der Vermutungsregelung führen und dann die weiteren für eine erfolgreiche Antragstellung erforderlichen Informationen. Wiederum abweichend von der BNetzA sehen die **Landesregulierungsbehörden** kein besonderes Prozedere für die Beantragung einer Einstufung als geschlossenes Verteilernetz vor.

---

122 Zu finden unter http://www.bundesnetzagentur.de/DE/Sachgebiete/ElektrizitaetundGas/Unternehmen_Institutionen/EntflechtungKonzessionenArealnetze/Arealnetze/arealnetze-node.html.
123 Siehe Fn 120.

III. Zeitpunkt der Antragstellung

Grundsätzlich gibt es keine Frist, bis zu der ein Netzbetreiber einen Antrag auf 154
Anerkennung als geschlossenes Verteilernetz stellen muss. Anders als nach der alten Regelung in § 110 EnWG (alt) ist jedoch die **Antragstellung zwingend** und daher **konstitutiv.**[124] Anders formuliert: Solange ein Netzbetreiber keinen Antrag auf Anerkennung als geschlossenes Verteilernetz gestellt hat, wird er von der Regulierungsbehörde als Netz der allgemeinen Versorgung eingestuft mit der Folge, dass das komplette EnWG anzuwenden ist. Dies war bis **2011** genau anders: Ein Objektnetz galt – wenn die materiellen Voraussetzungen nach Ansicht des Betreibers vorlagen – auch dann als Objektnetz, wenn kein Antrag gestellt worden war. Der Antrag nach altem Recht hatte also lediglich deklaratorische Wirkung.

IV. Vermutungswirkung des Antrags

Von großer praktischer Bedeutung ist die **Vermutungswirkung des vollständi-** 155
gen Antrags nach § 110 Abs. 3 EnWG. Danach gilt das Verteilernetz ab vollständiger Antragstellung bis zur Entscheidung der Regulierungsbehörde als geschlossenes Verteilernetz. Unabhängig davon, ob die Voraussetzungen eines geschlossenen Verteilernetzes wirklich vorliegen, wird dies damit solange vermutet, wie über den Antrag entschieden ist. Die Rechtsfolgen der Einstufung als geschlossenes Verteilernetz, z.B. **keine Genehmigungspflicht für Netzentgelte**, gelten damit **ab der vollständigen Antragstellung**. Diese damit **vorweggenommene Rechtsfolge** endet allerdings dann, wenn die Regulierungsbehörde zu dem Ergebnis kommt, dass die Voraussetzungen zur Einstufung des Netzes als geschlossenes Verteilernetz nicht vorliegen.

Eine vollständige Antragstellung liegt dann vor, wenn der Antrag die **Angaben** 156
nach § 110 Abs. 3 EnWG enthält.[125] Nach Auffassung der Regulierungsbehörden tritt die Vermutungswirkung **ab Antragstellung bei der zuständigen Regulierungsbehörde** ein. Wird der Antrag zunächst bei einer dafür unzuständigen Regulierungsbehörde gestellt, würde danach die Vermutungswirkung zu diesem Zeitpunkt noch **nicht eintreten**, sondern erst dann, wenn der Antrag von der unzuständigen Regulierungsbehörde an die zuständige weitergeleitet wird.[126] Die Rechtsaufassung der

124 So auch das Gemeinsame Positionspapier der Regulierungsbehörden der Länder und der Bundesnetzagentur zu geschlossenen Verteilernetzen gem. § 110 EnWG vom 23.2.2012, S. 15 mit Hinweis auf *Strohe*, CuR 2011, 105 ff.

125 Vgl. oben Rn 148.

126 Gemeinsames Positionspapier der Regulierungsbehörden der Länder und der Bundesnetzagentur zu geschlossenen Verteilernetzen gem. § 110 EnWG vom 23.2.2012, S. 17.

Regulierungsbehörden wird durch den **Gesetzeswortlaut** nicht gestützt. Das Gesetz stellt für den Beginn der Vermutungswirkung generell nur auf die Antragstellung ab, nicht auf die Antragstellung bei der zuständigen Regulierungsbehörde. Um die Vermutungswirkung sicher auszulösen, sollte seitens des Antragstellers die Zuständigkeit jedoch beachtet werden.

157 Nach § 110 Abs. 3 EnWG gilt die Vermutungswirkung bis zur **Entscheidung der Regulierungsbehörde** als geschlossenes Verteilernetz. Nach Auffassung der Regulierungsbehörden ist dabei auf den Zeitpunkt abzustellen, ab dem die Entscheidung ihre Regelungswirkung entfaltet, also auf die **Bekanntgabe der Entscheidung.**[127] Stellt man wie die Regulierungsbehörden auf die Regelungswirkung der Entscheidung ab, dann tritt diese auch im Fall einer **Beschwerde gegen die Entscheidung** ein, da diese nach § 76 Abs. 1 EnWG keine aufschiebende Wirkung entfaltet. Die Regelungswirkung tritt jedoch nicht ein, wenn der Antragsteller gegen die Entscheidung der Regulierungsbehörde im Wege des **gerichtlichen Eilrechtsschutzes** vorgeht und die Aussetzung des Sofortvollzuges der behördlichen Entscheidung beantragt. Ordnet das Gericht die **Aussetzung des Sofortvollzuges** an, gilt weiterhin die Vermutungswirkung des Antrags nach § 110 Abs. 3 EnWG.

! **Praxistipp**
Hinsichtlich der Antragsstellung bestehen derzeit noch einige offene Detailfragen, insbesondere wann ein Antrag so vollständig ist, dass die Vermutungsregelung greift. Um Risiken auszuschließen, sollte der Antrag alle aus Sicht der Regulierungsbehörde notwendigen Informationen enthalten.

D. Netzentgeltüberprüfung auf Antrag nach § 110 Abs. 4 EnWG

158 Eine wichtige Ausnahme der Regulierung von geschlossenen Verteilernetzen betrifft die **Entgeltgenehmigung**. Betreiber eines geschlossenen Verteilernetzes müssen kein Genehmigungsverfahren für die Nutzungsentgelte des geschlossenen Verteilernetzes durchlaufen. Nach § 110 Abs. 1 EnWG findet **§ 23a EnWG keine Anwendung** auf den Betrieb des geschlossenen Verteilernetzes. Gleichwohl sind die Betreiber eines geschlossenen Verteilernetzes nicht frei in der Gestaltung ihrer Netznutzungsentgelte. Denn gem. § 110 Abs. 4 EnWG kann **jeder Netznutzer eines geschlossenen Verteilernetzes eine Überprüfung der Entgelte durch die Regulierungsbehörde verlangen.**

---

127 Gemeinsames Positionspapier der Regulierungsbehörden der Länder und der Bundesnetzagentur zu geschlossenen Verteilernetzen gem. § 110 EnWG vom 23.2.2012, S. 17.

I. Antragsberechtigung

Antragsberechtigt für einen Antrag auf Überprüfung der Entgelte durch die Regulierungsbehörde ist bereits ausweislich des Wortlauts des § 110 Abs. 4 S. 1 EnWG **„jeder Netznutzer"**. Umfasst sind davon gemäß der Legaldefinition des „Netznutzers" in § 3 Nr. 28 EnWG natürliche oder juristische Personen, die Energie in ein Elektrizitäts- oder Gasversorgungsnetz einspeisen oder daraus beziehen. Antragsberechtigt sind damit in der Praxis sowohl **Energieversorgungsunternehmen**, die Kunden beliefern, die an das geschlossene Verteilernetz angeschlossen sind, als auch die Kunden selber, die aus dem geschlossenen Verteilernetz Elektrizität oder Gas beziehen. 159

Zu beachten ist der 2. Halbsatz in § 110 Abs. 4 S. 1 EnWG. Danach findet „§ 31 EnWG insoweit keine Anwendung." Damit wird klargestellt, dass im Rahmen des § 110 EnWG nur ein Netznutzer einen Antrag auf Überprüfung der Netzentgelte stellen kann, nicht hingegen andere Personen, deren Interessen möglicherweise berührt sein könnten, z.B. potenzielle Energielieferanten, die das geschlossene Verteilernetz (noch) nicht nutzen und lediglich beabsichtigen, über dieses Netz Kunden zu beliefern.[128] Denn § 31 Abs. 1 EnWG, wonach das **besondere Missbrauchsverfahren** der Regulierungsbehörde geregelt ist, gibt auch solchen Personen und Personenvereinigungen ein Antragsrecht, deren Interessen durch das Verhalten eines Betreibers von Energieversorgungsnetzen erheblich berührt werden. Dieser Personenkreis umfasst nicht nur die Netznutzer, sondern kann auch andere Personen umfassen, die in ihren wirtschaftlichen Interessen – auch mittelbar – betroffen sind.[129] Dazu können unter bestimmten Umständen z.B. auch **Verbraucherverbände** gehören.[130] 160

Die Begrenzung der Antragsberechtigung auf den konkreten Netznutzer entspricht auch der Systematik sowie Sinn und Zweck der Ausnahmevorschrift des § 110 EnWG, mit der nach § 110 Abs. 1 EnWG eine gewisse Privilegierung von geschlossenen Verteilernetzen beabsichtigt ist. Denn wäre der **Kreis der Antragsberechtigten nach § 110 Abs. 4 EnWG** zu weit, stünde zu befürchten, dass die Ausnahme der geschlossenen Verteilernetze von der ex ante-Entgeltgenehmigung in der Praxis faktisch leerlaufen würde. 161

128 So auch die Auffassung der Regulierungsbehörden, vgl. Gemeinsames Positionspapier der Regulierungsbehörden der Länder und der Bundesnetzagentur zu geschlossenen Verteilernetzen gem. § 110 EnWG vom 23.2.2012, S. 18 f.; anders wohl BK-EnR/*Wolf*, § 110 EnWG Rn 200.

129 BK-EnR/*Paul*, § 66 EnWG Rn 16; Danner/Theobald/*Theobald/Werk*, § 66 EnWG Rn 43.

130 BK-EnR/*Weyer*, § 31 EnWG Rn 6.

II. Zuständige Regulierungsbehörde

162 Die Zuständigkeit der Regulierungsbehörde, bei der der Antrag nach § 110 Abs. 4 EnWG zu stellen ist, richtet sich nach denselben Kriterien wie bei der Frage der Zuständigkeit für die Einstufung des Netzes als geschlossenes Verteilernetz.[131]

III. Zulässige Höhe der Entgelte und Vermutungsregelung

163 Auf Antrag des Netznutzers hin erfolgt eine Überprüfung der Netzentgelte des geschlossenen Verteilernetzes. § 110 Abs. 4 EnWG selbst enthält keine weiteren Vorschriften zur Ausgestaltung dieses **Überprüfungsverfahrens**. Allerdings verweist die Vorschrift auf § 31 Abs. 1 EnWG, die entsprechend Anwendung findet. Nach **§ 31 Abs. 1 S. 2 EnWG** hat die Regulierungsbehörde danach zu prüfen, inwieweit das Verhalten des Betreibers von Energieversorgungsnetzen mit den Vorgaben in den Bestimmungen der Abschnitte 2 und 3 oder der auf dieser Grundlage erlassenen Rechtsverordnungen übereinstimmt. Damit kann die Regulierungsbehörde nach § 110 Abs. 4 EnWG die Einhaltung sämtlicher Vorschriften des 3. Abschnitts des EnWG zur Entgeltregulierung überprüfen. Besondere Bedeutung kommt hier nach der Gesetzesbegründung § 21 EnWG zu, der danach in Verbindung mit der **StromNEV** oder der **GasNEV** materieller Maßstab für die Überprüfung der Netzentgelte ist.[132]

164 Das bedeutet, dass für die Entgelte in geschlossenen Verteilernetzen dieselben Maßstäbe gelten wie für die Netzentgelte in Netzen der allgemeinen Versorgung: Die Entgelte für den Netzzugang müssen **angemessen**, **diskriminierungsfrei und transparent** sein und dürfen nicht ungünstiger sein, als sie von dem Betreiber des geschlossenen Verteilernetzes in vergleichbaren Fällen innerhalb des eigenen Unternehmens oder gegenüber verbundenen oder assoziierten Unternehmen angewendet und tatsächlich oder kalkulatorisch in Rechnung gestellt werden, § 21 Abs. 1 EnWG.

165 Auch die Entgelte eines geschlossenen Verteilernetzes müssen gem. § 21 Abs. 2 EnWG auf der **Grundlage der Kosten einer Betriebsführung** gebildet werden, die denen **eines effizienten und strukturell vergleichbaren Netzbetreibers** entsprechen. Bei der Überprüfung der Netzentgelte nach § 110 Abs. 4 EnWG findet die StromNEV Anwendung. Da die Anwendbarkeit des § 21a EnWG gem. § 110 Abs. 1 EnWG keine Anwendung auf Betreiber geschlossener Verteilernetze findet, kommt eine Entgeltregulierung (und damit eine Entgeltüberprüfung) nach den Grundsätzen der **ARegV nicht in Betracht**.

166 Im **Rahmen der Überprüfung der Netzentgelte** nach § 110 Abs. 4 EnWG hat der Betreiber des geschlossenen Verteilernetzes gegenüber der Regulierungsbehörde dar-

---

131 Siehe oben Rn 141 ff.

132 BT-Drucks. 17/6072, S. 94.

zulegen, wie er das Netznutzungsentgelt ermittelt hat und ob dieses den **ermittelten Netzkosten nach § 4 ff. StromNEV** entspricht. Damit entspricht die Überprüfung nach § 110 Abs. 4 StromNEV faktisch dem Verfahren der Entgeltgenehmigung nach § 23a EnWG.

Erleichtert wird die Stellung des Betreibers des geschlossenen Verteilernetzes 167
allerdings durch die in **§ 110 Abs. 4 S. 2 EnWG** enthaltene **Vermutungsregelung**. Danach wird vermutet, dass die Bestimmung der Netznutzungsentgelte den rechtlichen Vorgaben entspricht, wenn der Betreiber des geschlossenen Verteilernetzes **kein höheres Entgelt fordert als der Betreiber des vorgelagerten Energieversorgungsnetzes** für die Nutzung dieses Netzes. Im Fall, dass mehrere Energieversorgungsnetze der allgemeinen Versorgung auf gleicher Netz- oder Umspannebene an das geschlossene Verteilernetz angrenzen, ist das **niedrigste Entgelt** maßgeblich. Nach Auffassung der Regulierungsbehörden kann über den Wortlaut des § 110 Abs. 4 S. 2 EnWG hinaus auf ein geeignetes Netz eines dritten Netzbetreibers abgestellt werden, wenn der vorgelagerte Netzbetreiber kein Energieversorgungsnetz auf gleicher Netz- oder Umspannebene betreibt, welches an das geschlossene Verteilernetz angrenzt.[133]

Erfüllt das Netzentgelt des geschlossenen Verteilernetzes diese Vermutung, so 168
erfolgt in der Regel keine Überprüfung des Netzentgeltes durch die Regulierungsbehörde. Allerdings ist die Vermutung grundsätzlich widerleglich. Kann der Antragsteller des Antrags auf Überprüfung der Netzentgelte nach § 110 Abs. 4 EnWG **substanzielle Gründe** vortragen, die gegen die Richtigkeit der Vermutung sprechen, so kann nach Vorstellung des Gesetzgebers auch in diesem Fall eine „**detaillierte Kontrolle**" der Netzentgelte erfolgen.[134]

IV. Verfahren

Für das Verfahren des Antrags auf Überprüfung der Entgelte eines geschlossenen Ver- 169
teilernetzes ist § 31 Abs. 2 und 4 EnWG maßgeblich, auf den in § 110 Abs. 4 S. 3 EnWG verwiesen wird. Der **Antrag des Netznutzers** bedarf demgemäß neben dem Namen und der Anschrift des Antragstellers

- der Firma des betroffenen Betreibers des geschlossenen Verteilernetzes;
- der Angabe des Entgeltes des betroffenen Netzbetreibers, das überprüft werden soll;
- die im Einzelnen aufzuführenden Gründe, weshalb ernsthafte Zweifel an der Rechtmäßigkeit des Verhaltens des Netzbetreibers bestehen;

133 Gemeinsames Positionspapier der Regulierungsbehörden der Länder und der Bundesnetzagentur zu geschlossenen Verteilernetzen gem. § 110 EnWG vom 23.2.2012, S. 20.
134 Vgl. BT-Drucks. 17/6072, S. 94.

- die im Einzelnen anzuführenden Gründe, weshalb der Antragsteller durch das Verhalten des Netzbetreibers betroffen ist;
- einer Netzentgeltvergleichsrechnung.[135]

170 Ungeklärt ist derzeit noch, wie substanziiert der Netznutzer die Gründe dafür anzuführen hat, weshalb er ernsthafte **Zweifel an der Rechtmäßigkeit des Verhaltens des Netzbetreibers** (mithin an der Rechtmäßigkeit der Höhe der Netzentgelte) hat. Die bloße Vorlage einer Netzentgeltvergleichsrechnung und der Verweis darauf, dass der Betreiber eines vorgelagerten Netzes ein höheres Netzentgelt fordert, dürften jedoch nicht ausreichen. Denn die Tatsache, dass der Betreiber eines vorgelagerten Netzes ein höheres Netzentgelt fordert, beseitigt leidglich die Vermutung zugunsten des Netzbetreibers, dass das geforderte Netznutzungsentgelt den rechtlichen Vorgaben entspricht. Das Fehlen einer Vermutung der Rechtmäßigkeit der Höhe eines Netzentgeltes kann jedoch nicht gleichzeitig **ernsthafte Zweifel** an der Rechtmäßigkeit der Höhe des Netzentgeltes begründen. Der Antragsteller muss deshalb **weitere Gründe** anführen, die seiner Auffassung nach für die Rechtswidrigkeit des Netzentgeltes sprechen.

! **Praxistipp**
Liegt das Nutzungsentgelt des geschlossenen Verteilernetzes über demjenigen des vorgelagerten Energieversorgungsnetzes der allgemeinen Versorgung, besteht das Risiko eines Antrags eines Netznutzers nach § 110 Abs. 4 EnWG. Ein detaillierter Kostennachweis sollte in diesen Fällen sichergestellt werden.

E. Zivilrechtliche Überprüfung des Netzentgeltes

171 Alternativ zu den beschriebenen Möglichkeiten eines Antrags auf Überprüfung des Netznutzungsentgeltes durch die Regulierungsbehörde können sich für den Netznutzer zivilrechtlich Möglichkeiten ergeben, das Entgelt, welches er für die Nutzung des geschlossenen Verteilernetzes zu entrichten hat, überprüfen zu lassen. Entscheidend ist hier die Frage, wie weit diese zivilrechtlichen Möglichkeiten reichen und inwieweit sie durch die **besonderen regulierungsrechtlichen Bestimmungen des § 110 EnWG begrenzt werden.**

---

135 Vgl. Gemeinsames Positionspapier der Regulierungsbehörden der Länder und der Bundesnetzagentur zu geschlossenen Verteilernetzen gem. § 110 EnWG vom 23.2.2012, S. 19.

I. Schadensersatzanspruch nach § 32 Abs. 3 EnWG

Gelangt die Regulierungsbehörde im **Rahmen der Entgeltüberprüfung** zu dem Ergebnis, dass der Betreiber des geschlossenen Verteilernetzes ein überhöhtes Entgelt verlangt, so können sich für die Netznutzer daraus zunächst **Schadensersatzansprüche** ergeben. Die Vorschrift des § 110 Abs. 4 EnWG verweist insoweit auf § 32 Abs. 1 und Abs. 3 bis 5 EnWG, die *„entsprechende Anwendung finden"*. Nach § 32 Abs. 1. S. 1 sowie Abs. 3 EnWG haben von einem überhöhten Entgelt betroffene Netznutzer Beseitigungs-, Unterlassungs- und Schadensersatzansprüche. Diese richten sich gegen denjenigen, der gegen eine Vorschrift der Abschnitte 2 und 3 des 3. Teils des EnWG, eine aufgrund der Vorschriften dieser Abschnitte erlassene Rechtsverordnung oder eine auf Grundlage dieser Vorschriften ergangene Entscheidung der Regulierungsbehörde verstößt. 172

Im Zusammenhang mit der Entgeltüberprüfung nach § 110 Abs. 4 EnWG können sich nach § 32 EnWG für betroffene Netznutzer Ansprüche wegen eines **Verstoßes gegen die Entgeltgrundsätze in § 21 EnWG** sowie der dazu erlassenen Verordnungen (StromNEV) durch den Netzbetreiber ergeben. Der Netznutzer kann danach vom Betreiber des geschlossenen Verteilernetzes fordern, es zu unterlassen, weiterhin das überhöhte Netzentgelt zu verlangen und Schadensersatz wegen des in der Vergangenheit überhöhten Entgeltes geltend machen. Die Ansprüche müssen vor den **Zivilgerichten** geltend gemacht werden. 173

Kommt die Regulierungsbehörde auf Antrag des Netznutzers nach § 110 Abs. 4 EnWG zur Entscheidung, dass der Betreiber des geschlossenen Verteilernetzes **ein überhöhtes Netzentgelt** vom Netznutzer gefordert hat, und wird diese Entscheidung **bestandskräftig**, sind die Zivilgerichte an diese **Feststellung gebunden**, § 32 Abs. 4 S. 1 EnWG. Offen und nicht eindeutig geregelt ist jedoch, ob der Nutzer des geschlossenen Verteilernetzes den Anspruch nach § 32 Abs. 3 EnWG in jedem Fall geltend machen kann oder **ob zunächst ein regulierungsbehördliches Überprüfungsverfahren nach § 110 Abs. 4 EnWG** durchgeführt werden muss. 174

Dafür, dass der Netznutzer eines geschlossenen Verteilernetzes auch unabhängig von der Prüfung durch die Regulierungsbehörde und unabhängig von einem Antrag nach § 110 Abs. 4 S. 1 EnWG einen Schadensersatzanspruch geltend machen kann, könnte zunächst sprechen, dass die Anwendung des § 32 EnWG auf geschlossene Verteilernetze gerade nicht nach § 110 Abs. 1 EnWG ausgeschlossen ist, die Vorschrift des § 32 EnWG hier also grundsätzlich Anwendung findet. Dagegen spricht jedoch, dass § 110 Abs. 4 EnWG dem Netznutzer eines geschlossenen Verteilernetzes in S. 1 gerade ein **besonderes Überprüfungsrecht** einräumt und erst in S. 3 auf eine *„entsprechende Anwendung"* des § 32 Abs. 3 EnWG verweist. Dies kann gerade darauf hindeuten, dass für den Netznutzer eines geschlossenen Verteilernetzes **primär die Überprüfungsmöglichkeit durch die Regulierungsbehörde** vorgesehen ist und erst **sekundär**, und darauf aufbauend, die Möglichkeit, **Schadensersatz** vom Betreiber des geschlossenen Verteilernetzes geltend zu machen, wenn sich bei der Prüfung 175 durch die Regulierungsbehörde herausstellt, dass das Netzentgelt rechtswidrig überhöht gewesen ist. Dies dürfte **auch im Sinne des Netznutzers** sein, da er durch die vorherige Überprüfung des Netzentgeltes durch die Regulierungsbehörde das Kostenrisiko eines möglicherweise erfolglosen Zivilprozesses vermeiden kann.

176 **Voraussetzung für einen Schadensersatzanspruch** wegen überhöhter Netzentgelte ist ein Verschulden des Betreibers des geschlossenen Verteilernetzes, d.h. die **vorsätzliche oder fahrlässige Verletzung der Entgeltvorschriften** des EnWG. Da die Betreiber von geschlossenen Verteilernetzen die Entgeltvorschriften des EnWG beachten müssen und von deren Anwendung nicht ausgeschlossen sind, wird nur in äußersten Ausnahmefällen ein Verschulden des Betreibers eines geschlossenen Verteilernetzes zu verneinen sein.[136]

177 **Inhalt des Schadensersatzanspruchs** ist die Rückzahlung des Betrages, um den das vom Netzbetreiber geforderte Netzentgelt rechtswidrig überhöht gewesen ist. Ob sich der in Anspruch genommene Netzbetreiber darauf berufen kann, dass der Anspruchsteller das erhöhte Netzentgelt an seine Kunden weitergegeben hat (sog. **passing-on-defense** oder Einwand der Schadensabwälzung), ist für Schadensersatzansprüche nach § 32 Abs. 3 EnWG noch nicht höchstrichterlich geklärt. Zunächst fehlt es dem § 32 EnWG jedoch an einer dem **§ 33 Abs. 3 GWB** entsprechenden Regelung, nach der klargestellt ist, dass die Schadensentstehung nicht dadurch ausgeschlossen wird, dass die Ware oder Dienstleistung weiterveräußert worden ist. Auch zu § 32 EnWG wird jedoch vertreten, dass die Schadensentstehung nicht dadurch ausgeschlossen wird, dass das überhöhte Netznutzungsentgelt weitergegeben wurde.[137]

178 Die **allgemeinen zivilrechtlichen Grundsätze** sprechen ungeachtet dessen dafür, dass dem nach § 32 Abs. 3 EnWG in Anspruch genommenen Betreiber eines geschlossenen Verteilernetzes der **Einwand der Vorteilsausgleichung** möglich sein muss. Für das Kartellrecht wurde die Möglichkeit dieses Einwands trotz der Regelung des § 33 Abs. GWB mittlerweile höchstrichterlich bestätigt.[138] Da § 32 Abs. 3 EnWG eine vergleichbare Regelung wie § 33 Abs. 3 GWB nicht enthält, muss es erst recht den in Anspruch genommenen Betreibern geschlossener Verteilernetze möglich sein, dem direkten Netznutzer den Einwand der Schadensabwälzung im Rahmen der **Vorteilsausgleichung** entgegenzuhalten.

179 In entsprechender Anwendung des § 32 Abs. 5 EnWG ist die **Verjährung des Schadensersatzanspruchs** nach § 32 Abs. 3 EnWG gehemmt, sobald die Regulie-

136 Ein Verschulden kann in Ausnahmefällen z.B. bei einem Rechtsirrtum ausgeschlossen sein, wobei aber eine objektiv zweifelhafte Rechtslage als nicht ausreichend angesehen wird: so BK-EnR/*Weyer*, § 32 EnWG Rn 13.

137 BK-EnR/*Weyer*, § 32 EnWG Rn 15.

138 BGH, Urt. v. 26.6.2011 - KZR 75/10 - „SD-Papier".

rungsbehörde ein Verfahren zur Überprüfung des Entgeltes nach § 110 Abs. 4 EnWG eingeleitet hat.

II. Rückforderungsansprüche und Billigkeitsmaßstab nach § 315 BGB

Von Relevanz im Zusammenhang mit zivilrechtlichen Ansprüchen gegen Betreiber geschlossener Verteilernetze ist auch die Frage, ob der Netznutzer neben der Möglichkeit eines Antrags nach § 110 Abs. 4 EnWG auch einen Anspruch auf eine zivilgerichtliche Überprüfung der Netzentgelte des geschlossenen Verteilernetzes nach **§ 315 BGB** hat, z.B. im Rahmen der Geltendmachung eines **Rückforderungsanspruchs** nach § 812 Abs. 1, S. 1, 1. Alt. BGB. 180

1. Zur aktuellen Rechtslage im Energiesektor

Die Vorschrift des § 315 BGB knüpft an das Leistungsbestimmungsrecht einer Vertragspartei an. Nach § 315 Abs. 1 BGB ist die Leistungsbestimmung (z.B. ein Nutzungsentgelt) nach **„billigem Ermessen“** zu treffen, wenn die Leistung durch einen der Vertragsschließenden bestimmt werden soll. 181

Vor der Geltung des EnWG (2005) hatte der BGH das einseitige Leistungsbestimmungsrecht auf die regelmäßige Neuermittlung des Preises für die Nutzung der Stromnetze nach den Maßgaben der **Verbändevereinbarung Strom II plus** gestützt.[139] 182

Auch bei einer **vertraglichen Vereinbarung** über das Stromnetznutzungsentgelt, ohne dass eine einseitige Anpassung vertraglich vorbehalten ist, kommt der BGH nun zu einer **entsprechenden Anwendung** des § 315 BGB auf die Netzentgelte.[140] Leistungen, auf deren Inanspruchnahme der andere Teil angewiesen ist, können danach der Kontrolle gem. § 315 BGB unterliegen, sofern eine Monopolstellung des anderen Teils vorliegt.[141] Netznutzer von Stromnetzen können danach grundsätzlich eine Überprüfung der Netzentgelte auf ihre „Billigkeit“ hin nach § 315 BGB durch die Zivilgerichte verlangen, wenn sich Netznutzer und der Betreiber des Netzes über das Entgelt **nicht geeinigt haben.**[142] 183

In seiner Entscheidung **Stromnetznutzungsentgelt V** vom 15.5.2012 hat der BGH die Anwendbarkeit des § 315 BGB grundsätzlich auch für die nach dem EnWG genehmigten Netzentgelte bejaht. Auch wenn bei der Billigkeitsprüfung nach § 315 184

---

139 BGH, Urt. v. 18.10.2005 - KZR 36/04 - „Stromnetznutzungsentgelt I“.

140 BGH, Urt. v. 4.3.2008 - KZR 29/06 - „Stromnetznutzungsentgelt III“.

141 BGH, Urt. v. 4.3.2008 - KZR 29/06 - „Stromnetznutzungsentgelt III“, Rn 23 f.; vgl. zur Übersicht Palandt/*Grüneberg*, § 315 Rn 4, 8.

142 So auch in der Literatur bereits *Schwintowski*, N&R 2005, 90 ff.; zu den Einzelheiten der gerichtlichen Billigkeitskontrolle vgl. z.B. MüKo-BGB/*Würdinger*, § 315 Rn 44-52.

BGB die Maßstäbe des energiewirtschaftlichen Regulierungsrechts zu beachten sind, wird nach Ansicht des BGH eine richterliche Inhaltskontrolle dadurch nicht ausgeschlossen.[143] Da die Netznutzungsentgelte seit dem EnWG 2005 jedoch vorab von der Regulierungsbehörde geprüft und genehmigt werden, hat der BGH hierbei den **Inhalt der regulierungsbehördlichen Entgeltgenehmigung** berücksichtigt, indem er festgestellt hat, dass der Maßstab des billigen Ermessens durch die §§ 21 ff. EnWG und die Vorschriften der StromNEV **konkretisiert** werde.[144] Als Beispiel für den Gegenstand der zivilrechtlichen Inhaltskontrolle genehmigter Netzentgelte nennt der BGH z.B. die Prüfung, ob die Entgeltgenehmigung auf unrichtigen Tatsachenangaben des Netzbetreibers in den Antragsunterlagen beruht, deren Fehlerhaftigkeit im Genehmigungsverfahren nicht aufgedeckt worden ist.[145] Die Rechtmäßigkeit der parallelen Kontrolle der Entgelte durch die Zivilgerichte im Wege des § 315 BGB begründet der BGH ferner damit, dass der Netznutzer nach dem EnWG keinen Rechtsanspruch habe, zu dem Regulierungsverfahren beigeladen zu werden, um bereits zu diesem Zeitpunkt die Entgeltfestsetzung zu seinen Gunsten beeinflussen zu können und auch nur eingeschränkte Möglichkeiten habe, die erteilte Netzentgeltgenehmigung gerichtlich überprüfen zu lassen.[146] Der BGH hebt dabei hervor, dass es auch nicht genüge, dass der Netznutzer bei der zuständigen Regulierungsbehörde die Einleitung eines Missbrauchsverfahrens nach § 30 Abs. 1 oder § 31 EnWG anregen könne, da es im Ermessen der Regulierungsbehörde stehe, ein Missbrauchsverfahren einzuleiten und zudem das genehmigte Entgelt als sachlich gerechtfertigt gelte, sodass der Netznutzer in einem solchen Verfahren gerade nicht die Überprüfung der Netzentgeltgenehmigung erreichen könne.[147]

185 Eine neben der Entgeltgenehmigung **parallele Anwendbarkeit des § 315 BGB** ist kritisch zu sehen.[148] Denn auf diese Weise wird das **Überprüfungsmonopol der Regulierungsbehörden** und damit die Rechtssicherheit des Ergebnisses einer Entgeltüberprüfung erheblich geschwächt.[149] Die Rechtsauffassung des BGH ist auch vor dem Hintergrund zu kritisieren, dass die Überprüfung von Stromnetzentgelten nach § 315 BGB eine **„doppelte" Überprüfung** der Netzentgelte durch die Zivilgerichte neben der Überprüfung durch die Regulierungsbehörde im Rahmen der im Jahre 2005 eingeführten Entgeltgenehmigung zur Folge haben und zu **einander widersprechenden Ergebnissen** führen kann. Gleichwohl ist derzeit nicht absehbar, dass der BGH von seiner Rechtsprechung zur grundsätzlichen Anwendbarkeit des § 315 BGB im Energiesektor wieder abrücken wird.

143 BGH, Urt. v. 15.5.2012 - EnZR 105/10 - „Stromnetznutzungsentgelt V", Rn 22.
144 BGH, Urt. v. 15.5.2012 - EnZR 105/10 - „Stromnetznutzungsentgelt V".
145 BGH, Urt. v. 15.5.2012 - EnZR 105/10 - „Stromnetznutzungsentgelt V", Rn 23.
146 BGH, Urt. v. 15.5.2012 - EnZR 105/10 - „Stromnetznutzungsentgelt V", Rn 27, 28.
147 BGH, Urt. v. 15.5.2012 - EnZR 105/10 - „Stromnetznutzungsentgelt V", Rn 29.
148 Vgl. *Säcker*, ZNER 2007, 114 ff.; *Wolf*, RdE 2011, 261 f.
149 *Säcker*, ZNER 2007, 114 ff.; *Wolf*, RdE 2011, 261 f.

Für die Praxis entscheidend ist, dass der BGH die **Entgeltgenehmigung** nach den Vorschriften des EnWG **berücksichtigt**, indem er die Entgeltgenehmigung nach § 23a EnWG als ein **gewichtiges Indiz für die Billigkeit** und Angemessenheit der Entgelte ansieht.[150] Nur dann, wenn der Netznutzer **im Einzelnen** darlegen kann, aus welchen Gründen die **behördlich genehmigten Entgelte** überhöht sein sollen, und der Netznutzer damit die **indizielle Wirkung der Entgeltgenehmigung** erschüttern kann, obliegt es dem Netzbetreiber, seine Kostenkalkulation vorzulegen und im Einzelnen näher zu erläutern.[151] 186

2. Billigkeitsprüfung bei geschlossenen Verteilernetzen

Die geschilderte Rechtslage wirft Fragen zum prozessualen Umgang mit den Entgelten geschlossener Verteilernetze im Rahmen des § 315 BGB auf: Zunächst stellt sich die Frage, ob für den Netznutzer ein Vorgehen nach § 315 BGB immer möglich ist oder sich **subsidiär zu einem Antrag nach § 110 Abs. 4 EnWG** verhält. Ferner besteht die Frage, welche Wirkung eine Überprüfung der Entgelte nach § 110 Abs. 4 S. 1 EnWG hat und ob die **Vermutungsregelung nach § 110 Abs. 4 S. 2 EnWG** Auswirkungen auf das notwendige Vorbringen in einem Zivilprozess zeitigt. 187

Nach der erwähnten Rechtsprechung des BGH dürfte die grundsätzliche **Anwendbarkeit des § 315 BGB** auch bei geschlossenen Verteilernetzen feststehen. Es sind keine sachlichen Unterschiede zu anderen Netzen erkennbar, die gegen die Anwendbarkeit des § 315 BGB auf die Stromnetznutzungsentgelte in geschlossenen Verteilernetzen sprechen. Dies muss nach Auslegung der Rechtsprechung umso mehr gelten, als dass es für die Nutzung geschlossener Verteilernetze zunächst keine durch die Regulierungsbehörde überprüften Entgelte gibt, die einer **Billigkeitskontrolle widersprechen** könnten. 188

Auch wird es nicht möglich sein, einen Kläger im Zivilverfahren nach § 315 BGB auf eine vorherige Überprüfung der Netznutzungsentgelte nach § 110 Abs. 4 S. 1 EnWG zu verweisen. Denn der Vorschrift des § 110 Abs. 4 S. 1 EnWG ist **keine Einschränkung der Anwendbarkeit des § 315 BGB** zu entnehmen. Es ist für einen Netznutzer mithin möglich, **parallel oder alternativ** zu einem Vorgehen nach § 110 Abs. 4 S. 1 EnWG eine Überprüfung der Netznutzungsentgelte durch ein Zivilgericht zu verlangen. Eine Subsidiarität des Vorgehens nach § 315 BGB zu einem Vorgehen nach § 110 Abs. 4 S. 1 EnWG lässt sich weder mit dem Wortlaut des § 110 EnWG noch anderweitig begründen. 189

Allerdings hat die Vorschrift des § 110 Abs. 4 EnWG, insbesondere die **Vermutungsregelung nach § 110 Abs. 4 S. 2 EnWG Auswirkungen auf die Beweislast-** 190

150 BGH, Urt. v. 15.5.2012 - EnZR 105/10 - „Stromnetznutzungsentgelt V“, Rn 36; vgl. auch bereits *Linsmeier*, NJW 2008, 2162, 2165.

151 BGH, Urt. v. 15.5.2012 - EnZR 105/10 - „Stromnetznutzungsentgelt V“, Rn 36.

verteilung im Zivilprozess. Grundsätzlich hat in einem Zivilprozess der Netzbetreiber die Billigkeit der von ihm verlangten Entgelte darzulegen und zu beweisen.[152] Liegt eine Entgeltgenehmigung vor, kann sich der Netzbetreiber, so die Rechtsprechung, in einem ersten Schritt auf die Entgeltgenehmigung nach § 23a EnWG stützen.[153] Dem **Netznutzer** hingegen obliegt es, **im Einzelnen darzulegen**, aus welchen Gründen die behördlich genehmigten Netzentgelte überhöht sein sollen, um die indizielle Wirkung der Entgeltgenehmigung zu erschüttern.[154]

191 Da die Regeln zur Entgeltgenehmigung gem. § 110 Abs. 1 EnWG keine Anwendung auf geschlossene Verteilernetze finden, liegt keine Entgeltgenehmigung vor, mit der der Betreiber des geschlossenen Verteilernetzes in einem Zivilprozess die Billigkeit des Netzentgeltes darlegen und beweisen kann. Der Netzbetreiber muss in diesem Fall die Billigkeit der Netznutzungsentgelte auf anderem Wege nachweisen, z.B. im Wege der Vorlage von **Kostendaten** und Kalkulationsgrundlagen.

192 Anders muss dies aber dann zu bewerten sein, wenn die Regulierungsbehörde auf einen **Antrag nach § 110 Abs. 4 S. 1 EnWG hin das Netzentgelt überprüft und als rechtmäßig erachtet hat.** In diesem Fall hat eine Entgeltkontrolle nach den energiewirtschaftsrechtlichen Vorschriften stattgefunden, die wie eine Entgeltgenehmigung nach § 23a EnWG ein **gewichtiges Indiz für die Billigkeit und Angemessenheit der Entgelte** darstellt.[155]

193 Eine andere Bewertung würde zum einen die Prüfungskompetenz der Regulierungsbehörde nach § 110 Abs. 4 S. 1 EnWG infrage stellen. Denn eine Entgeltüberprüfung nach § 110 Abs. 4 S. 1 EnWG ist mit einer Prüfung der Entgelte nach § 23a EnWG vergleichbar. Zudem würde die von § 110 EnWG **beabsichtigte Privilegierung** von geschlossenen Verteilernetzen, die im Übrigen an enge Voraussetzungen und ein regulierungsrechtliches Prüfverfahren geknüpft ist, leerlaufen. Denn es würde dem Betreiber des geschlossenen Verteilernetzes obliegen, den aufwendigen Nachweis der Billigkeit vor den Zivilgerichten durch Vorlage umfangreicher Kalkulationen und Kostendaten zu führen, wenn Zivilgerichte bei diesen Netzen mangels einer Entgeltgenehmigung nach § 23a EnWG zu einer vollständigen eigenen Überprüfung der Netzentgelte berechtigt wären. Der wichtigste praktische und vom Gesetzgeber gewollte Vorzug des geschlossenen Verteilernetzes, die **Vermeidung eines aufwendigen Entgeltgenehmigungsverfahrens**, wäre damit jedoch obsolet.

194 Erachtet die Regulierungsbehörde auf einen Antrag nach § 110 Abs. 4 S. 1 EnWG hin das Stromnetznutzungsentgelt für das geschlossene Verteilernetz als **rechtmäßig** muss dies im Zivilverfahren damit richtigerweise wie eine **Entgeltgenehmigung nach § 23a EnWG** behandelt werden. Es muss damit dem Netznutzer obliegen, im

---

152 Vgl. nur BGH, Urt. v. 15.5.2012 - EnZR 105/10 - „Stromnetznutzungsentgelt V", Rn 33.
153 BGH, Urt. v. 15.5.2012 - EnZR 105/10 - „Stromnetznutzungsentgelt V", Rn 36.
154 BGH, Urt. v. 15.5.2012 - EnZR 105/10 - „Stromnetznutzungsentgelt V", Rn 36.
155 Vgl. BGH, Urt. v. 15.5.2012 - EnZR 105/10 - „Stromnetznutzungsentgelt V", Rn 36.

Einzelnen darzulegen, aus welchen Gründen die behördlich genehmigten Netzentgelte überhöht sein sollen.

Dieselben Erwägungen müssen im Zivilverfahren auch dann gelten, wenn **kein vorheriger Antrag** eines Netznutzers nach § 110 Abs. 4 S. 1 EnWG auf Überprüfung der Netzentgelte bei der Regulierungsbehörde gestellt worden ist, der Netzbetreiber jedoch darlegen kann, dass er **kein höheres Entgelt fordert als der Betreiber des vorgelagerten Energieversorgungsnetzes** für die Nutzung des an das geschlossene Verteilernetz angrenzenden Netzes der allgemeinen Versorgung (§ 110 Abs. 4 S. 2 EnWG). Denn wenn der Netzbetreiber im Zivilverfahren darlegen kann, dass die Voraussetzungen für die **gesetzliche Vermutung** vorliegen, dass die Bestimmung der Netznutzungsentgelte damit den rechtlichen Vorgaben entspricht, muss dies als **gewichtiges Indiz** dafür angesehen werden, dass das Netzentgelt rechtmäßig ist und ein Antrag eines Netznutzers nach § 110 Abs. 4 S. 1 EnWG erfolglos wäre.[156] Um dieses Indiz zu erschüttern, muss es wiederum dem Netznutzer obliegen, darzulegen, aus welchen Gründen das angegriffene Netzentgelt überhöht sei. 195

Dafür, dass die Vermutungswirkung des § 110 Abs. 4 EnWG auch im Rahmen der zivilrechtlichen Kontrolle nach § 315 BGB gelten muss, sprechen neben dem Argument eines Gleichlaufs von Regulierungs- und Zivilrecht auch die Überlegung, dass das **Netzentgelt des vorgelagerten Netzes**, welches für die Vermutung nach § 110 Abs. 4 S. 2 EnWG maßgeblich ist, **nach § 23a EnWG genehmigt** worden ist und damit ebenfalls nach der Rechtsprechung des BGH – prima facie – als billiges Entgelt gilt. 196

Für ein **Durchschlagen der Vermutungswirkung** auf die zivilrechtliche Kontrolle nach § 315 BGB spricht schließlich auch der vom Gesetzgeber mit § 110 EnWG verfolgte Zweck. Denn nach **Auffassung des Gesetzgebers** zu § 110 Abs. 4 S. 2 EnWG setzt eine detaillierte Kontrolle von Netzentgelten, die die Voraussetzungen der Vermutung erfüllen, voraus, dass **substanzielle Gründe** gegen die Richtigkeit der Vermutung vorgetragen werden.[157] Diese vom Gesetzgeber gewollte Vermutungswirkung wäre jedoch ohne Inhalt, wenn eine Überprüfung des Entgeltes nach § 315 BGB auch ohne die Darlegung substanzieller Gründe möglich wäre. 197

Im Ergebnis sind die Grundsätze der Rechtsprechung zur Überprüfung der Billigkeit von Stromnetznutzungsentgelten auf die Entgelte der geschlossenen Verteilernetze übertragbar. Eine zivilrechtliche Überprüfung der Nutzungsentgelte eines geschlossenen Verteilernetzes nach § 315 BGB ist grundsätzlich möglich. Was die Darlegung der Billigkeit des Entgeltes im konkreten Fall anbelangt, ist jedoch ergänzend auf die **besonderen Vorschriften in § 110 Abs. 4 S. 1 und 2 EnWG** abzustellen: Wurde das Netznutzungsentgelt nach einem Antrag eines Netznutzers und einer Überprüfung durch die Regulierungsbehörde für rechtmäßig befunden, muss dies als gewichtiges Indiz dafür gelten, dass das Entgelt den Billigkeitsmaßstäben des 198

156 So im Ergebnis auch BK-EnR/*Wolf*, § 110 EnWG Rn 199.
157 Gesetzesbegründung, BT-Drucks. 17/6072, S. 94.

§ 110 EnWG entspricht. Dasselbe muss auch in dem Fall gelten, in dem keine Überprüfung nach § 110 Abs. 4 S. 1 EnWG stattgefunden hat, das Netznutzungsentgelt jedoch die **Vermutungsregelung in § 110 Abs. 4 S. 2 EnWG** erfüllt. Es liegt hierzu bislang noch keine Rechtsprechung vor.

! **Praxistipp**
Aufgrund der fehlenden Entgeltgenehmigung besteht für Betreiber von geschlossenen Verteilernetzen ein erhöhtes zivilrechtliches Risiko. Es sollte sichergestellt sein, dass in einem streitigen Zivilverfahren ein detaillierter Kostennachweis geführt werden kann. Das gilt insbesondere dann, wenn das Entgelt über demjenigen der vorgelagerten Energieversorgungsnetze auf gleicher Netz- oder Umspannebene liegt.

F. Weitere Einzelfragen

I. Geschlossene Verteilernetze und Objektnetz mit und ohne Bescheid nach altem Recht

199 Durch die neue gesetzliche Regelung in § 110 EnWG hat der Gesetzgeber nicht nur die Entscheidung des EuGH im Falle „citiworks“[158] umgesetzt, sondern einen kompletten Paradigmenwechsel vollzogen: Statt vollständiger Ausnahme der Objektnetze von der Regulierung sind die geschlossenen Verteilernetze jetzt in vollem Umfang in die Regulierung einbezogen, aber mit ein paar ausdrücklich in § 110 Abs. 1 EnWG genannten Ausnahmen.

200 Dieser Paradigmenwechsel hat auch Auswirkungen auf die zum alten Recht erteilten Bescheide. Wie die Regulierungsbehörden der Länder und die BNetzA in ihrem gemeinsamen Positionspapier[159] ausdrücklich hervorheben, ist die Rechtsgrundlage mit dem Außerkrafttreten des § 110 EnWG alter Fassung entfallen, sodass auch die für diese Netze gegebenen Privilegierungen entfallen sind.[160] Es ist daher seit dem 3.8.2011 **ohne Belang**, ob ein Netzbetreiber aufgrund eigener Einschätzung ein Objektnetz betrieben oder dafür einen behördlichen Bescheid bekommen hatte. In beiden Fällen sind die Rechtswirkungen entfallen[161] und es muss zwingend ein **neuer Antrag** auf Anerkennung als geschlossenes Verteilernetz nach neuem Recht gestellt werden. Die Behörden sind wegen dieser eindeutigen Rechtslage auch nicht in irgendeiner Weise an die einmal erteilten Bescheide gebunden. Ob sie die Bescheide

---

158 EuGH, Urt. v. 22.5.2008 - C-439/06 -.
159 Gemeinsames Positionspapier der Regulierungsbehörden der Länder und der Bundesnetzagentur zu geschlossenen Verteilernetzen gem. § 110 EnWG vom 23.2.2012, S. 20.
160 Ebenso BK-EnR/*Wolf*, § 110 EnWG Rn 202 ff.
161 Mit Ausnahme der § 4 Genehmigung für die Aufnahme des Netzbetriebs.

allerdings ausdrücklich widerrufen oder durch Rücknahme auch in formaler Hinsicht beenden, steht im Ermessen jeder einzelnen Regulierungsbehörde.[162]

Auch in tatsächlicher Hinsicht hat sich das Gesetz geändert. Ein Objektnetz nach **201** altem Recht ist nicht zwingend auch ein geschlossenes Verteilernetz nach neuem Recht. Vielmehr kann ein Objektnetz nach altem Recht auch eine Kundenanlage oder eine Kundenanlage zur betrieblichen Eigenversorgung nach neuem Recht sein oder durch entsprechende **Umstrukturierungen** oder Aufteilung auf mehrere Netzbetreiber/Kundenanlagenbetreiber dazu werden. Es kann auch nicht ausgeschlossen werden, dass Objektnetze nach altem Recht nur noch **Netze der allgemeinen Versorgung** sein können, weil der Anwendungsbereich des neuen § 110 EnWG insgesamt enger geworden ist.

Praxistipp !
Es lohnt sich in jedem einzelnen Fall, die Voraussetzungen und Abgrenzungen nach den neuen Regeln in § 110 EnWG bzw. § 3 Nr. 24a oder 24b EnWG genauestens zu prüfen.

II. Geschlossene Verteilernetze – Sanktionen

Will ein Netzbetreiber als Betreiber eines geschlossenen Verteilernetzes anerkannt **202** werden, muss er einen Antrag bei der zuständigen Regulierungsbehörde stellen. Tut er dies nicht, behauptet aber gegenüber Dritten ein geschlossenes Verteilernetz zu sein, so handelt er zwar wahrheitswidrig, aber nicht rechtswidrig im Sinne einer Ordnungswidrigkeit. Der Katalog des § 95 EnWG ist insoweit eindeutig: Indem dort kein ausdrücklicher Hinweis auf eine Ordnungswidrigkeit im Zusammenhang mit § 110 EnWG oder § 3 Nr. 24a oder 24b EnWG aufgenommen worden ist, ist das Unterlassen der Antragstellung zur Anerkennung als geschlossenes Verteilernetz jedenfalls keine ordnungswidrige Handlung.

Wenn aber ein Netzbetreiber im Zusammenhang mit seinem Geschäftsgebaren **203** als geschlossenes Verteilernetz oder sogar als Kundenanlage seine Marktstellung missbrauchen oder als geschlossenes Verteilernetz Festlegungen zum Netzanschluss oder zum Netzzugang zuwider handeln sollte, so kann die zuständige **Regulierungsbehörde** von Amts wegen oder auch auf Antrag eines Dritten **Anordnungen** vielfältiger Art treffen, um den Missstand abzustellen. Diese Anordnungen gem. §§ 29, 65 oder 30 ff. EnWG müssen die betroffenen Unternehmen nachkommen; tun sie dies nicht oder handeln diesen zuwider, kann die Behörde Zwangsmaßnahme gegen das betroffene Unternehmen einsetzen (vgl. etwa § 65 Abs. 2 EnWG).[163]

---

162 Siehe Gemeinsames Positionspapier der Regulierungsbehörden der Länder und der Bundesnetzagentur zu geschlossenen Verteilernetzen gem. § 110 EnWG vom 23.2.2012, S. 20.
163 Zu den Einzelheiten siehe BK-EnR/*Paul*, § 65 EnWG Rn 7 ff.

III. Geschlossene Verteilernetze und Rechtsmittel

204 Gegen einen Bescheid der Regulierungsbehörde, der einem Netzbetreiber den Status als geschlossenes Verteilernetz nicht anerkennt, steht dem betroffenen Unternehmen – wie allen Unternehmen im Rahmen des EnWG – der Rechtsweg offen. Dasselbe gilt, wenn die Regulierungsbehörde im Rahmen eines Beschwerdeverfahrens auf Antrag eines Dritten oder aus eigenem Behördenermessen nach § 65 EnWG gegen den Betreiber einer Kundenanlage vorgeht; beispielsweise, weil die Behörde nicht der Auffassung ist, das der Betreiber eine Kundenanlage, sondern ein Netz betreibt.

205 Gegen diese Bescheide wäre jeweils Beschwerde zu erheben (vgl. § 75 Abs. 1 EnWG) und das zuständige Oberlandesgericht – kurz OLG – anzurufen (vgl. § 75 Abs. 4 EnWG);[164] dort herrscht gem. § 80 EnWG Anwaltszwang,[165] d.h., die Beteiligten müssen sich dort immer von einem **Rechtsanwalt** vertreten lassen. Das OLG fasst einen Beschluss, mit dem es entweder den Bescheid der Regulierungsbehörde aufhebt, bestätigt oder abändert (also teilweise bestätigt oder aufhebt), d.h., die Behörde entsprechend verpflichtet, etwas Bestimmtes zu tun (vgl. § 83 EnWG).[166] Hält das OLG die Rechtssache außerdem für grundlegend klärungsbedürftig oder erachtet es das Gericht zur Fortbildung des Rechts oder zur Sicherung einer einheitlichen Rechtsprechung für erforderlich, lässt das OLG die **Rechtsbeschwerde zum Bundesgerichtshof (BGH)** zu (vgl. § 86 EnWG).

206 Kunden in geschlossenen Verteilernetzen, die sich über Handlungen des Betreibers des geschlossenen Verteilernetzes beschweren wollen, haben die Möglichkeit, im Rahmen eines Besonderen Missbrauchsverfahrens gem. §§ 31 ff. EnWG das Verhalten überprüfen zu lassen (mit wenigen Einschränkungen, vgl. § 110 Abs. 1 i.V.m. § 32 Abs. 2 und § 33 EnWG). Im Rahmen der Überprüfung der Netzentgelte gem. § 110 Abs. 4 EnWG findet § 31 EnWG dagegen keine Anwendung. Die Netzentgeltüberprüfung findet demnach im Rahmen der allgemeinen Überprüfungsregelung nach § 65 EnWG statt.[167]

---

164 Vgl. zu den Einzelheiten BK-EnR/*Stockmann*, § 75 EnWG Rn 1 ff.
165 BK-EnR/*Stockmann*, § 80 EnWG Rn 1 ff.
166 BK-EnR/*Stockmann*, § 83 EnWG Rn 1 ff.
167 Siehe auch BK-EnR/*Paul*, § 65 EnWG Rn 30.

Kapitel 5
Schnittstellen zu anderen energierechtlichen Fragen

A. Geschlossene Verteilernetze, Kundenanlagen und Unbundling/ Entflechtung

I. Allgemeines

Verteilernetzbetreiber der allgemeinen Versorgung sind – wenn sie vertikal integrierte Energieversorgungsunternehmen[1] i.S.d. § 6 Abs.1 EnWG i.V.m. § 3 Nr. 38 EnWG sind – zur **Entflechtung**[2] verpflichtet, d.h., sie müssen den Netzbetrieb von allen anderen Aktivitäten in ihrem Unternehmen trennen. Diese Trennung ist erforderlich, um (i.S.d. § 6 Abs. 1 EnWG) Transparenz zu schaffen und zu erhalten. Außerdem muss die diskriminierungsfreie Ausgestaltung des Netzbetriebs gewährleistet werden,[3] weil ein Netz immer ein **natürliches Monopol** ist. Es würde – nach der wettbewerblichen Theorie – alle anderen Bereiche eines integrierten Unternehmens ebenfalls monopolisieren, wenn nicht konsequent getrennt würde. Um solche Monopolisierung zu verhindern, verpflichtet das Gesetz dazu, den Monopolbereich getrennt von den anderen Bereichen eines Unternehmens transparent und diskriminierungsfrei zu führen. Hintergrund ist natürlich auch, dass **Quersubventionierung** zwischen dem Monopolbereich Netz und den wettbewerblich organisierten Bereichen, wie z.B. Erzeugung oder Vertrieb, auf diese Weise verhindert werden soll.[4] 1

Wer in welchem Umfang Adressat von Regulierungs- und damit auch von Entflechtungsvorschriften ist, hängt zum einen davon ab, ob das Unternehmen Teil eines Konzerns ist und zum anderen, wie viele Kunden versorgt werden (Letzteres wird als 2

1 Definition siehe § 3 Nr. 38 EnWG; weitere Erläuterungen siehe sogleich.

2 Siehe auch die Gemeinsamen Auslegungsgrundsätze der Regulierungsbehörden des Bundes und der Länder zu den Entflechtungsbestimmungen in §§ 6-10 EnWG v. 1.3.2006 – der Hinweis, dass die Objektnetze vom Anwendungsbereich ausgenommen sind, bezieht sich auf die Rechtslage vor 2011 und ist daher überholt – sowie die Konkretisierung der gemeinsamen Auslegungsgrundsätze der Regulierungsbehörden des Bundes und der Länder zu den Entflechtungsbestimmungen in §§ 6-10 EnWG v. 21.10.2008, beides abrufbar unter http://www.bundesnetzagentur.de/DE/Sachgebiete/ElektrizitaetundGas/Unternehmen_Institutionen/EntflechtungKonzessionenArealnetze/Was_ist_Entflechtung/was_ist_entflechtung_node.html; die BNetzA weist ausdrücklich darauf hin, dass die Dokumente keine Festlegungen i.S.d. § 29 sind und auch nicht den Charakter einer Verwaltungsvorschrift haben, sondern den Unternehmen als Orientierungshilfe dienen sollen. Die Verantwortung für die rechtskonforme Umsetzung der Entflechtungsbestimmungen liege bei den Unternehmen.

3 PwC/*Mussaeus/Rausch/Bolde*, S. 16.

4 Siehe auch die Intention des Gesetzgebers, die in § 6 Abs. 1 EnWG deutlich zum Ausdruck kommt.

sog. de minimis-Regelung bezeichnet). Der Gesetzgeber sieht je nach Größenordnung der Verteilernetzbetreiber[5] unterschiedliche Entflechtungsvorschriften[6] vor.

3 Da Betreiber **geschlossener Verteilernetze** auch Netze betreiben,[7] sie darüber hinaus und zeitgleich in den meisten Fällen neben dem Netzbetrieb auch Kunden an ihrem Standort beliefern (= Vertriebsaktivitäten) oder sogar ein Kraftwerk an diesem Standort zugleich betreiben (= Erzeugungsaktivitäten) – meistens eine KWK-Anlage, aus der Strom und Dampf am Standort verteilt und verbraucht wird –, **sind sie integriertes Energieversorgungsunternehmen** im Sinne des Gesetzes. Folglich finden die Vorschriften über die Entflechtung grundsätzlich in vollem Umfang Anwendung auf die geschlossenen Verteilernetze.

4 Der Gesetzgeber hat aber mit **§ 6b Abs. 8 EnWG** ein paar **Erleichterungen** geschaffen, wenn ein Unternehmen nur deshalb als vertikal integriertes Versorgungsunternehmen i.S.d. § 3 Nr. 38 EnWG einzuordnen ist, weil es auch Betreiber eines geschlossenen Verteilernetzes ist. Im Hinblick auf den nach § 6b Abs. 3 EnWG vorgesehenen **Tätigkeitsabschluss ist** dann **keine Veröffentlichung** erforderlich. Außerdem müssen Betreiber geschlossener Verteilernetze keinen **Prüfungsbericht** von einem Wirtschaftsprüfer aufstellen (lassen) und der Regulierungsbehörde zur Verfügung stellen.[8]

II. Entflechtung für Kundenanlagen?

1. Kundenanlagen sind keine Netze

5 Kundenanlagen sind keine Netze.[9] Die Betreiber solcher Infrastrukturanlagen sind auch nicht als Energieversorgungsunternehmen i.S.d. § 3 Nr. 18 EnWG einzuordnen, also scheiden sie aus dem Anwendungsbereich der Entflechtungsvorschriften per se aus.[10] Denn Anknüpfungspunkt für alle Fragen der Entflechtung ist immer, dass **ein**

5 *„Vertikal integrierte Energieversorgungsunternehmen, an deren Elektrizitätsverteilernetz (oder Gasverteilernetz) weniger als 100 000 Kunden unmittelbar oder mittelbar angeschlossen sind"* – §§ 7 Abs. 2 und § 7a Abs. 7 EnWG.

6 Auf die eigentumsrechtliche Entflechtung für Transportnetzbetreiber gem. §§ 8 ff. EnWG wird hier der Vollständigkeit halber lediglich hingewiesen; Einzelheiten dazu sind bei PwC/*Mussaeus/Küper/Goldberg*, S. 289 ff. ausführlich beschrieben.

7 Siehe auch *Bülhoff*, IR 2010, 258 ff.

8 Auf die Ausnahmevorschrift nach § 6b Abs. 8 EnWG wird unter Rn 54 ff. näher eingegangen.

9 Siehe PwC/*Küper*, S. 34 mit ausführlicher Begründung ab S. 25 ff.; ebenso *Schirin*, IR 2012, 218 ff. und IR 2012, 338 ff.; siehe auch *Strohe*, CuR 2011, 105 ff.

10 So auch *Vogt*, RdE 2012, 95 ff.; ebenso *Helmes*, EnWZ 2013, 23 ff.

Netz betrieben wird.[11] Was ein Netz ist, ist gesetzlich nicht geregelt.[12] Zwar hat der Gesetzgeber in § 3 Nr. 16 EnWG definiert, dass Energieversorgungsnetze den Oberbegriff bilden für Elektrizitätsversorgungsnetze und Gasversorgungsnetze über eine oder mehrere Spannungsebenen oder Druckstufen.[13] Gleichzeitig hat der Gesetzgeber explizit definiert, dass die Kundenanlagen nicht zu den Energieversorgungsnetzen gehören.[14] Aber wodurch sich ein Netz auszeichnet, wann es insbesondere „beginnt" und wann noch eine Kundenanlage oder nur eine einzelne Leitung gegeben ist, hat der Gesetzgeber nicht geregelt. Nach dem allgemeinen Sprachgebrauch – so hat es auch das OLG Düsseldorf[15] allgemein festgestellt – kann man davon ausgehen, dass ein Netz ein festes System von Leitungen darstellt; hinzuzufügen wäre wohl noch, dass diese Leitungen im System eine gewisse Komplexität aufweisen und in geordneter Weise zusammenwirken. In jedem Fall sind Entflechtungsvorschriften auf Leitungen, die keine Netze sind, nicht anzuwenden.

2. Anwendung der Entflechtung auf Energieversorgungsunternehmen?

Da die Betreiber von Kundenanlagen auch **Energieversorgungsunternehmen** i.S.d. 6
§ 3 Nr. 18 EnWG sind, wenn sie ihre Kunden beliefern,[16] stellt sich die Frage, ob sie dann doch den Entflechtungsvorschriften unterfallen. Diese Frage ist zu verneinen. Dies hat der Gesetzgeber mit seiner erneuten Gesetzesänderung, die am 28.12.2012 in Kraft getreten ist,[17] in der entsprechenden gesetzlichen Begründung ausdrücklich klargestellt. Reine Energielieferanten und Erzeugungsgesellschaften sind danach von den Rechnungslegungsvorschriften nach dem EnWG ausgenommen, wenn sie **daneben kein Netz** betreiben. Sie sind weiterhin von den Entflechtungsvorschriften befreit, wenn sie **nicht** mit einem vertikal integrierten Unternehmen verbunden sind.[18]

Zugleich betont der Gesetzgeber aber ausdrücklich, dass eine Privilegierung 7
nach den Vorschriften des Energiewirtschaftsgesetzes nicht auch von Rechnungslegungsvorschriften befreit, die sich beispielsweise aus dem Handelsgesetzbuch oder

---

11 So auch BK-EnR/*Boesche*, § 3 EnWG Rn 108; ebenso *Vogt*, RdE 2012, 95, 96 mit Hinweis auf OLG Stuttgart, Beschl. v. 27.5.2010 - 202 EnWG 1/10 - noch nicht rechtskräftig; siehe auch *Schau*, IR 2007, 98 ff. und IR 2007, 122 ff. (zur alten Rechtslage), der an ein subjektiv-ökonomisches Kriterium anknüpfen will.

12 BK-EnR/*Boesche*, § 3 EnWG Rn 57.

13 BK-EnR/*Boesche*, § 3 EnWG Rn 57.

14 So der ausdrückliche Wortlaut von § 3 Nr. 16 EnWG am Ende.

15 OLG Düsseldorf V ZR 196, 88, zitiert nach BK-EnR/*Boesche*, § 3 EnWG Rn 58.

16 Ebenso PwC/*Mussaeus/Rausch/Bolde*, S. 18.

17 Siehe BGBl. I, S. 2730 v. 27.12.2012.

18 Begründung aus BT-Drucks. 17/10754 v. 24.9.2012, S. 22.

anderen Spezialgesetzen ergeben könnten. Der Gesetzgeber unterstreicht damit die Spezialität der gesetzlichen Regelungen im energierechtlichen Zusammenhang.

8 Aus der gesetzlichen Begründung lässt sich daher für **Kundenanlagen**, die **nicht mit anderen Unternehmen** zu einem integrierten Unternehmen verbunden sind, der Schluss ziehen, dass die Vorschriften der Entflechtung keine Anwendung finden.

3. Kundenanlagen im EU-weiten Konzern

9 Die gesetzliche Begründung macht eine wichtige Einschränkung, indem auf die **vertikal integrierten Unternehmen** Bezug genommen wird. Soweit Kundenanlagen Teil eines großen Konzerns sind, der beispielsweise über die ganze EU verteilt ist, und in anderen Bereichen dieses Konzerns mindestens eine der Funktionen Erzeugung oder Vertrieb zusammen mit Übertragung und Verteilung von Strom oder Gas vorhanden sind, wird diskutiert, ob in dieser speziellen Konstellation auch die Kundenanlagen der Entflechtung aufgrund ihrer Konzernzugehörigkeit unterfallen. Bisher ist diese Frage noch nicht vor Gerichten streitig diskutiert worden. Nimmt man allein den Wortlaut des § 3 Nr. 38 EnWG, liegt es allerdings nicht ganz fern, in dieser Konstellation auch Kundenanlagen der Entflechtung zu unterwerfen, wenn ein bestimmender Einfluss innerhalb des Konzerns bzw. eine gemeinsame Kontrolle der Unternehmen gegeben ist. Denn dann wäre das Konzern-Unternehmen ein vertikal integriertes Unternehmen i.S.d. § 3 Nr. 38 EnWG und über diese Verknüpfung als Konzern wäre dann auch die Kundenanlage zur Entflechtung im Rahmen des integrierten Energieversorgungsunternehmens verpflichtet. Da die Entflechtungsvorschriften außerdem auf den EU-Richtlinien beruhen, ist hier auch **rein räumlich eine EU-weite Betrachtung**[19] angebracht.[20] Allerdings muss kritisch hinterfragt werden, ob es unter dem Gesichtspunkt der Verhältnismäßigkeit Grenzen dieser Betrachtung geben kann. Denn Kundenanlagen haben anerkanntermaßen gerade keine wettbewerblichen Auswirkungen. Das dürfte sich auch nicht dadurch ändern, dass sie einem Konzern mit gemeinsamer Kontrolle angehören.

! **Praxistipp**

Jedes Unternehmen, das mehrere Standorte hat – auch über die EU verteilt –und eine Kundenanlage an einem Standort in der EU betreibt, sollte genau die Zusammenhänge mit anderen Unternehmensstandorten desselben Konzerns prüfen, mit denen sie auch im weiteren Sinne konzernrechtlich verbunden sind. Selbst wenn die Kundenanlage bei separater Betrachtung – oder auch nur einer

---

19 Nach Schneider/Theobald/*de Wyl/Finke*, § 4 Rn 147 soll allein eine deutsche Betrachtung möglich sein,

20 Ebenso PwC/*Mussaeus/Rausch/Bolde*, S. 18, die zu Recht darauf hinweisen, dass mit der EnWG-Novelle von 2011 klarstellend ergänzt worden ist, dass zur Beurteilung der Frage der Kontrolle auf ein in der EU tätiges Unternehmen auf EU-Recht abzustellen ist; siehe auch BR-Drucks. 343/11 v. 6.6.2011, S. 128.

deutschlandweiten Sichtweise – nicht entflechten muss, kann eine unternehmens- bzw. konzernweite Betrachtung unter dem Gesichtspunkt „gemeinsame Kontrolle“ bzw. „bestimmender Einfluss“ zu dem ganz entgegengesetzten Ergebnis führen, nämlich dass Entflechtungsvorschriften anzuwenden sind.

4. Kritik

Es ist überaus fraglich, wie Kundenanlagen oder integrierte Energieversorgungsunternehmen, die auch Kundenanlagen in anderen europäischen Ländern betreiben, im europäischen Ausland im Hinblick auf Entflechtungsfragen tatsächlich behandelt werden. In den meisten Ländern der EU scheint dieses Thema gerade auch im Hinblick auf industrielle Standorte gänzlich unbekannt zu sein. Dort werden Industriestandorte als Standorte eines oder mehrerer privater Unternehmen im Hinblick auf ihre Infrastruktur nicht weiter beleuchtet. In den seltensten Fällen spielen Fragen der leistungsgebundenen Versorgung an diesen Standorten eine Rolle; vielmehr steht das wettbewerbliche Verhalten des Unternehmens am Markt mit seinen Produkten im Vordergrund. 10

Es ist insbesondere kritisch zu hinterfragen, ob in den europäischen Nachbarländern ein ähnlich großer Aufwand getrieben wird wie in Deutschland, um alle nur möglichen Kundenanlagen in der EU von integrierten Energieversorgungsunternehmen ebenda abzugrenzen und rechtlich zu bewerten. Bemerkenswert ist nicht zuletzt, dass seit der citiworks-Entscheidung offensichtlich keine weiteren Fälle oder ähnliche Fallkonstellation vom EuGH entschieden werden mussten, die ähnlich viel Aufmerksamkeit erzeugt haben wie seinerzeit der Fall Citiworks. Daraus könnte man auch den Schluss ziehen, dass Kundenanlagen und deren Abgrenzung zu geschlossenen Verteilernetzen und integrierten Energieversorgungsunternehmen ein rein deutsches Problem zu sein scheint. Dementsprechend großzügig sollte man bei der Bewertung und der rechtlichen Einordnung von Konstellationen im europäischen Kontext vorgehen. 11

Denn es ist weiterhin überaus fraglich, wie allein aufgrund der geografischen Trennung Diskriminierung beim Netzzugang bzw. Quersubventionierung stattfinden soll, wenn man die gesamte Fläche der EU in Betracht zieht. In allen Fällen dürfte aber bereits ein für vertikal integrierte Unternehmen wesentlicher bestimmender Einfluss im Rahmen der Kontrolle über das einzelne Unternehmen fehlen, wie er mit der Bezugnahme auf die EU-Fusionskontrollverordnung – siehe sogleich die folgenden Ausführungen – Grundvoraussetzung ist. Hier muss jeder Einzelfall genau geprüft werden. 12

Praxistipp !

Es kann nicht ausgeschlossen werden, dass Wirtschaftsprüfer in Deutschland die besonderen Konstellationen mit europäischem Bezug im Rahmen ihrer jeweiligen Abschlussprüfungen innerhalb eines Konzernunternehmens in Deutschland problematisieren. Dafür sollte man „gerüstet“ sein.

5. Vertikal integrierte Energieversorgungsunternehmen

13 Das Gesetz knüpft an vertikal integrierte Energieversorgungsunternehmen besondere Rechtspflichten.[21] Deshalb muss jedes Unternehmen für sich zunächst prüfen und feststellen, ob es zu einem solchen komplexen Unternehmen gehört oder nicht. Vertikal integrierte Energieversorgungsunternehmen sind nach § 3 Nr. 38 EnWG weit definiert. Darunter fallen Unternehmen in der EU, die im Strom-(Elektrizitäts-)bereich oder im Gasbereich tätig sind und **diverse weitere Funktionen** innerhalb dieser Sektoren zugleich ausüben. Vertikal integrierte Energieversorgungsunternehmen üben also neben ihrer Netztätigkeit (Übertragung oder Verteilung) auch und zugleich Tätigkeiten auf den vor- und nachgelagerten Wertschöpfungsstufen der Energieversorgung aus.[22] Der Gesetzgeber knüpft dabei sowohl an Unternehmen als auch an **Gruppen von Unternehmen** an. Gruppen von Unternehmen (Unternehmensverbünde) werden mit Bezug auf die EG-Fusionskontrollverordnung[23] definiert: Danach sind Unternehmen in dem gesetzlichen Sinne miteinander verbunden, wenn eine **gemeinsame Kontrolle**[24] über mehrere Unternehmen ausgeübt wird; und zwar entweder durch vertragliche Verpflichtungen oder Rechte oder durch andere Mittel, die einen **bestimmenden Einfluss**[25] auf die Zusammensetzung, die Beratung oder Beschlüsse der Organe des Unternehmens ermöglichen.[26] Als verbunden in diesem Sinne gelten außerdem Unternehmen, wenn über Eigentums- oder Nutzungsrechte auf die **Gesamtheit des Vermögens** oder wesentliche Teile davon **Einfluss** genommen werden kann.[27] Der bestimmende Einfluss ist nicht gleichzusetzen mit dem beherrschenden Einfluss.[28] Ein bestimmender Einfluss kann beispielsweise gegeben sein, wenn ein **Minderheitsgesellschafter** Vetorechte ausüben kann; demgemäß sind die reinen prozentualen Beteiligungsverhältnisse nicht allein ausschlaggebend.[29]

---

21 Siehe den umfassenden Überblick bei *Kühling/Pisal*, RdE 2010, 161 ff.

22 BK-EnR/*Boesche*, § 3 EnWG Rn 182.

23 Art. 3 Abs. 2 der Verordnung (EG) Nr. 139/2004 des Rates vom 20.1.2004 über die Kontrolle von Unternehmenszusammenschlüssen (ABl. L 24 vom 29.1.2004, S. 1).

24 Siehe Art. 3 Abs. 2 FKVO.

25 Siehe auch die Mitteilung der Kommission über den Begriff des Zusammenschlusses der Verordnung (EWG) Nr. 4064/89 des Rates über die Kontrolle von Unternehmenszusammenschlüssen, ABl. EG Nr. C 66 v. 2.3.1998, S. 5 ff., sowie die Mitteilung der Kommission über den Begriff der beteiligten Unternehmen in der Verordnung (EWG) Nr. 4064/89 des Rates über die Kontrolle von Unternehmenszusammenschlüssen, ABl. EG Nr. C 66 v. 2.3.1998, S. 14 ff., in denen Anwendungsbereich und Einzelfälle des bestimmenden Einflusses näher umschrieben werden. Zwar sind diese Mitteilungen rechtlich nicht bindend, aber bei der Auslegung der FKVO – auch im hier näher dargestellten Zusammenhang – dürften sich sowohl Behörden als auch Gerichte an den Beispielen orientieren.

26 Siehe Art. 3 Abs. 2 lit. b FKVO.

27 Siehe Art. 3 Abs. 2 lit. a FKVO; siehe erläuternd *Sinning*, IR 2012, 174 ff. und IR 2012, 198 ff., die für eine einschränkende Auslegung des § 3 Nr. 38 EnWG eintritt.

28 Ebenso Schneider/Theobald/*de Wyl/Finke*, § 4 Rn 143 ff.

29 Zustimmend Schneider/Theobald/*de Wyl/Finke*, § 4 Rn 144; ebenso BK-EnR/*Boesche*, § 3 EnWG

Für die Definition eines vertikal integrierten Energieversorgungsunternehmens ist neben der räumlichen Betrachtung und der Betrachtung über die einzelnen Unternehmen hinweg außerdem erforderlich, dass in den genannten Sektoren Strom oder Gas **verschiedene Funktionen zusammentreffen**: 14

- Im Elektrizitätsbereich muss mindestens eine der Funktionen Übertragung oder Verteilung – also Netzbetreibertätigkeiten – mit mindestens einer der Funktionen Erzeugung oder Vertrieb von Elektrizität zusammentreffen.
- Ähnlich ist für den Gasbereich geregelt, dass mindestens eine der Funktionen Fernleitung, Verteilung – auch hier die typischen Netzbetreibertätigkeiten –, Betrieb einer LNG-Anlage oder Speicherung – als wichtige Infrastrukturen im Hinblick auf den Netzbetrieb – gleichzeitig mit einer der Funktionen Gewinnung oder Vertrieb von Erdgas zusammen ausgeübt werden.

Liegen diese Voraussetzungen zum Teil kumulativ, zum Teil alternativ vor, ist ein Unternehmen ein vertikal integriertes Energieversorgungsunternehmen – es bildet also die Unternehmensgruppe ein einheitliches, vertikal integriertes Energieversorgungsunternehmen.[30] Dieses Energieversorgungsunternehmen ist Adressat aller Entflechtungsvorschriften nach dem EnWG.[31] 15

Über diese „Schiene" können also auch Unternehmen und Standorte, die eigentlich nicht Adressat der Entflechtungsvorschriften sein sollen, in die Pflicht zur Entflechtung gelangen. 16

III. De minimis-Regelung für geschlossene Verteilernetze

Die Entflechtungsvorgaben sind nicht gleichermaßen auf alle Netzbetreiber anzuwenden, sondern je nach der sog. de minimis-Regelung[32] gem. § 7 Abs. 2 EnWG bzw. § 7a Abs. 7 EnWG sind „vertikal integrierte Energieversorgungsunternehmen, an deren Elektrizitätsverteilernetz (oder Gasverteilernetz) weniger als 100 000 Kunden unmittelbar oder mittelbar angeschlossen sind," von der operationellen Entflechtung und von der rechtlichen Entflechtung befreit.[33] 17

Rn 182, die hervorhebt, dass die rechtlichen und tatsächlichen Möglichkeiten zur Kontrollausübung entscheidend seien, nicht die tatsächliche Ausübung der Kontrolle.

30 Schneider/Theobald/*de Wyl/Finke*, § 4 Rn 28.

31 Zu weiteren Einzelheiten und Abgrenzungsfragen siehe Schneider/Theobald/*de Wyl/Finke*, § 4 Rn 143 ff.

32 Sie beruht auf Art. 26 Abs. 4 EltRL 2009 bzw. auf Art. 26 Abs. 4 GasRL 2009 und dient dem Zweck, kleinere Unternehmen zu definieren, bei denen der Aufwand der rechtlichen und der operationellen Entflechtung mit Blick auf die Entflechtungsziele unverhältnismäßig wäre; so auch BK-EnR/*Säcker/Schönborn*, § 7 EnWG Rn 7 m.w.N.

33 BR-Drucks. 343/11 v. 6.6.2011, S. 140 und 143.

18 Im Einzelfall kann es unklar sein, **wie diese Kundenanzahl ermittelt** wird. Einigkeit herrscht zunächst in der Frage, ob die Kunden nach Sektoren getrennt oder gemeinsam zu berechnen sind. Nach allgemeiner Auffassung sind die Kunden nach Strombereich und Gasbereich getrennt zu ermitteln.[34] Begünstigt sind demnach Unternehmen, wenn und soweit sie innerhalb einer Sparte zu keiner „Gruppe“ i.S.d. § 3 Nr. 38 EnWG gehören und selbst weniger als 100.000 unmittelbar und mittelbar angeschlossene Kunden haben. Bei Unternehmen, die dagegen zu einer Gruppe von Unternehmen gehören und ein bestimmender Einfluss innerhalb dieser Gruppe gegeben ist, werden alle Kunden dieser verbundenen Unternehmen zusammengerechnet.[35]

19 Einigkeit herrscht des Weiteren über den **Zeitpunkt** der Feststellung der aktuellen Kundenanzahl. Da dieser im Gesetz nicht näher eingegrenzt ist – es insbesondere keine Stichtagsregelung gibt –, gilt immer die Kundenzahl, die zum Zeitpunkt der jeweiligen rechtlichen Handlung gerade aktuell ist.[36] Es empfiehlt sich daher, in regelmäßigen Abständen die Kundenzahl auf den neusten Stand zu bringen.

20 Weiterhin muss auf die **angeschlossenen Kunden** abgestellt werden. Kunden sind definiert in § 3 Nr. 24 EnWG. Sie sind danach sowohl Letztverbraucher als auch Großhändler sowie Unternehmen, die Energie kaufen. Weiterhin definiert § 3 Nr. 25 EnWG, wer Letztverbraucher ist, nämlich Kunden, die Energie für den eigenen Verbrauch kaufen. Nach diesen gesetzlichen Formulierungen könnte man der Auffassung sein, jedes Lieferverhältnis wäre als einzelner Kunde zu rechnen. Auch die weitere Formulierung „unmittelbare Kunden“ und „mittelbare Kunden“ ließe einen solchen Schluss zu. Tatsächlich wird aber wegen des netztechnischen Zusammenhangs – es geht ja um die Abgrenzung des natürlichen Monopols Netz von anderen Bereichen der Wertschöpfungskette – auf die Zahl der **physischen Netzanschlüsse** im Sinne von Netzanschlusspunkten abgestellt.[37] Ein Haushalt beispielsweise gilt daher unabhängig von der tatsächlichen Personenzahl als **ein angeschlossener Kunde**.[38] In diesem Zusammenhang – wegen der Netzbezogenheit – ist es unerheblich, ob der angeschlossene Kunde auch tatsächlich einen Liefervertrag mit dem vertikal integrierten Energieversorgungsunternehmen hat oder seinen Strom bzw. sein Gas von einem anderen Unternehmen („netzlosen“ Energiehändler) bezieht.[39] Kunden, die mit **mehreren Netzanschlüssen** an das Verteilernetz des Netzbetreibers angeschlossen sind, werden dennoch nur als **ein Kunde** gerechnet. So werden beispielsweise

34 So auch BK-EnR/*Säcker/Schönborn*, § 7 EnWG Rn 9 m.w.N.; ebenso PwC/*Mussaeus/Rausch/Bolde*, S. 21 m.w.N.; zustimmend Schneider/Theobald/*de Wyl/Finke*, § 4 Rn 142.

35 Ebenso PwC/*Mussaeus/Rausch/Bolde*, S. 21 m.w.N.; Schneider/Theobald/*de Wyl/Finke*, § 4 Rn 143.

36 Ebenso Schneider/Theobald/*de Wyl/Finke*, § 4 Rn 141.

37 So auch BK-EnR/*Säcker/Schönborn*, § 7 EnWG Rn 10 m.w.N.

38 Ebenso BK-EnR/*Säcker/Schönborn*, § 7 EnWG Rn 10 m.w.N.

39 Schneider/Theobald/*de Wyl/Finke*, § 4 Rn 137.

Straßenbeleuchtungsanlagen einer Gemeinde oder Reklameanlagen ein und desselben Anbieters in einem Verteilernetz nicht mehrfach, sondern nur einmal gezählt.

Mittelbar angeschlossene Kunden sind solche Kunden, die vermittelt über einen anderweitigen unmittelbaren Anschluss versorgt werden.[40] Typisches Beispiel ist der Mieter in einem Mehrfamilienhaus, der vermittelt über seinen Vermieter – und dessen unmittelbaren Anschluss an das Netz des Netzbetreibers – an das Netz angeschlossen ist.[41] Es werden demnach die Anzahl der Mietverhältnisse als mittelbare Kunden gerechnet. Die BNetzA geht davon aus, dass man als Hilfskriterium auf die Anzahl der Rechnungsempfänger abstellen könne.[42] Mit dieser Regelung will der Gesetzgeber Umgehungstatbestände verhindern, insbesondere sicherstellen, dass nicht einzelne größere Unternehmen mittels Bündelung von Vertragsverhältnissen in den Genuss der de minimis-Regelung kommen.[43] 21

Im Gasbereich stellt sich beispielsweise die Frage, ob Mieter, die Wärme über eine zentrale Wärmeerzeugung des Vermieters beziehen, als mittelbare Gaskunden zu zählen sind. Mit Hinweis auf die gesetzliche Begründung[44] zum EnWG 2005 wird dies jedoch verneint. Dementsprechend wird dann nur der Vermieter als ein Gas-Kunde, der auch unmittelbar an das Netz des Netzbetreibers angeschlossen ist, gerechnet. Diese Einordnung erscheint auch sachgerecht, weil die Mieter nicht Gas beziehen, sondern das Produkt daraus – die Wärme. Diese Differenzierung dürfte auch für die Betreiber geschlossener Verteilernetze, die am Standort auch ein Kraftwerk betreiben, im Einzelfall von Interesse sein. 22

Praxistipp !
Es empfiehlt sich in jedem Fall, die genaue Kundenanzahl – Spartenweise – zu ermitteln, regelmäßig auf den neusten Stand zu bringen und dabei seine besondere Verbindung zu weiteren Unternehmen nicht von vornherein außen vor zu lassen.

In den meisten Fällen dürften in geschlossenen Verteilernetzen üblicherweise weniger als 100.000 Kunden an das dort vorhandene Verteilernetz angeschlossen sein, sodass 23

40 Schneider/Theobald/*de Wyl/Finke*, Rn 138 unterscheiden hier zwischen Anschlussnehmen und Anschlussnutzer, kommen aber zum selben Ergebnis.

41 Ebenso PwC/*Mussaeus/Rausch/Bolde*, S. 21 m.w.N.; zustimmend BK-EnR/*Säcker/Schönborn*, § 7 EnWG Rn 11 m.w.N. auch auf die europäischen Auslegungen der EU-Kommission.

42 Gemeinsame Auslegungsgrundsätze der Regulierungsbehörden des Bundes und der Länder zu den Entflechtungsbestimmungen in §§ 6-10 EnWG v. 1.3.2006, abrufbar unter http://www.bundesnetzagentur.de/SharedDocs/Downloads/DE/Sachgebiete/Energie/Unternehmen_Institutionen/EntflechtungKonzessionArealnetze/Entflechtung/Entflechtung/Auslegungsgrunsaetze5222pdf.pdf?__blob=publicationFile&v=7.

43 BK-EnR/*Säcker/Schönborn*, § 7 EnWG Rn 11 mit Hinweis auf die gesetzliche Begründung BT-Drucks. 15/3917, S. 53.

44 Zum EnWG 2005, BR-Drucks. 613/04, S. 92 f.

für geschlossene Verteilernetze „nur“ die Regelungen über die **informationelle Entflechtung gem. § 6a EnWG** und die **buchhalterische Entflechtung gem. § 6b EnWG – mit wenigen Erleichterungen in Abs. 8** – Anwendung finden.

IV. Informationelle Entflechtung nach § 6a EnWG

24 Die informationelle Entflechtung[45] ist unabhängig von der soeben beschriebenen de minimis-Regelung **von jedem Netzbetreiber einzuhalten.** Im Kern geht es dabei darum, den Vertriebsbereich von allen wirtschaftlich sensiblen Daten und Informationen fernzuhalten, die der Netzbereich im Rahmen seiner üblichen Tätigkeit als Netzbetrieb erlangt. Adressat der Regelung ist aber wiederum der Netzbetreiber – also auch der Betreiber eines geschlossenen Verteilernetzes. Die informationelle Entflechtung gibt daher den Netzbetreibern **Verhaltenspflichten** im Umgang mit eigenen Daten/Informationen und mit Daten/Informationen Dritter auf. Insbesondere muss auch der Betreiber eines geschlossenen Verteilernetzes **aktive Vorkehrungen** gegen eine unbefugte oder diskriminierende Weitergabe von Informationen aus dem Netzbereich an die Wettbewerbsbereiche treffen. Auch hier sind die beiden schon eben zitierten Veröffentlichungen der Regulierungsbehörden des Bundes und der Länder als Orientierungshilfen und zur Unterstützung der eigenen Entscheidungen des Netzbetreibers heranzuziehen.

! **Praxistipp**
Betreiber geschlossener Verteilernetze müssen als Arbeitgeber ihre Mitarbeiter über die Vertraulichkeit sensibler Informationen in Kenntnis setzen und die vertrauliche Behandlung dieser Daten aktiv einfordern.[46]

---

25 Netzbetreiber sind zum einen verpflichtet, wirtschaftlich sensible Informationen vertraulich zu behandeln, die sie bei Ausübung ihrer Tätigkeit von Dritten erhalten (vgl. § 6a Abs. 1 EnWG). Außerdem müssen, sofern sie Informationen über die eigene Tätigkeit, die wirtschaftliche Vorteile bringen können, kundtun, sie allen beteiligten Marktpartnern gleichermaßen und in nicht diskriminierender Weise offenlegen (vgl. § 6a Abs. 2 S. 1 EnWG). Insofern gilt das Prinzip „alle oder keiner!“[47]

---

45 Einen ausführlichen Überblick geben PwC/*Netzband/Dirks*, S. 161 ff.
46 Siehe auch *Jakobshagen/Kachel/Baxmann*, IR 2012, 2 ff.
47 PwC/*Netzband/Dirks*, S. 165.

Praxistipp
Die informationelle Entflechtung sollte mithilfe von internen Dienstanweisungen und Organigrammen im Unternehmen umgesetzt und dadurch nachgewiesen werden.[48]

Was wirtschaftlich sensible Informationen sind, ist aus der Perspektive des Netzbetriebs als natürlichem Monopol zu bewerten, im Einzelfall zu ermitteln und zu **dokumentieren**. Jeder Betreiber eines geschlossenen Verteilernetzes muss diese Informationen für sich identifizieren. In erster Linie fallen darunter Informationen über Netznutzer oder potenzielle Netznutzer, die in anderen Bereichen des Unternehmens – auf vor- oder nachgelagerten Wettbewerbsbereichen – unberechtigte Marktchancen eröffnen könnten.[49] Unter anderem fallen darunter Angaben über den Netznutzer selbst, seine technischen Anlagedaten über die Verbrauchsstelle, aber auch Kenntnisse über Bonität und Zahlungsmoral. Selbstverständlich sind solche Daten sensibel, die sich unmittelbar aus dem Netznutzungsvertrag ableiten lassen wie Lastprofil oder Zählerwerte sowie Daten der Verbrauchs- oder Netznutzungsabrechnung.[50] 26

Netzkundeninformationen dürfen aber **ausnahmsweise offengelegt werden**, wenn der Netzkunde einwilligt, es eine gesetzliche Pflicht zur Offenlegung gibt (beispielsweise in Gerichtsverfahren oder für Behördenauskünfte), Informationen allgemein zugänglich sind oder wenn die Informationen ohne wirtschaftliche Bedeutung für die vor- oder nachgelagerten Wettbewerbsbereiche sind. 27

Zum dritten verpflichtet § 6a Abs. 2 S. 2 EnWG, dass *„wirtschaftlich sensible Informationen gegenüber anderen Teilen des Unternehmens vertraulich behandelt werden."* Gerade letztere Vorschrift ist in der Praxis eines geschlossenen Verteilernetzes schwierig zu realisieren, denn in vielen Fällen dürfte der Netzbetrieb zusammen mit beispielsweise dem Kraftwerksbetrieb oder zusammen mit der kompletten Medienversorgung am Standort von einem einzelnen Mitarbeiter bewerkstelligt werden. Informationen, die dieser eine Mitarbeiter in seiner Funktion als Netzbetreiber erfährt – z.B., dass der Kunde am Standort ab einem bestimmten Zeitpunkt den Lieferanten wechseln will –, dürfte er als Lieferant an diesem Standort gar nicht wissen.[51] 28

Hier kommt der Betreiber des geschlossenen Verteilernetzes nicht darum herum, sein **Personal umzuorganisieren**; ggf. sogar weiteres Personal einzustellen, um die verschiedenen Aufgaben abgegrenzt auf verschiedene Mitarbeiter zu verteilen. Diese müssen außerdem durch **arbeitsrechtliche Weisungen** verpflichtet werden, über bestimmte sensible Informationen gegenüber ganz bestimmten anderen Mitarbeitern Stillschweigen zu bewahren. 29

48 Siehe auch *Jakobshagen/Kachel/Baxmann*, IR 2012, 6.
49 Vgl. BT-Drucks. 15/3917, S. 54 f.; ebenso PwC/*Netzband/Dirks*, S. 163 m.w.N.
50 PwC/*Netzband/Dirks*, S. 164 ff.
51 Siehe auch *Jakobshagen/Kachel/Baxmann*, IR 2012, 6.

Praxistipp
Da ohne Sanktionen Weisungen zumeist keine große Wirkung entfalten, sollten arbeitsrechtliche Weisungen auch immer mit konkreten arbeitsrechtlichen Sanktionen verbunden werden für den Fall, dass den Weisungen zuwidergehandelt werden sollte.

30 Die informationelle Entflechtung hat erhebliche Auswirkungen auf die Gestaltung des **IT-Bereichs** innerhalb eines geschlossenen Verteilernetzes. So muss insbesondere sichergestellt werden, dass innerhalb des Bereichs Netzbetrieb auch nur dort auf die entsprechenden Daten und Informationen zugegriffen werden kann. Auch diese organisatorischen Vorgaben der EDV-Zugriffsberechtigungen müssen **dokumentiert** werden.

Praxistipp
Der Betreiber des geschlossenen Verteilernetzes muss IT-technisch alles dafür tun, dass sensible Informationen innerhalb des Netzbereichs verbleiben und von anderen Bereichen abgeschottet werden. Die BNetzA hat dieses Problem mit dem sog. Zweimandantenmodell gelöst, in dem zwischen Netzkunden und Vertriebskunden **zwei unterschiedliche Stammdatensätze** angelegt werden müssen.

31 Letztlich müsste man, würde man die Vorschrift der informationellen Entflechtung für jeden Bereich in jeder Konsequenz umsetzen wollen, mindestens das Personal des geschlossenen Verteilernetzes verdoppeln, was per se unwirtschaftlich wäre. Das kann mangels Effizienz vom Gesetzgeber auch nicht gewollt sein. Deshalb hat die BNetzA auch **sog. shared services** – gemeinsame Dienstleistungen – zugelassen. Sog. Querschnittsabteilungen wie beispielsweise die IT-Abteilung, die Rechtsabteilung, die Personalabteilung oder auch die Kantine dürfen demnach gemeinsam sowohl für den Netzbereich als auch für den Nicht-Netzbereich betrieben werden, solange gesichert ist, dass durch entsprechende Vorgaben und Weisungen, die Einhaltung der informationellen Entflechtung nicht umgangen wird.

Praxistipp
Es muss vor allen Dingen dem Personal klar sein, wo die Grenzen zulässiger Informationsflüsse sind. Regelmäßige Schulungen dürften daher unerlässlich sein. Außerdem sollte man, sofern man **externe Dienstleister** mit der Umsetzung informationeller Entflechtungsaufgaben betrauen will, diese besonders auf die Vertraulichkeit bestimmter Daten hinweisen und besonders auf die Pflicht zur Nicht-Diskriminierung verpflichten.[52]

52 Einzelheiten zu Organisationsmodellen und deren IT-Umsetzung finden sich bei PwC/*Netzband*/*Dirks*, S. 171 ff.

V. Buchhalterische Entflechtung nach § 6b EnWG

1. Grundsätze

Die buchhalterische Entflechtung befasst sich mit den Fragen der Rechnungslegung 32
und der Buchführung sowie den Jahresabschlüssen, der Gewinn- und Verlustrechnung und dem Lagebericht, welche aufgrund der Rechnungslegung und Buchführung alljährlich erarbeitet werden müssen. Buchhalterische Entflechtung ist demnach eine komplexe Aufgabe, denn neben der Trennung aller Konten der gesamten Aktivitäten der geschlossenen Verteilernetzbetreiber müssen diese Unternehmen auch getrennte Abschlüsse bezogen auf den Netzbetrieb und alle anderen Aktivitäten vorlegen. Der Gesetzgeber[53] begründet die Notwendigkeit der buchhalterischen Entflechtung zunächst mit den Vorgaben des europäischen Rechts.[54] Durch die Verpflichtung zur buchhalterischen Entflechtung für alle Netzbetreiber – also auch für Betreiber geschlossener Verteilernetze[55] – sollen die Grundlagen geschaffen werden, um Quersubventionierung und Diskriminierung in vertikal integrierten Energieversorgungsunternehmen zu verhindern. Weiter hebt der Gesetzgeber mit Hinweis auf den Wortlaut des § 6 EnWG ausdrücklich und klarstellend hervor, dass **nur vertikal integrierte Energieversorgungsunternehmen und selbstständige Netzbetreiber[56] Adressaten der Entflechtungsvorschriften** sind, denn nur bei ihnen müsse die Unabhängigkeit von anderen Tätigkeitsbereichen der Energieversorgung sichergestellt werden, um eine diskriminierungsfreie Ausgestaltung und Abwicklung des Netzbetriebs zu gewährleisten. In der Vergangenheit und vor Änderung des EnWG 2011 hatte es in etlichen Fällen Streit darüber gegeben, wie der Anwendungsbereich der Unbundling-Vorschriften genau abzugrenzen war. Insbesondere Wirtschaftsprüfer hatten Unbundling-Vorschriften auch auf Energieversorgungsunternehmen gem. § 3 Nr. 18 EnWG, die nicht vertikal integriert sind, anwenden wollen. Je nach wirtschaftlicher Interessenlage wurden daher von unterschiedlichen Marktteilnehmern unterschiedlich weite Anwendungsbereiche formuliert. Dem hat der Gesetzgeber nun endgültig einen Riegel vorgeschoben.

Das Gesetz wird getragen von dem Grundgedanken, dass ein integriertes Energie- 33
versorgungsunternehmen alle Bereiche (unterschiedlich intensiv) offenlegen muss, damit man aus der Gesamtheit der Rechnungslegung und der Buchführung erkennen kann, dass weder **Quersubventionierung** noch **Diskriminierung** stattgefunden haben. Diese Informationen brauchen die Regulierungsbehörden, um die Grund-

53 Begründung aus BT-Drucks. 17/10754 v. 24.9.2012, S. 21.

54 Art. 31 der Richtlinie 2009/72/EG und der Richtlinie 2009/73/EG.

55 Kritsch zum Anwendungsbereich *Jakobshagen/Kachel/Baxmann*, IR 2012, 6.

56 Erfasst sind nach dem ausdrücklichen Willen des Gesetzgebers selbstverständlich auch zum vertikal integrierten Unternehmen gehörige rechtlich selbstständige **Netzbetriebsgesellschaften** oder **rechtlich selbstständige Unternehmen**, die mit dem vertikal integrierten Unternehmen **verbunden** sind und unmittelbar oder mittelbar energiespezifische **Serviceleistungen** erbringen."

lagen für die Kostenregulierung zu schaffen; dies hat der Gesetzgeber erneut in seiner letzten Änderung zu § 6b EnWG ausdrücklich bestätigt.[57] Insofern mag dieser Ansatz bei den klassischen Netzbetreibern der allgemeinen Versorgung, dessen Kerngeschäft die Energieversorgung und/oder der Netzbetrieb ist, angebracht und sachgerecht sein, um die Regulierungsaufgabe im Rahmen der Anreizregulierung richtig und vollständig erfüllen zu können. Im Hinblick auf geschlossene Verteilernetze sowie ihre besondere Struktur (in der der Netzbetrieb allenfalls ein Nebengeschäft darstellt) und in dem deren Netzentgelte ganz generell nicht reguliert, sondern lediglich im Bedarfsfall überwacht werden, ist dieser Ansatz eher kritisch zu betrachten. Denn hier werden zum weit größeren Teil Informationen offenbar, die zum einen nichts mit Netzbetrieb und damit nichts mit dem natürlichen Monopol zu tun haben und zum anderen werden diese Daten offensichtlich nicht gebraucht, denn Regulierung der Netzentgelte findet gar nicht statt. Die Regelungen der buchhalterischen Entflechtung gehen damit an dieser Stelle ersichtlich ins Leere.

34 Der Gesetzgeber hat dennoch einer Differenzierung der buchhalterischen Entflechtung im Sinne einer erheblichen Erleichterung für geschlossene Verteilernetze nicht zugestimmt. Außer der Befreiung von der Pflicht zur Veröffentlichung von Tätigkeitsabschlüssen im Bundesanzeiger und der weiteren Befreiung von der Pflicht, einen Prüfungsbericht aufstellen zu lassen – von beidem sind also die Betreiber geschlossener Verteilernetze ausdrücklich ausgenommen (vgl. § 6b Abs. 8 EnWG) –, haben geschlossene Verteilernetze dasselbe „Programm" hinsichtlich der buchhalterischen Entflechtung zu erfüllen, wie die Netzbetreiber der allgemeinen Versorgung: Sie sind demnach unabhängig von ihrer Rechtsform verpflichtet, einen **Jahresabschluss und Lagebericht** nach den für Kapitalgesellschaften geltenden Vorschriften des Ersten (§§ 264 ff. HGB), Dritten (§§ 316 ff. HGB) und Vierten Unterabschnitts (§§ 325 ff. HGB) des Zweiten Abschnitts des Dritten Buchs des Handelsgesetzbuchs („Handelsbücher") **aufzustellen, prüfen zu lassen und offenzulegen**. Es war bisher umstritten, ob sich Unternehmen ausnahmsweise auf den sog. Konzernschutz gem. § 264 Abs. 3 und § 264b HGB berufen können, wonach die Unternehmen unter bestimmten Voraussetzungen von den Rechnungslegungsvorschriften, Prüfungs- und Offenlegungspflichten befreit sind.[58] Dieser Streit ist mittlerweile wegen der ausdrücklichen gesetzlichen Klarstellung überholt.[59] Der Gesetzgeber hat ausdrücklich eine Bezugnahme auf den sog. Konzernschutz verneint.

57 Begründung aus BT-Drucks. 17/10754 v. 24.9.2012, S. 21.

58 So auch PwC/*Banschbach/Poullie*, S. 223 ff., die darauf hinweisen, dass diese Paragraphen insbesondere an Eigentumsverhältnisse oder die Rechtsform anknüpften, dies aber aus dem Blickwinkel des EnWG gleichgültig sei. Es ist zweifelhaft, ob diese Betrachtung unter dem Grundsatz der Verhältnismäßigkeit und im Hinblick auf den Schutz von Betriebs- und Geschäftsgeheimnissen Bestand haben kann.

59 Nach der gesetzlichen Begründung aus BT-Drucks. 17/10754 v. 24.9.2012, S. 22 stellt der Gesetzgeber ausdrücklich klar, „*dass das in § 264 Absatz 3 und § 264b des Handelsgesetzbuchs geregelte*

2. Getrennte Konten

Zunächst verpflichtet das Gesetz alle integrierten Energieversorgungsunternehmen **neben der Beachtung der HGB-Vorschriften** zur Aufstellung eines Jahresabschlusses und eines Lageberichts,[60] **getrennte Konten für jede ihrer Tätigkeiten** zu führen. Das bedeutet, jede Aktivität innerhalb desselben Unternehmens muss erkennen lassen, welche Kosten/Ausgaben und Einnahmen bzw. sonstige Verpflichtungen sie generiert. Denn diese Konten bilden jeweils die Grundlage für das Aufstellen der Tätigkeitsabschlüsse je Tätigkeitsbereich. 35

Der Gesetzgeber verpflichtet die betroffenen Unternehmen ausdrücklich zu einer Fiktion, nämlich die Konten *„so zu führen, wie dies erforderlich wäre, wenn diese Tätigkeiten von rechtlich selbstständigen Unternehmen ausgeführt würden."* (§ 6b Abs. 3 S. 1 EnWG). Zum einen wird ein Unternehmen dadurch verpflichtet, auch **innerbetriebliche Leistungsbeziehungen** abzubilden, d.h. sowohl horizontale Beziehungen zwischen dem jeweiligen Energiebereich und einem Bereich außerhalb dieser Tätigkeit müssen ersichtlich sein als auch vertikale Leistungsbeziehungen zwischen den Tätigkeiten der Stromversorgung oder der Gasversorgung. Damit sollen auch **willkürliche Ungleichbehandlungen vermieden** werden und dass die Preise für die eigenen und die fremde Inanspruchnahme einer Leistung bei gleichen Bedingungen nicht differieren.[61] Diese Fiktion kann insbesondere dazu führen, dass innerbetriebliche Leistungsbeziehungen (insbesondere Innenumsätze zu innerbetrieblichen Verrechnungspreisen[62]), die im handelsrechtlichen Jahresabschluss nicht hätten erfasst werden dürfen, für Zwecke der buchhalterischen Entflechtung bewertet und abgebildet werden müssen.[63] 36

Praxistipp **!**

Die Aufwendungen und Erträge aus Innenumsätzen sind wie die aus Geschäften mit Dritten zu behandeln; ein gesonderter Ausweis oder die Information durch „Davon"-Vermerke dient der Klarheit, ist rechtlich aber nicht zwingend.[64]

Die buchhalterische Entflechtung und deren Ansatz, nach Tätigkeiten zu differenzieren, führt letztlich zu einer **viel kleinteiligeren Rechnungslegung als nach den allgemeinen Vorschriften des HGB.** Ist man sich dessen bewusst, kann man den 37

Konzernprivileg für die Rechnungslegung und Buchführung im Energiewirtschaftsgesetz keine Anwendung findet."

60 Nach den für Kapitalgesellschaften geltenden Vorschriften des Ersten (§§ 264 ff. HGB), Dritten (§§ 316 ff. HGB) und Vierten Unterabschnitts (§§ 325 ff. HGB) des Zweiten Abschnitts des Dritten Buchs des Handelsgesetzbuchs („Handelsbücher").

61 Auch der Grundsatz der Stetigkeit ist zu beachten, vgl. PwC/*Banschbach/Poullie*, S. 244 ff.

62 Hier sind ganz unterschiedliche Ansätze möglich, siehe PwC/*Banschbach/Poullie*, S. 243.

63 Vgl. zu den Einzelheiten PwC/*Banschbach/Poullie*, S. 231, 242 ff.

64 Ebenso PwC/*Banschbach/Poullie*, S. 244 m.w.N.

Anforderungen bzw. Nachprüfungen der Wirtschaftsprüfer im Einzelfall viel besser folgen.

38 Die Konten müssen auch so gestaltet sein, dass ein **fremder Dritter** die Inhalte erkennen und verstehen kann. Ganz generell müssen die **Grundsätze ordnungsmäßiger Buchführung** und insbesondere § 239 Abs. 2 und 3 HGB[65] eingehalten werden.[66] Anstelle einer unterjährigen Buchung ist nach der gesetzlichen Begründung[67] als **Erleichterung** auch eine nachträgliche Buchung auf den getrennten Konten im Zusammenhang mit dem Aufstellen des Jahresabschlusses zulässig und ausreichend.

39 Im Übrigen enthält das Gesetz **keinen Hinweis dazu, in welcher Art und Weise die Kontentrennung tatsächlich vollzogen** werden soll. Nach dem Leitfaden des IDW – ÖFA 2[68] – können entweder Unterkonten für die einzelnen Tätigkeiten geführt werden oder die Buchungen können auf den für das Gesamtunternehmen geführten Konten mit tätigkeitsbezogenen Zusatzkontierungen (Kennzeichnungen) versehen werden, die es jederzeit ermöglichen, für die einzelnen Tätigkeiten getrennte Konten zu entwickeln.

3. Differenzierung nach Tätigkeitsbereichen

40 Das Gesetz differenziert nach den unterschiedlichen **Tätigkeiten** eines Unternehmens. Für jede Tätigkeit müssen getrennte Konten geführt werden; aber innerhalb der Tätigkeitsbereiche gibt es wichtige Unterschiede zur Kontenführung. Das bedeutet, es ist grundsätzlich von einer vollständigen buchhalterischen Trennung der verschiedenen Tätigkeiten auszugehen.

41 Zum einen differenziert der Gesetzgeber zwischen **Tätigkeiten im Energienetzsektor**. Das sind nach § 6b Abs. 3 EnWG ausdrücklich die Tätigkeiten Elektrizitätsübertragung, Elektrizitätsverteilung, Gasfernleitung, Gasverteilung, Gasspeicherung und Betrieb von LNG-Anlagen – also die Bereiche, in denen das Netz rein technisch im Vordergrund steht. Weiter differenziert der Gesetzgeber nach **anderen Tätigkeiten innerhalb des Elektrizitätssektors und innerhalb des Gassektors** – hier sind die Tätigkeiten gemeint und erfasst, die eine gewisse Schnittstelle zum Netz haben, aber

---

65 Wortlaut des § 239 Abs. 2 HGB: *„Die Eintragungen in Büchern und die sonst erforderlichen Aufzeichnungen müssen vollständig, richtig, zeitgerecht und geordnet vorgenommen werden.“*; Abs. 3 lautet: *„Eine Eintragung oder eine Aufzeichnung darf nicht in einer Weise verändert werden, dass der ursprüngliche Inhalt nicht mehr feststellbar ist. Auch solche Veränderungen dürfen nicht vorgenommen werden, deren Beschaffenheit es ungewiss lässt, ob sie ursprünglich oder erst später gemacht worden sind.“*

66 Vgl. den Leitfaden des IDW zur Rechnungslegung - IDW ERS ÖFA 2 n.F. - S. 9 Rn 34, abrufbar unter http://www.idw.de/idw/download/IDW__ERS__OEFA__2__nF.pdf.

67 BT-Drucks. 15/3917, S. 55.

68 Vgl. den Leitfaden des IDW zur Rechnungslegung - IDW ERS ÖFA 2 n.F. - S. 9 Rn 33, abrufbar unter http://www.idw.de/idw/download/IDW__ERS__OEFA__2__nF.pdf.

nicht zum Netz gehören. Für diese anderen Tätigkeiten können die Konten jeweils innerhalb des jeweiligen Sektors zusammengefasst werden. Außerdem verpflichtet der Gesetzgeber auch für **Tätigkeiten außerhalb des Elektrizitäts- und Gassektors**, Konten zu führen, die ebenfalls zusammengefasst werden können. Alle diese Tätigkeitsbereiche müssen bei der Aufstellung des Jahresabschlusses getrennt behandelt und getrennt bearbeitet werden. Das bedeutet, neben einer separaten **Bilanz** für jeden Tätigkeitsbereich gibt es auch eine **Gewinn- und Verlustrechnung pro Tätigkeitsbereich.** Diese einzelnen Jahresabschlüsse werden als getrennte **Tätigkeitsabschlüsse** bezeichnet (vgl. § 6b Abs. 3 S. 6 EnWG).

Während unter Ziff. 1. bis 6. von § 6b Abs. 3 EnWG die klassischen Netztätigkeiten verstanden werden können, wäre ein **Beispiel für andere Tätigkeiten** innerhalb des Strom- oder Gassektors die Erzeugung von Strom oder die Gewinnung von Gas oder Belieferung von Kunden mit Strom oder Gas. Eine Tätigkeit außerhalb des Strom- oder Gassektors wäre beispielsweise die Wärmeversorgung oder Wasserversorgung sowie der (Fern-)Wärmebereich an einem Standort mit einer KWK-Anlage. Jedenfalls für den Bereich der Wärmeversorgung wären demnach trotz gewisser Verbindung zum Strombereich getrennte, aber bezogen auf die Wärmeherstellung und Lieferung zusammengefasste Konten zu führen. 42

4. Indirekte Zuordnung durch Schlüsselung

Da sich nicht alle Aktivitäten scharf oder zum Teil nur unter unverhältnismäßigem Aufwand gegeneinander abgrenzen lassen, sieht das Gesetz für diese Fälle ausnahmsweise die Möglichkeit einer indirekten Zuordnung der relevanten Posten durch **Schlüsselung** vor (§ 6b Abs. 3 S. 5 EnWG).[69] Auch insoweit sind die Grundsätze ordnungsmäßiger Buchführung zu beachten, also insbesondere der Grundsatz der Klarheit und der Übersichtlichkeit (vgl. § 243 HGB) der Vollständigkeit (§ 246 HGB), der Belegzwang, der Wesentlichkeit und der Grundsatz der Stetigkeit.[70] Diese Schlüsselung zu den Konten muss **sachgerecht sein und für Dritte nachvollziehbar.** In der Praxis finden Schlüsselungen vor allen Dingen bei Kosten-Zentren statt, die für verschiedene Aktivitäten gemeinsam betrieben werden (z.B. die Rechtsabteilung für das ganze Unternehmen oder die Kantine für alle Mitarbeiter des Unternehmens etc.). 43

Die Schlüsselung darf also nicht individuell und allein nach subjektiven Maßstäben vorgenommen werden, sondern muss **objektiv begründbar** und für Dritte nachvollziehbar sein. Als Bezugsgrößen für indirekte Zuordnung können nach den Empfehlungen des Instituts der Wirtschaftsprüfer[71] entweder **Mengen- oder Wertmaßstäbe** gewählt werden. Mengenansätze sind beispielsweise die Anzahl der Mit- 44

---

69 Vgl. BK-EnR/*Busse von Colbe*, § 6b EnWG Rn 44 ff.

70 Vgl. BK-EnR/*Busse von Colbe*, § 6b EnWG Rn 45 m.w.N.

71 IDW ERS ÖFA 2 Rn 35 ff.; siehe auch PwC/*Banschbach/Poullie*, S. 239 m.w.N.

arbeiter oder Raumgrößen; Wertmaßstäbe sind dagegen Personalaufwand oder Materialaufwand oder Anschaffungs- und Herstellungskosten.[72]

! **Praxistipp**
Es empfiehlt sich mit **möglichst wenigen Schlüsseln** zu arbeiten, denn je weniger Schlüsselung von Posten stattfindet, desto genauer sind die Ergebnisse und desto eher wird man dem Verursacherprinzip gerecht![73]

---

45 Das Gesetz sieht keine progressive Zuordnung vor, d.h. Tätigkeitskonten müssen nicht zeitgleich mit der Erfassung der Geschäftsvorfälle in der Finanzbuchhaltung gebucht werden, sondern können **retrograd** zugeordnet werden. Das bedeutet, anstelle einer unterjährigen progressiven Verbuchung in getrennten Buchungskreisen darf das Unternehmen „eine **nachträgliche Bebuchung der getrennten Konten**" am Jahresende vornehmen. Voraussetzung nach dem Gesetz ist aber, dass das Unternehmen die Möglichkeit zur jederzeitigen Überleitung auf die getrennten Konten im Verlauf des Geschäftsjahres sicherstellt.[74]

! **Praxistipp**
Führen Sie ein **Entflechtungshandbuch**, in dem Sie alle Rahmenbedingungen für die Ableitung der Tätigkeitsabschlüsse niederlegen; insbesondere die Regeln und Abschreibungsmethoden, nach denen die Gegenstände des Aktiv- und Passivvermögens sowie die Aufwände und Erträge den Konten zugeordnet werden sollen.

---

5. Industrielle Besonderheiten: Vertraulichkeit von Informationen – Geschäfte größeren Umfangs

46 „Spannend" ist die Differenzierung der Tätigkeitsbereiche für die klassischen Industrieunternehmen, die an einem Standort ein geschlossenes Verteilernetz betreiben. Nach der Denkart des Gesetzgebers sind unter Tätigkeiten außerhalb des Strom- oder Gassektors sämtliche **wettbewerblichen Tätigkeitsbereiche** eines Unternehmens zu verstehen. Selbst wenn diese Bereiche nach dem Willen des Gesetzgebers kontentechnisch zusammengefasst werden dürfen, ist der Aufwand, für diese Tätigkeiten getrennte Bilanzen und GuV-Rechnungen aufzustellen, nicht unerheblich; ganz abgesehen von **vertraulichen Informationen** aus den Wettbewerbsbereichen, die auf diese Weise Dritten zugänglich gemacht werden könnten.

---

72 Weitere Beispiele finden sich bei PwC/*Banschbach/Poullie*, S. 239 f.; zu einzelnen Abgrenzungsfragen siehe auch BK-EnR/*Busse von Colbe*, § 6b EnWG Rn 48 ff. m.v.w.N.

73 Ebenso vgl. BK-EnR/*Busse von Colbe*, § 6b EnWG Rn 48 m.w.N.

74 Vgl. die Begründung dazu bei PwC/*Banschbach/Poullie*, S. 241.

Praxistipp
Prüfen Sie in jedem Fall, ob die Vertraulichkeit von Betriebs- und Geschäftsgeheimnissen eines Tätigkeitsbereichs durch die Trennung der Tätigkeitsbereiche im Rahmen der Entflechtung gefährdet sein könnte. Dann geht der Schutz der Betriebs- und Geschäftsgeheimnisse grundsätzlich einer Offenlegung vor.

§ 6b Abs. 2 EnWG verpflichtet die Unternehmen darüber hinaus, **Geschäfte größeren Umfangs** mit verbundenen oder assoziierten Unternehmen i.S.v. § 271 Abs. 2 oder § 311 des Handelsgesetzbuchs[75] im Anhang zum Jahresabschluss gesondert auszuweisen. Hierbei sind insbesondere Leistung und Gegenleistung anzugeben. 47

Wann ein Geschäft größeren Umfangs in diesem Sinne anzunehmen ist, ist nicht gesetzlich festgelegt. Aus der Begründung zum EnWG 2005[76] kann man aber ableiten, dass ein Geschäft größeren Umfangs dann angenommen werden kann, wenn **es aus dem Rahmen der gewöhnlichen Energieversorgungstätigkeit herausfällt** und für die Bewertung der Vermögens- und der Ertragslage eines Unternehmens von **nicht nur untergeordneter Bedeutung** ist. Bezieht man diese Erläuterung auf ein großes Industrieunternehmen mit einem geschlossenen Verteilernetz, dann dürften die gesamten Geschäftsvorfälle innerhalb des wettbewerblichen Produktionsbereichs gemessen am Bereich der Energieversorgung (Netz und Belieferung in einem geschlossenen Verteilernetz einbezogen) Geschäfte im Sinne dieser Ausnahme sein. Diese Regelung passt daher erkennbar nicht zu den tatsächlichen Gegebenheiten in einem geschlossenen Verteilernetz. Es wäre auch kaum zu rechtfertigen, wenn ein Industrieunternehmen vertrauliche Geschäftsvorfälle des Produktionsbereichs im Hinblick auf das geschlossene Verteilernetz (als Monopolbereich) offenlegen müsste. Man sollte daher die Berichtspflicht über Geschäfte größeren Umfangs allein auf die Bereiche beziehen, die die **Energieversorgung tangieren,**[77] also Erzeugungsbereiche oder Vertriebsaktivitäten im Strom- oder Gasbereich. Denn nur in diesen Bereichen stellt sich die Frage, ob Quersubventionierung vorliegt, oder Diskriminierung oder Wettbewerbsverzerrungen gegeben sind. Industrielle Bereiche, die naturgemäß wettbewerblich organisiert sind, bedürfen weder einer regulatorischen Aufsicht noch einer regulatorischen Kontrolle; alles regelt sich vielmehr über den Wettbewerb selbst. Regulierung oder regulatorische Kontrolle könnte dort im Einzelfall, wegen der Gefahr der Offenlegung von Betriebs- und Geschäftsgeheimnissen, sogar eher größere Schäden im Wettbewerb verursachen. 48

75 Der Begriff der verbundenen Unternehmen wird im Aktiengesetz und im HGB in etwas unterschiedlichem Sinne gebraucht, vgl. im Einzelnen BK-EnR/*Busse von Colbe*, § 6b EnWG Rn 22 und 23 m.w.N.

76 BT-Drucks. 15/3917 v. 14.10.2004, S. 55.

77 Ebenso BK-EnR/*Busse von Colbe*, § 6b EnWG Rn 25 mit dem Hinweis auf IDW ERS ÖFA 2 n.F. IDW FN 2012 Rn 57.

49 Es dürfte allerdings im Einzelfall nicht unerhebliche Beurteilungsspielräume geben, um ein Geschäft größeren Umfangs zu bejahen oder zu verneinen.

Praxistipp
Es empfiehlt sich, frühzeitig mit dem Wirtschaftsprüfer abzuklären, wann ein Geschäft größeren Umfangs im Einzelfall gegeben sein kann, denn an einem klassischen Industriestandort dürfte im Verhältnis zu dem Netzbetrieb des geschlossenen Verteilernetzes, der lediglich ein **Nebengeschäft** bildet, allein wenn man die Größenordnung der anderen wirtschaftlichen Aktivitäten an diesem Industriestandort betrachtet, jedes Geschäft im Rahmen der Hauptbetätigungsfelder ein Geschäft größeren Umfangs sein. Dass eine so weitreichende Offenlegungspflicht nicht gemeint sein kann, dürfte auf der Hand liegen.

50 Wie diese Geschäfte auszuweisen sind, ist ebenfalls nicht im Gesetz beschrieben. Unter Geschäften dürften zunächst **Rechtsgeschäfte** zu verstehen sein. Folglich ist mindestens die Art des Geschäfts, also z.B. ein Stromliefervertrag, zu benennen; weithin verpflichtet das Gesetz, jedes einzelne Geschäft zu benennen und **einzeln Leistung und Gegenleistung** offenzulegen.[78]

6. Umfang der Wirtschaftsprüfung[79]

51 Der Wirtschaftsprüfer, der den Jahresabschluss prüft, hat in diesem Zusammenhang grundsätzlich auch die Einhaltung der Pflichten zur Rechnungslegung gem. § 6b Abs. 3 EnWG zu prüfen. Dabei hat er auch die Wertansätze und die Zuordnungen zu den einzelnen Konten zu prüfen – diese müssen sachgerecht und nachvollziehbar sein. Außerdem hat er zu prüfen, ob das Unternehmen den Grundsatz der Stetigkeit beachtet hat (vgl. § 6b Abs. 5 EnWG). Größere Abweichungen der Wertansätze im Vergleich zum Vorjahr z.B. dürften zu Diskussionen mit dem Abschlussprüfer führen.

Praxistipp
Um diese Diskussionen im engen Rahmen zu halten oder gänzlich zu vermeiden, empfiehlt es sich – wie oben näher erläutert – das Entflechtungshandbuch zu führen und ständig aktuell zu halten.

78 Ebenso BK-EnR/*Busse von Colbe*, § 6b EnWG Rn 26 mit dem Hinweis auf IDW ERS ÖFA 2 n.F. IDW FN 2012 Rn 58/60.

79 Zu der Fülle von Einzel- und Abgrenzungsfragen siehe PwC/*Banschbach/Poullie*, S. 247 ff. mit vielen weiteren Hinweisen und Nachweisen.

Kleine Energieversorgungsunternehmen[80] i.S.d. § 267 Abs. 1 HGB[81] unterliegen gem. § 316 Abs. 1 HGB **keiner gesetzlichen Prüfungspflicht** im Hinblick auf die interne Rechnungslegung.[82] 52

Praxistipp
Beachten Sie die Größenordnung Ihres Unternehmens bei der Beauftragung des Wirtschaftsprüfers. **!**

Zu beachten ist, dass die BNetzA gem. § 6b Abs. 6 EnWG eine besondere **Festlegungskompetenz** hat, die es ihr erlaubt, **zusätzliche Bestimmungen** gegenüber dem Unternehmen durch Festlegung nach § 29 Abs. 1 EnWG zu treffen. Diese müssten vom Wirtschaftsprüfer im Rahmen der Jahresabschlussprüfung über die soeben beschriebenen Prüfungsvoraussetzungen hinaus berücksichtigt werden. Sie kann insbesondere **zusätzliche Schwerpunkte** für die Prüfungen festlegen. Eine solche Festlegung muss spätestens sechs Monate vor dem Bilanzstichtag des jeweiligen Kalenderjahres ergehen. 53

Bisher hat die BNetzA davon noch keinen Gebrauch gemacht. Je nachdem, wie sich aber buchhalterische Entflechtung im Hinblick auf die klassischen Netzbetreiber der allgemeinen Versorgung in der Zukunft entwickeln wird, könnten sich dann auch die Vorgaben für die Betreiber geschlossener Verteilernetze erheblich wandeln.[83] 54

7. Ausnahmevorschrift § 6b Abs. 8 EnWG

Nach § 6b Abs. 8 EnWG gilt eine wichtige Ausnahmevorschrift für geschlossene Verteilernetze, wenn diese Unternehmen nur deshalb als vertikal integriertes Unternehmen einzustufen sind, weil sie auch ein geschlossenes Verteilernetz betreiben. Der Gesetzgeber bringt damit zum Ausdruck, dass insbesondere komplexe Industrieunternehmen, die nur dieses „geringe" natürliche Monopol-Netz in Form des geschlossenen Verteilernetzes betreiben und allein aufgrund der Kategorisierung im Energiewirtschaftsrecht als vertikal integriertes Unternehmen[84] einzustufen sind, nicht die gesamte buchhalterische Entflechtung erfüllen müssen. Hiermit soll auch der Tatsache Rechnung getragen werden, dass in den meisten Fällen die wettbewerblichen 55

---

80 Siehe *Nowak*, Versorgungswirtschaft 2012, 11 ff.
81 Nach § 267 Abs. 1 HGB sind das kleine Kapitalgesellschaften, die zwei der drei folgenden Voraussetzungen erfüllen: 4.840.000 € Bilanzsumme nach Abzug eines auf der Aktivseite ausgewiesenen Fehlbetrags oder 9.680.000 € Umsatzerlöse in den zwölf Monaten vor dem Abschlussstichtag oder im Jahresdurchschnitt fünfzig Arbeitnehmern.
82 Ebenso BK-EnR/*Busse von Colbe*, § 6b EnWG Rn 87 mit Hinweis auf die dortige Rn 15, in der zu Recht hervor gehoben wird, dass der Gesetzgeber ausdrücklich Erleichterungen für kleine Energieversorgungsunternehmen in das EnWG 2005 aufnehmen wollte.
83 Ebenso *Nowak*, Versorgungswirtschaft 2012, 11.
84 Siehe oben Rn 4.

Aktivitäten eines solchen Unternehmens ein weit größeres Ausmaß haben als die Aktivitäten des geschlossenen Verteilernetzes innerhalb dieses Unternehmens.

56 Diese Unternehmen müssen ihre Tätigkeitsabschlüsse nicht veröffentlichen; und auch deren Wirtschaftsprüfer werden von der Pflicht zur Aufstellung eines Prüfungsberichts befreit. Das ist mit der Verweisung auf die Abs. 4 und 7 gemeint. An der Überwachung dieser (geringfügigen) Besserstellung durch die Regulierungsbehörden ändert sich dadurch aber nichts.

57 Wann diese Privilegierung genau eintritt, hängt nach dem Willen des Gesetzgebers scheinbar davon ab, ob ein Unternehmen nur ein einziges geschlossenes Verteilernetz an einem Standort betreibt. Man kann sich darüber streiten, ob damit jeweils nur ein einziges geschlossenes Verteilernetz pro Standort oder bezogen auf das gesamte Unternehmen (möglicherweise EU-weit betrachtet) gemeint sein könnte.[85]

58 Diese Ausnahme ist zwar dem Wortlaut nach so formuliert, dass nur ein einzelnes geschlossenes Verteilernetz in einem integrierten Energieversorgungsunternehmen zur Erleichterung der Verpflichtungen führen kann. Diese Sichtweise wäre aber erkennbar zu eng. Vielmehr muss die Erleichterung auch dann gelten, wenn in einem Unternehmen **mit mehreren Standorten es weitere geschlossene Verteilernetze** geben sollte. Ansonsten wären diese Unternehmen **diskriminiert**, ohne dass es dafür auch im Hinblick auf den ohnehin nur eingeschränkten Zweck der buchhalterischen Entflechtung, die Grundlage für die Kostenregulierung zu schaffen, einen Sachgrund gäbe.

B. Individuelle Netzentgelte nach § 19 Abs. 1 oder Abs. 3 Strom NEV

59 Im Rahmen der Sonderformen der Netznutzung gibt es nicht nur die atypische und die extensive Netznutzung nach § 19 Abs. 2 S. 1 und S. 2 StromNEV zu beachten, sondern auch die Regelung über Monatsleistungspreise für sog. Saisonbetriebe in § 19 Abs. 1 StromNEV sowie die singuläre Großkunden-Regelung nach § 19 Abs. 3 StromNEV. Beide Regelungen sind Ausnahmen von der grundsätzlichen Netzentgeltbildung; setzen damit zwingend ein Netz und Netznutzungsentgelte voraus. Eine **Kundenanlage oder Kundenanlage zur betrieblichen Eigenversorgung ist daher von diesen Regelungen nicht betroffen**.

60 Wohl aber kann ein Betreiber eines geschlossenen Verteilernetzes diesen Ausnahmeregelungen ausgesetzt sein. Es geht dabei im Kern um die Frage, ob ein Betreiber eines geschlossenen Verteilernetzes seinen Kunden Monatsleistungspreise anbieten bzw. ein Netzentgelt für die singuläre Netznutzung kalkulieren muss, wenn die gesetzlichen Voraussetzungen erfüllt sind. Diese Frage ist zu bejahen, denn die

85 Auf die oben in Rn 10 ff. geäußerte Kritik wird verwiesen.

Anwendung der **Sonderformen der Netznutzung nach § 19 StromNEV ist nicht auf Netzbetreiber der allgemeinen Versorgung beschränkt.**

I. Monatsleistungspreissystem

Sollte sich also ein Unternehmen, das z.B. Zucker verarbeitet, in einem geschlossenen Verteilernetz angesiedelt haben und kann es nachweisen, dass es neben einer zeitlich begrenzten hohen Leistungsaufnahme in der übrigen Zeit eine deutlich geringere oder keine Leistungsaufnahme hat, wie dies bei der Zuckerproduktion durch die begrenzte Zeit der Anlieferung von Zuckerrüben üblich ist, dann muss der Betreiber des geschlossenen Verteilernetzes diesem letztverbrauchenden Unternehmen ein **Monatsleistungspreissystem nach § 19 Abs. 1 StromNEV anbieten.** Dazu ist der Betreiber des geschlossenen Verteilernetzes von Gesetzes wegen verpflichtet. Wenn er sich allerdings mit diesem Unternehmen auf das ohnehin am Standort praktizierte Jahresleistungspreissystem einigen kann, ist diese Abrechnung der Netzentgelte nicht zu beanstanden, denn nach § 19 Abs. 1 StromNEV sind **beide Alternativen zugelassen.** 61

II. Singuläres Netzentgelt

Neben dem individuellen Netzentgelt nach § 19 Abs. 1 StromNEV kann in einem geschlossenen Verteilernetz theoretisch auch ein individuelles Netzentgelt nach **§ 19 Abs. 3 StromNEV** vorkommen. Auch insoweit ist nämlich der Anwendungsbereich des § 19 Abs. 3 StromNEV **nicht auf Netze der allgemeinen Versorgung beschränkt.** Dann müsste innerhalb des geschlossenen Verteilernetzes aber ein Netznutzer alle Betriebsmittel einer Netz- oder Umspannebene ausschließlich selbst und allein nutzen. Im Fall des singulären Netzentgeltes gem. § 19 Abs. 3 StromNEV in einem geschlossenen Verteilernetz hat der Netznutzer, wenn die Voraussetzungen gegeben sind, **ein Recht auf Kalkulation eines singulären Netzentgeltes.** Allerdings dürfte es in einem geschlossenen Verteilernetz erheblich schwieriger sein, die Voraussetzungen für die Singularität nachzuweisen, denn die Ausdehnungen eines geschlossenen Verteilernetzes sind üblicherweise deutlich enger, als beim Netz der allgemeinen Versorgung; dadurch ist eher **eine größere Vernetzung** gegeben und gerade keine Singularität anzutreffen. In den seltensten Fällen nutzt in einem geschlossenen Verteilernetz ein Netznutzer sämtliche Betriebsmittel einer ganzen Netz- oder Umspannebene ausschließlich selbst. 62

In den meisten Fällen dürfte darüber hinaus das Interesse an singulärer Nutzung aus der Perspektive des Betreibers des geschlossenen Verteilernetzes allein aus Kostengründen eher die Ausnahme sein. Allerdings kann es in manchen Fällen unter dem Gesichtspunkt **erhöhter Versorgungssicherheit** einzelner Unternehmen in einem geschlossenen Verteilernetz (z.B. bei der Produktion hoch sensibler Mikrochips) ein besonderes Interesse eines Unternehmens an diesem Standort sein, allein 63

an einer einzelnen Leitung oder Spannungsebene angeschlossen zu sein. Dann kann er auch das singuläre Netzentgelt geltend machen.

! **Praxistipp**
Wegen der oft geringeren Abmessungen in einem geschlossenen Verteilernetz sollten Betreiber des geschlossenen Verteilernetzes und Netznutzer bei der Erwägung eines singulären Netzentgeltes immer auch Aufwand und Nutzen im Blick behalten. Im Einzelfall können die Unterschiede zwischen einem regulären Netzentgelt im geschlossenen Verteilernetz und einem singulär kalkulierten Netzentgelt gering sein.

---

64 Außerdem hat der entsprechende Netznutzer **keinen Anspruch** darauf, dass der Status seiner Singularität auf immer so erhalten bleibt. Insoweit sieht das Gesetz **keinerlei Bestandschutz** vor.

! **Praxistipp**
Wenn überhaupt ein singuläres Netzentgelt in geschlossenen Verteilernetzen feststellbar ist, sollte seine Absicherung insbesondere im Hinblick auf zukünftige Veränderungen der Netzstruktur stets in einem gesonderten Vertrag festgeschrieben werden, denn einen gesetzlichen Bestandsschutz oder sonstigen Veränderungsschutz gibt es nicht.

---

65 Spätestens wenn sich ein Nachbarunternehmen ansiedelt und an derselben Leitung angeschlossen wird, oder ein Unternehmen hinter dem ersten Unternehmen angeschlossen wird, ist die Singularität tatsächlich und in dessen Folge auch rechtlich wieder aufgehoben.

66 In der Praxis dürfte daher ein singuläres Netzentgelt im geschlossenen Verteilernetz die absolute Ausnahme sein.

C. Umlagen nach KWKG, § 19 Abs. 2 StromNEV, § 18 AbLaV und für Offshorewind

67 Seit der Liberalisierung der Strom- und Gasmärkte haben die Aufschläge und Umlagen auf den Strompreis bzw. die Netzentgelte deutlich zugenommen. Während insbesondere das EEG einen eigenen Umlagemechanismus beschreibt, wird für die **Umlagen nach dem KWKG** – dem Kraft-Wärme-Kopplungsgesetz –, nach § 19 Abs. 2 S. 2 StromNEV, nach § 18 AbLaV oder bezogen auf die Offshorewind-Umlage nach §§ 17a ff. EnWG jeweils auf § 9 KWKG als Rechtsgrundlage Bezug genommen.[86] Es stellt sich daher immer die Frage, ob und wenn ja, welche Berührungspunkte diese Aufschläge und Umlagen mit geschlossenen Verteilernetzen bzw. Kundenanlagen haben

---

86 Kritisch dazu *Bülhoff/Klapdor*, EnWZ 2013, 297 ff.

können. Hierbei sind – ähnlich wie im EEG – verschiedene Sachverhalte auseinanderzuhalten.

Adressat des KWKG ist sowohl hinsichtlich Anschlusspflicht von KWK-Anlagen (§ 4 Abs. 1 i.V.m. § 5 KWKG) als auch hinsichtlich Abnahme- und Vergütungspflicht von Strom aus KWK-Anlagen (§ 4 Abs. 1 i.V.m. Abs. 3 KWKG) der **Netzbetreiber der allgemeinen Versorgung** (vgl. explizit § 3 Abs. 9 KWKG).[87] Daher kann ein geschlossenes Verteilernetz – und schon gar nicht eine Kundenanlage, weil nicht Netz – nicht Adressat[88] dieser gesetzlichen Pflichten sein.[89] 68

Eine andere Frage ist aber, ob Kunden in geschlossenen Verteilernetzen oder Kundenanlagen in den **Wälzungsprozess** nach § 9 Abs. 7 KWKG (analog) einbezogen sein können.[90] Da **Kundenanlagen** keine Netze sind und § 9 Abs. 7 KWKG sich an Netzbetreiber (der allgemeinen Versorgung) wendet, fallen Kundenanlagen vollständig aus dem Wälzungsprozess des KWKG raus. Das bedeutet, Kunden in Kundenanlagen, die **nicht von außen** – sondern beispielsweise über das am Standort der Kundenanlage vorhandene Kraftwerk – mit Strom beliefert werden, müssen **keine KWK-Umlage** zahlen, weil es insoweit an einer Belieferung i.S.d. § 9 Abs. 3 KWKG an Letztverbraucher über das Netz der allgemeinen Versorgung fehlt.[91] Dies gilt analog auch für die genannten anderen Umlagen, die auf das KWKG lediglich Bezug nehmen.[92] 69

Anders als im Wälzungsprozess nach dem EEG knüpft die Wälzung von KWK-Umlagen auch nicht an die Lieferung von Strom und den Begriff des Energieversorgungsunternehmens nach § 3 Nr. 18 EnWG an, sondern ausschließlich an **Netzentgelte**. Da Netzentgelte in Kundenanlagen gerade nicht erhoben werden dürfen, sondern die Energieanlagen unentgeltlich zur Verfügung gestellt werden müssen, können auch keine auf ein Netzentgelt bezogenen Umlagen erhoben werden. 70

Anders ist die Sachlage allerdings, wenn Kunden in einer Kundenanlage **von außen**, d.h. über das vorgelagerte Netz der allgemeinen Versorgung, beliefert bzw. versorgt werden. Dann benutzen diese Lieferanten das Netz der allgemeinen Versorgung bis zur Kundenanlage gem. § 9 Abs. 3 KWKG, oder umgekehrt formuliert: Diese Letztverbraucher benutzen dann das Netz der allgemeinen Versorgung zur Entnahme von Strom (vgl. § 1 StromNEV), vermittelt über die Kundenanlage. Dieser Strom wird, da er über das öffentliche Netz transportiert worden ist, in den **KWK-Wälzungsprozess** nach § 9 Abs. 7 S. 2 KWKG ausdrücklich **einbezogen**. 71

---

87 So auch *Jakobshagen/Kachel/Baxmann*, IR 2012, 7.

88 Streitig! Anderer Auffassung, allerdings mit nicht überzeugender Argumentation BK-EnR/*Wolf*, § 110 EnWG Rn 176 ff.

89 Ebenso BK-EnR/*Topp*, § 3 KWKG Rn 68.

90 Siehe auch BK-EnR/*Wolf*, § 110 EnWG Rn 181 ff.

91 Ebenso *Valentin/Herz*, EnWZ 2013, 16, 20.

92 Siehe auch *Jakobshagen/Kachel/Baxmann*, IR 2012, 7, die hervorheben, dass geschlossene Verteilernetze bei der Wälzung der KWK-Umlage wie ein Letztverbraucher angesehen werden; kritisch dazu *Bülhoff/Klapdor*, EnWZ 2013, 299.

72 Dasselbe gilt für Strom, der von außen über das Netz der allgemeinen Versorgung in ein **geschlossenes Verteilernetz** transportiert wird. Dieser ist mit der KWK-Umlage sowie allen darauf Bezug nehmenden Umlagen belastet; dies sind die *„Strombezüge aus dem Netz für die allgemeine Versorgung"*, die § 9 Abs. 7 S. 2 KWKG ausdrücklich meint. Strom dagegen, der in dem geschlossenen Verteilernetz produziert, über dieses geschlossene Verteilernetz transportiert und **dort am Standort auch verbraucht** wird (auch der echte Eigenverbrauch, wenn Erzeuger und Letztverbraucher personenidentisch sind), ist **nicht** mit der **KWK-Umlage** oder allen sonstigen Umlagen mit Bezug zu § 9 Abs. 7 KWKG belastet, denn **der Betreiber eines geschlossenen Verteilernetzes ist zwar Netzbetreiber, aber nicht Netzbetreiber der allgemeinen Versorgung i.S.d. § 9 Abs. 7 S. 2 KWKG.**[93]

D. Wechselwirkung mit § 19 Abs. 2 S. 2 StromNEV

73 Im Zuge der Energierechtsnovelle 2011 wurde am 4.8.2011 auch die StromNEV geändert. Letztverbraucher konnten sich gem. § 19 Abs. 2 S. 2 StromNEV gänzlich von den Netzentgelten befreien lassen, wenn ihre Stromabnahme aus dem Netz der allgemeinen Versorgung an einer Abnahmestelle die Benutzungsstundenzahl von mindestens 7.000 h erreichte und ihr Stromverbrauch an dieser Abnahmestelle 10 GWh überschritt. Die Befreiung bedurfte der Genehmigung durch die Regulierungsbehörde. Mittlerweile ist die Neuregelung in Kraft getreten, die anstelle der Befreiung eine Netzentgeltreduktion vorsieht und anstelle der Genehmigung eine Anzeigepflicht gegenüber Regulierungsbehörden setzt.

74 Die Beschlusskammer 4 der BNetzA hat zur Antragstellung und Befreiung nach § 19 Abs. 2 S. 2 StromNEV eine Festlegung und eine Mustervereinbarung verfasst, die auf der Website der BNetzA unter dem Bereich der Beschlusskammer 4 und dort unter dem Bereich „Individuelle Netzentgelte" abrufbar sind.[94] Unter der gleichen Webadresse finden sich auch allgemeine Informationen der Beschlusskammer 4 der BNetzA. Hinsichtlich der Erhebung und der Wälzung der § 19-2-StromNEV-Umlage hatte die Beschlusskammer 8 der BNetzA am 14.12.2011 eine **Festlegung** beschlossen.[95]

75 Gegen diese Festlegung haben zahlreiche Marktteilnehmer **Beschwerde** eingelegt. Die Verfahren sind mittlerweile beim **OLG Düsseldorf** anhängig. Das OLG Düs-

93 BK-EnR/*Topp*, § 9 KWKG Rn 14.

94 Abrufbar unter http://www.bundesnetzagentur.de/cln_1931/DE/Service-Funktionen/Beschlusskammern/Beschlusskammer4/BK4_71_Individuelle_Netzentgelte_Strom/BK4_Individuelle_Netzentgelte_Strom_node.html

95 BNetzA, Beschl. v. 14.12.2011 - BK8-11-024 -.

seldorf hatte dazu zunächst am 14.11.2012 in mehreren Eilverfahren[96] entschieden und in den jeweiligen Entscheidungsgründen schon deutlich gemacht, dass erhebliche Zweifel an der Rechtmäßigkeit des § 19 Abs. 2 S. 2 StromNEV bestehen. Am 6.3.2013 verhandelte und entschied das OLG Düsseldorf in den ersten Hauptsacheverfahren, in denen fünf regionale und überregionale Netzbetreiber die Netzentgeltbefreiung für stromintensive Unternehmen angegriffen hatten.[97] Wie nach den Eilverfahren zu erwarten war, entschied der Senat, dass das EnWG keine ausreichende gesetzliche Ermächtigungsgrundlage für die Befreiung von den Netzentgelten biete. Das EnWG erlaube in der derzeit geltenden Fassung nur, durch eine Verordnung die Methode zur Berechnung der Entgelte – also das „Wie" – festzulegen, nicht aber eine vollständige Befreiung von den Netzentgelten – also das „Ob" – durch eine Verordnung zu bestimmen. Außerdem sei die vollständige Netzbefreiung für stromintensive Unternehmen schon nicht formell ordnungsgemäß zustande gekommen, weil die Änderung der Verordnung durch den Bundestag mit einem nicht mit der Regelung in Zusammenhang stehenden Gesetz verabschiedet worden sei. Im Übrigen sei eine vollständige Befreiung von den Netzentgelten aus Gleichheitsgründen nicht zulässig. Auch europarechtlich sei eine nichtdiskriminierende und kostenbezogene Regelung der Netzentgelte geboten.[98] Die Entscheidungen sind nicht rechtskräftig. Sowohl die BNetzA wie auch verschiedene Beschwerdeführer haben Rechtsbeschwerde eingelegt. Die Verfahren sind derzeit beim BGH anhängig.

Ebenfalls am 6.3.2013 hat die **Europäische Kommission** eine eingehende 76
Prüfung eingeleitet, um festzustellen, ob die Befreiung nach § 19 Abs. 2 S. 2 StromNEV eine **staatliche Beihilfe** darstellt. Sollte dies der Fall sein, wird die Kommission prüfen, ob die Befreiung zu übermäßigen Wettbewerbsverzerrungen in der EU führen könnte oder ob sie gerechtfertigt werden kann.[99] Am 4.5.2013 veröffentlichte die Kommission die Verfahrenseröffnung im Amtsblatt der EU. Innerhalb eines Monats nach dieser Veröffentlichung hatten alle Beteiligten die Möglichkeit, zu dem Verfahren Stellung zu beziehen. Die Stellungnahmen der Beteiligten sind, sofern die Beteiligten einer Veröffentlichung zugestimmt haben, auf der Website der Europäischen Kommission einsehbar.

Als Konsequenz aus den beschriebenen Entwicklungen hat das Bundeskabinett 77
mit Beschluss vom 29.5.2013 eine erneute **Änderung der StromNEV** beschlossen. Der Bundesrat stimmte am 5.7.2013 über diesen Kabinettsentwurf ab und beschloss weitere Änderungen, die von der Bundesregierung akzeptiert wurden. Die neue StromNEV ist am 22.8.2013 in Kraft getreten.

96 OLG Düsseldorf, Beschl. v. 14.11.2012 - VI-3 Kart 14/12 -.

97 OLG Düsseldorf, Beschl. v. 6.3.2013 - VI-3 Kart 65/12 (V) -. Informationen zu dem Beschluss abrufbar unter http://openjur.de/u/620519.html.

98 OLG Düsseldorf, Beschl. v. 6.3.2013 - VI-3 Kart 65/12 (V).

99 Dazu unter http://europa.eu/rapid/press-release_IP-13-191_de.htm.

78 Die neue StromNEV sah **bis zum 31.12.2013** anstelle der bisherigen Befreiung ein gestaffeltes reduziertes Netzentgelt vor.

- Zur Netzentgeltreduktion:
  Keine Netzentgeltbefreiung mehr, sondern ein gestaffeltes reduziertes Netzentgelt in Abhängigkeit von der Benutzungsstundenanzahl:
  - ab 7.000 Benutzungsstunden werden die Netzentgelte auf 20 % des allgemeinen Netzentgeltes reduziert;
  - ab 7.500 Benutzungsstunden auf 15 %;
  - ab 8.000 Benutzungsstunden soll es die maximale Reduktion auf 10 % geben.

- Zum Antrag/zur Genehmigung:
  - Keine unbefristeten, sondern befristete Genehmigungen – in der Regel bis zum Ende der Regulierungsperiode;
  - Vereinbarung mit Netzbetreiber erforderlich, erst dann Genehmigung der Regulierungsbehörde;
  - Prognose der Entscheidung – keine Bezugnahme auf die Verbrauchsmengen des Vorjahres;
  - Antragsberechtigung nur noch durch den Letztverbraucher selbst.

  Im neuen Gesetzestext ist außerdem geregelt, dass, sobald die Kriterien zur Ermittlung der Netzentgelte per Festlegung durch die Regulierungsbehörden vorliegen, die bloße Anzeige der getroffenen Vereinbarung ausreicht. In diesem Fall hat die Regulierungsbehörde ein Widerspruchsrecht, wenn sie von der Rechtswidrigkeit der Netzentgeltreduktion ausgeht.

- Zur Wälzung:
  - Die Wälzung der entgangenen Erlöse soll nach wie vor entsprechend den Vorschriften des KWKG erfolgen.
  - Eine Reduzierung der Umlage ist erst ab der 1.000.001 kWh vorgesehen.

79 **Seit dem 1.1.2014** gilt eine weitere **Neuregelung**, die eine individuelle Netzentgeltreduzierung in Abhängigkeit von der Benutzungsstundenanzahl und vom Beitrag zur konkreten Netzentlastung vorsieht. Zudem legt diese Neuregelung nur noch eine Mindestentgelthöhe fest, aber keine Entgeltobergrenze mehr.

- Zur individuellen Netzentgeltreduzierung:
  Ab 2014 soll das individuelle Netzentgelt für den eigenen Verbrauch an einer Abnahmestelle von mehr als 10 GWh pro Kalenderjahr nicht weniger als:
  - 20 % bei mindestens 7.000 Benutzungsstundenzahl/Jahr;
  - 15% bei mindestens 7.500 Benutzungsstundenzahl/Jahr;
  - 10 % bei mindestens 8.000 Benutzungsstundenzahl/Jahr

  betragen.

  Außerdem hat die Bemessung des Netzentgeltes den Beitrag des Letztverbrauchers zu einer Senkung oder zu einer Vermeidung der Netz- oder Umspannebene, an die er angeschlossen ist, widerzuspiegeln. Das bedeutet, dass das individuelle Netzentgelt in Abhängigkeit von der Benutzungsstundenanzahl und vom Beitrag zur konkreten Netzentlastung gebildet werden soll. Außerdem setzt die zukünftige Regelung lediglich eine Mindestentgelthöhe fest, aber keine Entgeltobergrenze. Ab 2014 gibt es also keine Gewähr mehr, ob und in welcher Höhe eine Entgeltreduzierung gewährt wird.

- Zur gesetzlichen Definition der Abnahmestelle in § 2 Nr. 1 StromNEV:
  Außerdem soll in der StromNEV erstmalig eine gesetzliche Definition der Abnahmestelle geregelt werden:

  „...Abnahmestelle
  Summe aller räumlich und physikalisch zusammenhängenden elektrischen Einrichtungen eines Letztverbrauchers, die sich auf einem in sich abgeschlossenen Betriebsgelände befinden und über einen oder mehrere Entnahmepunkte mit dem Netz des Netzbetreibers verbunden sind...“

- Zur Übergangsregelung nach § 32 Abs. 7 StromNEV:
  - Auf Anträge, über die bis zum Inkrafttreten der Neuregelung noch nicht entschieden worden war, sollten die neuen Vorschriften mit Wirkung ab dem 1.1.2012 angewendet werden.
  - Das Gleiche sollte gelten, wenn bereits erteilte, aber nicht bestandskräftige Befreiungen durch eine gerichtliche Entscheidung aufgehoben worden waren.
  - Sämtliche Befreiungen und Netzentgeltreduktionen wurden mit Ablauf des 31.12.2013 unwirksam.

Der letzte Spiegelpunkt kann im Umkehrschluss so gelesen werden, dass eine **Zurücknahme** von **bestandskräftigen Befreiungsbescheiden in die Vergangenheit** nicht geplant ist. Dass die Übergangsregelungen erst ab dem 1.1.2012 angewendet werden sollen, hat Bedeutung für 2011. Denn Anträge, die noch **nicht beschieden** sind, werden von der Neuregelung nicht erfasst. Für **Befreiungen für 2011**, die erteilt wurden, die aber nicht bestandskräftig geworden sind, gibt es keine alternative Regelung, falls diese für rechtswidrig erklärt werden. 80

Festzuhalten bleibt, dass die Rechtslage sich geändert hat. Da aber absehbar ist, dass verschiedene Problemstellungen sich auch unter der neuen Regelung zu § 19 Abs. 2 StromNEV nicht grundlegend ändern werden, sollen diese nachfolgend gleichwohl so dargestellt werden, wie es der bisherigen Meinung der maßgeblichen Marktteilnehmer entsprach. Zunächst soll gefragt werden, ob und unter welchen Voraussetzungen **Betreiber von Kundenanlagen** und deren angeschlossene **Letztverbraucher** Vereinbarungen nach § 19 Abs. 2 StromNEV treffen können. 81

I. Recht der Betreiber von Kundenanlagen, Vereinbarungen nach § 19 Abs. 2 StromNEV abzuschließen?

1. Eigenverbrauch/Einbeziehung der von den übrigen Nutzern der Kundenanlage bezogenen Verbrauchsmengen

82 Die BNetzA befürwortet grundsätzlich ein Recht der Kundenanlagenbetreiber auf reduzierte Netzentgelte. Da Betreiber von Kundenanlagen i.S.v. § 3 Nr. 24a und b EnWG nicht als Netzbetreiber anzusehen sind, sind sie grundsätzlich berechtigt, Vereinbarungen nach § 19 Abs. 2 S. 2 StromNEV zu treffen. Voraussetzung hierfür ist nach Auffassung der BNetzA, dass sie im Hinblick auf den **selbstverbrauchten Strom** die in S. 2 genannten Voraussetzungen erfüllen. Eine **Einbeziehung der von den übrigen Nutzern der Kundenanlage bezogenen Verbrauchsmengen** ist nach Ansicht der BNetzA nicht möglich. Die übrigen Nutzer der Kundenanlage haben laut BNetzA dann einen entsprechenden Anspruch gegen den vorgelagerten Netzbetreiber, wenn sie über abrechnungsrelevante Zählpunkte i.S.v. § 20 Abs. 1d EnWG verfügen.[100]

83 Es erscheint allerdings fraglich, ob die BNetzA in Anbetracht der Entscheidung des OLG Düsseldorf vom 16.1.2013[101] an dieser Auffassung festhalten kann. Das OLG entschied, dass lediglich diejenigen Nutzer einen Anspruch auf einen Netznutzungsvertrag und auf Setzung der Zählpunkte gem. § 20 Abs. 1d EnWG gegenüber dem vorgelagerten Netzbetreiber haben, die auch über einen unmittelbaren Netzanschluss bei diesem verfügen. Nachgelagerte Letztverbraucher, die über Anschlüsse einzig an die Kundenanlage verfügen, haben lediglich schuldrechtliche Ansprüche gegenüber dem Betreiber der Kundenanlage. Kernstück der Entscheidung ist, dass ein eigener, unmittelbarer Netzanschluss zwingende Voraussetzung für eine Netznutzung ist. Das bedeutet, dass der Kundenanlagenbetreiber, sofern er der Einzige ist, der über einen unmittelbaren Netzanschluss an das vorgelagerte Netz der allgemeinen Versorgung verfügt, auch der einzige Netznutzer des vorgelagerten Netzes der allgemeinen Versorgung ist. Daraus müsste in der Konsequenz dann auch folgen, dass er die gesamte Menge, die er aus dem Netz der allgemeinen Versorgung bezieht, bei der Antragstellung nach § 19 Abs. 2 S. 2 StromNEV berücksichtigen kann; und zwar unabhängig davon, ob er Teilmengen an Letztverbraucher, die in seiner Kundenanlage angeschlossen sind, weiterverteilt. Denn die Letztverbraucher, die in einer Kundenanlage angeschlossen sind, haben ohne einen Netznutzungsvertrag mit dem vorgelagerten Netzbetreiber keine rechtliche Grundlage, um eine eigene Vereinbarung nach § 19 Abs. 2 S. 2 StromNEV zu treffen. Der Kundenanlagenbetreiber müsste die ersparten

---

100 BNetzA, Beschl. v. 11.12.2013 - BK4-13-739 - abrufbar unter http://www.bundesnetzagentur.de/DE/Service-Funktionen/Beschlusskammern/1BK-Geschaeftszeichen-Datenbank/BK4-GZ/2013/bis_0999/2013_700bis799/BK4-13-739_BKV/BK4-13-739_Entscheidung_BF.pdf?__blob=publicationFile&v=3.

101 OLG Düsseldorf, Beschl. v. 16.1.2013 - VI-3 Kart 163/11 (V) -.

Netzentgelte dann ggf. – abhängig von der vertraglichen Konstellation – an seine angeschlossenen Letztverbraucher weiterreichen. Der Wortlaut des § 19 Abs. 2 S. 2 StromNEV besagt allerdings, dass die Stromabnahme aus dem **Netz der allgemeinen Versorgung für den eigenen Verbrauch** an einer Abnahmestelle mindestens 7.000 h und 10 GWh erreichen muss. Diese Formulierung könnte gegen die vorgeschlagene Lösung sprechen. Bislang gab es noch keine Gerichtsentscheidung zu dieser Problematik. Insofern bleibt abzuwarten, wie die Gerichte diese Thematik bewerten.

2. Eigenerzeugung/Teilbezug aus dem Netz der allgemeinen Versorgung

Möglich ist auch die Konstellation, in der ein **Kundenanlagenbetreiber zwar eine** 84
eigene Erzeugungsanlage betreibt, über diese aber nicht seinen gesamten Energiebezug abdeckt, sodass er zusätzliche Energie aus dem Netz der allgemeinen Versorgung beziehen muss. Falls schon die Teilmenge, die er aus dem Netz der allgemeinen Versorgung bezieht, ausreicht, um die Benutzungsstundenzahl von mindestens 7.000 h zu erreichen und der Stromverbrauch an dieser Abnahmestelle 10 GWh überschreitet, kann er eine Vereinbarung zur Reduktion der Netzentgelte treffen. Als problematisch verbleibt damit der Fall, in der erst die Summe aus Eigenerzeugung und Fremdbezug über das Netz der allgemeinen Versorgung die Voraussetzungen des § 19 Abs. 2 S. 2 StromNEV erreicht. Der Wortlaut des § 19 Abs. 2 S. 2 StromNEV spricht von einem Reduktionsrecht hinsichtlich der **Stromabnahme aus dem Netz der allgemeinen Versorgung**, sofern diese Abnahme an einer Abnahmestelle die Grenzen von 7000 h und 10 GWh erreicht. Das spricht in dem geschilderten Fall gegen ein Reduktionsrecht des Kundenanlagenbetreibers. Allerdings ist der Betreiber der Kundenanlage letztlich nicht daran gehindert, den eigenerzeugten Strom über das Netz der allgemeinen Versorgung abzugeben, um sodann die gesamte eigene Bedarfsmenge ebenfalls über das Netz der allgemeinen Versorgung zu beziehen. In diesem Fall würde er eine Vereinbarung für die gesamten Netzentgelte aus dem Netz der allgemeinen Versorgung treffen können. Die Umlagen, die über das Netzentgelt erhoben werden, müsste er dann allerdings zahlen.[102] Denn diese werden vom Anwendungsbereich des § 19 Abs. 2 S. 2 StromNEV nicht erfasst. Zudem käme es zu tatsächlich nicht erforderlichen Umleitungen, die zusätzliche, redundante Netzstrukturen notwendig machen können. Um dies zu vermeiden, spricht einiges dafür, dem Kundenanlagenbetreiber ein Vereinbarungsrecht zur Netzentgeltreduktion zuzugestehen, auch wenn er lediglich einen Teil seiner Strommenge aus dem Netz der allgemeinen Versorgung bezieht. Wie die Regulierungsbehörden bzw. die Gerichte diese Konstellation bewerten, bleibt allerdings abzuwarten.

102 KWKG-Umlage, Konzessionsabgabe, AbLaV-Umlage, Offshore-Umlage, § 19-2-Umlage.

3. Komplette Eigenerzeugung

85 Ein Kundenanlagenbetreiber, der die gesamte, in seiner Kundenanlage verbrauchte Energiemenge selbst erzeugt, nutzt das Netz der allgemeinen Versorgung nicht und zahlt auch keine Netzentgelte. Eine Vereinbarung nach § 19 Abs. 2 S. 2 StromNEV kommt daher von vorneherein nicht in Betracht.

II. Recht der Letztverbraucher in der Kundenanlage, Vereinbarungen nach § 19 Abs. 2 StromNEV abzuschließen?

86 Die BNetzA gesteht den übrigen Nutzern der Kundenanlage – also dritten Letztverbrauchern – dann einen Anspruch auf reduzierte Netzentgelte gegenüber dem vorgelagerten Netzbetreiber zu, wenn die Nutzer über einen abrechnungsrelevanten Zählpunkt i.S.v. § 20 Abs. 1d EnWG verfügen.[103] Nach § 20 Abs. 1d EnWG ist der vorgelagerte Netzbetreiber verpflichtet, die erforderlichen Zählpunkte bereitzustellen. Die BNetzA sah den vorgelagerten Netzbetreiber darüber hinaus als verpflichtet an, einen abrechnungs- und bilanzierungsrelevanten Zählpunkt für die Nutzer der Kundenanlage technisch einzurichten und zu betreiben. Nach dieser Ansicht sollte den vorgelagerten Netzbetreiber auch die Pflicht treffen, die Kundenanlage auszubilanzieren, während der Betreiber der Kundenanlage lediglich dafür zu sorgen hatte, dass die erforderlichen Messwerte dem vorgelagerten Netzbetreiber zur Verarbeitung bereitgestellt werden.[104]

87 Mittlerweile schränkt die BNetzA den Pflichtenkreis für eine ordnungsgemäße Bestimmung des in der betroffenen Kundenanlage verbrauchten Stroms ein und bestimmt zumindest für den Kundenanlagenbetreiber, dass es grundsätzlich ausreiche, wenn dieser im Einvernehmen mit dem betroffenen Netzbetreiber eine sachgerechte Schätzung über die Verbrauchs- und Leistungswerte des eigenverbrauchten Stroms durchführt und dies gegenüber der Regulierungsbehörde schriftlich bestätigt wird. Im Rahmen dessen sei auch die Testierung der Daten durch einen Wirtschaftsprüfer denkbar. Nur sofern der in einer Kundenanlage angeschlossene Dritte einen Lieferantenwechsel anstrebe, sei es aus Sicht der Regulierungsbehörde zwingend erforderlich, messtechnische Voraussetzungen nach § 8 MessZV zu schaffen.[105]

---

103 BNetzA, Beschl. v. 11.12.2013 - BK4-13-739 - abrufbar unter http://www.bundesnetzagentur.de/DE/Service-Funktionen/Beschlusskammern/1BK-Geschaeftszeichen-Datenbank/BK4-GZ/2013/bis_0999/2013_700bis799/BK4-13-739_BKV/BK4-13-739_Entscheidung_BF.pdf?__blob=publicationFile&v=3.

104 So noch die früher vertretene Ansicht der BNetzA im Beschl. v. 7.11.2012 - BK6-10-208 -.

105 BNetzA, Beschl. v. 11.12.2013 - BK4-13-739 - abrufbar unter http://www.bundesnetzagentur.de/DE/Service-Funktionen/Beschlusskammern/1BK-Geschaeftszeichen-Datenbank/BK4-GZ/2013/bis_0999/2013_700bis799/BK4-13-739_BKV/BK4-13-739_Entscheidung_BF.pdf?__blob=publicationFile&v=3.

Diese Ausführungen widersprechen der oben geschilderten Anforderung, dass die übrigen Nutzer über einen abrechnungsrelevanten Zählpunkt i.S.v. § 20 Abs. 1d EnWG verfügen müssen, um für ihren verbrauchten Strom einen Antrag nach § 19 Abs. 2 S. 2 StromNEV stellen zu dürfen. 88

Die Forderung nach einem abrechnungsrelevanten Zählpunkt seitens der in einer Kundenanlage angeschlossenen Letztverbraucher widerspricht zudem der Entscheidung des OLG Düsseldorf vom 16.1.2013.[106] Das OLG entschied, dass lediglich diejenigen Nutzer einen Anspruch auf einen Netznutzungsvertrag und auf Setzung der Zählpunkte gem. § 20 Abs. 1d EnWG gegenüber dem vorgelagerten Netzbetreiber haben, die auch über einen unmittelbaren Netzanschluss bei diesem verfügen. Nachgelagerte Letztverbraucher, die über einen Anschluss nur an eine Kundenanlage (oder an ein nachgelagertes Netz) verfügen, haben lediglich vertragliche Ansprüche und diese nur gegenüber dem Betreiber der Kundenanlage (bzw. dem Betreiber des nachgelagerten Netzes). Die genannte Entscheidung geht davon aus, dass ein eigener, unmittelbarer Netzanschluss tatsächliche und rechtliche Voraussetzung für einen Netzzugang ist.[107] Daraus folgt, dass in der Konstellation, in der nur der Kundenanlagenbetreiber über einen eigenen Netzanschluss an das vorgelagerte Netz der allgemeinen Versorgung verfügt, während dritte Letztverbraucher ihren Anschluss nur innerhalb der Kundenanlage haben, der Kundenanlagenbetreiber der einzige Netznutzer des vorgelagerten Netzes der allgemeinen Versorgung im Sinne des EnWG ist. Ein Letztverbraucher, der innerhalb der Kundenanlage angeschlossen ist, hat letztlich keinerlei Ansprüche gegen den Netzbetreiber, die er aus dem EnWG ableiten kann. In der Praxis ist davon auszugehen, dass zahlreiche Letztverbraucher, die in der Kundenanlage ansässig sind, gleichwohl schon Netznutzungsverträge mit den jeweiligen vorgelagerten Netzbetreibern geschlossen haben, entweder, weil dies schlicht der bisherigen Praxis entsprach, oder weil sie über einen externen Lieferanten einen integrierten Liefervertrag abgeschlossen haben, der die Netznutzung mit einschließt. Trotzdem ist festzuhalten, dass nach der genannten OLG-Entscheidung seitens der Letztverbraucher in der Kundenanlage kein Anspruch auf einen Netznutzungsvertrag gegen den vorgelagerten Netzbetreiber besteht. Ohne einen Netznutzungsvertrag mit dem vorgelagerten Netzbetreiber existiert für diese Letztverbraucher keine Grundlage, um eine eigene Vereinbarung nach § 19 Abs. 2 S. 2 StromNEV zu stellen. Daraus müsste in der Konsequenz dann auch folgen, dass der Betreiber der Kundenanlage als einziger Netznutzer die gesamte Menge, die er aus dem Netz der allgemeinen Versorgung bezieht, bei der Vereinbarung mit dem Netzbetreiber nach § 19 Abs. 2 S. 2 StromNEV berücksichtigen kann; und zwar unabhängig davon, ob er Teilmengen an Letztverbraucher, die in seiner Kundenanlage angeschlossen sind, weiterverteilt. Der 89

106 OLG Düsseldorf, Beschl. v. 16.1.2013 - VI-3 Kart 163/11 (V) -.

107 OLG Düsseldorf, Beschl. v. 16.1.2013 - VI-3 Kart 163/11 (V) - S. 19 mit Verweis auf Britz/Hellermann/Hermes/*Bourwieg*, § 17 Rn 2.

Kundenanlagenbetreiber müsste die ersparten Netzentgelte dann ggf. – abhängig von der vertraglichen Konstellation – an die angeschlossenen Letztverbraucher weiterreichen. Wie oben bereits dargestellt, besagt der Wortlaut des § 19 Abs. 2 S. 2 StromNEV allerdings, dass die Stromabnahme aus dem Netz der allgemeinen Versorgung **für den eigenen Verbrauch** an einer Abnahmestelle mindestens 7.000 h und 10 GWh erreichen muss. Diese Formulierung könnte gegen die vorgeschlagene Lösung sprechen. Eine Gerichtsentscheidung, die sich speziell zu dieser Problematik äußert, gibt es bislang noch nicht.

Tabelle: Grundkonstellationen

Antragsteller = Betreiber einer Kundenanlage	Anteil des Energiebezugs aus dem Netz der allgemeinen Versorgung	Anteil des Energiebezugs aus der Eigenerzeugung der Kundenanlage	Antrags-/Reduktionsrecht
	Gesamter eigener Energieverbrauch wird aus dem Netz der allgemeinen Versorgung bezogen		Ja
		Gesamter Energieverbrauch wird aus der Eigenerzeugung bezogen	Nein (es gibt keine Netzentgelte)
	Ein Teil des eigenen Energieverbrauchs wird aus dem Netz der allgemeinen Versorgung bezogen und erreicht für sich schon die Voraussetzungen des § 19 Abs. 2 S. 2 StromNEV	Ein Teil des Energieverbrauchs wird aus der Eigenerzeugung bezogen	Ja (bezüglich der Netzentgelte des vorgelagerten NB, intern gibt es keine Netzentgelte)
	Ein Teil des eigenen Energieverbrauchs wird aus dem Netz der allgemeinen Versorgung bezogen und erreicht nicht schon die Voraussetzungen des § 19 Abs. 2 S. 2 StromNEV	Ein Teil des Energieverbrauchs wird aus der Eigenerzeugung bezogen und erreicht summiert mit dem Bezug aus dem Netz der allgemeinen Versorgung die Voraussetzungen des § 19 Abs. 2 S. 2 StromNEV	Nein (zumindest nicht nach bestehender Auffassung)

Antragsteller = Letztverbraucher in einer Kundenanlage	**Anteil des Energiebezugs aus dem Netz der allgemeinen Versorgung**	**Anteil des Energiebezugs aus der Eigenerzeugung der Kundenanlage**	**Befreiungsrecht**
	Gesamter eigener Energieverbrauch wird aus dem Netz der allgemeinen Versorgung bezogen und erreicht für sich die Voraussetzungen des § 19 Abs. 2 S. 2 StromNEV		Bisherige Meinung der Regulierungsbehörden: Ja, wenn abrechnungsrelevanter Zählpunkt i.S.v. § 20 Abs. 1d EnWG vorhanden (siehe aber oben dargestellte Problematik!)
	Teil des eigenen Energiebezugs erreicht nicht die Voraussetzungen des § 19 Abs. 2 S. 2 StromNEV	Teil des Energiebezugs summiert mit dem Bezug aus NDAV erreicht Voraussetzungen des § 19 Abs. 2 S. 2 StromNEV	Nein (zumindest nicht nach bestehender Auffassung)

III. Befreiungsrecht für Betreiber von geschlossenen Verteilernetzen

Zunächst soll gefragt werden, ob und unter welchen Voraussetzungen **Betreiber von geschlossenen Verteilernetzen** und deren angeschlossene **Letztverbraucher** Vereinbarungen nach § 19 Abs. 2 StromNEV treffen können. Die BNetzA verneint dies in Bezug auf die Betreiber von geschlossenen Verteilernetzen. Aufgrund der Neuregelung des § 110 EnWG, wonach geschlossene Verteilernetze mit Ausnahmen grundsätzlich der Regulierung unterliegen, seien diese mit Blick auf § 19 Abs. 2 S. 2 StromNEV nicht mehr als Letztverbraucher i.S.d. § 19 Abs. 2 S. 2 StromNEV einzustufen. Letztverbraucher im Sinne der Regelungen des Energiewirtschaftsrechts seien gem. § 3 Nr. 25 EnWG natürliche oder juristische Personen, die Energie für den eigenen Verbrauch kaufen. Bei einem Betreiber eines geschlossenen Verteilernetzes erfolge der von ihm erfolgte Kauf von Energie nicht für den eigenen Verbrauch, sondern zum Zwecke der Belieferung der an das geschlossene Verteilernetz angeschlossenen Netznutzer. Nur diese könnten, sofern sie die in § 19 Abs. 2 S. 2 StromNEV genannten Voraussetzungen erfüllen, eine Netzentgeltbefreiung gem. § 19 Abs. 2 S. 2 StromNEV gegenüber dem Betreiber des geschlossenen Verteilernetzes geltend machen. Der Betreiber eines geschlossenen Verteilernetzes sei damit selbst nicht berechtigt, Anträge gem. § 19 Abs. 2 S. 2 StromNEV zu stellen, da er gem. § 110 EnWG mit Ausnahme bestimmter dort explizit genannter regulatorischer Privilegierungen grundsätzlich wie ein ganz 90 normaler Betreiber eines Elektrizitätsversorgungsnetzes zu behandeln sei und damit gerade kein Letztverbraucher i.S.v. § 19 Abs. 2 S. 2 StromNEV sein könnte.[108]

91 Diese Sichtweise verkennt, dass nicht alle Betreiber von geschlossenen Verteilernetzen reine Netzbetreiber sind, die die angekaufte Energie nur an die an das geschlossene Verteilernetz angeschlossenen Netznutzer weiterliefern. Es gibt durchaus Betreiber von geschlossenen Verteilernetzen, die selbst auch einen Industrie- oder Dienstleistungsstandort betreiben und dort selbst Energie in den für § 19 Abs. 2 StromNEV relevanten Mengen verbrauchen. In manchen Fällen ist das sogar der Hauptzweck des Unternehmens, während der Betrieb eines geschlossenen Verteilernetzes lediglich einen Nebenzweck erfüllt. In der Marktrolle als Industrie- oder Dienstleistungsunternehmen sind Betreiber von geschlossenen Verteilernetzen zugleich auch Letztverbraucher i.S.d. § 3 Nr. 25 EnWG, die Energie für den eigenen Verbrauch kaufen. Sofern diese selbstverbrauchten Energiemengen die Voraussetzungen des § 19 Abs. 2 S. 2 StromNEV erfüllen, sollte den Betreibern von geschlossenen Verteilernetzen auch ein Vereinbarungsrecht auf Reduktion der Netzentgelte des vorgelagerten Netzes zustehen. Dieser Fall ist bislang allerdings noch nicht gerichtlich geklärt worden.

IV. Vereinbarungsrecht für in geschlossenen Verteilernetzen angeschlossene Letztverbraucher

92 Für die in geschlossenen Verteilernetzen angeschlossenen Letztverbraucher besteht laut BNetzA ein Anspruch auf eine Vereinbarung für reduzierte Netzentgelte gegenüber dem Betreiber des geschlossenen Verteilernetzes, sofern die Genehmigungsvoraussetzungen nach § 19 Abs. 2 S. 2 StromNEV jeweils erfüllt werden. Dem stehe auch nicht die von der Beschlusskammer 8 vorgenommene Festlegung eines Umlagesystems[109] entgegen. Aus der Festlegung an sich ergäben sich bereits deshalb keine präjudizierenden Wirkungen auf das Genehmigungsverfahren nach § 19 Abs. 2 S. 2 StromNEV, weil es insoweit um völlig unterschiedliche Regelungstatbestände gehe. Während § 19 Abs. 2 S. 2 StromNEV das „Ob" der Genehmigung regelt, werde mit der Festlegung der Beschlusskammer 8 davon unabhängig das „Wie" des Ausgleichs in den Blick genommen. Zudem könnten Betreiber geschlossener Verteilernetze unter bestimmten Vorrausetzungen durchaus auch unter den Anwendungsbereich des von der Beschlusskammer 8 festgelegten Umlagesystems fallen. Diese könnten ihre mit

108 BNetzA, Beschl. v. 11.12.2013 - BK4-13-739 - abrufbar unter http://www.bundesnetzagentur.de/DE/Service-Funktionen/Beschlusskammern/1BK-Geschaeftszeichen-Datenbank/BK4-GZ/2013/bis_0999/2013_700bis799/BK4-13-739_BKV/BK4-13-739_Entscheidung_BF.pdf?__blob=publicationFile&v=3.

109 Vgl. Beschl. v. 14.12.2011 - BK8-11-024 -.

dem Abschluss individueller Netzentgeltvereinbarungen verbundenen Mindererlöse grundsätzlich ebenfalls im Rahmen des in § 19 Abs. 2 S. 13 und 14 StromNEV geregelten Wälzungsmechanismus an den vorgelagerten Übertragungsnetzbetreiber weiterreichen.[110]

V. Teilnahme der geschlossenen Verteilernetze am Wälzungssystem

Nach § 19 Abs. 2 S. 6 StromNEV sind die Betreiber von Übertragungsnetzen verpflichtet, entgangene Erlöse, die aus der Reduktion von Netzentgelten nach S. 2 resultieren, nachgelagerten Betreibern von Elektrizitätsverteilernetzen zu erstatten. Sie haben diese Zahlungen sowie eigene entgangene Erlöse durch Befreiungen von den Netzentgelten über eine finanzielle Verrechnung untereinander auszugleichen. Laut § 19 Abs. 2 S. 8 StromNEV findet § 9 des Kraft-Wärme-Kopplungsgesetzes entsprechende Anwendung. 93

Die Beschlusskammer 8 der BNetzA hat hierzu eine Festlegung erlassen, die das Umlagensystem und den Wälzungsmechanismus näher ausgestaltet hat.[111] Über dieses System werden die entgangenen Erlöse aus den Reduktionen nach § 19 Abs. 2 S. 2 StromNEV bundesweit ausgeglichen. Die Festlegung regelt, dass die Verteilernetzbetreiber ihre entgangenen jährlichen Erlöse prognostizieren, die aus Reduktionen nach § 19 Abs. 2 S. 2 StromNEV resultieren. Auf dieser Grundlage – zuzüglich weiterer Prognosewerte – ist dann von den Übertragungsnetzbetreibern die Höhe der § 19-Umlage zu bestimmen. Die Netzbetreiber sind verpflichtet, die entsprechende § 19-2-Umlage von den Letztverbrauchern bzw. den Lieferanten zu erheben und an den jeweiligen Übertragungsnetzbetreiber monatlich weiterzuleiten. Die gem. § 19 Abs. 2 StromNEV begünstigten Letztverbraucher sind nicht von der § 19-Umlage befreit. Zum Ausgleich unterschiedlicher Belastungen aus der § 19-Umlage führen die Übertragungsnetzbetreiber sodann untereinander einen finanziellen horizontalen Belastungsausgleich durch. 94

Die Verteilernetzbetreiber stellen den Übertragungsnetzbetreibern monatlich die prognostizierten entgangenen Erlöse in Rechnung. Die Übertragungsnetzbetreiber müssen diese Rechnungen monatlich begleichen.[112] Hinsichtlich der Frage, ob die Betreiber von geschlossenen Verteilernetzen ihre entgangenen Erlöse an die Übertragungsnetzbetreiber melden können, ist in der Festlegung bestimmt, dass gem. § 3 95

110 BNetzA, Beschl. v. 11.12.2013 - BK4-13-739 - abrufbar unter http://www.bundesnetzagentur.de/DE/Service-Funktionen/Beschlusskammern/1BK-Geschaeftszeichen-Datenbank/BK4-GZ/2013/bis_0999/2013_700bis799/BK4-13-739_BKV/BK4-13-739_Entscheidung_BF.pdf?__blob=publicationFile&v=3.

111 Festlegung der BNetzA v. 14.12.2011 - BK8-11-024 -.

112 Angefochtener Beschluss der BNetzA v. 14.12.2011 - BK8-11-024 -.

Abs. 9 KWKG Netzbetreiber im Sinne des KWKG nur die *„Betreiber von Netzen aller Spannungsebenen für die allgemeine Versorgung mit Elektrizität"* seien. Diese Definition des KWKG gälte weiterhin fort. Da die Regelung des § 19 Abs. 2 StromNEV auf eine entsprechende Anwendung des § 9 KWKG verweise und die Regelung des § 9 KWKG wiederum über die Definition des § 3 Abs. 9 KWKG auf die Netze der allgemeinen Versorgung abstelle, würde eine Einbeziehung geschlossener Verteilernetze, insbesondere solcher mit dezentraler Erzeugung außerhalb der allgemeinen Versorgung, den gesetzlichen und verordnungsrechtlichen Vorgaben widersprechen. Dies bedeute, dass die Betreiber von geschlossenen Verteilernetzen keine entgangenen Erlöse bei den Übertragungsnetzbetreibern geltend machen könnten. Allenfalls könne eine Residualstrommenge in die § 19-Umlage aufgenommen werden, sofern die Voraussetzungen des § 19 StromNEV erfüllt seien und eine Genehmigung hierfür vorliege. Die innerhalb geschlossener Verteilernetze erzeugten Strommengen unterfielen dem System der § 19-Umlage jedoch nicht.

96 Betreiber von geschlossenen Verteilernetzen seien im Sinne der § 19-Umlage wie Letztverbraucher zu behandeln, was bedeute, dass die aus dem Netz der allgemeinen Versorgung bezogenen Strommengen als Letztverbraucherabsatz in die Umlage mit einbezogen würden. Im Übrigen könnten Betreiber geschlossener Verteilernetze unter bestimmten Vorrausetzungen durchaus unter den Anwendungsbereich des Umlagesystems fallen. Diese könnten ihre aus der Befreiung von den Netzentgelten resultierenden Mindererlöse grundsätzlich ebenfalls im Rahmen des in § 19 Abs. 2 S. 6 und 7 StromNEV geregelten Wälzungsmechanismus an den vorgelagerten Übertragungsnetzbetreiber weiterreichen. Zur Erläuterung schreibt die BNetzA,[113] dass der Verordnungsgeber eine Wälzung der entgangenen Erlöse aus § 19 Abs. 2 StromNEV nur dann gewähren wollte, wenn aus dem Netz der allgemeinen Versorgung ein erheblicher Bezug dauerhaft vorliege und dadurch eine netzstützende Wirkung einträte. Die Stützung des Netzes der allgemeinen Stromversorgung sei dann gegeben, wenn das geschlossene Verteilernetz insgesamt mehr als 7.000 Benutzungsstunden und eine Abnahme von mehr als 10 GWh aus dem allgemeinen Netz aufweise. In geschlossenen Verteilernetzen seien oftmals größere dezentrale Eigenerzeugungsanlagen angeschlossen. Die von den dezentralen Eigenerzeugungsanlagen ins geschlossene Verteilernetz eingespeiste Strommenge würde nicht mit der § 19-StromNEV-Umlage belastet, folglich könne diese Strommenge auch nicht in die § 19-StromNEV-Umlage gewälzt werden. Nur die aus dem Netz der öffentlichen Versorgung entnommene Strommenge des geschlossenen Verteilernetzes sei mit der Umlage belastet und könne demzufolge maximal für diese Menge gewälzt werden.

97 Nach Ansicht der BNetzA darf ein Betreiber eines geschlossenen Verteilernetzes also nur die anteilige Netzentgeltbefreiung für die sog. **Residualstrommenge** nach

113 Informationen der Beschlusskammer 8 der BNetzA zum angefochtenen Beschluss der BNetzA v. 14.12.2011 - BK8-11-024 -.

oben wälzen. Diese Residualstrommenge hat zur Voraussetzung, dass es sich um Strom aus dem Netz der allgemeinen Versorgung handelt (also keine Eigenerzeugung) und dass der Stromverbrauch den Letztverbrauchern (also nicht den Betreibern von geschlossenen Verteilernetzen) im geschlossenen Verteilernetz zugerechnet werden kann.

Nach dieser Ansicht verbleiben bei geschlossenen Verteilernetzbetreibern, die **98**
dezentrale, eigene Erzeugeranlagen betreiben und aus diesen heraus auch ihre angeschlossenen Letztverbraucher versorgen, nicht umlegbare entgangene Netzentgelte. Dies könne laut BNetzA behoben werden, indem das entsprechende Netz ein Netz der öffentlichen Versorgung würde oder die Letztverbraucher unmittelbare Kunden des vorgelagerten Netzes würden oder die dezentrale Erzeugung unmittelbar in das Netz der öffentlichen Versorgung und nicht mehr in das geschlossene Verteilernetz einspeise.[114]

Die vorgeschlagenen Lösungswege laufen zum Teil darauf hinaus, dass kleine **99**
Industrie- oder Dienstleistungsnetze die Privilegierung, die ihnen durch § 110 EnWG vom Gesetzgeber zugedacht wurde, nicht mehr in Anspruch nehmen können. Sofern diese kleinen Netze in die öffentliche Versorgung wechseln, kommt eine Vielzahl von zusätzlichen Verpflichtungen auf sie zu, von denen sie aus Gründen der Verhältnismäßigkeit ja gerade befreit werden sollten. Der Lösungsweg, dass Letztverbraucher sich einen eigenen Anschluss zum Netz der öffentlichen Versorgung legen lassen, liefe auf zusätzliche, zum Teil sehr hohe Kosten und redundante Netzstrukturen hinaus.

Festzuhalten bleibt, dass für viele geschlossene Verteilernetze keiner der von der **100**
BNetzA vorgeschlagenen Wege gangbar ist. Sofern einer oder mehrere angeschlossene Letztverbraucher die Netzentgeltreduktionen nach § 19 Abs. 2 S. 2 StromNEV geltend machen können, bekommt der Betreiber des geschlossenen Verteilernetzes die entgangenen Erlöse nicht erstattet. Sofern der Betreiber des geschlossenen Verteilernetzes diese entgangenen Erlöse auf die verbleibenden, nicht befreiten Letztverbraucher in seinem Netz umlegen würde, würde das für die verbleibenden Letztverbraucher zu einer unverhältnismäßig hohen Steigerung der Netzentgelte führen. Dazu kommt es, weil in geschlossenen Verteilernetzen eine vergleichsweise geringe Anzahl an Nutzern angeschlossen ist und zudem in der Regel die großen Letztverbraucher eine Befreiung geltend machen können, die dann von den kleineren Nutzern mitgetragen werden müsste. Sofern der Betreiber eines geschlossenen Verteilernetzes die entgangenen Erlöse aus den genannten Gründen nicht auf seine restlichen Anschlussnehmer umlegen kann, hat das zur Konsequenz, dass er eine kostenintensive Infrastruktur zur Verfügung stellen muss, ohne eine entsprechende Vergütung dafür zu bekommen.

114 Informationen der Beschlusskammer 8 der BNetzA zum angefochtenen Beschluss der BNetzA v. 14.12.2011 - BK8-11-024 -.

E. Energieabrechnung und Stromkennzeichnung

I. Energieabrechnung nach § 40 EnWG

101 Sowohl Betreiber geschlossener Verteilernetze als auch Betreiber von Kundenanlagen (in ihrer Funktion als Lieferant und daher Energieversorgungsunternehmen nach § 3 Nr. 18 EnWG) müssen Rechnungen an ihre Kunden **transparent** gestalten und haben dabei die **Mindestinhalte nach § 40 EnWG** zu beachten. § 40 EnWG war im August 2011[115] neu gefasst in Kraft getreten und hat jetzt deutlich höhere Anforderungen an die Transparenz.

102 Das Gesetz unterscheidet insoweit zwischen **Letztverbrauchern** (jede natürliche oder juristische Person – also auch Unternehmen – der/die/das Strom oder Gas zum eigenen Verbrauch kauft[116]) oder **Haushaltskunden** (Letztverbraucher, die Energie überwiegend für den Eigenverbrauch im Haushalt oder für den einen Jahresverbrauch von 10.000 kWh nicht übersteigenden Eigenverbrauch für berufliche, landwirtschaftliche oder gewerbliche Zwecke kaufen[117]).[118] Soweit in einem **geschlossenen Verteilernetz keine Haushaltskunden** angeschlossen sind oder soweit in einer Kundenanlage keine Haushaltskunden beliefert werden, kann auf die Angaben nach Abs. 2 Ziff. 6 (grafische Darstellung des Verbrauchs im Vergleich zum Jahresverbrauch derselben Kundengruppe) und Ziff. 8 (Hinweis auf das Streitbeilegungsverfahren), die typische Schutzvorschriften für Klein- und Kleinstkunden sind, verzichtet werden.

103 § 40 Abs. 1 EnWG verpflichtet ganz grundsätzlich jeden Rechnungsaussteller, die Rechnung **einfach und verständlich** zu gestalten; dies gilt auch für die **Berechnungsgrundlagen**, auf denen der Rechnungsbetrag beruht. Auch diese müssen **in verständlicher Form** abgefasst sein. Damit will der Gesetzgeber durch Standardisierung die Durchschaubarkeit der möglicherweise recht komplexen Materie Energieabrechnung erhöhen.

104 Im Einzelnen müssen in den Rechnungen folgende Mindestangaben enthalten sein bzw. gesondert ausgewiesen sein:[119]

- der **Name des Lieferanten**, seine ladungsfähige **Anschrift** und das zuständige **Registergericht** sowie Angaben, die eine schnelle elektronische Kontaktaufnahme ermöglichen, einschließlich der Adresse der elektronischen Post,
- die **Vertragsdauer**, die geltenden **Preise**, den nächstmöglichen **Kündigungstermin** und die **Kündigungsfrist**,

---

115 Durch das Gesetz zur Neuregelung energiewirtschaftsrechtlicher Vorschriften v. 28.7.2011 (BGBl. I 2011, S. 1554) – in Kraft getreten am 4.8.2011.

116 § 3 Nr. 25 EnWG.

117 § 3 Nr. 22 EnWG.

118 Allem übergeordnet ist der Begriff Kunde i.S.d. § 3 Nr. 24 EnWG: *„Großhändler, Letztverbraucher und Unternehmen, die Energie kaufen“*.

119 Siehe § 40 Abs. 2 EnWG.

- die für die Belieferung maßgebliche **Zählpunktbezeichnung** und die Codenummer des Netzbetreibers,
- der ermittelte **Verbrauch** im Abrechnungszeitraum und bei Haushaltskunden Anfangszählerstand und den Endzählerstand des abgerechneten Zeitraums,
- der Verbrauch des vergleichbaren **Vorjahreszeitraums**,
- bei **Haushaltskunden** ist unter Verwendung von **Grafiken** darzustellen, wie sich der eigene Jahresverbrauch zu dem Jahresverbrauch von Vergleichskundengruppen verhält,
- die Belastungen aus der **Konzessionsabgabe** und aus den **Netzentgelten** für Letztverbraucher und gegebenenfalls darin enthaltene Entgelte für den Messstellenbetrieb und die **Messung** beim jeweiligen Letztverbraucher sowie
- Informationen über die Rechte der Haushaltskunden im Hinblick auf **Streitbeilegungsverfahren**, die ihnen im Streitfall zur Verfügung stehen, einschließlich der für Verbraucherbeschwerden nach § 111b einzurichtenden Schlichtungsstelle und deren Anschrift sowie die Kontaktdaten des Verbraucherservice der BNetzA für den Bereich Elektrizität und Gas.

Nach § 40 Abs. 3 EnWG sind Energieversorgungsunternehmen – auch Betreiber geschlossener Verteilernetze oder Kundenanlagen (soweit sie Dritte beliefern) – verpflichtet, in regelmäßigen Abständen (grundsätzlich mindestens monatlich) die Verbräuche der Kunden zu erfassen und zu messen. Dabei dürfen zwölf Monate als Maximalturnus nicht wesentlich überschritten werden. Dem entsprechend hat jedes Energieversorgungsunternehmen die technischen Vorkehrungen für eine zeitnahe Abrechnung zu schaffen und ist zur zeitnahen Abrechnung gegenüber jedem Kunden auch verpflichtet. Die jährliche Abrechnung muss gem. § 40 Abs. 4 EnWG spätestens **sechs Wochen** nach Beendigung des abzurechnenden Zeitraums beim Kunden eintreffen. Die **Abschlussrechnung** muss nach Beendigung des Lieferverhältnisses dem Kunden spätestens nach sechs Wochen zugehen. 105

Hinsichtlich der möglichen **Intervalle** kann ein Lieferant wählen, ob er monatlich oder in anderen Intervallen abrechnen will (vgl. Abs. 3 S. 1). Es muss aber innerhalb von zwölf Monaten abgerechnet werden – insoweit wird das Wahlrecht des Lieferanten wieder eingeschränkt – und ein Lieferant muss einem Letztverbraucher eine monatliche, vierteljährige oder halbjährliche Abrechnung anbieten (vgl. Abs. 3 S. 2). Demgemäß muss mit jedem Kunden ein entsprechender Abrechnungsturnus – monatlich, vierteljährlich, halbjährlich oder jährlich – ausdrücklich **vereinbart werden.** Letztverbraucher, deren Verbrauchswerte über ein Messsystem i.S.v. § 21d Abs. 1 EnWG ausgelesen werden – also Messungen allein über eine in ein Kommunikationsnetz eingebundene Messeinheit stattfindet und damit eine häufigere Verbrauchsablesung erleichtern –, ist eine monatliche Verbrauchsinformation, die auch die Kosten widerspiegelt, kostenfrei bereitzustellen. 106

Da § 40 EnWG ohne Einschränkungen auf Kundenanlagen (soweit Energieversorgungsunternehmen) und geschlossene Verteilernetze anzuwenden sind, sind sie 107 grundsätzlich auch zum Anbieten von Tarifen verpflichtet, die **Anreize zur Energieeinsparung** oder zur Steuerung des Energieverbrauchs setzen; insbesondere lastvariable oder tageszeitabhängige Tarife. Außerdem müssen Lieferanten daneben stets mindestens einen Tarif anbieten, für den die Datenaufzeichnung und -übermittlung im Rahmen der modernen Messsysteme auf die Mitteilung der innerhalb eines bestimmten Zeitraums verbrauchten Gesamtstrommenge begrenzt bleibt. All diese Verpflichtungen stehen aber unter dem **Vorbehalt der Zumutbarkeit** seitens des Energieversorgungsunternehmens. Gerade in Kundenanlagen, aber auch in kleinen geschlossenen Verteilernetzen dürften die Grenzen technischer Machbarkeit und wirtschaftlicher Zumutbarkeit schnell überschritten sein.

108 Im Einzelnen kann die BNetzA gem. § 40 Abs. 7 EnWG durch **Festlegungen** die Gestaltung der Rechnungen ebenfalls allgemein verbindlich gestalten und den weiteren technischen Entwicklungen anpassen.

109 § 40 EnWG dient der Umsetzung **europäischer Transparenzanforderungen**[120] in deutsches Recht und soll jeden Kunden in die Lage versetzen, problemlos zu erkennen und zu verstehen, wo welche Kosten entstehen, insbesondere welche Kosten der Rechnungssteller als Vorkosten (bei der All-inclusive-Belieferung die Netzentgelte) nur weitergibt bzw. welche staatlichen Belastungen auf den Strom- oder Gaspreis aufgeschlagen werden, d.h. **alle maßgeblichen Berechnungsfaktoren** müssen ersichtlich sein. Nach Abs. 6 müssen dazu auch **Begriffe erklärt und Definitionen gegeben** werden. Die BNetzA hat auf ihrer Website[121] einen umfangreichen Fragenkatalog veröffentlicht, der praktische Beispiele zur Umsetzung der Transparenzanforderungen gibt.[122]

110 Nach Abs. 1 müssen die dort genannten Preisbestandteile mindestens ausgewiesen werden; aufgetrennt nach

- Messung,
- Lieferung,
- Netz,
- staatliche Belastungen,
- Umlagen.

111 Es können auch weitere Informationen oder Kostenpositionen ausgewiesen werden.[123] **Durchschnittsentgelte**, die beispielsweise netzübergreifend dargestellt werden, genügen **nicht** den Transparenzanforderungen und dürfen deshalb nicht ausgewie-

120 Vgl. Art. 13 Abs. 2 und 3 der RL 2006/32/EG.
121 Siehe http://www.bundesnetzagentur.de.
122 http://www.bundesnetzagentur.de/cln_1412/DE/Sachgebiete/ElektrizitaetundGas/Verbraucher/PreiseRechnTarife/preiseundRechnungen-node.html.
123 BK-EnR/*Bruhn*, § 40 EnWG Rn 18.

sen werden, denn ein Kunde kann daraus allein nicht seine konkrete Kostenbelastung herleiten.[124]

Im Zweifel muss sich ein Betreiber eines geschlossenen Verteilernetzes oder der Betreiber einer Kundenanlage auch um die **Daten des vorherigen Lieferanten** kümmern, denn gem. Abs. 5 muss er den Verbrauch im vergleichbaren Vorjahreszeitraum ausweisen. Ist der Kunde aber neu, kann er das nicht so ohne Weiteres ohne die Hilfe des vormaligen Lieferanten. Dieser ist zur Information auch verpflichtet (siehe § 40 Abs. 2 S. 2 EnWG). 112

II. Stromkennzeichnung nach § 42 EnWG

Nach § 42 EnWG sind Energieversorgungsunternehmen außerdem verpflichtet, den verkauften und gelieferten Strom näher zu spezifizieren. Nach § 42 Abs. 1 und 2 EnWG müssen Energieversorgungsunternehmen entweder in der Strom-Abrechnung oder als **Anlage** dazu, in jedem Fall aber zusätzlich zur allgemeinen Veröffentlichung auf der Website des Energieversorgungsunternehmens und in dessen Werbematerial jedem Kunden folgende Angaben über den individuellen Strommix des Unternehmens selbst und im Vergleich zu den **Durchschnittswerten** der Stromerzeugung in Deutschland machen: 113

- den Anteil der einzelnen **Energieträger** (Kernkraft, Kohle, Erdgas und sonstige fossile Energieträger, erneuerbare Energien, gefördert nach dem Erneuerbare-Energien-Gesetz, sonstige erneuerbare Energien) an dem **Gesamtenergieträgermix**, den der Lieferant im letzten oder vorletzten Jahr verwendet hat; spätestens ab 1.11. eines Jahres sind jeweils die Werte des vorangegangenen Kalenderjahres anzugeben;
- Informationen über die **Umweltauswirkungen** zumindest in Bezug auf Kohlendioxidemissionen (CO_2-Emissionen) und radioaktiven Abfall, die auf den in Nr. 1 genannten Gesamtenergieträgermix zur Stromerzeugung zurückzuführen sind.

Ein **Gestaltungsvorschlag** für die Darstellung der Stromkennzeichnung findet sich in der Gesetzesbegründung zu § 42 EnWG.[125] Durch § 42 Abs. 1 EnWG sind die Anforderungen an die Stromkennzeichnung seit Inkrafttreten am 4.8.2011 erhöht. Während bis Mitte 2011 nur der Anteil an erneuerbarer Energie, fossiler Energie und Kernenergie offengelegt werden musste, ist im Rahmen der Darstellung der fossilen Energie jetzt weiter zwischen Kohle, Erdgas und sonstigen fossilen Energieträgern zu differenzieren. Außerdem muss im Rahmen der Darstellung der erneuerbaren Energien 114

124 BK-EnR/*Bruhn*, § 40 EnWG Rn 22.
125 BT-Drucks. 17/6072 v. 6.6.2011, S. 86.

weiter differenziert werden, ob diese nach dem EEG gefördert wurden oder es sich um sonstige erneuerbare Energien handelt.

115 § 42 Abs. 2 EnWG fordert darüber hinaus ausdrücklich eine verbraucherfreundliche und insbesondere **grafische Darstellung des Energiemixes** und der sonstigen Angaben nach Abs. 1 Nr. 2 und Abs. 2 (CO_2-Emissionen, radioaktiver Abfall sowie der Durchschnittswerte bei der Stromerzeugung in Deutschland).

116 Soweit Strom unbekannter Herkunft ist, muss gem. § 42 Abs. 4 EnWG der ENTSO-E-Energieträgermix für Deutschland in der Rechnung angegeben werden (bereinigt um die gem. § 42 Abs. 5 Nr. 1 und 2 EnWG gesondert auszuweisenden Strommengen). Außerdem gelten nach § 42 Abs. 5 EnWG besondere Regelungen für **Strom aus erneuerbaren Energien**: Dieser darf nur dann als solcher gem. § 42 Abs. 1 EnWG ausgewiesen werden, wenn Herkunftsnachweise vorliegen, der Strom nach dem EEG vergütet wurde oder sich dessen Menge aus dem ENTSO-E-Energieträgermix für Deutschland ergibt.

117 Zur Kontrolle der Stromkennzeichnung haben gem. § 42 Abs. 7 EnWG alle Energieversorgungsunternehmen – also auch Betreiber von Kundenanlagen oder Betreiber geschlossener Verteilernetze – die Daten der Stromkennzeichnung sowie die diesen Daten zugrunde liegenden Strommengen jährlich an die BNetzA elektronisch zu melden. Sie wird dafür eigens Formatvorlagen entwickeln und auf ihrer Website zur Verfügung stellen.[126]

118 Der BDEW hat unter dem Titel **Leitfaden „Stromkennzeichnung"** eine Umsetzungshilfe für Elektrizitätsversorgungsunternehmen, Erzeuger und Lieferanten von Strom zu den Bestimmungen über die Stromkennzeichnung herausgegeben.[127]

F. Geschlossene Verteilernetze, Kundenanlagen und EEG

119 Das EEG 2012 – und ebenso das EEG 2014[128] – und die geschlossenen Verteilernetze bzw. Kundenanlagen haben ebenfalls unterschiedliche Berührungspunkte; zum einen die Frage der Zahlung der EEG-Umlage auf jede gelieferte Kilowattstunde Strom an Kunden in geschlossenen Verteilernetzen oder Kundenanlagen und zum anderen die Frage, ob geschlossene Verteilernetze und/oder Kundenanlagen Verpflichtete

126 Nach § 118 Abs. 9 EnWG ist die Verpflichtung zur Datenübermittlung an die BNetzA nach § 42 Abs. 7 EnWG an die Inbetriebnahme des Herkunftsnachweisregisters gebunden. Das Herkunftsnachweisregister beim Umweltbundesamt wurde am 1.1.2013 in Betrieb genommen. Die Inbetriebnahme wurde am 24.12.2012 im Bundesanzeiger bekanntgemacht.

127 Abrufbar unter https://www.bdew.de/internet.nsf/id/DE_Leitfaden-Stromkennzeichnung/$file/Leitfaden%20Stromkennzeichnung.pdf.

128 Zur Zeit der Drucklegung befindet sich das EEG 2014 noch im parlamentarischen Gesetzgebungsverfahren. Soweit möglich, werden auch die §§ des EEG 2014 auf Grundlage des Kabinettsbeschlusses v. 8.4.2014 - BR-Drucks. 157/14 - jeweils in Klammern dahinter zitiert.

beispielsweise hinsichtlich des Anschlusses von Windkraftanlagen an das Netz und die damit verbundene Pflicht zur Zahlung der garantierten Einspeisevergütung nach §§ 16, 18 bis 33 EEG 2012 (§§ 19 ff., 35, 36, 38 ff. EEG 2014) sein können. Zum Dritten stellt sich die Frage, ob geschlossene Verteilernetze und Kundenanlagen in den EEG-Wälzungsprozess nach § 37 Abs. 2 EEG 2012 (§ 57 Abs. 2 S. 2 EEG 2014) als Letztversorger von Letztverbrauchern einbezogen sein können.

I. Pflichten aus dem EEG

Nach § 5 Abs. 1 S. 1 EEG 2012 (§ 8 Abs. 1 S. 1 EEG 2014) sind **Netzbetreiber** verpflichtet, Anlagen zur Erzeugung von Strom aus erneuerbaren Energien unverzüglich und *„vorrangig an der Stelle an ihr* Netz *anzuschließen, die im Hinblick auf die Spannungsebene geeignet ist und die in der Luftlinie kürzeste Entfernung zum Standort der Anlage aufweist, wenn nicht dieses oder ein anderes* Netz *einen technisch und wirtschaftlich günstigeren Verknüpfungspunkt aufweist."* Weiterhin sind **Netzbetreiber** nach § 8 Abs. 1 EEG 2012 (§ 11 Abs. 1 EEG 2014) verpflichtet, den *„gesamten angebotenen Strom aus Erneuerbaren Energien unverzüglich vorrangig abzunehmen, zu übertragen und zu verteilen."* 120

Aus diesen gesetzlichen Pflichten lassen sich zwei wichtige Erkenntnisse hinsichtlich der Berührungspunkte zu den geschlossenen Verteilernetzen bzw. den Kundenanlagen ziehen. Zum Ersten: Das EEG knüpft an **Netze** an. Da Kundenanlagen aber keine Netze im Sinne des Energiewirtschaftsrechts sind und auch das EEG hier ersichtlich keine andere Definition als § 3 Nr. 16 bzw. Nr. 18 EnWG zugrunde legt,[129] können die Betreiber von **Kundenanlagen nicht verpflichtet** werden, Anlagen zur Erzeugung von Strom aus erneuerbaren Energien an ihre Anlagen anzuschließen bzw. den dort erzeugten Strom abzunehmen und zu vergüten. 121

Zum Zweiten: Mit Netzbetreibern meint das EEG **allein Netze der allgemeinen Versorgung,**[130] **nicht aber geschlossene Verteilernetze**. Weil der Wortlaut des § 5 EEG 2012 bzw. des § 8 EEG 2012 auf Netze und Netzbetreiber abhebt und auch geschlossene Verteilernetze Netze sind, könnte man zwar den Schluss ziehen, das geschlossene Verteilernetz verpflichtet sein können, Anlagen zur Erzeugung von Strom aus erneuerbaren Energien an ihr Netz anzuschließen und den dort erzeugten Strom zu vergüten. Dieser Standpunkt würde aber übersehen, dass das EEG eine **eigenständige Definition des Netzbetreibers** gibt. In § 3 Ziff. 7 EEG 2012 (§ 5 Nr. 26 EEG 2014) wird das Netz ausdrücklich definiert als Gesamtheit von miteinander ver- 122

129 Ebenso *Salje*, EEG, § 3 Rn 153.

130 Andere Auffassung *Hermann*, RdE 2000, 184 ff., der jeden Netzbetreiber, also auch Industrienetzbetreiber, zur Aufnahme und Vergütung von EEG-Strom verpflichten wollte. Diese Auffassung, die im Zusammenhang mit dem überholten KWKG geäußert worden war, dürfte mittlerweile überholt sein.

bundenen Leitungen **für die allgemeine Versorgung** und der Netzbetreiber wird in § 3 Ziff. 8 EEG 2012 (§ 5 Nr. 27 EEG 2014) als Betreiber von Netzen **für die allgemeine Versorgung** ebenfalls eindeutig definiert.[131]

123 Der Gesetzgeber hat daher hinsichtlich der Verpflichtungen auf vorrangigen Netzanschluss und vorrangige garantierte Einspeisevergütung nach §§ 16, 18 bis 33 EEG 2012 (§§ 19 ff., 35, 36, 38 ff. EEG 2014) **allein die Netze der allgemeinen Versorgung verpflichtet**.[132] Allerdings weist *Salje* in seinem EEG-Kommentar[133] kritisch darauf hin, dass beispielsweise dort, wo auf *„Flughafengeländen, sonstigen Arealen oder ehemaligen Industriegeländen angesiedelte Gewerbebetriebe"* versorgt werden, eine „Öffnungstendenz" bestehe und Allgemeinversorgung nicht verneint werden könne. Diese Auffassung ist aber angesichts der klaren Voraussetzungen für geschlossene Verteilernetze und angesichts des **eindeutigen Regel-Ausnahme-Verhältnisses** von Netz der allgemeinen Versorgung zu Nicht-Netz der allgemeinen Versorgung eher kritisch zu sehen und kann nicht überzeugen. Letztlich kommt *Salje* auch zu dem Ergebnis,[134] dass jedenfalls die Netze, die nach § 110 EnWG über eine Einstufungsentscheidung der zuständigen Regulierungsbehörde verfügen, nicht Adressaten des EEG sein können. Gleichwohl, und da kann man ihm nur zustimmen, ist auch ein Betreiber eines geschlossenen Verteilernetzes verpflichtet, nach § 20 Abs. 1 EnWG Netzzugang zu gewähren. Davon ist ein Betreiber eines geschlossenen Verteilernetzes auch nicht durch § 110 EnWG befreit.[135]

II. EEG-Wälzungsprozess

124 Nach § 37 Abs. 2 EEG 2012 (§ 57 Abs. 2 EEG 2014) hat der Übertragungsnetzbetreiber Anspruch auf Zahlung der EEG-Umlage gegen jedes letztversorgende Energieversorgungsunternehmen.[136] Dieses kann über vertragliche Regelungen die EEG-Umlage an seine Kunden weitergeben,[137] ohne dass es dafür eine gesetzliche Bestimmung gäbe. Anders als in den zuvor genannten Fällen der Anschlusspflicht und der Zahlung der EEG-Vergütung an EEG-Einspeiser geht es im EEG-Wälzungsprozess nicht um die **Eigenschaft** einer Kundenanlage oder eines geschlossenen Verteilernetzes als Netzbetreiber, sondern als **Lieferant**. Ein Energieversorgungsunternehmen ist nämlich nach der Definition des § 3 Nr. 18 EnWG nicht nur der, der ein Netz betreibt, sondern

131 Streitig, allerdings mit wenig überzeugender Argumentation BK-EnR/*Wolf*, § 110 EnWG Rn 176 ff.
132 So im Ergebnis auch *Salje*, EEG, § 3 Rn 161; ebenso Gabler/Metzenthin/*Naujoks*, § 3 Rn 120.
133 Siehe *Salje*, EEG, § 3 Rn 153.
134 *Salje*, EEG, § 3 Rn 161.
135 Vgl. hierzu die enumerativ aufgeführten Ausnahmen vom Anwendungsbereich der geschlossenen Verteilernetze in der Einleitung zu diesem Buch.
136 Vertiefend siehe *Scholtka* in: FS Kühne, S. 343 ff.
137 Unstreitig seit BGH, Urt. v. 22.12.2003 - VIII ZR 90/02 - und - VIII ZR 310/02.

auch der, der Energie an andere liefert. Die Ausnahme der Kundenanlage im zweiten Halbsatz des § 3 Nr. 18 EnWG bzw. in § 3 Nr. 16 EnWG bezieht sich dabei lediglich auf die Abgrenzung von Netz zu Nicht-Netz, nicht aber auf den **Liefertatbestand.**[138]

Soweit daher beispielsweise in einem geschlossenen Verteilernetz der Betreiber an diesem Standort auch ein Kraftwerk betreibt, aus dem er die Kunden am Standort beliefert, oder auch wenn der Betreiber des geschlossenen Verteilernetzes für alle Kunden am Standort gebündelt Strom von außen einkauft und weiterverteilt bzw. weiterliefert, ist er **Energieversorgungsunternehmen und damit gem. § 37 Abs. 2 EEG 2012 (§ 57 Abs. 2 EEG 2014) gegenüber dem Übertragungsnetzbetreiber im Rahmen des EEG-Wälzungsmechanismus verpflichtet, EEG-Umlage zu zahlen**. Diese muss er über vertragliche Vereinbarungen wieder von seinen Kunden vereinnahmen, wenn er darauf nicht „sitzen bleiben" will. 125

Dasselbe gilt für Betreiber von **Kundenanlagen**, die in ihre Kundenanlage ein Kraftwerk betreiben und die Unternehmen an diesem Standort daraus versorgen. Zwar ist die Kundenanlage eindeutig im Hinblick auf den Netzbegriff aus dem EnWG ausgenommen, weil dies § 3 Nr. 18 EnWG ausdrücklich so formuliert, nicht aber bezogen auf den **Liefertatbestand**. Beliefert also der Betreiber einer Kundenanlage gleichzeitig seine Kunden, dann muss er als Energieversorgungsunternehmen dem Übertragungsnetzbetreiber gem. § 37 Abs. 2 EEG 2012 (§ 57 Abs. 2 EEG 2014) EEG-Umlage abführen und zuvor dafür sorgen, dass er diese EEG-Umlage über entsprechende vertragliche Vereinbarungen von seinen Kunden vereinnahmt hat. 126

III. Zahlung der EEG-Umlage

Steht demnach auch nach dem neuen EEG 2014 fest, dass Betreiber eines geschlossenen Verteilernetzes nicht zum Netzanschluss und zur Zahlung der EEG-Vergütung an EEG-Einspeiser verpflichtet sind, stellt sich die weitere Frage, ob **Kunden** in einem geschlossenen Verteilernetz oder in einer Kundenanlage von der Zahlung der EEG-Umlage befreit sind – allein aufgrund ihres Standortes. Das ist jedoch eindeutig zu verneinen. Zwar hatte der **BGH** in seiner Entscheidung aus dem Jahr 2005 zum EEG 2000[139] einmal die Kunden außerhalb eines Netzes der allgemeinen Versorgung ausdrücklich von der Zahlung der EEG-Umlage ausgenommen. Diesen Standpunkt revidierte er jedoch wieder im **Jahr 2009**, als er auf der Basis des EEG 2004 entscheiden 127

138 Siehe auch das Gemeinsame Positionspapier der Regulierungsbehörden der Länder und der Bundesnetzagentur zu geschlossenen Verteilernetzen gem. § 110 EnWG vom 23.2.2012, S. 8, abrufbar unter http://www.bundesnetzagentur.de/SharedDocs/Downloads/DE/Sachgebiete/Energie/Unternehmen_Institutionen/EntflechtungKonzessionArealnetze/Arealnetze/LeitfadenGeschlVerteilernetze/LeitfadenGeschlVerteilernetze.pdf;jsessionid=A12375A0556BE04A2461E4088F1FF451?__blob=publicationFile&v=2.

139 BGH, Entscheidung v. 21.12.2005 - VIII ZR 108/04 - RdE 2006, 157 ff.

musste.[140] Aufgrund dieser Entscheidung steht spätestens seit Ende 2009 eindeutig fest,[141] dass **alle Kunden** – unabhängig davon, ob sie in einem Netz der allgemeinen Versorgung angesiedelt sind oder in einem geschlossenen Verteilernetz oder im Rahmen einer Kundenanlage versorgt werden – **grundsätzlich zur Zahlung der EEG-Umlage verpflichtet** sind.[142]

128 Da es auch im Hinblick auf geschlossene Verteilernetze und Kundenanlagen keine Regel ohne Ausnahmen gibt, sei an dieser Stelle auf wichtige, aber eng auszulegende Ausnahmen[143] von der Zahlung der EEG-Umlage hingewiesen.

1. Eigenerzeugung – Eigenversorgung

129 In der erwähnten Entscheidung des BGH aus dem Jahr 2009 hat der BGH besonders hervorgehoben, dass die Zahlung der EEG-Umlage immer dann eingreift, wenn ein Kunde – wo auch immer er seinen Sitz hat – von einem Lieferanten beliefert wird. Der BGH hat allein in den Fällen, in denen **Verbraucher und Erzeuger personenidentisch** waren, die **Pflicht zur Zahlung der EEG-Umlage verneint**. Das Gericht hat aber nicht gelten lassen, dass sich beispielsweise Gesellschaften **desselben Konzerns** beliefern. Auch hier hat der BGH die Personenidentität zwischen z.B. Schwestergesellschaften oder von Mutter-Gesellschaft zu Tochter-Gesellschaft **verneint.**[144]

130 Mit dem EEG 2012 hatte der Gesetzgeber erstmals das Thema Eigenversorgung/Eigenerzeugung im EEG gesetzlich geregelt und mit § 37 Abs. 3 EEG 2012 i.V.m. § 66 Abs. 15 EEG 2012 (Übergangsvorschrift) **enge Ausnahmen von der Pflicht zur Zahlung der EEG-Umlage** geschaffen, die auch für die Betreiber von Kundenanlagen oder geschlossenen Verteilernetzen von erheblichem Interesse sein konnten. Diese Eigenversorgung/Eigenerzeugung-Ausnahmen werden aber bereits im Rahmen des novellierten EEG 2014 wieder erheblich **eingeschränkt**. Zuallererst legt der Gesetzgeber grundsätzlich in § 58 Abs. 1 EEG 2014[145] fest, dass **alle Eigenversorger verpflichtet sind, die EEG-Umlage in voller Höhe zu zahlen.** Diese Regelung war bis dato so nirgends im EEG 2012 oder in früheren Versionen des Gesetzes zu finden

---

140 BGH, Entscheidung v. 9.12.2009 - VIII ZR 35/09 - RdE 2010, S. 225 ff.

141 Ebenso *Scholtka* in: FS Kühne, S. 352 ff.

142 Siehe auch Gabler/Metzenthin/*Ortlieb*, § 40 Rn 62 ff.

143 Das derzeit noch bestehende sog. Grünstromprivileg, das ebenfalls eine Reduzierung der EEG-Umlage ermöglichte (s. § 39 Abs. 1 EEG 2012) wird in das EEG 2014 nicht übernommen; seine heutige Bedeutung – so der Gesetzgeber (BR-Drucks. 157/14, S. 133) – sei gering. Auf die Darstellung wird daher verzichtet.

144 Vertiefend dazu *Scholtka* in: FS Kühne, S. 349 ff.

145 Die hier zitierten Paragraphen beziehen sich auf den Gesetzesentwurf BR-Drucks. 157/14, wie er derzeit im Bundestag und im Bundesrat diskutiert wird. Es kann nicht ausgeschlossen werden, dass sich im Laufe des Verfahrens noch Änderungen ergeben, die hier noch nicht berücksichtigt werden konnten.

gewesen. Der Gesetzgeber begründet diese einschränkenden Regelungen mit der Notwendigkeit, Umgehungstatbestände einzugrenzen. § 58 EEG 2014 sei nach der Einengung des Begriffs Eigenversorgung zum 1.1.2012 ein weiterer Schritt weg von der Sonderrolle Eigenversorgung. Hintergrund für diesen Schritt seien Ungleichbehandlungen zwischen Eigenversorgern und Stromkunden sowie ein steigender Trend zur Eigenversorgung in bestimmten Bereichen, der vor allem durch deren Freistellung von den steigenden Umlagen und Netzentgelten angereizt würde.[146]

Nach der im Entwurf vorliegenden gesetzlichen Regelung sind nur **neue Eigenversorger** von der Zahlung der EEG-Umlage erfasst, während die Eigenversorgung auch weiterhin umlagefrei bleibt, wenn die Anlage dazu zum Zeitpunkt der gesetzlichen Änderung im EEG 2014 bereits in Betrieb gewesen ist (**sog. Bestandsanlagen**). Das Gesetz unterscheidet zusätzlich zwischen **alten Bestandsanlagen** – das sind solche, die bereits **vor dem 1.9.2011** betrieben und zur Eigenversorgung genutzt wurden – und **sonstigen Bestandsanlagen.** § 58 Abs. 3 EEG 2014 definiert diese sonstigen Bestandsanlagen vor allen Dingen in **zeitlicher Hinsicht**: Stromerzeugungsanlagen, die der Eigenversorger **vor dem 1.8.2014** (das ist der für das Inkrafttreten des neuen EEG 2014 geplante Zeitpunkt) betrieben und zur Eigenversorgung genutzt hat, fallen darunter. Außerdem zählen zu den sonstigen Bestandsanlagen solche Anlagen, die **vor dem 23.1.2014** (Beschlüsse von Meseberg) genehmigt oder zugelassen worden sind und (kumulativ zu verstehen) **vor dem 1.1.2015** zur Eigenversorgung genutzt werden. Weiterhin fallen unter die sonstigen Bestandsanlagen solche Stromerzeugungsanlagen, die an demselben Standort erneuert, erweitert oder ersetzt werden – also in gewissem Umfang auch **Modernisierungen** von bestehenden Anlagen, allerdings nur bis zu einer zusätzlich installierten Leistung von maximal 30 %. 131

Neben dieser recht strengen zeitlichen Einordnung sind an die Befreiung von der EEG-Umlage für die **sonstigen Bestandsanlagen** – nicht aber für die alten Bestandsanlagen – außerdem strenge Voraussetzungen an die **Person** des Eigenversorgers geknüpft, nämlich, dass der Eigenversorger die Stromerzeugungsanlage als **Eigenerzeuger** betreibt (vgl. § 58 Abs. 2 S. 2 Nr. 1 EEG 2014), zusätzlich der Eigenversorger **den Strom selbst verbraucht** (vgl. § 58 Abs. 2 S. 2 Nr. 2 EEG 2014) und zum Dritten sind strenge räumliche Einschränkungen gegeben, indem der Strom nicht durch ein **Netz** durchgeleitet werden darf, oder jedenfalls **im räumlichen Zusammenhang** zu der Stromerzeugungsanlage verbraucht werden muss (vgl. § 58 Abs. 2 S. 2 Nr. 3 EEG 2014). 132

Es stellt sich die Frage, ob – im Falle der sonstigen Bestandsanlagen – durch die expliziten und eng auszulegenden Anforderungen an die Person des Eigenversorgers als Eigenerzeuger für ihn jegliche **Dispositionsmöglichkeiten** ausgeschlossen sein könnten. Anders formuliert: Wird die sonstige Bestandsanlage durch **Verkauf, Vermietung oder Verpachtung** zur EEG-pflichtigen Neuanlage? Diese Frage liegt nicht fern, denn der Gesetzgeber knüpft an den Bestandsschutz **hohe Anforderungen** und 133

146 Siehe die Begründung in BR-Drucks. 157/14, S. 152 ff, 232 ff.

sieht die **Personenidentität** zusätzlich als zentralen Punkt. In zeitlicher Hinsicht wäre die Person des Erwerbers mit dem ursprünglichen Eigenerzeuger aber nicht mehr identisch zu dem nach dem Gesetz maßgeblichen Zeitpunkt.

134 Diese Frage wäre jedenfalls auch im Hinblick auf die Um- oder Neustrukturierung von Kundenanlagen bzw. Kundenanlagen zur betrieblichen Eigenversorgung oder für geschlossene Verteilernetze von erheblicher Bedeutung. Würde beispielsweise eine Kundenanlage mit einer KWK-Anlage komplett veräußert oder verpachtet, wären solche **Transaktionen** wirtschaftlich wohl undurchführbar, wenn der Gesetzgeber durch die hohen Anforderungen an die Person des Eigenerzeugers die Anlagen faktisch zur Neuanlage für den Erwerber machte. Wirtschaftlich allein sachgerecht dürfte es daher sein, eine sonstige Bestandsanlage auch dann als sonstige Bestandsanlage einzuordnen, wenn die Person des Eigenversorgers wechselt. Ansonsten würde die gesamte Anlage komplett wertlos. Das kann der Gesetzgeber nicht gewollt haben; er wäre im Übrigen unter verfassungsrechtlichem Blickwinkel (Art. 12 GG und Art. 14 GG) auch problematisch.

135 Fallen die Stromerzeugungsanlagen **nicht** unter die alten oder sonstigen Bestandsanlagen, gelten sie als **Neuanlagen** und müssen zunächst die volle EEG-Umlage tragen. § 58 Abs. 6 Nr. 1 EEG 2014 sieht aber für **Stromerzeugungsanlagen aus Erneuerbaren Energien** i.S.d. § 5 Nr. 1 EEG 2014 und für **hocheffiziente KWK-Anlagen**[147] (§ 58 Abs. 1 Nr. 2 EEG 2014) eine **Reduzierung** der jeweils gültigen EEG-Umlage **um 50 %** vor. Außerdem wird die reguläre EEG-Umlage **um 85 %** (derzeit wird diskutiert, diesen Satz auf 60 % herabzusetzen) reduziert, wenn der Eigenversorger ein Unternehmen des produzierenden Gewerbes[148] ist, unabhängig von der für die Stromerzeugung eingesetzten Energie. Voraussetzung ist aber in beiden Fällen, dass der Strom in unmittelbarer räumlicher Nähe zu der Stromerzeugungsanlage selbst verbraucht und **nicht durch ein Netz durchgeleitet** wird. Insofern sind die Anforderungen an die Neuanlagen in diesem wichtigen Punkt deutlich höher als diejenigen an Bestandsanlagen.

2. Eigenversorgung als „Inselversorgung“, komplett aus Erneuerbaren Energien ohne EEG-Förderung oder als kleine Eigenversorgung

136 Neben den soeben skizzierten Ausnahmen stellt das neue EEG 2014 Eigenversorger frei, die sich vollständig aus Anlagen im Sinne des **EEG versorgen** und für anderweitig verbrauchten Strom aus diesen Anlagen keinerlei finanzielle Förderung nach dem

147 Definiert als KWK-Anlage, die hocheffizient i.S.d. § 53a Abs. 1 S. 3 des Energiesteuergesetzes ist und einen Monats- oder Jahresnutzungsgrad von mindestens 70 % nach § 53a Abs. 1 S. 2 Nr. 2 Energiesteuergesetz erreicht.

148 Nach Abschnitt B oder C der Klassifikation der Wirtschaftszweige des Statistischen Bundesamtes, Ausgabe 2008 (amtlicher Hinweis: zu beziehen beim Statistischen Bundesamt, Gustav-Stresemann-Ring 11, 65189 Wiesbaden; auch zu beziehen über http://www.destatis.de).

EEG 2014 in Anspruch nehmen (vgl. § 58 Abs. 2 S. 1 Nr. 5 EEG 2014). Bei solchen Eigenversorgern – so der Gesetzgeber in der gesetzlichen Begründung[149] ausdrücklich – sei eine Belastung mit dem Verursacherprinzip nicht begründbar. Diese Anlagenbetreiber hätten die Energiewende für sich gleichsam schon vollzogen.

Außerdem sind Eigenversorger, die weder mittelbar noch unmittelbar an ein Netz 137 angeschlossenen sind, auch weiterhin von der EEG-Umlage befreit (vgl. § 58 Abs. 2 S. 1 Nr. 4 EEG 2014). Damit sind allein völlig autarke Stromerzeugungsanlagen – wie beispielsweise Schiffe – gemeint; Anlagen, die dagegen in einem geschlossenen Verteilernetz stehen, gelten – soweit eine Verbindung zum Netz der allgemeinen Versorgung besteht – nicht als **„Inselversorgung“**, sondern als mittelbar an das Netz der allgemeinen Versorgung angeschlossen.

Der Gesetzgeber hat des Weiteren eine Sonderregelung für **kleine Eigenversorger** 138 geschaffen. Diese sind nach der sog. **de-minimis-Regelung** hinsichtlich installierter Leistung und verbrauchter Strommenge von der Pflicht zur Zahlung der EEG-Umlage befreit, wenn diese Eigenversorgungsanlage nicht größer als **10 MW installierte Leistung** ist und nur bis zu einer **maximalen Strommenge von 10 MWh** selbstverbrauchten Stroms. Darüber hinaus verbrauchte Strommengen werden mit der vollen EEG-Umlage beaufschlagt. Diese Sonderregelung ist ausnahmsweise befristet für die Dauer von **20 Jahren** ab Inbetriebnahme der Anlage.

Zusätzlich verlangt der Gesetzgeber bei allen diesen drei Arten der Eigenversor- 139 gung, dass der Eigenversorger die Anlage **selbst betreibt** und der **Strom in räumlichem Zusammenhang** mit der Stromerzeugungsanlage **selbst verbraucht** wird. Anders als im Fall der sonstigen Bestandsanlagen nach § 58 Abs. 2 Nr. 2 EEG 2014 darf der Strom außerdem **gar nicht durch ein Netz** durchgeleitet werden (vgl. § 58 Abs. 2 S. 3 Nr. 3 EEG 2014).

Wie bei allen zuvor erläuterten Formen der Eigenversorgung ist auch hier deutich 140 zu erkennen, dass der Gesetzgeber in Übereinstimmung mit der Rechtsprechung des BGH sehr stark auf die **Personenidentität** von Erzeuger und Stromverbraucher abhebt. Insofern wird mit dem neuen EEG 2014 die noch in § 39 Abs. 3 EEG 2012 zu findende Variante des **Direktverbrauchs durch Dritte** gestrichen. Mit dieser Variante hatten vor allen Dingen Betreiber von Photovoltaik-Anlagen interessante Geschäftsmodelle mit reduzierter EEG-Umlage entwickeln können. Ob und, wenn ja, welche Geschäftsmodelle sich nach den Neuerungen der EEG Eigenversorgung/Eigenerzeugung entwickeln werden, bleibt abzuwarten. Jedenfalls sind deutliche Einschränkungen gegenüber dem EEG 2012 zu erkennen und vom Gesetzgeber auch so gewollt.[150]

---

149 BR-Drucks. 157/14, S. 234.

150 Siehe dazu das Gutachten im Auftrag des BMU von Salans Rechtsanwalte „Juristische Prüfung der Befreiung der Eigenerzeugung von der EEG-Umlage nach § 37 Absatz 1 und 3 EEG – Kurzgutachten“ v. 27.8.2012, abrufbar unter http://www.erneuerbare-energien.de/fileadmin/ee-import/files/pdfs/allgemein/application/pdf/kurzgutachten_eeg-umlage_2012_bf.pdf.

141 Da sowohl bei Kundenanlagen – kein Netz – als auch bei geschlossenen Verteilernetzen – weil nicht Adressat des EEG – das Netz immer nur das Netz der allgemeinen Versorgung meint, kann es in bestimmten Konstellationen im Hinblick auf Bestandsanlagen interessant sein, das Eigenerzeugungsprivileg nach § 58 EEG 2014 zu nutzen, um auf diese Weise seine Kosten zu optimieren. Grundvoraussetzung dafür ist aber mindestens, dass die Personenidentität von Letztverbraucher und Lieferant/Erzeuger erreicht werden kann und auch ein enger räumlicher Zusammenhang gegeben ist. Besser wäre es noch, wenn das Netz der allgemeinen Versorgung gar nicht benutzt würde, also der Strom via **Direktleitungen** (§ 3 Nr. 12 EnWG – gehören nicht zum Netz der allgemeinen Versorgung) transportiert würde.

G. Konzessionsabgaben

142 Das Thema Konzessionsabgaben hat zwei verschiedene Facetten, um die sich in erster Linie Betreiber geschlossener Verteilernetze kümmern müssen. Zum einen haben die Betreiber eines geschlossenen Verteilernetzes unter bestimmten Voraussetzungen Anspruch auf **Abschluss eines Konzessionsvertrages** mit der Gemeinde, zum anderen stellt sich die Frage nach der Pflicht zur **Zahlung von Konzessionsabgaben** an die Gemeinde.

I. Abschluss eines Konzessionsvertrages nach § 46 Abs. 1 EnWG – einfaches Wegenutzungsrecht

143 Wenn Betreiber geschlossener Verteilernetze öffentliche Straßen und Wege zum Anschluss des geschlossenen Verteilernetzes an vor- oder nachgelagerte Netze in einer Stadt oder Gemeinde nutzen (z.B. durch Leitungskreuzungen mit Straßen oder Längsverlegung von Leitungen oberhalb von Straßen oder im Straßenkörper, Bau von Trafostationen zur Umspannung von Strom auf niedrigere Spannungsebenen im Straßenland), haben sie **Anspruch auf Abschluss eines Konzessionsvertrages nach § 46 Abs. 1 EnWG**. Das bedeutet, der Betreiber des geschlossenen Verteilernetzes kann die betroffene **Gemeinde** auffordern, mit ihm einen Vertrag über ein einfaches Wegenutzungsrecht[151] gem. § 46 Abs. 1 EnWG bezogen auf einzelne Leitungen, die nicht zu einem Netz der allgemeinen Versorgung gehören, zu schließen. Die Gemeinde kann diesen Vertragsschluss von der (einmaligen) Zahlung eines **Gestattungsentgeltes** abhängig machen.

---

151 Nicht eines qualifizierten Wegenutzungsvertrages nach § 46 Abs. 2 EnWG, denn ein geschlossenes Verteilernetz ist gerade kein Netz der allgemeinen Versorgung; so auch Kermel/*Kermel*, Kap. 2 Rn 78.

Die Pflicht zum Vertragsschluss hat der BGH im Falle „Mainova"[152] ausdrücklich bestätigt; eine **Ablehnung des Vertragsschlusses seitens der Gemeinde** als Inhaberin der gemeindlichen Straßen und Wege insbesondere mit dem Argument, dass bereits das gemeindliche Stadtwerk das Netz der allgemeinen Versorgung betreibt, wäre rechtswidrig und als **Missbrauch einer marktbeherrschenden Stellung i.S.d. §§ 19, 20 GWB** seitens der Gemeinde zu qualifizieren. 144

II. Pflicht zur Zahlung von Konzessionsabgaben nach der Konzessionsabgabenverordnung

Für Betreiber geschlossener Verteilernetze stellt sich außerdem die Frage, ob sie **Konzessionsabgaben zahlen müssen**. Während für geschlossene Verteilernetze eine Konzessionsabgabenpflicht nicht per se verneint werden kann, weil auch geschlossene Verteilernetze Verteilernetze sind, ist dies für **Kundenanlagen**, die gerade **keine Netze** sind, nicht zu begründen. 145

Die Zahlung von Konzessionsabgaben nach § 48 EnWG hängt zum einen davon ab, ob geschlossene Verteilernetze oder Kundenanlagen **Energieversorgungsunternehmen** sind, zusätzlich unmittelbar Letztverbraucher im Gemeindegebiet versorgen und **zu dieser unmittelbaren Versorgung öffentliche Verkehrswege nutzen**. Liegen diese Voraussetzungen vor, werden Betreiber geschlossener Verteilernetze von dem jeweiligen Versorger, der die allgemeine Versorgung in dem Gemeindegebiet gem. § 46 Abs. 2 EnWG durchführt, auf Zahlung von Konzessionsabgaben in Anspruch genommen; diese Kosten könnten die Betreiber unter den Kunden im geschlossenen Verteilernetz als Kosten weiterreichen. 146

Voraussetzung für diese Inanspruchnahme ist aber ganz generell, dass der Konzessionsinhaber der allgemeinen Versorgung gem. § 46 Abs. 2 EnWG in seinem Konzessionsvertrag mit der Gemeinde oder mit der Stadt eine entsprechende **Berechtigung zur Erhebung von Konzessionsabgaben** gegenüber geschlossenen Verteilernetzen hat, denn allein die **vertraglichen Regelungen** sind insoweit maßgeblich; oder anders formuliert: Weder das EnWG noch die KAV bilden eine hinreichende gesetzliche Grundlage zur **Begründung einer Zahlungspflicht**, sondern diese muss mit Abschluss des **Konzessionsvertrages** erst geschaffen werden.[153] 147

Dass geschlossene Verteilernetze **Energieversorgungsunternehmen** sind, weil sie ein Netz i.S.d. § 3 Nr. 16 und Nr. 18 EnWG betreiben, dürfte unstreitig sein. Dass Kundenanlagen jedenfalls allein aufgrund des Betreibens von Energieanlagen – nicht 148

---

152 BGH, Urt. v. 28.6.2005 - KVR 27/04 - Fortsetzung zu OLG Düsseldorf - Kart 35/03 (V) -; siehe auch die Besprechung von *Ortlieb* in EWeRK v. 30.9.2005, abrufbar unter http://www.ewerk.hu-berlin.de/node/406.

153 Kermel/*Kermel*, Kap. 2 Rn 187.

eines Netzes – in ihrem abgegrenzten Bereich **keine Energieversorgungsunternehmen** sind, ist ebenfalls aufgrund der ausdrücklichen Ausnahme in § 3 Nr. 16 und Nr. 18 EnWG – *„der Betrieb einer Kundenanlage oder Kundenanlage zur betrieblichen Eigenversorgung macht den Betreiber nicht zum Energieversorgungsunternehmen“* – klar.

1. Unmittelbare Versorgung von Letztverbrauchern innerhalb einer Kundenanlage

149 Betreiber von Kundenanlagen versorgen nicht per se unmittelbar Letztverbraucher, sondern stellen allenfalls die Energieanlagen diskriminierungsfrei zur Belieferung durch andere Lieferanten bereit. Allerdings können Betreiber von Kundenanlagen, beispielsweise wenn sie ein eigenes Kraftwerk an ihrem Standort betreiben, auch Kunden daraus beliefern. Dann wäre sie zwar in ihrer Funktion als Lieferant Energieversorgungsunternehmen i.S.d. § Nr. 18 EnWG – eine Person, die Energie an andere liefert. **Eine Benutzung öffentlicher Wege zur Belieferung dieser Kunden in der Kundenanlage findet aber dennoch nicht statt;** der Strom aus einem Kraftwerk an einem Kundenanlagen-Standort würde direkt über die Energieanlagen dort am Standort an die Kunden transportiert und verbraucht. **Die Betreiber von Kundenanlagen fallen damit aus der Konzessionsabgabenpflicht heraus.**

150 Sie sind auch **nicht Weiterverteiler** i.S.d. § 2 Abs. 8 KAV, denn entweder ist der Betreiber der Kundenanlage nicht Vertragspartner eines Lieferanten für einen Kunden in der Kundenanlage, sondern der Vertrag wird direkt zwischen dem Kunden in der Kundenanlage und dem Lieferanten abgeschlossen. Selbst wenn der Betreiber der Kundenanlage gebündelt für alle Kunden an diesem Standort Strom oder Gas einkaufen und dort transportieren sollte, fehlt es an der Funktion „Weiterverteiler“, denn, wie der Definition „Verteilung“ in § 3 Nr. 37 EnWG zu entnehmen ist, knüpft diese zwingend an das Vorliegen eines **Netzes** an. Eine Kundenanlage ist aber gerade kein Netz.

151 Steht damit fest, dass der **Betreiber einer Kundenanlage keine Konzessionsabgaben schuldet**, ist damit aber noch nicht festgelegt, dass auch ein Kunde in der Kundenanlage, der von einem Dritten beliefert wird, ebenfalls keine Konzessionsabgaben zu zahlen hat. Das Gegenteil wird jedenfalls dann der Fall sein, wenn ein ganz normales Stadtwerk als Lieferant auftritt und zum Zwecke der Belieferung das Netz der allgemeinen Versorgung im öffentlichen Straßennetz bis zur Kundenanlage benutzt.

2. Unmittelbare Versorgung von Letztverbrauchern innerhalb eines geschlossenen Verteilernetzes

152 Geschlossene Verteilernetze, die an ein Netz der allgemeinen Versorgung angeschlossen sind, unterliegen grundsätzlich der Konzessionsabgabenpflicht nach § 48 Abs. 1 EnWG, wenn die Leitungen dorthin öffentliche Verkehrswege nutzen (was zumeist

der Fall ist).[154] Die Frage ist weiterhin, ob ein Betreiber eines geschlossenen Verteilernetzes per se konzessionsabgabenpflichtig ist. Diese Frage ist überaus berechtigt, denn die Kunden im geschlossenen Verteilernetz sind nicht an ein Netz der allgemeinen Versorgung angeschlossen (der Status Netz der allgemeinen Versorgung wäre i.S.d. § 110 Abs. 2 EnWG Ausschlussgrund für das geschlossene Verteilernetz). *„Würde man nur die Definition der Konzessionsabgaben in § 48 Abs. 1 S. 1 EnWG und § 1 Abs. 2 KAV zugrunde legen, könnten Konzessionsabgaben in den Fällen nicht vereinbart werden, in denen die Belieferung zunächst an einen* ***Weiterverteiler*** *erfolgt, der diese Energie dann (...) weiterverteilt. Denn insoweit fehlt es an der Unmittelbarkeit der Versorgung durch ein EVU, das die öffentlichen Verkehrswege nutzt. Um auch diese Fälle konzessionsabgabenrechtlich zu erfassen, sieht § 48 Abs. 1 S. 2 EnWG vor, dass eine Versorgung von Letztverbrauchern auch vorliegt, wenn ein Weiterverteiler über öffentliche Verkehrswege mit Strom oder Gas beliefert wird, der diese Energie ohne Benutzung solcher Verkehrswege an Letztverbraucher weiterleitet."*[155]

Allerdings ist immer Voraussetzung, dass **öffentliche Verkehrswege** benutzt 153
werden. Werden dagegen Kunden in einem geschlossenen Verteilernetz beliefert aus einem ebenfalls dort ansässigen Kraftwerk, fehlt es wiederum – ebenso bei den Kundenanlagen – an der Benutzung der öffentlichen Verkehrswege. Konzessionsabgaben würden dann in dieser besonderen Situation auch nicht anfallen.

In der Literatur wird außerdem für Fälle der Belieferung von Konzernunterneh- 154
men eine Ausnahme von der Pflicht zur Zahlung von Konzessionsabgaben gemacht, soweit Kunden den Strom- oder Gasbezug bündeln und lediglich – ohne Weiterverteiler zu sein – an ihre **Konzerntochterunternehmen** weitertransportieren. Hintergrund dieser Ausnahme ist, dass zum einen weder das EnWG noch die Konzessionsabgabenordnung mit § 2 Abs. 8 KAV eine Definition des Begriffs „Weiterverteiler" geschaffen haben. Außerdem hatte sogar der Gesetzgeber mit Erlass des § 2 Abs. 8 KAV und des § 14 Abs. 1 S. 2 EnWG 1998 in der Fassung von 2003 in seiner amtlichen Begründung hervorgehoben, dass § 2 Abs. 8 KAV keine Neuregelung enthalte, sondern lediglich eine Klarstellung. Schon im EnWG 1998 war **die Versorgung konzernrechtlich verbundener Unternehmen der unmittelbaren Eigenerzeugung gleichgestellt worden.** Somit wurden solche Bündelkunden schon im EnWG 1998 als Letztverbraucher eingestuft, die den Energiebedarf verschiedener Verbraucher als Bündelkunden in einem Vertrag lediglich zusammenfassen. Tritt der **Bündelkunde** als alleiniger Energiebezieher und Vertragspartner des liefernden Energieversorgungsunternehmens auf, erbringt er ansonsten für die Kunden, für die er die Energie (mit-) einkauft, **keine eigenen Versorgungsleistungen.**[156] Diese werde vielmehr

---

154 Ebenso Kermel/*Kermel*, Kap. 2 Rn 55 und Rn 74.

155 Zitat aus Kermel/*Kermel*, Kap. 10 Rn 130.

156 Kermel/*Kermel*, Kap. 10 Rn 135 mit Hinweis auf *Büdenbender*, § 14 Rn 31.

technisch-wirtschaftlich durch den bisherigen Lieferanten erfüllt.[157] Mit der letzten Novellierung des EnWG zum 4.8.2011 hat sich diese Wertung auch nicht geändert.[158] Konzessionsabgaben fielen daher in solchen Konstellationen ebenfalls nicht an.

3. Benutzung öffentlicher Verkehrswege zur Versorgung

155 Die Benutzung öffentlicher Verkehrswege ist außerdem Grundvoraussetzung für eine Konzessionsabgabenpflicht. Wann eine Benutzung öffentlicher Verkehrswege zu bejahen ist, hat der BGH in seiner Entscheidung vom 11.11.2008 für den Fall der Stromeinspeisung klargestellt.[159] Danach sind *„Öffentliche Verkehrswege i.S. des § 46 Abs. 1 EnWG (...) sämtliche Wege einer Gemeinde, auf denen tatsächlich der öffentliche Verkehr eröffnet ist. Auf eine straßenrechtliche Widmung kommt es nicht an.“*[160] Straße ist daher alles das, was funktioniert wie eine Straße – unabhängig von der öffentlich-rechtlichen Einordnung.

156 Diese Entscheidung ist auch für die Frage der Konzessionsabgabenpflicht in geschlossenen Verteilernetzen relevant, denn ohne eine Straßenbenutzung entfällt die Verpflichtung Konzessionsabgaben per se. Es gibt insbesondere nicht wenige Fälle, in denen **ein geschlossenes Verteilernetz unmittelbar an eine sog. Durchgangsleitung**[161] – meistens eine Hoch- oder sogar Höchstspannungs- bzw. eine Gasfernleitung – angeschlossen ist. Dann unterliegen diese geschlossenen Verteilernetze **nicht dem Konzessionsrecht**, wenn sie auch selbst keine Straßen und Wege im oben genannten Sinne benutzen.

157 Insofern **empfiehlt** es sich, folgende Fragen auseinanderzuhalten: Für die Durchgangsleitung stellt sich zunächst die Frage, ob sie zur unmittelbaren Versorgung von Letztverbrauchern errichtet worden ist. Üblicherweise wird lediglich eine nur mittelbare Versorgung stattfinden, indem diese Durchgangsleitung **auch** an nachgelagerte Netze angeschlossen ist, aber ihr Hauptzweck darin besteht, Energie weit über das Gemeindegebiet hinaus zu transportieren. Das allein löst **keine Konzessionsabgabenpflicht** aus.[162]

158 Im nächsten Schritt stellt sich die Frage, ob das geschlossene Verteilernetz dadurch an das öffentliche Netz angeschlossen ist, dass es beispielsweise an der **Trafostation** zur Umspannung der Hochspannung/Höchstspannung angeschlossen ist. Soweit diese dem Betreiber des geschlossenen Verteilernetzes selbst gehört, wäre wiederum keine Berührung mit dem öffentlichen Netz festzustellen. Dann stellte sich

157 Kermel/*Kermel*, Kap. 10 Rn 135.
158 Kermel/*Kermel*, Kap. 10 Rn 137.
159 Vgl. BGH, Urt. v. 11.11.2008 - KZR 43/07 -.
160 So der amtliche Leitsatz lit. a), BGH, Urt. v. 11.11.2008 - KZR 43/07 -.
161 Zur Definition Kermel/*Kermel*, Kap. 2 Rn 64.
162 So auch Kermel/*Kermel*, Kap. 2 Rn 64: *„die Leitung hat dann keinen ausschließlich weiterverteilenden Charakter.“*

weiter die Frage, ob das geschlossene Verteilernetz an Leitungen hinter der Trafostation angeschlossen ist, die ihrerseits im öffentlichen Straßenland verlegt sind. Je größer die Standorte geschlossener Verteilernetze sind, desto eher findet eine Leitungsverlegung hin zu diesen Standorten – auch aus Sicherheitsgründen – nicht im öffentlichen Straßenland statt, sondern über private Grundstücke und auch über Freileitungen. Allenfalls in Ausnahmefällen werden öffentliche Straßen gekreuzt, sodass (oft unentgeltliche) Gestattungsverträge abgeschlossen werden. In diesen speziellen Fällen ist eine **Konzessionsabgabenpflicht eher zu verneinen**; insbesondere trifft in Fällen wie diesen auch § 2 Abs. 8 KAV – Weiterverteiler – keine Anwendung, weil weder eine unmittelbare Versorgung von Letztverbrauchern stattfindet, noch öffentliche Wege im Sinne des Konzessionsrechts benutzt werden.

Praxistipp !

Es ist zu empfehlen sich die Konstellation der Netze und Anschlüsse, die zum geschlossenen Verteilernetz hinführen, **ganz genau anzuschauen.** Oft kann auch ein Blick in den bestehenden Konzessionsvertrag zur allgemeinen Versorgung nach § 46 Abs. 2 EnWG hilfreich sein, um festzustellen, ob grundsätzlich eine Konzessionsabgabenpflicht besteht. Allein gesetzliche Regelungen begründen die Konzessionsabgabenpflicht nicht.

---

4. Höhe der Konzessionsabgaben

Steht fest, dass die Voraussetzungen zur Zahlung von Konzessionsabgaben dem Grunde nach erfüllt sind, stellt sich weiter die Frage, in welcher Höhe Konzessionsabgaben zu zahlen sind. Dies ist im Einzelnen in der **Konzessionsabgabenverordnung** geregelt und hängt – weil geschlossene Verteilernetze dann als Weiterverteiler i.S.d. § 2 Abs. 8 KAV einzustufen wären – von der Struktur der Kunden im geschlossenen Verteilernetz ab.[163] 159

Insbesondere gibt es in § 2 Abs. 4 KAV eine wichtige Ausnahme für Sondervertragskunden, die mit Strom beliefert werden. Danach dürfen gem. § 2 Abs. 4 KAV

> *„Konzessionsabgaben für Lieferungen an Sondervertragskunden nicht vereinbart oder gezahlt werden, deren Durchschnittspreis im Kalenderjahr je Kilowattstunde unter dem Durchschnittserlös je Kilowattstunde aus der Lieferung von Strom an alle Sondervertragskunden liegt. Maßgeblich ist der in der amtlichen Statistik des Bundes jeweils für das vorletzte Kalenderjahr veröffentlichte Wert ohne Umsatzsteuer. Versorgungsunternehmen und Gemeinde können höhere Grenzpreise vereinbaren. Der Grenzpreisvergleich wird für die Liefermenge eines jeden Lieferanten an der jeweiligen Betriebsstätte oder Abnahmestelle unter Einschluss des Netznutzungsentgelts durchgeführt."*

---

163 Maßgeblich ist die Konzessionsabgabe, die auch ohne Einschaltung des Weiterverteilers zu zahlen wäre; vgl. Wortlaut des § 2 Abs. 8 KAV.

160 Sondervertragskunden zahlen demnach schon von Gesetzes wegen keine Konzessionsabgabe, **wenn ihr durchschnittlicher Preis unter dem statistischen Preis des vorletzten Jahres liegt**. Das trifft auch auf Sondervertragskunden in einem geschlossenen Verteilernetz zu. Wegen der seit der Liberalisierung der Strom- und Gasmärkte zunehmenden Steuern, Abgaben und Umlagen auf den Strompreis kann es aber nicht selten vorkommen, dass der durchschnittliche Preis über dem statistischen Preis liegt. Daher ist es ratsam zu schauen, welche Komponenten des Strompreises in welcher Höhe anzusetzen sind.

161 Zur Klärung der Frage, welche Preiskomponenten bei dieser Gegenüberstellung von Ist-Preis und statistischen Preisen in die Betrachtung einbezogen werden dürfen, hat der **BGH** mit seiner Entscheidung vom 1.2.2011[164] im Hinblick auf den Stromsteuerspitzenausgleich für energieintensive Unternehmen des produzierenden Gewerbes eine wichtige Richtungsentscheidung getroffen. Danach dürfen *„bei dem Grenzpreisvergleich nach § 2 Abs. 4 Konzessionsabgabenverordnung den vom Statistischen Bundesamt ermittelten Durchschnittserlösen aller Sondervertragskunden (nur) die von den einzelnen Stromabnehmern gezahlten Durchschnittspreise* ***ohne Berücksichtigung von Stromsteuerermäßigungen****"* gegenübergestellt werden. Damit hat der BGH den Entfall der Konzessionsabgaben für Sonderkunden erheblich eingeschränkt. Über die Weiterverteiler-Regelung des § 2 Abs. 8 KAV kann dies auch Auswirkungen auf die Betreiber geschlossener Verteilernetze haben.

! **Praxistipp**

Prüfen Sie genau, welcher Kundengruppe die Kunden in dem geschlossenen Verteilernetz zuzuordnen sind. In den meisten Fällen dürften es Sondervertragskunden sein.

---

162 Soweit ein geschlossenes Verteilernetz als Weiterverteiler im konzessionsabgabenrechtlichen Sinne ermittelt worden ist, sind für die Ermittlung der Höhe der Konzessionsabgaben die **Mengen- und Leistungsverhältnisse** der auf dem Grundstück belieferten Letztverbraucher maßgeblich.[165] Da diese in einzelnen Fällen nicht die in § 2 Abs. 7 KAV enthaltenen Leistungs- und Mengengrenzen erreichen könnten, wären die wesentlich höheren Tarifkunden-Konzessionsabgaben im Einzelfall zu zahlen.[166]

163 Sollte ein geschlossenes Verteilernetz dagegen als einzelner Letztverbraucher eingestuft werden können, wären die Konzessionsabgaben wegen § 2 Abs. 7 KAV auf **Sonderkunden-Konzessionsabgaben** bezogen und damit **deutlich geringer.**[167] Hier sollte man versuchen, mögliche Spielräume mit der Gemeinde bzw. dem Betreiber des Netzes der allgemeinen Versorgung auszuloten.

---

164 BGH, Urt. v. 1.2.2011 - EnZR 57/09 -.

165 So auch Kermel/*Kermel*, Kap. 10 Rn 133.

166 Ebenso Kermel/*Kermel*, Kap. 10 Rn 133.

167 Kermel/*Kermel*, Kap. 10 Rn 133.

H. Bilanzkreisverantwortung

Netznutzungsvertrag und Lieferantenrahmenvertrag vermitteln nach § 3 Abs. 1 StromNZV den **Zugang zum gesamten Stromversorgungsnetz** in Deutschland. Außerdem müssen Lieferanten oder Kunden, die das Netz nutzen wollen, nach § 3 Abs. 2 StromNZV sich einem Bilanzkreissystem anschließen. Während im Rahmen der Netznutzung also die tatsächliche physische Benutzung vertraglich verabredet wird, wird im Rahmen der **Bilanzierung** vertraglich festgelegt, wie, wem und welche Mengen, die über dieses Netz geliefert/transportiert werden, kaufmännisch/abrechnungstechnisch zuzuordnen sind. 164

Jede Entnahmestelle muss nach § 4 Abs. 3 StromNZV einem **Bilanzkreis** zugeordnet werden.[168] Das gilt auch für Entnahmestellen, die sich in einer Kundenanlage befinden, denn auch insoweit findet eine **Belieferung** durch Lieferanten statt; und zwar entweder innerhalb der Kundenanlage, d.h. direkt durch den Betreiber der Kundenanlage oder von außerhalb der Kundenanlage durch dritte Lieferanten. Zuständig für diese Zuordnung ist ein **Bilanzkreisverantwortlicher**; das ist die Person, die für die bilanzkreisbildenden Netznutzer den Bilanzkreis führt und gegenüber dem Übertragungsnetzbetreiber die Verantwortung dafür übernimmt, dass dieser Bilanzkreis zwischen Einspeisungen und Ausspeisungen (Entnahmen) innerhalb jeder Viertelstunde **ausgeglichen** ist. Er trägt auch die wirtschaftliche Verantwortung für Abweichungen gegenüber dem Übertragungsnetzbetreiber. 165

In den meisten Fällen ist **der Lieferant auch der Bilanzkreisverantwortliche** nach § 4 StromNZV. Da Benutzung des Netzes und Bilanzierung – wie zuvor dargestellt – nicht voneinander getrennt werden können, muss auch dem Netzbetreiber **mitgeteilt werden, wo eine Entnahmestelle zuzuordnen** ist. 166

Im Hinblick auf Entnahmestellen in Kundenanlagen stellt sich daher die Frage, wo diese bilanziert werden. Soweit ein Lieferant Kunden in einer Kundenanlage beliefert (via Durchleitung), muss dieser Kunde auch bilanziell abgebildet werden. Der Bilanzkreisverantwortliche (meistens der Lieferant) meldet daher üblicherweise im Rahmen des Lieferantenrahmenvertrags, den dieser mit dem der Kundenanlage vorgelagerten (nächsten) Netzbetreiber der allgemeinen Versorgung hat, diesen Kunden als seine Entnahmestelle an. Damit wird vertraglich die **Netzbenutzung jedenfalls bis „zum Zaun“ der Kundenanlage** abgebildet. In den meisten Fällen dürfte damit – auch wegen der Ausnahmeregelung des § 20 Abs. 1d EnWG, der den Netzbetreiber der allgemeinen Versorgung zum Stellen von Zählpunkten und ggf. von Unterzählern verpflichtet – auch die Benutzung der Energieanlagen in der Kundenanlage abgedeckt sein. In anderen Fällen wäre neben einem **Netzanschlussvertrag** zwischen dem Betreiber der Kundenanlage und dem vorgelagerten Netzbetreiber der allgemei- 167

168 Zu den Einzelheiten siehe *Kachel/Weise/Wagner*, IR 2013, 2, 4 ff.

nen Versorgung[169] ein **unentgeltlicher Anschlussnutzungsvertrag** zwischen dem Betreiber der Kundenanlage und dem Kunden abzuschließen, der es dem Lieferanten erlaubt, die Energieanlage in der Kundenanlage (unentgeltlich) zu benutzen.

168 Soweit Kunden in einer Kundenanlage nicht von außen mit Strom oder Gas beliefert werden, ist der Betreiber der Kundenanlage gleichzeitig der Lieferant. Er muss sich dann um einen Bilanzkreis kümmern; es ist rechtlich auch nicht ausgeschlossen, dass er selbst für seine Entnahmestellen als **Bilanzkreisverantwortlicher** in Erscheinung tritt. Ob dies allerdings sinnvoll ist, muss jeder Kundenanlagenbetreiber für sich selbst entscheiden. Denn die Aufgabe zieht eine große Zahl von Kommunikationsverpflichtungen im Rahmen der Festlegung MaBiS der BNetzA nach sich, die eigentlich nicht Aufgabe eines Betreibers einer Kundenanlage sein soll. Der Betreiber der Kundenanlage kann sich immer an andere Bilanzkreisverantwortliche, z.B. auch die Liefersparte des nächstgelegenen Stadtwerks wenden und bitten, dass seine (meist nur wenigen) Kunden in dessen Bilanzkreis mit abgebildet werden.

! **Praxistipp**
Sowohl die Betreiber von Kundenanlagen als auch die Betreiber geschlossener Verteilernetze müssen klären, wer der jeweils Bilanzkreisverantwortliche ist.

---

169 Da das geschlossene Verteilernetz verpflichtet ist, sich als Netzbetreiber und Lieferant im Rahmen der Festlegungen der BNetzA an der marktmäßigen Kommunikation zu beteiligen – also insbesondere auch die Festlegung MaBiS zu beachten hat –, ist **ein Betreiber eines geschlossenen Verteilernetzes nicht anders zu behandeln als ein Netzbetreiber der allgemeinen Versorgung** bzw. jeder Lieferant. In den meisten Fällen wird es daher sinnvoll sein – soweit der Betreiber des geschlossenen Verteilernetzes seine Kunden an diesem Standort selbst beliefert – einen **eigenen Bilanzkreis** zu bilden. Demgemäß wäre der Betreiber des geschlossenen Verteilernetzes Bilanzkreisverantwortlicher i.S.d. § 4 StromNZV.

170 Werden die Kunden in einem geschlossenen Verteilernetz ausschließlich von dritten Lieferanten außerhalb des geschlossenen Verteilernetzes versorgt, **muss der Betreiber des geschlossenen Verteilernetzes mit diesen Lieferanten einen Lieferantenrahmenvertrag** nach den allgemeinen Regeln und den aktuellen Festlegungen der BNetzA abschließen, der die Benutzung des Netzes bis zum Kunden absichert.

I. Messwesen

171 Das Messwesen ist ein vollständig liberalisierter Markt. Seit 9.9.2008 können geeignete Dritte vom Anschlussnutzer zur Durchführung des Messstellenbetriebs und

---

169 Ebenso *Jakobshagen/Kachel/Baxmann*, IR 2012, 4; zustimmend *Kachel/Weise/Wagner*, IR 2013, 4.

der Messung beauftragt werden. Das Messwesen funktioniert im Energiebereich auf Basis der §§ 21b ff. EnWG. Die Regelungen richten sich an Betreiber von Energieversorgungsnetzen.

Auf **Kundenanlagen** sind – weil nicht Netze – die Vorschriften nicht anzuwenden;[170] weder haben Betreiber von Kundenanlagen folglich Messstellenbetrieb vorzuhalten, noch sind sie nach § 21c EnWG verpflichtet, komplexe oder weniger komplexe Messsysteme einzubauen bzw. einbauen zu lassen. 172

Praxistipp !

Betreiber von Kundenanlagen sollten aus eigenem Interesse Messvorrichtungen (Zähler) für ihre Kunden am Standort vorhalten.

Zählpunkte[171] im Sinne der Abwicklung der Netzkommunikation werden zwar über 173
§ 20 Abs. 1d EnWG vom Betreiber des Energieversorgungsnetzes, an das die Kundenanlage angeschlossen ist, gestellt, **aber nur ergänzend**;[172] so hat das OLG Düsseldorf mit Beschluss vom 15.1.2013[173] ausdrücklich entschieden.[174] Danach hat

> *„der Betreiber einer Kundenanlage (...) den unentgeltlichen Zugang zum Letztverbraucher sicherzustellen, denn er hat die Kundenanlage dem Energielieferanten diskriminierungsfrei und unentgeltlich zur Durchleitung zur Verfügung zu stellen. Er ist daher auch verpflichtet, die dafür notwendigen nachgelagerten Zählpunkte für den Zugang zu diesem bereitzustellen; er hat sie zu betreiben und zu verwalten.* ***Ergänzend*** *dazu sieht § 20 Abs. 1d EnWG allein vor, dass der Betreiber des Energieversorgungsnetzes, an das die Kundenanlage oder Kundenanlage zur betrieblichen Eigenversorgung angeschlossen ist, die erforderlichen Zählpunkte zu stellen hat und bei der Belieferung der Letztverbraucher durch Dritte erforderlichenfalls eine Verrechnung der Zählwerte über Unterzähler stattfindet."*

Nach dieser Entscheidung hat daher der Betreiber einer Kundenanlage keine Pflicht, 174
das Messwesen nach §§ 21b ff. EnWG auszuführen, **aber er muss Zähler vorhalten,**

---

170 Siehe auch *Kachel/Weise/Wagner*, IR 2013, 2.

171 Siehe Metering Code: Ein Zählpunkt kann dabei genau einen Zähler repräsentieren, z.B. den Stromzähler eines Hauses. Es können aber auch mehrere Messstellen zu einem virtuellen Zählpunkt zusammengefasst werden. Dies kann z.B. ein Unternehmen mit mehreren Übergabestellen sein.

172 Die von *Kachel/Weise/Wagner*, IR 2013, 3 hervorgehobene allein passive Rolle des Betreibers einer Kundenanlage überzeugt daher nicht.

173 OLG Düsseldorf, Beschl. v. 16.1.2013 - VI-3 Kart 163/11 (V) - http://www.justiz.nrw.de/nrwe/olgs/duesseldorf/j2013/VI_3_Kart_163_11_V_Beschluss_20130116.html.

174 Sie auch die weiteren Ausführungen dazu in Kap. 2 Rn 16 ff.

um Lieferanten von außerhalb der Kundenanlage Zugang zu den Kunden in der Kundenanlage zu schaffen.[175]

175 Die Verpflichtung, die Regelungen des Messwesens zu beachten, trifft in vollem Umfang die Betreiber **geschlossener Verteilernetze**, denn insoweit sieht § 110 Abs. 1 EnWG gerade keine Ausnahme vor.[176] Neben den Vorschriften zum Messwesen in §§ 21b ff. EnWG müssen daher die Vorschriften der **Messzugangsverordnung**[177] **sowie die Festlegungen der BNetzA zu den Wechselprozessen im Messwesen (WiM)**[178] **beachtet und in die elektronische Kommunikation und den elektronischen Datenaustausch** nach GPKE bzw. GeLi Gas aufgenommen werden. Im Einzelnen handelt es sich dabei um die folgenden Geschäftsprozesse:
- Kündigung Messstellenbetrieb (ggf. einschließlich Messung),
- Beginn Messstellenbetrieb (ggf. einschließlich Messung),
- Ende Messstellenbetrieb (ggf. einschließlich Messung),
- Gerätewechsel,
- Geräteübernahme,
- Kündigung Messung,
- Beginn Messung,
- Ende Messung.

176 Gegenüber Dienstleistern in geschlossenen Verteilernetzen müssen außerdem die von der BNetzA entwickelten und für verbindlich erklärten **Verträge** zum **Messstellenbetrieb und zu Messdienstleistungen** angewendet werden (Messstellenrahmenvertrag und Messrahmenvertrag – jeweils für Strom und Gas).[179] Ganz generell gilt, dass der Netzbetreiber bzw. der Messstellenbetreiber (oft insbesondere in geschlossenen Verteilernetzen in einer Person) **für die Messung verantwortlich** ist. Kunden, die nicht nach § 12 StromNZV mit Standardlastprofil gemessen werden, müssen nach § 10 Abs. 2 MessZV **Viertelstunden-Messwerte** zur Verfügung gestellt werden (**regis-**

---

175 Zu den praktischen Problemen beim Einsatz von Unterzählern im Einzelnen *Kachel/Weise/Wagner*, IR 2013, 3.

176 Siehe dazu die Übersichtstabelle in Kap. 1 Rn 6.

177 Verordnung über Rahmenbedingungen für den Messstellenbetrieb und die Messung im Bereich der leitungsgebundenen Elektrizitäts- und Gasversorgung (Messzugangsverordnung – MessZV) v. 17.10.2008 (BGBl. I, S. 2006), die zuletzt durch Art. 5 der Verordnung v. 30.4.2012 (BGBl. I, S. 1002) geändert worden ist.

178 BNetzA, Beschl. v. 9.9.2010 - BK 6-09-034 - und - BK 7-09-001 -; siehe insbesondere die konsolidierte Lesefassung, Stand: 28.10.2011, die ab 1.4.2012 anzuwenden ist, unter http://beschlussdatenbank.bundesnetzagentur.de. *„Diese konsolidierte Lesefassung gibt den Stand der Anlage zu den Festlegungen BK7-09-001 bzw. BK6-09-034 vom 09.09.2010 (WiM) in der Fassung wieder, wie sie sich aus der Änderung gemäß Anlage 2 zu den Festlegungen BK7-11-075 bzw. BK6-11-150 vom 28.10.2011 ergibt.“*

179 Siehe die Einzelheiten in der Festlegung WiM, abrufbar unter http://beschlussdatenbank.bundesnetzagentur.de.

trierte Leistungsmessung). Es ist dabei der übliche Standard, dass die Daten via **Datenfernauslesung** erhoben und elektronisch weitergegeben werden.

Die Einzelheiten hinsichtlich Güte und Qualität der registrierten Leistungsmessung können § 21b Abs. 2 EnWG, der Festlegung WiM und den standardisierten Verträgen für Messstellenbetrieb bzw. Messdienstleister der BNetzA entnommen werden. Danach muss der Messstellenbetrieb insbesondere einwandfrei sein und den **eichrechtlichen Vorschriften** entsprechen, zu dem auch die Messung und die Übermittlung der Daten gehört, damit eine fristgerechte und vollständige Abrechnung möglich ist. 177

Darüber hinaus ist der Netzbetreiber bzw. der Messstellenbetreiber – also im Zweifel auch der Betreiber des geschlossenen Verteilernetzes – für *„Plausibilisierung, Ersatzwertbildung und Archivierung von Messwerten, die für den Netzbetreiber abrechnungsrelevant sind, insbesondere im Hinblick auf Netzentgeltabrechnung"* verantwortlich. Er ist auch **zur elektronischen Kommunikation verpflichtet**; dies gilt auch gegenüber den Kunden im geschlossenen Verteilernetz als „berechtigte Marktteilnehmer". 178

Messeinrichtungen in Energieversorgungsnetzen müssen außerdem gem. § 21b Abs. 1 EnWG den **eichrechtlichen Vorschriften** entsprechen und den von dem Netzbetreiber einheitlich für sein Netzgebiet vorgesehenen technischen Mindestanforderungen und Mindestanforderungen in Bezug auf Datenumfang und Datenqualität genügen. Die Mindestanforderungen des Netzbetreibers müssen sachlich gerechtfertigt und nichtdiskriminierend sein. 179

Zuletzt ist zu beachten, dass nach über zehnjähriger Diskussion das Gesetz zur Neuregelung des gesetzlichen Messwesens – das **neue Mess- und Eichgesetz**[180] – am 7.6.2013 vom Bundesrat gebilligt worden ist.[181] Der Bundestag hatte das Gesetz zuvor am 18.4.2013 beschlossen. Das Gesetz tritt zum **1.1.2015 in Kraft** und betrifft neben der Frage der Eichung auch das Inverkehrbringen von **Messgeräten nach dem „Stand der Technik"**. 180

J. Haftpflichtgesetz

Sowohl geschlossene Verteilernetze als auch Kundenanlagen sind **Energieanlagen** i.S.d. § 3 Nr. 15 EnWG und unterliegen daher nicht nur den **technischen Sicherheitsbestimmungen** nach **§ 49 EnWG** – Stichwort: Beachtung der anerkannten Regeln der Technik bei Errichtung und Betrieb der Energieanlagen[182] –, sondern auch dem **Haftpflichtgesetz** aus dem Jahr 1978. 181

180 BT-Drucks. 17/12727 v. 18.4.2012.

181 BR-Drucks. 362/13 (B) v. 17.5.2013.

182 Siehe dazu im Einzelnen BK-EnR/*Säcker/König*, § 49 EnWG Rn 12 ff. m.v.w.N.

182 Nach § 2 Abs. 1 HaftPflG haften Anlagenbetreiber (= Inhaber der Anlagen) zwingend, wenn durch Strom- oder Gaseinwirkungen, die von einer Stromleitungs- oder Rohrleitungsanlage ausgehen, ein **Mensch** verletzt oder getötet wird. In derselben Weise haften Anlageninhaber, wenn durch Strom oder Gas aus einem Leitungssystem eine **Sache** beschädigt oder zerstört wird. Außerdem haftet ein Anlagenbetreiber, wenn die **Einwirkung** von Strom oder Gas zwar nicht festgestellt werden kann, aber ein Schaden auf das **Vorhandensein einer Anlage** zurückgeführt werden kann.

183 In diesen Fällen sind die Betreiber der Anlage jeweils verpflichtet, den Zustand wiederherzustellen, der ohne Eintritt des Schadensereignisses bestanden hatte. Den Anlagenbetreiber trifft also grundsätzlich die volle Pflicht zum Schadensersatz; allerdings sieht das Gesetz Erleichterungen bzw. Einschränkungen für den Fall vor, dass der Anlagenbetreiber die Einhaltung technischer Standards nachweisen kann. Damit meint der Gesetzgeber im Einzelnen, dass ein Betreiber einer Anlage dann nicht für die Anlage haftet, wenn sie sich **in technisch ordnungsgemäßem Zustand** befindet. Dieser wird gesetzlich vermutet, wenn die **anerkannten Regeln der Technik** eingehalten worden sind und die Anlage zum Zeitpunkt des Schadensereignisses **unversehrt** war.

184 Die Haftpflicht trifft nicht den Eigentümer der Anlage, sondern den **Inhaber**, d.h., der Betreiber eines geschlossenen Verteilernetzes ist ebenso verpflichtet wie der Betreiber einer Kundenanlage. Wichtig ist aber, dass sich diese Inhaber der Anlagen von der Schadensersatzpflicht gänzlich – mindestens aber teilweise – **befreien** können, wenn sie nachweisen, dass die Energieanlagen jeweils den anerkannten Regeln der Technik entsprechen. Die Beachtung der **anerkannten Regeln der Technik** spielt damit eine zentrale Rolle bei der Feststellung, ob eine Schadensersatzpflicht besteht oder nicht.

185 Nach § 7 HaftPflG kann die Schadensersatzpflicht im Hinblick auf **Personenschäden** nicht im Vorfeld durch vertragliche Regelungen eingeschränkt werden; wohl aber bezogen auf Sachschäden, aber dort auch nur, soweit beide Partner der Haftungsbegrenzung **Kaufleute** sind und im Rahmen des Handelsgewerbes tätig sind, oder juristischen Personen des öffentlichen Rechts bzw. einem öffentlich-rechtlichen Sondervermögen angehören.

186 Die Haftung für Sachschäden kann also unter **Kaufleuten** nach § 7 HaftPflG wirksam eingeschränkt bzw. gänzlich ausgeschlossen werden.

! **Praxistipp**
Es empfiehlt sich, in die vertraglichen Vereinbarungen des Betreibers einer Kundenanlage mit seinen Kunden am Standort bzw. in entsprechenden Vereinbarungen des Betreibers eines geschlossenen Verteilernetzes mit seinen Kunden entsprechende Haftungsbeschränkungen aufzunehmen.

187 Ist die Haftung für Sachschäden **nicht** ausdrücklich beschränkt oder ausgeschlossen, ist sie jedoch von Gesetzes wegen (außer bei Schäden an Grundstücken) nach § 10 HaftPflG beschränkt auf 300.000 € bei Sachschäden für den Inhaber der Anlage, auch

wenn durch dasselbe Ereignis mehrere Sachen beschädigt worden sind. Bei Personenschäden ist auch eine Höchsthaftungssumme von 300.000 € gesetzlich vorgesehen. Allerdings gilt hier eine Sonderregelung, wenn mehrere Personen geschädigt worden sind und der Schaden insgesamt mehr als 300.000 € beträgt, denn dann verringert sich jede einzelne Entschädigung in dem Verhältnis, in dem ihr Gesamtbetrag zu dem gesetzlichen Höchstbetrag steht. Je mehr Verletzte also zu beklagen sind, desto geringer wird der tatsächliche Schadensersatz für jeden einzelnen Geschädigten.

Praxistipp !

Aufgrund dieses Gesetzes aber auch aufgrund des § 49 EnWG sollten sowohl die Betreiber geschlossener Verteilernetze als auch die Betreiber von Kundenanlagen die **anerkannten Regeln der Technik** besonders in den Blick nehmen. Darüber hinaus sollten auch Dienstleister, die an ihren Energieanlagen arbeiten müssen, sorgfältig danach ausgewählt werden, ob sie diese technischen Regelwerke tatsächlich beherrschen. Das schützt jedenfalls zum Teil gegen mögliche Schadensersatzforderungen, sollte es gleichwohl zu Unfällen kommen.

Kapitel 6
Geschlossenes Verteilernetz oder Kundenanlage – Welche Strukturierung ist zweckmäßig?

Seit Inkrafttreten des neuen § 110 EnWG bzw. dem erstmaligen Inkrafttreten des § 3 Nr. 24a und § 3 Nr. 24b EnWG am 4.8.2011 denken Unternehmen, die Energieanlagen betreiben, oder Betreiber von Netzen darüber nach, ob und wie sie sich umgestalten bzw. umstrukturieren können, um zu einer Kundenanlage, zu einer Kundenanlage zur betrieblichen Eigenversorgung zu werden bzw. wie sie, statt ein Netz der allgemeinen Versorgung zu sein, zu einem geschlossenen Verteilernetz werden können. 1

A. Grundsätzliches

Mit den ersten beiden Gestaltungsmöglichkeiten wird eine vollständige Abkehr von der Regulierung der vorhandenen Energieanlagen verfolgt; mit dem Ziel, ein geschlossenes Verteilernetz zu werden, will man dagegen lediglich Erleichterungen in der Regulierung des Verteilernetzes an einem Standort erreichen. 2

Die Voraussetzungen, die erfüllt sein müssen, für die Kundenanlagen, die Kundenanlagen zur betrieblichen Eigenversorgung oder des geschlossenen Verteilernetzes stehen jeweils im Gesetz, die Anforderungen, die dazu zu erfüllen sind, sind also klar, ebenso die Rechtsfolgen. Die Frage, die sich aber stellt, ist: Wie kommt das jeweilige Unternehmen erfolgreich dahin? Gibt es insbesondere Restriktionen? Nachfolgende Ausführungen sind keinesfalls als abschließend zu verstehen. Da es bisher keine Rechtsprechung zu einzelnen Fragen der Umgestaltung und der Neustrukturierung gibt, sollen nachfolgende Ausführungen lediglich Denkanstöße geben. Diese Ausführungen können in keinem Fall umfassende juristische Beratung und Einzelfallanalysen in energiewirtschaftlicher Hinsicht ersetzen. 3

I. Vorüberlegungen

1. Klärung des Sachverhalts

Umgestaltungen oder Umstrukturierungen beginnen zunächst mit der Erfassung des **Ist-Zustands** der Anlagen – genauer: der **Energieanlagen und dessen „Umgebung“.** Dazu sollte man sich folgende Fragen stellen: 4

- Welche **technischen** Gegebenheiten liegen vor?
- Welche **wirtschaftlichen** Gegebenheiten liegen vor?
- Welche **rechtlichen** Gegebenheiten liegen vor oder müssen genauer betrachtet werden?

5 Sicher ist es zunächst am wichtigsten, die **Kunden** in einer Kundenanlage bzw. einem geschlossenen Verteilernetz näher zu betrachten und insbesondere deren **Vertragsverhältnisse** zu prüfen. Im ersten Schritt sollte man also zunächst den **Sachverhalt** genauer erfassen und versuchen, in Kategorien bzw. **Problemfelder** zu unterteilen.

6 Diese Aufteilung sollte in **zwei Richtungen** gehen:

- Welche Gegebenheiten **stören** den Status einer Kundenanlage, einer Kundenanlage zur betrieblichen Eigenversorgung oder den Status eines geschlossenen Verteilernetzes?
- Welche Gegebenheiten **stören** den Status einer Kundenanlage, einer Kundenanlage zur betrieblichen Eigenversorgung oder den Status eines geschlossenen Verteilernetzes **nicht**?

7 Diese beiden Fragen können nur anhand der gesetzlichen Voraussetzungen geprüft werden. Die Einteilung in **Störfaktoren** und **Nicht-Störfaktoren** orientiert sich daher streng am Gesetz und der Frage, ob die tatsächlichen Gegebenheiten zu den gesetzlichen Anforderungen passen.

8 Im nächsten Schritt müssen die Gegebenheiten, die stören, näher in den Blick genommen werden mit der Frage:

- Kann ich diese Gegebenheiten kurz- oder mittelfristig **ändern** oder muss man sich allein mit einer langfristigen Änderung der Verhältnisse befassen?

9 Die „Störfaktoren“ können demnach in **drei** unterschiedliche **Gruppen von Lösungswegen** eingeordnet werden:

- **Kurzfristig** änderbar (also sofort aufgreifbar und innerhalb der nächsten Wochen änderbar)
- **Mittelfristig** änderbar (also zwar sofort aufgreifbar, aber erst mittelfristig – innerhalb des nächsten viertel bis halben Jahrs – wirkungsvoll änderbar)
- Nur **langfristig** änderbar (also entweder nicht sofort aufgreifbar oder zwar sofort aufgreifbar, aber nicht sofort, sondern erst innerhalb eines Jahres oder mehr änderbar).

10 Allein diese Einteilung macht klar, ob das **Ziel,** eine Kundenanlage, oder eine Kundenanlage zur betrieblichen Eigenversorgung oder ein geschlossenes Verteilernetz zu werden, ganz grundsätzlich erreicht werden kann.

2. Erste Bewertungsansätze[1]

Unter **technischen** Gesichtspunkten ist wichtig festzustellen, ob Energieanlagen an dem jeweils konkreten Standort beispielsweise getrennt oder anders zusammengefügt werden können. Die Energieanlagen müssen daher in technischer Hinsicht einer Umgestaltung überhaupt zugänglich sein. Das sind sie möglicherweise dann nicht, wenn wesentliche Teile nach z.B. einer Trennung fortan nicht weiter betrieben werden könnten oder ihre technische Auslastung überschritten wäre. 11

Sind Energieanlagen unter technischen Gesichtspunkten änderbar, folgt natürlich sofort die Frage, ob beispielsweise eine Trennung der vorhandenen Energieanlagen in zwei oder mehrere getrennte Energieanlagen auch unter **wirtschaftlichen** Gesichtspunkten vernünftig sein kann. Was kostet mich also die Umgestaltung und welchen wirtschaftlichen Nutzen bringt sie mir in der umgestalteten Form? Hier spielt auch eine wesentliche Rolle, ob man durch eine Umgestaltung aus der Regulierung z.B. als geschlossenes Verteilernetz herausfallen kann. Der wirtschaftliche Vorteil würde dann auch in der Ersparnis der ansonsten nötigen **Regulierungskosten** (einmalige Kosten und laufende Kosten beispielsweise für die neu aufzubauenden Kommunikationsmittel etc.) bestehen. 12

Rechtliche Gesichtspunkte dürfen ebenfalls nicht übersehen werden: 13

- Zunächst stellt sich die Frage, ob Umgestaltungen überhaupt **rechtlich zulässig** sind.
- Außerdem ist wichtig zu wissen, ob man den **Netzbetreiber der allgemeinen Versorgung**, der an den jeweiligen Standort grenzt oder sich in unmittelbarer Nachbarschaft befindet, in Anspruch nehmen darf.
- Im Hinblick auf die Kundenstruktur eines Standorts stellt sich die Frage, ob und wie diese **Kunden** vertraglich gebunden sind. Langfristige Verträge mit Kunden können im Einzelfall weniger Flexibilität eröffnen als kurzfristige Verträge.
- Selbstverständlich gilt der Grundsatz **„pacta sunt servanda“** – Verträge sind zu halten. Bei allen Umgestaltungsüberlegungen darf man also **nicht vertragsbrüchig** werden, denn ansonsten macht man sich schadensersatzpflichtig. Aber die einvernehmliche **Aufhebung** geschlossener Verträge (gegebenenfalls unter Zahlung einer Abfindung) ist immer möglich, setzt aber auch die Mitwirkung des Kunden voraus.

II. Kein Missbrauch von Gestaltungsmöglichkeiten

Grundsätzlich sind Maßnahmen zur Umstrukturierung oder Umgestaltungen erlaubt und **nicht an gesetzliche Restriktionen,** allenfalls an vertragsrechtliche Restriktionen zwischen den Vertragspartnern gebunden. Insbesondere wird man nicht mit 14

1 Ohne Anspruch auf Vollständigkeit!

Hinweis auf die analoge Anwendung von **§ 42 AO**[2] in dem Ergreifen von Maßnahmen zu Umstrukturierungen oder Umgestaltungen einen Missbrauch von Gestaltungsmöglichkeiten sehen können. Nach § 42 AO sind im Steuerrecht Maßnahmen steuerlich unzulässig, die allein dazu dienen, einem Steuertatbestand zu entgehen bzw. die Steuerpflichtigkeit zu umgehen. Diese Norm wird **analog** auch in vielen anderen Bereichen angewandt, um Umgehungstatbestände i.S.d. § 117 BGB aufzuzeigen. Diese Regelungen haben daher in gewisser Weise allgemeine indizielle Wirkung.[3]

15 Ein Missbrauch rechtlicher Gestaltungsmöglichkeiten liegt in den hier aufgeworfenen Konstellationen aber nicht vor, denn wenn der Gesetzgeber geschlossene Verteilernetze oder Kundenanlagen und Kundenanlagen zur betrieblichen Eigenversorgung ausdrücklich als Nicht-Netze bzw. Netze mit Ausnahmen von der Regulierung zugelassen hat, kann man in der gezielten Strukturierung des Sachverhalts, um in den Genuss dieser Ausnahmetatbestände zu kommen, grundsätzlich keinen Missbrauch sehen, weil ein rechtlich erlaubtes Verhalten gegeben ist.[4]

III. Inanspruchnahme des Netzbetreibers der allgemeinen Versorgung

16 In den meisten Fällen wird die Struktur des Standorts, der wesentlich von der Struktur der dort ansässigen Kunden bestimmt wird, darüber entscheiden, ob eine Kundenanlage, Kundenanlage zur betrieblichen Eigenversorgung oder ein geschlossenes Verteilernetz vorliegt oder vorliegen könnte. Damit stellt sich die Frage, ob man **Kunden an einem Standort vom eigenen Netz bzw. der eigenen Energieanlage nehmen darf und dem Netzbetreiber der allgemeinen Versorgung die netztechnische Versorgung übergeben kann.** Oder aus der umgekehrten Perspektive formuliert: Es stellt sich die Frage, ob der Netzbetreiber der allgemeinen Versorgung jeden Kunden an sein Netz anschließen muss, wenn der Betreiber eines geschlossenen Verteilernetzes

2 Der Wortlaut des § 42 AO lautet:
„*(1) Durch Missbrauch von Gestaltungsmöglichkeiten des Rechts kann das Steuergesetz nicht umgangen werden. Ist der Tatbestand einer Regelung in einem Einzelsteuergesetz erfüllt, die der Verhinderung von Steuerumgehungen dient, so bestimmen sich die Rechtsfolgen nach jener Vorschrift. Anderenfalls entsteht der Steueranspruch beim Vorliegen eines Missbrauchs im Sinne des Absatzes 2 so, wie er bei einer den wirtschaftlichen Vorgängen angemessenen rechtlichen Gestaltung entsteht.*
(2) Ein Missbrauch liegt vor, wenn eine unangemessene rechtliche Gestaltung gewählt wird, die beim Steuerpflichtigen oder einem Dritten im Vergleich zu einer angemessenen Gestaltung zu einem gesetzlich nicht vorgesehenen Steuervorteil führt. Dies gilt nicht, wenn der Steuerpflichtige für die gewählte Gestaltung außersteuerliche Gründe nachweist, die nach dem Gesamtbild der Verhältnisse beachtlich sind.“

3 Siehe auch Tipke/Lang/*Englisch*, § 5 Rn. 116 ff.

4 In diese Richtung weist auch das Urteil des BFH v. 25.8.2009 - IX R 60/07 -, in dem ein Gestaltungsmissbrauch beim Kauf und Verkauf von Aktien verneint worden ist; siehe auch den Anwendungserlass des BMF v. 17.8.2008 - IV A 3 – S 0062/08/10006 - DStR 2008, 1591 m.w.N.

oder der Betreiber eine Kundenanlage diesen Kunden nicht mehr an seinem Netz bzw. seine Energieanlagen angeschlossen haben will.

17 Dieser Frage ist im Energiewirtschaftsgesetz nicht explizit geregelt. Ihre Beantwortung ergibt sich nach hiesiger Auffassung aber aus dem Grundgedanken des § 18 EnWG, der eine allgemeine Versorgung und damit den Netzanschluss für jedermann sichert. Nach § 18 Abs. 1 EnWG haben Betreiber von Energieversorgungsnetzen, die in einem Gemeindegebiet die allgemeine Versorgung von Letztverbrauchern betreiben, jedermann nach allgemein veröffentlichten Bedingungen an ihr Netz anzuschließen.

18 Diese Verpflichtung hat der Betreiber eines geschlossenen Verteilernetzes **nicht** (§ 110 Abs. 1 EnWG nimmt § 18 EnWG ausdrücklich von Anwendungsbereich der geschlossenen Verteilernetze aus). Diese Verpflichtung hat **erst recht nicht** der Betreiber einer Kundenanlage oder einer Kundenanlage zur betrieblichen Eigenversorgung, denn auf diese findet § 18 EnWG mangels Netz schon keine Anwendung.

19 Aus dem Zusammenspiel von § 110 EnWG einerseits zugunsten der Betreiber geschlossener Verteilernetze und § 18 EnWG andererseits zulasten der Netzbetreiber der allgemeinen Versorgung folgt logisch zwingend, dass der Betreiber des geschlossenen Verteilernetzes alles tun darf, um seinen Status als geschlossenes Verteilernetz zu erreichen bzw. zu erhalten. Für den Netzbetreiber der allgemeinen Versorgung folgt daraus unmittelbar die Pflicht zur Aufnahme jedes Letztverbrauchers, der – aus welchen Gründen auch immer – an das Netz der allgemeinen Versorgung angeschlossen werden will oder muss. Der Netzbetreiber der allgemeinen Versorgung hat schon nach den allgemeinen Regeln insbesondere nicht das Recht, den Anschlusspetenten an einen anderen Netzbetreiber zu verweisen oder gar auf den Betreiber des geschlossenen Verteilernetzes einzuwirken, um das „Umhängen" des Kunden zu verhindern.

20 Aus dem gesetzlichen Gefüge und dem gesetzlichen Grundgedanken der §§ 18 und 110 EnWG kann man daher insgesamt – also sowohl für Betreiber von Kundenanlagen als auch für Betreiber von geschlossenen Verteilernetzen – das **allgemeine Prinzip ableiten,** dass sich Gestaltungsmöglichkeiten im Hinblick auf das Erhalten oder Erreichen des jeweiligen Status gegenüber dem Interesse eines Kunden an einem bestimmten Standort an Energieanlagen angeschlossen zu sein und auch zu bleiben, durchsetzen. Der Kunden kann daher sein „Umhängen" von der Energieanlage eines Standortes (Kundenanlage oder geschlossenes Verteilernetz) an das Netz der allgemeinen Versorgung nicht verhindern, solange seine Versorgung dadurch ebenso gut gesichert ist. Ebenso wenig kann der Betreiber des Netzes der allgemeinen Versorgung verhindern, das ein Kunde oder Kundengruppen, die den Status beispielsweise des geschlossenen Verteilernetzes stören, an das Netz der allgemeinen Versorgung angeschlossen werden müssen. Alles andere würde sowohl dem Rechtsinstitut „geschlossenes Verteilernetz" als auch den neu geschaffenen Ausnahmevorschriften für Kundenanlagen oder Kundenanlagen zur betrieblichen Eigenversorgung generell entgegenwirken; diese letztlich in manchen Fällen sogar unmöglich machen. Dass dies nicht im Einklang mit dem erklärten Willen des Gesetzgebers steht, liegt auf der Hand.

IV. Keine zeitlichen Einschränkungen

21 Auch für das Erreichen des Status eines geschlossenen Verteilernetzes gibt es keine zeitlichen Restriktionen. Hat sich beispielsweise der Betreiber eines Industrieparks im Zuge der Novellierung des Energierechts 2011 entschieden, Netz der allgemeinen Versorgung zu sein, kann er sich jederzeit wieder so umgestalten, dass er erfolgreich einen Antrag auf Anerkennung als geschlossenes Verteilernetz stellen kann. Unter rein zeitlichen Gesichtspunkten kann man also jederzeit (theoretisch) zwischen den verschiedenen Rechtsfiguren wechseln. Ob dies allerdings unter tatsächlichen und vor allen Dingen finanziellen Gesichtspunkten sinnvoll ist, mag im Einzelfall fraglich sein.

B. Beispiele

I. Beispiel 1

22 Im Fall einer Kundenanlage zur betrieblichen Eigenversorgung können z.B. Unternehmen an einem Standort, die zwar in der Vergangenheit einmal zum selben Konzern wie der Betreiber der Kundenanlage gehört haben, aber im Wege unterschiedlicher (Teil-)Unternehmensverkäufe nicht mehr zum selben Konzern gehören, den Status als Kundenanlage zur betrieblichen Eigenversorgung stören, weil ihr Strom- oder Gasverbrauch sehr hoch ist und dies den Status der Kundenanlage zur betrieblichen Eigenversorgung insgesamt gefährdet. Kann der Betreiber der Kundenanlage diese Unternehmen einfach bitten, den Standort zu verlassen? Einmal abgesehen von dem logistischen Aufwand, der für solch einen Umzug betrieben werden müsste, stellt sich die Frage, ob und wenn ja, welche juristische Handhabe ein Betreiber einer Kundenanlage haben könnte. Oder umgekehrt betrachtet: Welche Möglichkeiten könnte ein betroffenes Unternehmen an solch einem Standort haben, um sich gegen den Betreiber der Kundenanlage zu wehren?

II. Beispiel 2

23 Ein ehemaliges Objektnetz will eine heutige Kundenanlage sein, dehnt sich rein räumlich aber sehr stark aus und lässt nicht unbedingt einen nötigen räumlichen Zusammenhang erkennen, der nach dem Willen des Gesetzgebers zur Anerkennung als Kundenanlage oder Kundenanlage zur betrieblichen Eigenversorgung nötig wäre. Kann dann ein Betreiber aus dieser Ansammlung von Unternehmen mehrere Kundenanlagen gestalten?

III. Beispiel 3

Im Fall der Anerkennung als geschlossenes Verteilernetz können die Wohnungsblöcke, die einmal Werkswohnungen waren und sich aus unterschiedlichen (historischen) Gründen am Standort befinden, den Status als geschlossenes Verteilernetz stören. Können diese Wohnblöcke dann einfach vom Netz des geschlossenen Verteilernetzes abgetrennt und an das in nächster Nähe befindliche Netz der allgemeinen Versorgung angehängt werden? Was ist, wenn die Strom- oder Gasversorgung für diese Wohnungen im Wohngeld bzw. Mietpreis enthalten ist, weil sich bisher niemand die Mühe machen wollte, die im Vergleich zu den sonstigen Unternehmen am Standort vergleichsweise kleinen Verbräuche der Wohnungsnutzer „spitz" abzurechnen? Kann sich dann ein Nutzer bzw. Mieter erfolgreich gegen dieses „Umhängen" an das Netz der allgemeinen Versorgung wehren? Spielt insbesondere das Argument eine Rolle, dass er die Kostenerhöhung nicht tragen kann oder will? 24

IV. Beispiel 4

Ein Unternehmenspächter gestaltet die Kundenanlage aufgrund anderer unternehmenspolitischer Zusammenhänge so um, dass der Status der Kundenanlage gefährdet ist oder sogar verloren geht. Kann sich der Betreiber der Kundenanlage (Verpächter) dagegen wehren? 25

C. Lösungsmöglichkeiten

I. Geschlossene Verteilernetze und Umstrukturierung

Betreiber von geschlossenen Verteilernetzen müssen sich über ihre Strukturen Klarheit verschaffen, weil sie von Gesetzes wegen verpflichtet sind, einen Antrag auf Anerkennung als geschlossenes Verteilernetz bei der zuständigen Regulierungsbehörde zu stellen. Spätestens bei der Bearbeitung eines solchen Antrags dürfte offenbar werden, dass die nötigen Voraussetzungen zur Anerkennung gerade nicht gegeben sind. Dann entsteht Handlungsbedarf und es ist eine **unternehmerische Entscheidung**, ob der Antrag auf Anerkennung als geschlossenes Verteilernetz wegen fehlender Voraussetzungen dann doch nicht gestellt wird, oder bestimmte Letztverbraucher aus dem betroffenen Netz ausgegliedert werden, um den Status als geschlossenes Verteilernetz zu erreichen. 26

Unter **energierechtlichen Gesichtspunkten** wäre es daher im obigen **Beispiel 3** mit den Wohnungsblöcken zulässig, diese vom geschlossenen Verteilernetz abzutrennen und an das nächstgelegene Netz der allgemeinen Versorgung einzugliedern. Da die betroffenen Wohnungsnutzer oder Mieter in beiden Fällen an ein Netz ange- 27 schlossen sind und daraus versorgt werden können, spricht unter energierechtlichen Gesichtspunkten nichts dagegen, diese Strukturänderungen durchzuführen.

28 Eine andere Frage ist allerdings, ob dieses netztechnische „Umhängen" unter **mietvertraglichen Gesichtspunkten** unzulässig sein könnte; insbesondere wenn sich die Kosten für den betroffenen Nutzer oder Mieter erhöhen. Diese Frage ist bisher nicht abschließend geklärt. In jedem Fall darf ein Netzbetreiber die Kosten für die Benutzung der Infrastruktur als Betriebskosten in Rechnung stellen; entweder gegenüber dem Lieferanten im Rahmen einer All-inclusive-Belieferung oder direkt gegenüber dem Kunden = Wohnungsnutzer, der das Netz nutzt.

29 Es kann in diesem Zusammenhang allerdings nicht ausgeschlossen werden, dass sich der Betreiber des geschlossenen Verteilernetzes im Falle des „Umhängens" der Mieter/Nutzer an das Netz der allgemeinen Versorgung wegen Verletzung des Miet- oder Nutzungsvertrages gegenüber dem Mieter oder Nutzer **schadensersatzpflichtig** macht (§ 280 Abs. 1 BGB), weil der Mieter oder Nutzer künftig höhere Kosten hat.

30 Es ist daher zu empfehlen, vor dem Ergreifen der nötigen Umstrukturierungs- oder Umgestaltungsmaßnahmen mit den Beteiligten zu reden und eine für alle Betroffenen gütliche Einigung zu finden.

II. Kundenanlagen und Umstrukturierung

31 In dem oben geschilderten **Beispiel 1**, in dem ein Unternehmen am Standort einer Kundenanlage den Status als Kundenanlage zur betrieblichen Eigenversorgung insgesamt stören könnte, gilt im Grundsatz nichts anderes als im Fall des geschlossenen Verteilernetzes. Der Betreiber einer Kundenanlage verfügt außerdem in aller Regel nicht über eine marktbeherrschende Position, da es typischerweise Wettbewerb über die Versorgungskonzepte an Standorten gibt. Dieser Zutrittswettbewerb wird durch die kartellrechtlich nicht begrenzte Möglichkeit, den Standort verlassen zu können, ergänzt. Aus diesen zwei Gründen stellt sich die Frage des Missbrauchs einer marktbeherrschenden Position von vornherein nicht, wenn ein Betreiber einer Kundenanlage ein Unternehmen an seinem Standort bittet, zu gehen oder einer sonstigen Umstrukturierung zuzustimmen bzw. die ausgelaufenen Verträge nicht mehr verändern will. Das gilt jedenfalls in den Fällen, in denen der Betreiber einen gewichtigen sachlichen Grund hat, um auf das Unternehmen zuzugehen und die Veränderungen einzufordern. Die Frage der Umstrukturierung oder Umgestaltung dürfte daher im Regelfall **kartellrechtlich irrelevant** sein.

32 Vielmehr haben sich die betroffenen Parteien auf ihrer vertraglichen Basis des bestehenden **Miet-, Pacht- oder Nutzungsvertrages** auseinanderzusetzen. Jeder dieser Verträge geht einmal zu Ende oder lässt sich einvernehmlich auflösen. Dabei sind auch gegenseitige Rücksichtnahmepflichten gem. § 241 Abs. 2 BGB zu bedenken. Der Mieter/Nutzer oder Pächter könnte daher verpflichtet sein, geringfügige Beeinträchtigungen durch Umstrukturierungen hinzunehmen. Erst wenn der Grad der

Geringfügigkeit überschritten sein sollte (Frage des Einzelfalls), könnte ein Mieter/ Nutzer oder Pächter ggf. Schadensersatzansprüche wegen Verletzung des Miet-, Pacht- oder Nutzungsvertrages nach § 280 Abs. 1 BGB geltend machen.

Aus **energiewirtschaftlicher Sicht** gibt es jedenfalls keine Beschränkung, wenn 33
ein Unternehmen statt an die Energieanlagen in der Kundenanlage an das Netz der allgemeinen Versorgung angeschlossen ist, denn in beiden Fällen ist der Zugang zum Netz gegeben. Dieser hat im Grundsatz auch immer dieselbe Qualität, sodass ein Kunde in einer Kundenanlage sich auch nicht wegen mangelnder Versorgungs- und Netzqualität einem „Umhängen“ widersetzen könnte – siehe **Beispiel 3**.

In der Praxis werden diese Fälle, in denen ein einziges oder eine nur geringe 34
Anzahl von Unternehmen den Status als Kundenanlage stören, oft dadurch gelöst, dass das „störende“ Unternehmen **selbst eine Kundenanlage bildet** und damit eine **Kundenanlage hinter einer anderen Kundenanlage** entsteht. Diese Lösung bietet sich beispielsweise für den Fall in **Beispiel 1** an (ein Teil wird Kundenanlage; der zweite, separate Teil wird Kundenanlage zur betrieblichen Eigenversorgung). Damit werden praktisch zwei Probleme auf einmal gelöst: Das störende Unternehmen ist weiterhin in einer Kundenanlage angesiedelt – allerdings einer anderen – und die ursprüngliche Kundenanlage, dessen Struktur gestört war, hat seinen Status abgesichert und kann mit gesicherter Begründung als Kundenanlage zur betrieblichen Eigenversorgung weiterexistieren. Es ist in diesem Zusammenhang auch nicht ausgeschlossen, dass **beide Kundenanlagen von demselben Betreiber** betrieben werden. Die Trennung muss aber sichtbar und auch in energietechnischer Hinsicht nachvollziehbar sein.

Für beide Beteiligten wird damit eine neue optimierte Versorgung und Netzsitu- 35
ation geschaffen. Da das EnWG zudem keinerlei Einschränkungen hinsichtlich Art und Belegenheit von Kundenanlagen vorsieht und auch der Gesetzgeber ausdrücklich sog. Insellösungen[5] erlaubt, ist insbesondere eine Kundenanlage hinter einer Kundenanlage nicht unzulässig. Insofern wäre im obigen **Beispiel 4** des Unternehmenspächters ggf. über Umstrukturierungen nachzudenken, um der Regulierung zu entgehen. Im Übrigen ist hier auf *Schwintowski* in diesem Buch zu verweisen, der dieses Thema sowohl aus vertragsrechtlicher Sicht als auch aus kartellrechtlicher Perspektive[6] untersucht hat.

III. „Vermehrfachung“ von Kundenanlagen

Standorte, die wegen ihrer zu großen Ausdehnung ein Problem haben könnten, den 36
Status als Kundenanlage zu begründen – siehe Beispiel 2 –, können auch durch

5 Siehe die gesetzliche Begründung BT-Druchs. 17/6072, S. 51.
6 Siehe Kap. 3 Rn 65 ff.

räumliche Umstrukturierungen den Status als Kundenanlage oder Kundenanlage zur betrieblichen Eigenversorgung effektiv absichern. Auch hierzu gibt das Gesetz keinerlei Restriktionen. Aus einem ausufernden Standort kann man daher durch geschickte Veränderungen der netztechnischen Anlage und beispielsweise auch der Einzäunung und Trennung der sonstigen Infrastrukturen **mehrere** effektive **Kundenanlagen** gestalten, ohne dem gesetzlichen Ziel zuwiderzuhandeln.

IV. Dokumentation

37 Jede Umstrukturierung und Umgestaltung sollte **in den einzelnen Schritten dokumentiert** werden, damit man auch in Jahren danach belegen kann, warum man welche Entscheidung getroffen hat, wie man zu dieser Entscheidung gelangt ist und welcher Sachverhalt dieser zugrunde lag. Dies hat zum einen den Grund, dass es bisher eine **Rechtsprechung** zu Kundenanlagen oder Kundenanlagen zur betrieblichen Eigenversorgung nicht gibt; ebenso wenig zu geschlossenen Verteilernetzen in der jetzt allein geltenden (geänderten) Version. Es kann daher nötig werden, die getroffenen Entscheidungen an zukünftige Rechtsentwicklungen anzupassen.

38 Außerdem können Bescheide über die Anerkennung als geschlossenes Verteilernetz mit einer **Befristung** oder mindestens mit einer Auflage versehen werden, gewichtige Änderungen, die der Beurteilung und Einstufung als geschlossenes Verteilernetz zugrunde liegen, der Behörde unaufgefordert mitzuteilen. Dazu bedarf es möglicherweise eines **Vergleiches alter Sachverhalt – neuer Sachverhalt.** Eine gute Dokumentation der verschiedenen Schritte und Aspekte kann daher die zukünftige Argumentation nicht unwesentlich erleichtern.

Stichwortverzeichnis

Die Zahlen und Buchstaben in Fettdruck beziehen sich auf die Kapitel, die Ziffern beziehen sich auf die Randnummern innerhalb der Kapitel.

www.ingramcontent.com/pod-product-compliance
Lightning Source LLC
LaVergne TN
LVHW080852300926
849162LV00003B/409